BRITISH RAILWAYS
LOCOMOTIVES & COACHING STOCK
2022

The Complete Guide to all Locomotives & Coaching Stock which operate on the National Rail network and Eurotunnel

Robert Pritchard

PLATFORM 5

Published by Platform 5 Publishing Ltd,
52 Broadfield Road, Sheffield, S8 0XJ, England.

Printed in England by The Lavenham Press, Lavenham, Suffolk.

ISBN 978 1 909431 97 3

© 2022 Platform 5 Publishing Ltd, All rights reserved. No part of this publication may be reproduced or transmitted in any form or by any means electronic, mechanical, photocopying, recording or otherwise, without prior permission of the publisher.

CONTENTS

Britain's Railway System 4
Provision of Information 13
Updates 13

SECTION 1 – LOCOMOTIVES
Introduction 14
General Information 16
1.1. Diesel Shunting Locomotives 20
1.2. Main Line Diesel Locomotives 27
1.3. Electro-Diesel & Electric Locomotives 82
1.4. Eurotunnel Locomotives 92
1.5. Locomotives awaiting disposal 95
1.6. Locomotives exported for use abroad 96

SECTION 2 – LOCO-HAULED COACHING STOCK
Introduction 100
General Information 104
The Development of BR Standard Coaches 108
2.1. British Railways Number Series Coaching Stock 110
2.2. High Speed Train Trailer Cars 142
2.3 HST set formations 170
2.4. Saloons 172
2.5. Pullman Car Company Series 175
2.6. Locomotive Support Carriages 178
2.7. 95xxx & 99xxx Range Number Conversion Table 180
2.8. Set Formations 181
2.9. Service Stock 183
2.10 Coaching Stock Awaiting Disposal 191

SECTION 3 – DIESEL MULTIPLE UNITS
Introduction 193
General Information 194
3.1. Diesel Mechanical & Diesel Hydraulic Units 196
    3.1.1. First Generation Unit 196
    3.1.2. Parry People Movers 197
    3.1.3. Second Generation Units 198
3.2. Diesel-Electric Units 253
3.3. DMU Vehicles in Industrial Service 260

CONTENTS

SECTION 4 – ELECTRIC MULTIPLE UNITS
Introduction 262
General Information 263
4.1. 25 kV AC 50 Hz Overhead & Dual-Voltage Units 265
4.2. 750 V DC Third Rail Units 324
4.3. Hydrogen EMU 358
4.4. Dual-Voltage or 25 kV AC Overhead Units 359
4.5. Hitachi IEP Units 388
4.6. Eurostar Units 402
4.7. EMU Vehicles in Industrial Service 405
4.8. EMUs Awaiting Disposal 405

SECTION 5 – ON-TRACK MACHINES
5. On-Track Machines 406

SECTION 6 – CODES
6.1. Livery Codes. 417
6.2. Owner Codes 421
6.3. Locomotive Pool Codes 423
6.4. Operator Codes 425
6.5. Allocation & Location Codes. 426
6.6. Abbreviations. 429
6.7. Builders 430

COVER PHOTOGRAPHS
Front Cover: TransPennine Express-liveried 68023 "Achilles" arrives at Scarborough with the 07.15 from Manchester Piccadilly on 09/08/21.
Andrew Mason

Back Cover: Lumo-liveried 803003 passes Burn, North Yorkshire, with the 09.11 Edinburgh–London King's Cross crew training run on 21/10/21. **Ron Cover**

BRITAIN'S RAILWAY SYSTEM

The structure of Britain's railway system changed significantly during 2020–21, following the ongoing Covid-19 pandemic which saw passenger numbers drop by around 60–70% across the country. Although passengers started to return in larger numbers during 2021, this original drop in numbers meant that franchises were no longer profitable and the Government was forced to step in and provide financial support to operators. Initially in March 2020 the Transport Secretary suspended rail franchising and operators transitioned to "Emergency Measures Agreements". These EMAs suspended the normal financial agreements, instead transferring all revenue and cost risk to the Government. The existing operators in England all accepted these new arrangements and continued to operate trains (initially with reduced service frequencies) for a small management fee. Similar arrangements were put in place by the Scottish and Welsh Governments for ScotRail, Caledonian Sleeper and Transport for Wales.

The EMAs initially lasted for six months until September 2020, from which time longer "Emergency Recovery Management Agreements" (ERMAs) were put in place. These were similar management contracts which continued to see operators run services for a management fee. Whilst some operators are still running under ERMAs, others have been transitioning to new National Rail Contracts (NRCs). During the NRC operators are paid a fixed management fee of around 1.5% for operating services and additional small performance fees if agreed targets are achieved.

In the longer term a new body called Great British Railways will take over the running of the railways and specifically take on Network Rail's responsibilities as well as some functions currently carried out by the Department for Transport and Rail Delivery Group. The franchise model will be changed to one of concessions, although this will take some years to fully implement.

In London and on Merseyside concessions were already in place. These see the operator paid a fee to run the service, usually within tightly specified guidelines. Operators running a concession would not normally take commercial risks, although there are usually penalties and rewards in the contract.

Britain's national railway infrastructure is currently owned by a "not for dividend" company, Network Rail. In 2014 Network Rail was reclassified as a public sector company, being described by the Government as a "public sector arm's-length body of the Department for Transport".

Most stations and maintenance depots are leased to and operated by the Train Operating Companies (TOCs), but some larger stations are controlled by Network Rail. The only exception is the infrastructure on the Isle of Wight: The Island Line franchise uniquely included maintenance of the infrastructure as well as the operation of passenger services. Both the infrastructure and trains are operated by South Western Railway.

Trains are operated by TOCs over Network Rail tracks (the National Network), regulated by access agreements between the parties involved. In general,

BRITAIN'S RAILWAY SYSTEM

TOCs are responsible for the provision and maintenance of the trains and staff necessary for the direct operation of services, whilst Network Rail is responsible for the provision and maintenance of the infrastructure and also for staff to regulate the operation of services.

The Department for Transport (DfT) is the authority for the national network. Transport Scotland oversees the award of the ScotRail and Caledonian Sleeper franchises and in April 2022 will take over the operation of the ScotRail franchise from Abellio. In February 2021 the Welsh Government took over the operation of the Wales & Borders franchise from KeolisAmey.

Each franchise was set up with the right to run specified services within a specified area for a period of time, in return for the right to charge fares and, where appropriate, to receive financial support from the Government. Subsidy was payable in respect of socially necessary services. Service standards are monitored by the DfT throughout the duration of the franchise. Franchisees earned revenue primarily from fares and from subsidy. They generally leased stations from Network Rail and earned rental income by sub-letting parts of them, for example to retailers.

TOC's and open access operator's main costs are the track access charges they pay to Network Rail, the costs of leasing stations and rolling stock and of employing staff. Franchisees may do light maintenance work on rolling stock or contract it out to other companies. Heavy maintenance is normally carried out by the Rolling Stock Leasing Companies, according to contracts.

Note that a railway "reporting period" is four weeks.

DOMESTIC PASSENGER TRAIN OPERATORS

The majority of passenger trains are operated by Train Operating Companies, now supported by the Government through the Emergency Recovery Management Agreements, which have replaced franchises. Some operators are now transitioning to new National Rail Contracts. Caledonian Sleeper and ScotRail are still operating under Emergency Measures Agreements (EMAs). For reference the date of the expiry of the original franchise is also given here (if later than the current ERMA or NRC expiry date).

Name of franchise	Operator	Trading Name
Caledonian Sleeper	Serco	**Caledonian Sleeper**

EMA until 28 February 2022; original franchise was until 31 March 2030

The Sleeper franchise started in April 2015 when operation of the ScotRail and ScotRail Sleeper franchises was separated. Abellio won the ScotRail franchise and Serco the Caledonian Sleeper franchise. Caledonian Sleeper operates four trains nightly between London Euston and Scotland using locomotives hired from GBRf. New CAF Mark 5 rolling stock was introduced during 2019.

Chiltern	Arriva (Deutsche Bahn)	**Chiltern Railways**

NRC until 1 April 2025 with option for a 2.75 year extension

Chiltern Railways operates a frequent service between London Marylebone, Oxford, Banbury and Birmingham Snow Hill, with some peak trains extending to Kidderminster. There are also regular services from Marylebone to Stratford-upon-Avon and to Aylesbury Vale Parkway via Amersham (along the London Underground Metropolitan Line). The fleet consists of DMUs of Classes 165, and 168 plus a number of locomotive-hauled rakes used on some of the Birmingham and Oxford route trains, worked by Class 68s hired from DRS.

Cross Country   Arriva (Deutsche Bahn)   **CrossCountry**
ERMA until 15 October 2023

CrossCountry operates a network of long distance services between Scotland, the North-East of England and Manchester to the South-West of England, Reading, Southampton, Bournemouth and Guildford, centred on Birmingham New Street. These trains are mainly formed of diesel Class 220/221 Voyagers, supplemented by a small number of HSTs on the NE–SW route. Inter-urban services also link Nottingham, Leicester and Stansted Airport with Birmingham and Cardiff. These trains use Class 170 DMUs.

Crossrail   MTR   **TfL Rail**
Concession until 27 May 2023 (with an option to extend the concession by 2 years to May 2025)

This concession started in May 2015. Initially Crossrail took over the Liverpool Street–Shenfield stopping service from Greater Anglia, using a fleet of Class 315 EMUs, with the service branded "TfL Rail". New Class 345 EMUs are being introduced on this route and are also now used between Paddington and Hayes & Harlington, Heathrow Airport and Reading. TfL Rail now also operates the former Heathrow Connect stopping service using Class 345s. The opening of Crossrail through central London has been delayed and operation through new tunnels beneath central London, from Shenfield and Abbey Wood in the east to Reading and Heathrow Airport in the west is now expected during spring 2022. It will then be branded the "Elizabeth Line".

East Coast   DfT   **London North Eastern Railway**
Operated by DfT's "Operator of Last Resort" until June 2023 (with an option to extend by 2 years to June 2025)

LNER operates frequent long distance trains on the East Coast Main Line between London King's Cross, Leeds, Lincoln, Harrogate, York, Newcastle-upon-Tyne and Edinburgh, with less frequent services to Bradford, Skipton, Hull, Middlesbrough, Glasgow, Stirling, Aberdeen and Inverness. A new fleet of 65 Hitachi Class 800 and 801 "Azuma" trains have all now been introduced (these are a mix of bi-mode and electric, 5- and 9-car units) and operate the majority of services. A small number of Class 91+Mark 4 sets have been retained until at least 2024 and are mainly used on Leeds and York services.

East Midlands   Abellio   **East Midlands Railway**
ERMA until 31 March 2022; original franchise was until 21 August 2027

EMR operates a mix of long distance high speed services on the Midland Main Line (MML), from London St Pancras to Sheffield (with one peak-hour train to Leeds), Nottingham (plus peak-hour trains to Lincoln) and Corby, and local and regional services ranging from the long distance Norwich–Liverpool route to Nottingham–Skegness, Nottingham–Mansfield–Worksop, Derby–Matlock and Newark Castle–Crewe. It also operates local services across Lincolnshire. Trains on the MML are worked by a fleet of Class 180 and 222 DMUs, whilst the local and regional fleet consists of DMU Classes 156, 158 and 170. Class 360 EMUs started to operate services on the newly electrified St Pancras–Corby route from May 2021.

East Anglia   Abellio (Netherlands Railways) (60%)/Mitsui Group (40%)   **Greater Anglia**
NRC until 19 September 2024 with option for a 2 year extension; original franchise was until 11 October 2025

Greater Anglia operates main line trains between London Liverpool Street, Ipswich and Norwich and local trains across Norfolk, Suffolk and parts of Cambridgeshire. It also runs local and

BRITAIN'S RAILWAY SYSTEM 7

commuter services into Liverpool Street from the Great Eastern (including Southend, Braintree and Clacton) and West Anglia (including Ely/Cambridge and Stansted Airport) routes. In 2019–20 a new fleet of Stadler EMUs and bi-mode units (Classes 745 and 755) was introduced on the GEML and in East Anglia, replacing older DMUs and loco-hauled trains. Classes 317, 321, 322 and 379 EMUs are still operated out of Liverpool Street and during 2020–23 are being replaced by a large fleet of 133 new 5-car Class 720 Aventras.

Essex Thameside   Trenitalia   **c2c**
NRC until 25 July 2023; original franchise was until 10 November 2029

c2c operates an intensive, principally commuter, service from London Fenchurch Street to Southend and Shoeburyness, via both Upminster and Tilbury. The fleet consists of 74 Class 357 EMUs and a smaller fleet of Class 387s, with 12 Class 720 Aventras on order.

Great Western   First Group   **Great Western Railway**
EMA until 25 June 2022; original franchise was until 31 March 2023. New Direct Award being negotiated for a further 3 years + an optional extra 3 years

Great Western Railway operates long distance trains from London Paddington to South Wales, the West Country and Worcester and Hereford. In addition, there are frequent trains along the Thames Valley corridor to Newbury/Bedwyn and Oxford, plus local and regional trains throughout the South-West including the Cornish, Devon and Thames Valley branches, the Reading–Gatwick North Downs Line and Cardiff–Portsmouth Harbour and Bristol–Weymouth regional routes. Long distance services are in the hands of a fleet of Class 800/802 bi-mode InterCity Express Trains. DMUs of Classes 165 and 166 are used on the Thames Valley branches and North Downs routes as well as on local services around Bristol and Exeter and across to Cardiff. Class 387 EMUs are used between Paddington, Reading, Didcot Parkway and Newbury. Classes 150, 158, 165 and 166 and a fleet of short 4-car HSTs are used on local and regional trains in the South-West. A small fleet of Class 57s is maintained to work the overnight "Cornish Riviera" Sleeper service between London Paddington and Penzance formed of Mark 3 coaches. In 2022 tri-mode Class 769 units will be introduced on some routes around Reading and the Thames Valley.

London Rail   Arriva (Deutsche Bahn)   **London Overground**
Concession until 25 May 2024 (with an option to extend the concession by 2 years to May 2026)

London Overground operates services on the Richmond–Stratford North London Line and the Willesden Junction–Clapham Junction West London Line, plus the East London Line from Highbury & Islington to New Cross and New Cross Gate, with extensions to Clapham Junction (via Denmark Hill), Crystal Palace and West Croydon. It also runs services from London Euston to Watford Junction. All these use Class 378 EMUs, with new Class 710s also recently introduced onto the Watford Junction route. Class 710s also operate services on the Gospel Oak–Barking line. London Overground also operates some suburban services from London Liverpool Street – to Chingford, Enfield Town and Cheshunt. These services all use Class 710s, with one unit also used on the Romford–Upminster shuttle.

Merseyrail Electrics   Serco (50%)/Abellio (Netherlands Railways) (50%)   **Merseyrail**
Concession until 22 July 2028. Under the control of Merseytravel PTE instead of the DfT
Due to be reviewed every five years to fit in with the Merseyside Local Transport Plan

Merseyrail operates services between Liverpool and Southport, Ormskirk, Kirkby, Hunts Cross, New Brighton, West Kirby, Chester and Ellesmere Port, using Class 507 and 508 EMUs. A new fleet of Class 777 EMUs will be introduced in 2022–23.

BRITAIN'S RAILWAY SYSTEM

Northern   DfT   **Northern**
Operated by DfT's "Operator of Last Resort" until further notice

Northern operates a range of inter-urban, commuter and rural services throughout the North of England, including those around the cities of Leeds, Manchester, Sheffield, Liverpool and Newcastle. The network extends from Chathill in the north to Nottingham in the south, and Cleethorpes in the east to St Bees in the west. Long distance services include Leeds–Carlisle, Morpeth–Carlisle and York–Blackpool North. The operator uses a large fleet of DMUs of Classes 150, 155, 156, 158, 170 and 195 plus EMU Classes 319, 323, 331 and 333. The new fleets of DMUs (Class 195) and EMUs (Class 331) have both been introduced on a number of routes, and were followed by Class 769 bi-mode diesel electric units (converted from Class 319s) in 2021.

ScotRail   Abellio (Netherlands Railways)   **ScotRail**
EMA until 28 February 2022; original franchise was until 31 March 2022. From 1 April 2022 the Scottish Government will take over the operation of the franchise.

ScotRail provides almost all passenger services within Scotland and also trains from Glasgow to Carlisle via Dumfries, some of which extend to Newcastle-upon-Tyne (jointly operated with Northern). The company operates a large fleet of DMUs of Classes 156, 158 and 170 and EMU Classes 318, 320, 334, 380 and 385. A fleet of 25 refurbished HSTs have been introduced onto InterCity services between Edinburgh/Glasgow and Aberdeen and Inverness and also between Inverness and Aberdeen. In 2021 five Class 153s were also introduced on the West Highland Line (Oban line) to provide more capacity and space for bikes and other luggage.

South Eastern   DfT   **Southeastern**
Operated by DfT's "Operator of Last Resort" until further notice (Govia was stripped of the franchise following a breach of its franchise commitment in 2021).

Southeastern operates all services in the south-east London suburbs, the whole of Kent and part of Sussex, which are primarily commuter services to London. It also operates domestic High Speed trains on HS1 from London St Pancras to Ashford, Ramsgate, Dover and Faversham with additional peak services on other routes. EMUs of Classes 375, 376, 377, 465 and 466 are used, along with Class 395s on the High Speed trains. In 2021–22 the 30 Class 707 EMUs, sub-leased from South Western Railway, are also being introduced.

South Western   First Group (70%)/MTR (30%)   **South Western Railway**
NRC until 30 May 2023 with option for a 2 year extension; original franchise ran until 17 August 2024

South Western Railway operates trains from London Waterloo to destinations across the South and South-West including Woking, Basingstoke, Southampton, Portsmouth, Salisbury, Exeter, Reading and Weymouth, as well as suburban services from Waterloo. SWR also runs services between Ryde and Shanklin on the Isle of Wight, from November 2021 using a fleet of five third rail Vivarail Class 484 units (converted former LU D78 stock). The rest of the fleet consists of DMU Classes 158 and 159 and EMU Classes 444, 450, 455, 456, 458 and 707. A new fleet of Bombardier Class 701s are being delivered to replace Classes 455, 456 and 707 from 2022.

Thamelink, Southern &   Govia (Go-Ahead/Keolis)   **Govia Thameslink Railway**
Great Northern (TSGN)
ERMA until 31 March 2022

TSGN is the largest operator in Great Britain (the former Southern franchise was combined with Thameslink/Great Northern in 2015). GTR uses four brands: "Thameslink" for trains between Cambridge North, Peterborough, Bedford and Rainham, Sevenoaks, East Grinstead, Brighton, Littlehampton and Horsham via central London and also on the Sutton/Wimbledon

BRITAIN'S RAILWAY SYSTEM 9

loop using Class 700 EMUs. "Great Northern" comprises services from London King's Cross and Moorgate to Welwyn Garden City, Hertford North, Peterborough, Cambridge and King's Lynn using Class 387 and 717 EMUs. "Southern" operates predominantly commuter services between London, Surrey and Sussex and "metro" services in South London, as well as services along the south Coast between Southampton, Brighton, Hastings and Ashford, plus the cross-London service from South Croydon to Milton Keynes. Class 171 DMUs are used on Ashford–Eastbourne and London Bridge–Uckfield services, whilst all other services are in the hands of Class 313, 377, 455 and 700 EMUs. Finally, Gatwick Express operates semi-fast trains between London Victoria, Gatwick Airport and Brighton using Class 387/2 EMUs.

Trans-Pennine Express   First Group   **TransPennine Express**
NRC until 30 May 2023 with option for a 2 year extension

TransPennine Express operates predominantly long distance inter-urban services linking major cities across the North of England, along with Edinburgh and Glasgow in Scotland. The main services are Manchester Airport–Redcar Central, Manchester Piccadilly–Hull, Liverpool–York–Scarborough and Liverpool–Newcastle/Edinburgh along the North Trans-Pennine route via Huddersfield, Leeds and York, and Manchester Piccadilly–Cleethorpes along the South Trans-Pennine route via Sheffield. TPE also operates Manchester Airport–Edinburgh/Glasgow and Liverpool–Glasgow. The fleet consists of Class 185 DMUs, plus three new fleets: Class 68s+Mark 5A sets being used, or to be used, on Liverpool–Scarborough and from 2021 Manchester Piccadilly/Liverpool–Cleethorpes, Class 397s used on Manchester Airport/Liverpool–Scotland and Class 802 bi-mode units used mainly on Liverpool–Newcastle/Edinburgh.

Wales & Borders   Welsh Government   **Transport for Wales**
From 7 February 2021 the Welsh Government took direct control of rail service operation. Infrastructure management continues to be managed by KeolisAmey.

Transport for Wales was procured by the Welsh Government and operates a mix of long distance, regional and local services throughout Wales, including the Valley Lines network of lines around Cardiff, and also through services to the English border counties and to Manchester and Birmingham. The fleet consists of DMUs of Classes 150, 153, 158, 170 and 175 and three locomotive-hauled Mark 4 sets hauled by Class 67s on the Cardiff–Holyhead route. Rebuilt Class 230 D-Trains are to be introduced on the Wrexham–Bidston line in 2022 and new Stadler and CAF fleets will be introduced across other routes from 2022.

West Coast Partnership   First Group (70%)/Trenitalia (30%)   **Avanti West Coast**
ERMA until 15 October 2022; original franchise ran until 31 March 2031. New Direct Award being negotiated for up to 10 years

Avanti West Coast operates long distance services along the West Coast Main Line from London Euston to Birmingham/Wolverhampton, Manchester, Liverpool, Blackpool North and Glasgow using Class 390 Pendolino EMUs. It also operates Class 221 Voyagers on the Euston–Chester–Holyhead route and a small number of trains from Wolverhampton to Shrewsbury and to Wrexham, whilst a mix of Class 221s and 390s are used on the Euston–Birmingham–Glasgow/Edinburgh route.

West Midlands Trains   Abellio (70%)/JR East (15%)/Mitsui (15%)   **West Midlands Railway/London Northwestern**
NRC until 19 September 2024 with option for a 2 year extension; original franchise ran until 31 March 2026

West Midlands Trains operates services under two brand names. West Midlands Railway trains are local and regional services around Birmingham, including to Stratford-upon-Avon, Worcester, Hereford, Redditch, Rugeley and Shrewsbury. WMR is managed by a consortium of 16 councils and the Department for Transport. London Northwestern is the brand used for long distance and regional services from London Euston to Northampton and Birmingham/Crewe and also between Birmingham and Liverpool, Bedford–Bletchley and Watford Junction–St Albans Abbey. The fleet consists of DMU Classes 139, 170 and 172 and EMU Classes 319, 323 and 350. Class 230 D-Trains were introduced onto the Bedford–Bletchley route in 2019 and a new fleet CAF Class 196 DMUs and Bombardier Class 730 EMUs will be introduced on a number of routes from 2022–23.

NON-FRANCHISED SERVICES

The following operators run non-franchised, or "open access" services (* special seasonal services):

Operator	Trading Name	Route
Heathrow Airport Holdings	Heathrow Express	London Paddington–Heathrow Airport

Heathrow Express is a frequent express passenger service between London Paddington and Heathrow Airport using a sub-fleet of Great Western Railway Class 387 EMUs (now operated jointly with GWR as part of its franchise).

| Hull Trains (part of First) | Hull Trains | London King's Cross–Hull |

Hull Trains operates seven trains a day on weekdays from Hull to London King's Cross via the East Coast Main Line. New bi-mode Class 802s were introduced in 2019–20, replacing the Class 180 DMUs. Two trains in each direction start back from and extend to Beverley.

| Grand Central (part of Arriva) | Grand Central | London King's Cross–Sunderland/Bradford Interchange |

Grand Central operates five trains a day from Sunderland and four from Bradford Interchange to London King's Cross using Class 180 DMUs.

Locomotive Services (TOC)　Locomotive Services

Locomotive Services runs various excursions across the network using diesel, electric and steam locomotives operating under the brands Saphos Trains (principally steam-hauled trips), Statesman Rail (diesel-locomotive hauled trips and land cruises), Rail Charter Services (regular seasonal HSTs over the Settle & Carlisle Line), Midland Pullman (HST tours using the luxury HST set) and Intercity (mainly electric locomotive-hauled tours).

| First East Coast | Lumo | London King's Cross–Edinburgh |

Lumo started operating services from London to Edinburgh via the East Coast Main Line in October 2021 and from early 2022 will be running five trains per day using new electric Class 803 units.

| North Yorkshire Moors Railway Enterprises | North Yorkshire Moors Railway | Pickering–Grosmont–Whitby/Battersby, Sheringham–Cromer* |

The North Yorkshire Moors Railway operates services on the national network between Grosmont and Whitby or Grosmont and Battersby as an extension of its Pickering–Grosmont services and also operates services between Sheringham and Cromer on behalf of the North Norfolk Railway.

BRITAIN'S RAILWAY SYSTEM

| South Yorkshire Supertram | Stagecoach Supertram | Meadowhall South–Rotherham Parkgate |

South Yorkshire Supertram holds a passenger licence to allow the operation of the pilot tram-train service linking Sheffield city centre with Rotherham Central and Rotherham Parkgate.

| Tyne & Wear PTE | Tyne & Wear Metro | Pelaw–Sunderland |

Tyne & Wear Passenger Transport Executive holds a passenger license to allow the operation of its Metro service over Network Rail tracks between Pelaw and Sunderland.

| Vintage Trains | Vintage Trains | Birmingham Snow Hill–Stratford-upon-Avon* |

Vintage Trains operates steam-hauled services on a seasonal basis.

| West Coast Railway Company | West Coast Railway Company | Fort William–Mallaig*
York–Settle–Carlisle*
Carnforth–York–Scarborough* |

WCRC operates steam-hauled services on these routes on a seasonal basis and a range of other excursions across the network, including the Northern Belle luxury train.

INTERNATIONAL PASSENGER OPERATORS

Eurostar International operates passenger services between London St Pancras and mainland Europe. The company, established in 2010, is jointly owned by SNCF (the national operator of France): 55%, SNCB (the national operator of Belgium): 5% and Patina Rail: 40%. Patina Rail is made up of Canadian-based Caisse de dépôt et placement du Québec (CDPG) and UK-based Hermes Infrastructure (owning 30% and 10% respectively). This 40% was previously owned by the UK Government until it was sold in 2015.

In addition, a service for the conveyance of accompanied road vehicles through the Channel Tunnel is provided by the tunnel operating company, Eurotunnel. All Eurotunnel services are operated in top-and-tail mode by the powerful Class 9 Bo-Bo-Bo locomotives.

FREIGHT TRAIN OPERATORS

The following operators operate freight services or empty passenger stock workings under "Open Access" arrangements:

Colas Rail: Colas Rail operates a number of On-Track Machines and also supplies infrastructure monitoring trains for Network Rail. It also operates a number of different freight flows, including oil and timber. Colas Rail has a small but varied fleet consisting of Class 37s, 56s, 66s, 67s and 70s (but the 67s are due to transfer to GB Railfreight in 2022). It also uses HST power cars (Class 43) on some Network Rail test trains.

BRITAIN'S RAILWAY SYSTEM

DB Cargo (UK): Still the biggest freight operator in the country, DBC (EWS until bought by Deutsche Bahn, when it was initially called DB Schenker) provides a large number of infrastructure trains to Network Rail and also operates coal, steel, intermodal and aggregate trains nationwide. The core fleet is Class 66s. Of the original 250 ordered, 79 moved to DB's French and Polish operations, although some of the French locos do return to the UK when major maintenance is required and nine returned to the UK permanently in 2021. Around 20 Class 60s are also used on heavier trains, the remainder of the fleet having been stored or sold, although DB Cargo is still responsible for the maintenance of GBRf and DCR Class 60s at Toton.

DBC's fleet of Class 67s are used on passenger or standby duties for Transport for Wales and LNER and also on excursions or special trains. Class 90s see some use on West Coast Main Line freight traffic. The Class 92s are mainly used on a limited number of overnight freights on High Speed 1.

DBC also operates the Class 325 EMUs for Royal Mail and a number of excursion trains.

Devon & Cornwall Railways (part of Cappagh Construction Contractors (London)): DCRail specialises in short-term freight haulage contracts, using Class 56s or four Class 60s acquired from DB Cargo.

Direct Rail Services: DRS has built on its original nuclear flask traffic to operate a number of different services. The main flows are intermodal plus the provision of crews and locomotives to Network Rail for autumn RailHead Treatment Trains and also infrastructure trains. DRS has a varied fleet of locomotives, with Class 37s, 57s and 66s working alongside the more modern Class 68s and diesel-electric Class 88s. Class 68s are hired to Chiltern Railways and TransPennine Express for passenger work.

Freightliner: Freightliner (owned by Genesee & Wyoming) operates container trains from the main Ports at Southampton, Felixstowe, Tilbury and Thamesport to major cities including London, Manchester, Leeds and Birmingham. It also operates trains of coal, cement, infrastructure and aggregates. Most services are worked by Class 66s, with Class 70s mainly used on some of the heavier intermodal trains and cement trains from the Peak District. A small fleet of Class 90 electrics are used on intermodal trains on the Great Eastern and West Coast Main Lines. The Class 90 fleet includes 13 locomotives previously operated by Greater Anglia.

The six Class 59/2s were purchased from DB Cargo and are used alongside the Mendip Rail 59/0s and 59/1s on stone traffic from the Mendip quarries and around the South-East.

GB Railfreight: GBRf (owned by Infracapital) operates a mixture of traffic types, mainly using Class 66s together with a small fleet of Class 73s on infrastructure duties and test trains in the South-East and ten Class 60s acquired from Colas Rail in 2018. The company has also now purchased a number of Class 56s and owns a single Class 59, 59003. Most of the Class 56s are being rebuilt as Class 69s with a new GM engine. A fleet of Class 92s is also used on some intermodal flows to and from Dollands Moor or through the Channel Tunnel to Calais. Traffic includes coal, intermodal,

BRITAIN'S RAILWAY SYSTEM/UPDATES

biomass, aggregates and gypsum as well as infrastructure services for Network Rail and London Underground. GBRf also supplies Class 73/9s and Class 92s to Caledonian Sleeper and owns the three former Colas Rail Class 47s.

GBRf also operates some excursion trains, including those using the preserved Class 201 "Hastings" DEMU.

LORAM (UK): LORAM has a freight license and operates a limited number of trains, most hauling On-Track Machines using hired-in locomotives.

Rail Operations Group: This company mainly facilitates rolling stock movements by providing drivers or using locomotives hired from other companies or by using its own fleet of Class 47s or Class 37s hired from Europhoenix or Class 57s hired from DRS. It also started operating a parcels logistics service using Class 319 units (rebuilt as Class 326 EMUs and Class 768 bi-modes) under its **Orion** subsidiary in 2021. ROG also operates test trains for Data Acquisition & Testing Services.

West Coast Railway Company: WCRC has a freight licence but doesn't operate any freight as such – only empty stock movements. Its fleet of Class 47s, supplemented by steam locomotives and a smaller number of Class 33s, 37s and 57s, is used on excursion work nationwide.

In addition, Amey, Balfour Beatty Rail, Harsco Rail, Swietelsky Babcock Rail (SB Rail) and VolkerRail operate trains formed of On-Track Machines.

PROVISION OF INFORMATION

This book has been compiled with care to be as accurate as possible, but some information is not easily available and the publisher cannot be held responsible for any errors or omissions. We would like to thank the companies and individuals who have been helpful in supplying information to us. The authors of this series of books are always pleased to receive notification of any inaccuracies that may be found, to enhance future editions. Please send comments to:

Robert Pritchard, Platform 5 Publishing Ltd, 52 Broadfield Road, Sheffield, S8 0XJ, England.

e mail: robert.pritchard@platform5.com   **Tel:** 0114 255 2625.

UPDATES

This book is updated to the start of January 2022. The Platform 5 railway magazine **"Today's Railways UK"** publishes Stock Changes every month to update this book. The magazine also contains news and rolling stock information on the railways of Great Britain and Ireland and is normally published on the second Monday of every month. For further details of **Today's Railways UK**, please contact Platform 5 Publishing Ltd or visit our website **www.platform5.com**.

1. LOCOMOTIVES

INTRODUCTION

This section contains details of all locomotives which can run on Britain's national railway network, plus those of Eurotunnel.

Locomotives currently approved for use on the national railway network fall into four broad types: passenger, freight, mixed traffic and shunting.

Passenger
The number of dedicated passenger locomotives has not changed significantly in recent years. Classes 43 (HST) and 91 and some members of Classes 57, 67, 68, 73/9 and 92 are dedicated to franchised and Open Access passenger operations. Excursion trains have a few dedicated locomotives but mainly use locomotives that are best described as mixed traffic.

Freight
By far the most numerous locomotives are those used solely for bulk commodity and intermodal freight. Since 1998 a large number of new Class 66 locomotives have replaced many former BR designs and in more recent years smaller numbers of Class 70s have also been introduced. There are however a significant number of BR era Class 20, 37, 47, 56, 60, 73/1, 86, 90 and 92 locomotives still in use; their number has increased slightly as some locomotives have been reinstated to cope with demand. In addition, there is a small fleet of Class 59s acquired privately in the 1980s and 1990s and a small number of re-engined Class 57s in use.

Mixed Traffic
In addition to their use on passenger and commodity freight workings these locomotives are used for stock movements and specialist infrastructure and test trains. The majority, but not all, are fitted with Electric Train Supply. Locomotives from Classes 20, 33, 37, 47, 57, 67, 68, 73/9, 88 and 90 fall into this category. Also included under this heading are preserved locomotives permitted to operate on the national railway network. Although these have in the past solely operated excursion trains they are increasingly seeing occasional use on other types of trains. Some, such as Class 50s with GB Railfreight, are frequently used by the main freight companies.

Shunting
Very few shunting locomotives are now permitted to operate freely on the National Railway network. The small number that are have to be fitted with a plethora of safety equipment in order to have engineering acceptance. They are mainly used for local workings such as trips between yards or stock movements between depots and stations. Otherwise, shunting locomotives are not permitted to venture from depots or yards onto the National Railway network other than into defined limits within interface infrastructure. Remotely-controlled driverless shunters are not included in this book. However, all ex-BR shunting locomotives are listed under Section 1.1 "Diesel Shunting Locomotives".

LOCOMOTIVES – INTRODUCTION

Locomotives which are owned by, for example, DB Cargo or Freightliner, which have been withdrawn from service and are awaiting disposal are listed in the main part of the book. Locomotives which are awaiting disposal at scrapyards are listed in the "Locomotives Awaiting Disposal" section.

Only preserved locomotives which are currently passed for operation on the National Railway network are included. Others, which may still be Network Rail registered but not at present certified for use, are not included, but can be found in the Platform 5 book, "Preserved Locomotives of British Railways".

LAYOUT OF INFORMATION

Locomotive classes are listed in numerical order of class. Principal details and dimensions are quoted for each class in metric and/or imperial units as considered appropriate bearing in mind common UK usage.

The heading "Total" indicates how many of that particular class are listed in this book.

Where numbers actually carried are different from those officially allocated, these are noted in class headings where appropriate. Where locomotives have been recently renumbered, the most immediate previous number is shown in parentheses. Each entry is laid out as in the following example:

No. Detail Livery Owner Pool   Allocn.   Name

60055 + **DC** DC DCRS   TO   Thomas Barnado

Detail Differences. Only detail differences which currently affect the areas and types of train which locomotives may work are shown. Where such differences occur within a class or part class, they are shown in the "Detail" column alongside the individual locomotive number.

Codes: Codes are used to denote the livery, owner, pool and depot of each locomotive. Details of these will be found in section 6 of this book.

The owner is the responsible custodian of the locomotive and this may not always be the legal owner. Actual ownership can be very complicated. Some vehicles are owned by finance/leasing companies. Others are owned by subsidiary companies of a holding company or by an associate company of the responsible custodian or operator.

Depot allocation codes for all locomotives are shown in this book (apart from shunting locomotives where the actual location of each is shown). It should be noted that today much locomotive maintenance is undertaken away from these depots. This may be undertaken at fuelling points, berthing sidings or similar, or by mobile maintenance teams. Therefore locomotives in particular may not return to their "home" depots as often as in the past.

(S) denotes that the locomotive is stored (the actual location is shown).

Names: Only names carried with official sanction are listed. Names are shown in UPPER/lower case characters as actually shown on the name carried on the locomotive.

Builders: These are shown in the class headings. More details and a full list of builders can be found in section 6.7.

LOCOMOTIVES – INTRODUCTION

GENERAL INFORMATION

CLASSIFICATION AND NUMBERING

All locomotives are classified and allocated numbers under the TOPS numbering system, introduced in 1972. This comprises a two-digit class number followed by a three-digit serial number.

For diesel locomotives, class numbers offer an indication of engine horsepower as shown in the table below.

Class No. Range	Engine hp
01–14	0–799
15–20	800–1000
21–31	1001–1499
32–39	1500–1999
40–54, 57	2000–2999
55–56, 58–70	3000+

For electric locomotives class numbers are allocated in ascending numerical order under the following scheme:

Class 71–80 Direct current and DC/diesel dual system locomotives.
Class 81 onwards Alternating current and AC/DC dual system locomotives.

Numbers in the 89101–89999 series are allocated to locomotives which have been deregistered but subsequently re-registered for use on the national railway network and whose original number has already been reused. These numbers are normally only carried inside locomotive cabs and are not carried externally in normal circumstances.

WHEEL ARRANGEMENT

For main line locomotives the number of driven axles on a bogie or frame is denoted by a letter (A = 1, B = 2, C = 3 etc) and the number of non-powered axles is denoted by a number. The use of the letter "o" after a letter indicates each axle is individually powered, whilst the "+" symbol indicates bogies are inter-coupled.

For shunting locomotives, the Whyte notation is used. In this notation the number of leading wheels are given, followed by the number of driving wheels and then the trailing wheels.

UNITS OF MEASUREMENT

All dimensions and weights are quoted for locomotives in an "as new" condition with all necessary supplies (eg oil, water and sand) on board. Dimensions are quoted in the order length x width. Lengths are over buffers or couplers as appropriate. All widths quoted are maxima. Where two different wheel diameter dimensions are shown, the first refers to powered wheels and the second refers to non-powered wheels. All weights are shown as metric tonnes (t = tonnes).

LOCOMOTIVES – INTRODUCTION

HAULAGE CAPABILITY OF DIESEL LOCOMOTIVES

The haulage capability of a diesel locomotive depends upon three basic factors:

1. Adhesive weight. The greater the weight on the driving wheels, the greater the adhesion and more tractive power can be applied before wheelslip occurs.

2. The characteristics of its transmission. To start a train the locomotive has to exert a pull at standstill. A direct drive diesel engine cannot do this, hence the need for transmission. This may be mechanical, hydraulic or electric. The present British Standard for locomotives is electric transmission. Here the diesel engine drives a generator or alternator and the current produced is fed to the traction motors. The force produced by each driven wheel depends on the current in its traction motor. In other words, the larger the current, the harder it pulls. As the locomotive speed increases, the current in the traction motor falls, hence the *Maximum Tractive Effort* is the maximum force at its wheels the locomotive can exert at a standstill. The electrical equipment cannot take such high currents for long without overheating. Hence the *Continuous Tractive Effort* is quoted which represents the current which the equipment can take continuously.

3. The power of its engine. Not all power reaches the rail, as electrical machines are approximately 90% efficient. As the electrical energy passes through two such machines (the generator or alternator and the traction motors), the *Power at Rail* is approximately 81% (90% of 90%) of the engine power, less a further amount used for auxiliary equipment such as radiator fans, traction motor blowers, air compressors, battery charging, cab heating, Electric Train Supply (ETS) etc. The power of the locomotive is proportional to the tractive effort times the speed. Hence when on full power there is a speed corresponding to the continuous tractive effort.

HAULAGE CAPABILITY OF ELECTRIC LOCOMOTIVES

Unlike a diesel locomotive, an electric locomotive does not develop its power on board and its performance is determined only by two factors, namely its weight and the characteristics of its electrical equipment. Whereas a diesel locomotive tends to be a constant power machine, the power of an electric locomotive varies considerably. Up to a certain speed it can produce virtually a constant tractive effort. Hence power rises with speed according to the formula given in section three above, until a maximum speed is reached at which tractive effort falls, such that the power also falls. Hence the power at the speed corresponding to the maximum tractive effort is lower than the maximum speed.

BRAKE FORCE

Brake Force (also known as brake power) is a measure of the braking power of a locomotive. The Brake Force available is dependant on the adhesion between the rail and the wheels being braked and the normal reaction of the rail on the wheels being braked (and hence on the weight per braked wheel). A locomotive's Brake Force is shown on its data panels so operating staff can ensure sufficient brake power is available for specific trains.

ELECTRIC TRAIN SUPPLY (ETS)

A number of locomotives are equipped to provide a supply of electricity to the train being hauled to power auxiliaries such as heating, cooling fans, air conditioning and kitchen equipment. ETS is provided from the locomotive by means of a separate alternator (except Class 33 locomotives, which have a DC generator). The ETS index of a locomotive is a measure of the electrical power available for train supply. Class 55 locomotives provide an ETS directly from one of their traction generators into the train supply.

Similarly, most locomotive-hauled carriages also have an ETS index, which in this case is a measure of the power required to operate equipment mounted in the carriage. The sum of the ETS indices of all the hauled vehicles in a train must not exceed the ETS index of the locomotive.

ETS is commonly (but incorrectly) known as ETH (Electric Train Heating), which is a throwback to the days before locomotive-hauled carriages were equipped with electrically powered auxiliary equipment other than for train heating.

ROUTE AVAILABILITY (RA)

This is a measure of a railway vehicle's axle load. The higher the axle load of a vehicle, the higher the RA number on a scale from 1 to 10. Each Network Rail route has a RA number and in general no vehicle with a higher RA number may travel on that route without special clearance.

MULTIPLE WORKING

Multiple working between vehicles (ie two or more powered vehicles being driven from one cab) is facilitated by jumper cables connecting the vehicles. However, not all types of locomotive are compatible with each other, and a number of different systems are in use. Some are compatible with others, some are not. BR used "multiple working codes" to designate which locomotives were compatible. The list below shows which classes of locomotives are compatible with each other – the former BR multiple working code being shown in brackets. It should be noted that some locomotives have had the equipment removed or made inoperable.

LOCOMOTIVES – INTRODUCTION

With other classes:
Classes 20, 25, 31, 33, 37 40 & 73/1*. (Blue Star)
Classes 56 & 58. (Red Diamond)
Classes 59, 66, 67, 68, 70, 73/9 & 88.
* DRS adapted the systems so its Classes 20/3, 37 & 57 could work with each other only.

With other members of same class only:
Class 43, Class 47 (Green Circle), Class 50 (Orange Square), Class 60.

PUSH-PULL OPERATION

Some locomotives are modified to operate passenger and service (formed of laboratory, test and inspection carriages) trains in "push-pull" mode – which allows the train to be driven from either end – either with locomotives at each end (both under power) or with a driving brake van at one end and a locomotive at the other. Various different systems are now in use. Electric locomotive Classes 86, 87, 90 & 91 use a time-division multiplex (TDM) system for push-pull working which utilises the existing Railway Clearing House (RCH) jumper cables fitted to carriages. Previously these cables had only been used to control train lighting and public address systems.

More recently locomotives of Classes 67 and 68 have used the Association of American Railroads (AAR) system.

ABBREVIATIONS

Standard abbreviations used in this section of the book are:

a	Train air brake equipment only.
b	Drophead buckeye couplers.
c	Scharfenberg couplers.
d	Fitted with retractable Dellner couplers.
e	European Railway Traffic Management System (ERTMS) signalling equipment fitted.
k	Fitted with Swinghead Automatic "buckeye" combination couplers.
p	Train air, vacuum and electro-pneumatic brakes.
r	Radio Electric Token Block signalling equipment fitted.
s	Slow Speed Control equipment.
v	Train vacuum brake only.
x	Train air and vacuum brakes ("Dual brakes").
+	Additional fuel tank capacity.
§	Sandite laying equipment.

In all cases use of the above abbreviations indicates the equipment in question is normally operable. The definition of non-standard abbreviations and symbols is detailed in individual class headings.

1.1. DIESEL SHUNTING LOCOMOTIVES

All BR design shunting locomotives still in existence, apart from those considered to be preserved, are listed together in this section. Preserved shunting locomotives are listed in the Platform 5 publication "Preserved Locomotives of British Railways" (a small number are listed in both that book and in this publication).

Few shunting locomotives have engineering acceptance and are equipped to operate on Network Rail infrastructure (beyond interface infrastructure), but those that are known to be permitted are indicated here.

For shunting locomotives, instead of the two-letter depot code, actual locations at the time of publication are given. Pool codes for shunting locomotives are not shown.

CLASS 03   BR/GARDNER   0-6-0

Built: 1958–62 by BR at Swindon or Doncaster Works.
Engine: Gardner 8L3 of 152 kW (204 hp) at 1200 rpm.
Transmission: Mechanical. Fluidrive type 23 hydraulic coupling to Wilson-Drewry CA5R7 gearbox with SCG type RF11 final drive.
Maximum Tractive Effort: 68 kN (15300 lbf).
Continuous Tractive Effort: 68 kN (15300 lbf) at 3.75 mph.
Train Brakes: Air & vacuum.
Brake Force: 13 t.
Weight: 31.3 t.
Design Speed: 28.5 mph.
Fuel Capacity: 1364 litres.
Train Supply: Not equipped.
Dimensions: 7.93 x 2.59 m.
Wheel Diameter: 1092 mm.
Maximum Speed: 28.5 mph.
Route Availability: 1.
Total: 3.

Number	Notes	Livery	Owner	Location
03084		G	WC	West Coast Railway Company, Carnforth Depot
03196		B	WC	West Coast Railway Company, Carnforth Depot
D2381	v	G	WC	West Coast Railway Company, Carnforth Depot

CLASS 07   BR/RUSTON & HORNSBY   0-6-0

Built: 1962 by Ruston & Hornsby, Lincoln.
Engine: Paxman 6RPHL Mk III of 205 kW (275 hp) at 1360 rpm.
Transmission: Electric. One AEI RTB 6652 traction motor.
Maximum Tractive Effort: 126 kN (28240 lbf).
Continuous Tractive Effort: 71 kN (15950 lbf) at 4.38 mph.
Train Brakes: Vacuum.
Brake Force:
Weight: 43.6 t.
Design Speed: 20 mph.
Fuel Capacity: 1400 litres.
Total: 1.
Dimensions: 8.17 x 2.59 m.
Wheel Diameter: 1067 mm.
Maximum Speed: 20 mph.
Train Supply: Not equipped.

07007	v	B	AF	Arlington Fleet Services, Eastleigh Works, Hants

CLASS 08　　　BR/ENGLISH ELECTRIC　　　0-6-0

Built: 1955–62 by BR at Crewe, Darlington, Derby Locomotive, Doncaster or Horwich Works.
Engine: English Electric 6KT of 298 kW (400 hp) at 680 rpm.
Main Generator: English Electric 801.
Traction Motors: Two English Electric 506.
Maximum Tractive Effort: 156 kN (35000 lbf).
Continuous Tractive Effort: 49 kN (11100 lbf) at 8.8 mph.
Power at Rail: 194 kW (260 hp).　　**Train Brakes:** Air & vacuum.
Brake Force: 19 t.　　**Dimensions:** 8.92 x 2.59 m.
Weight: 49.6–50.4 t.　　**Wheel Diameter:** 1372 mm.
Design Speed: 20 mph.　　**Maximum Speed:** 15 mph.
Fuel Capacity: 3037 litres.　　**Route Availability:** 5.
Train Brakes: Not equipped.　　**Total:** 172.

* Locomotives with engineering acceptance to operate on Network Rail infrastructure. 08850 has acceptance for use between Battersby and Whitby only, for rescue purposes.

† – Fitted with remote control equipment.

Non-standard liveries:

08308　All over ScotRail Caledonian Sleeper purple.
08401　Dark green.
08442　Dark grey lower bodyside & light grey upper bodyside.
08445　Yellow, blue & green.
08447　Lilac.
08502　Mid blue.
08568　Dark grey lower bodyside & light grey upper bodyside. Red solebar stripe.
08598　Yellow.
08600　Red with a light grey roof.
08630　Black with red cabsides and solebar stripe.
08645　All over black with a white cross.
08682　Multi-coloured.
08730　ABP Ports blue
08774　Red with a light grey roof.
08899　Crimson lake.
08956　Serco Railtest green.

Number	Notes	Livery	Owner	Location
08220	v	**B**	EE	Nottingham Transport Heritage Centre, Ruddington
08308	a	**O**	RL	Weardale Railway, Wolsingham, County Durham
08331		**K**	20	Midland Railway-Butterley, Derbyshire
08375	a	**RL**	RL	Victoria Group, Port of Boston, Boston
08389	a†	**E**	HN	Celsa Steel UK, Tremorfa Steelworks, Cardiff
08401	a	**O**	ED	Hams Hall Distribution Park, Coleshill, Warwickshire
08405	a†	**E**	RS	East Midlands Railway, Neville Hill Depot, Leeds
08410	* a	**GW**	AD	AV Dawson, Ayrton Rail Terminal, Middlesbrough
08411	a	**B**	RS	RSS, Rye Farm, Wishaw, Sutton Coldfield (S)
08417	* a	**Y**	HN	Barrow Hill Roundhouse, Chesterfield, Derbys (S)
08418	a	**E**	WC	West Coast Railway Company, Carnforth Depot

08423	a	**RL**	RL	PD Ports, Teesport, Grangetown, Middlesbrough
08428	ak	**E**	HN	Barrow Hill Roundhouse, Chesterfield, Derbys (S)
08441	* a	**RS**	RS	Greater Anglia, Crown Point Depot, Norwich
08442	a	**0**	AV	Arriva TrainCare, Eastleigh Depot, Hampshire (S)
08445	a	**0**	ED	Daventry International Railfreight Terminal, Crick
08447	a	**0**	RU	Assenta Rail, Hamilton, Glasgow (S)
08451	*	**B**	AM	Alstom, Polmadie Depot, Glasgow
08454	*	**B**	AM	Alstom, Widnes Technology Centre, Merseyside
08460	a	**RS**	RS	Felixstowe FLT
08472	* a	**WA**	ED	Hitachi, Craigentinny Depot, Edinburgh
08480	* a	**RS**	RS	Felixstowe FLT
08483	* a	**K**	LS	L&NWR Heritage Company, Crewe Diesel Depot
08484	a	**RS**	RS	Greater Anglia, Crown Point Depot, Norwich
08485	a	**B**	WC	West Coast Railway Company, Carnforth Depot
08499	a	**B**	TW	Transport for Wales, Canton Depot, Cardiff
08500		**E**	HN	HNRC, Worksop Depot, Nottinghamshire (S)
08502		**0**	HN	East Kent Light Railway, Shepherdswell, Kent (S)
08507	a	**RB**	RV	Cholsey & Wallingford Railway, Oxfordshire
08511	a	**RS**	RS	GB Railfreight, Eastleigh East Yard
08516	a	**AW**	RS	Arriva TrainCare, Bristol Barton Hill Depot
08523	*	**B**	RL	Weardale Railway, Wolsingham, County Durham
08525		**ST**	EM	East Midlands Railway, Neville Hill Depot, Leeds (S)
08527		**FA**	HN	Attero Recycling, Rossington, Doncaster
08530	*	**FL**	FL	Hunslet Engine Company, Barton-under-Needwood, Staffs
08531	* a	**FH**	FL	Freightliner, Felixstowe FLT
08536		**B**	RS	RSS, Rye Farm, Wishaw, Sutton Coldfield (S)
08567		**E**	AF	Arlington Fleet Services, Eastleigh Works
08568		**0**	RS	RSS, Rye Farm, Wishaw, Sutton Coldfield (S)
08571	* a	**WA**	ED	Daventry International Railfreight Terminal, Crick
08573		**K**	RL	Weardale Railway, Wolsingham, County Durham
08575		**FL**	FL	Nemesis Rail, Burton-upon-Trent, Staffordshire (S)
08578		**E**	HN	HNRC, Worksop Depot, Nottinghamshire (S)
08580	*	**RS**	RS	Garston Car Terminal, Liverpool
08585	*	**FH**	FL	Freightliner, Southampton Maritime FLT
08588		**RL**	RL	Alstom, Ilford Works, London
08593		**E**	RS	RSS, Rye Farm, Wishaw, Sutton Coldfield (S)
08596	* at	**WA**	ED	Hitachi, Craigentinny Depot, Edinburgh
08598		**0**	AD	AV Dawson, Ayrton Rail Terminal, Middlesbrough
08600	a	**0**	AD	AV Dawson, Ayrton Rail Terminal, Middlesbrough
08602		**B**	HN	HNRC, Worksop Depot, Nottinghamshire (S)
08605	†	**DB**	RV	DB Cargo UK, Knottingley Depot
08611	*	**B**	AM	Alstom, Wembley Depot, London
08613		**RL**	RL	Weardale Railway, Wolsingham, County Durham
08615	*	**HU**	ED	Tata Steel, Shotton Works, Deeside
08616		**LM**	WM	West Midlands Trains, Tyseley Depot, Birmingham
08617	*	**B**	AM	Alstom, Oxley Depot, Wolverhampton
08622		**K**	RL	Hanson Cement, Ketton Cement Works, nr Stamford
08623		**DB**	HN	Breedon, Hope Cement Works, Derbys (S)
08624	*	**FH**	FL	Freightliner, Trafford Park FLT
08629		**KB**	EP	UK Rail Leasing, Leicester Depot
08630	†	**0**	HN	Celsa Steel UK, Tremorfa Steelworks, Cardiff

Number		Livery	Operator	Location
08631		B	LS	Weardale Railway, Wolsingham, County Durham
08632	†	LR	RS	RSS, Rye Farm, Wishaw, Sutton Coldfield
08641	*	B	GW	Great Western Railway, Laira Depot, Plymouth
08643		B	MR	Aggregate Industries, Merehead Rail Terminal
08644	*	B	GW	Great Western Railway, Laira Depot, Plymouth
08645	*	O	GW	Great Western Railway, Long Rock Depot, Penzance
08648	*	K	RL	ScotRail, Inverness Depot
08649		KB	ME	VLR Innovation Centre, Dudley
08650		B	MR	Hanson Aggregates, Whatley Quarry, near Frome
08652		B	RS	RSS, Rye Farm, Wishaw, Sutton Coldfield (S)
08653		E	HN	Long Marston Rail Innovation Centre, Warks (S)
08663	* a	B	HH	RSS, Rye Farm, Wishaw, Sutton Coldfield
08669	* a	WA	ED	Wabtec Rail, Doncaster Works
08670	* a	RS	RS	GB Railfreight, Bescot Yard
08676		E	HN	East Kent Light Railway, Shepherdswell, Kent (S)
08678	a	WC	WC	West Coast Railway Company, Carnforth Depot
08682		O	HN	Breedon, Hope Cement Works, Derbys (S)
08683	*	RS	RS	GB Railfreight, Eastleigh East Yard
08685		E	HN	East Kent Light Railway, Shepherdswell, Kent (S)
08690		ST	EM	East Midlands Railway, Neville Hill Depot, Leeds (S)
08691	*	FL	FL	Freightliner, Crewe Basford Hall Yard, Cheshire
08696	* a	B	AM	Alstom, Wembley Depot, London
08700		B	RL	Alstom, Ilford Works, London
08701	a	RX	HN	Long Marston Rail Innovation Centre, Warks (S)
08703	a	GB	RS	Willesden Euroterminal Stone Terminal, London
08704		RB	RV	DB Cargo UK, Knottingley Depot
08706	†	E	HN	RSS, Rye Farm, Wishaw, Sutton Coldfield (S)
08709		E	RS	RSS, Rye Farm, Wishaw, Sutton Coldfield (S)
08711	k	RX	HN	Nemesis Rail, Burton-upon-Trent, Staffordshire (S)
08714		E	HN	Breedon, Hope Cement Works, Derbys (S)
08721	*	B	AM	Alstom, Widnes Technology Centre, Merseyside
08724	*	WA	ED	Wabtec Rail, Doncaster Works
08730		O	RS	RSS, Rye Farm, Wishaw, Sutton Coldfield
08735	†	AW	AV	Arriva TrainCare, Eastleigh Depot
08737		G	LS	L&NWR Heritage Company, Southall Depot
08738		RS	RS	Chasewater Railway, Staffordshire
08742	†	RX	HN	Barrow Hill Roundhouse, Chesterfield, Derbys (S)
08743		B	SU	SembCorp Utilities UK, Wilton, Middlesbrough
08752	†	RS	RS	Arriva TrainCare, Crewe Depot, Cheshire
08754	*	RL	RL	Gemini Rail Group, Wolverton Works, Milton Keynes
08756		DG	RL	Weardale Railway, Wolsingham, County Durham
08757		RG	PO	Telford Steam Railway, Shropshire
08762		RL	RL	Eastern Rail Services, Great Yarmouth, Norfolk
08764	*	B	AM	Alstom, Polmadie Depot, Glasgow
08765		HN	HN	Barrow Hill Roundhouse, Chesterfield, Derbys (S)
08774	a	O	AD	AV Dawson, Ayrton Rail Terminal, Middlesbrough
08780		G	LS	L&NWR Heritage Company, Crewe Diesel Depot
08782	at	CU	HN	Barrow Hill Roundhouse, Chesterfield, Derbys (S)
08783		E	EY	European Metal Recycling, Kingsbury, nr Tamworth
08784		DG	PO	EMD, Longport Works, Stoke-on-Trent
08785	* a	FG	FL	Freightliner, Ipswich Depot

Number		Code	Depot	Location
08786	a	DG	HN	Barrow Hill Roundhouse, Chesterfield, Derbys (S)
08787		B	MR	Hunslet Engine Company, Barton-under-Needwood, Staffs
08788	*	RL	RL	PD Ports, Teesport, Grangetown, Middlesbrough
08790	*	B	AM	Alstom, Longsight Depot, Manchester
08795		K	LL	Chrysalis Rail, Landore Depot, Swansea
08798		E	HN	Barrow Hill Roundhouse, Chesterfield, Derbys (S)
08799	a	E	HN	Shackerstone, Battlefield Line (S)
08802	†	E	HN	RSS, Rye Farm, Wishaw, Sutton Coldfield (S)
08804	†	E	HN	East Kent Light Railway, Shepherdswell, Kent (S)
08805		FO	WM	West Midlands Trains, Tyseley Depot, Birmingham
08809		RL	RL	Hanson Cement, Ketton Cement Works, nr Stamford
08810	a	LW	AV	Arriva TrainCare, Eastleigh Depot, Hampshire
08818		GB	HN	HNRC, Worksop Depot, Nottinghamshire
08822	*	IC	GW	Great Western Railway, St Philip's Marsh Depot, Bristol
08823	a	HU	ED	Tata Steel, Shotton Works, Deeside
08824	ak	K	HN	Barrow Hill Roundhouse, Chesterfield, Derbys (S)
08834		HN	HN	Northern, Allerton Depot, Liverpool
08836	*	GW	GW	Great Western Railway, Laira Depot, Plymouth
08846		B	RS	GB Railfreight, Whitemoor Yard, March, Cambs
08847	*	CD	RL	PD Ports, Teesport, Grangetown, Middlesbrough
08850	*	B	NY	North Yorkshire Moors Railway, Grosmont Depot
08853	* a	WA	ED	Wabtec Rail, Doncaster Works
08865		E	HN	Alstom, Central Rivers Depot, Barton-under-Needwood
08868		AW	HN	Arriva TrainCare, Crewe Depot, Cheshire
08870		IC	ER	Eastern Rail Services, Great Yarmouth, Norfolk
08871		CD	RL	Weardale Railway, Wolsingham, County Durham
08872		E	HN	European Metal Recycling, Attercliffe, Sheffield (S)
08874	*	SL	RL	PD Ports, Teesport, Grangetown, Middlesbrough
08877		DG	DG	Celsa Steel UK, Tremorfa Steelworks, Cardiff
08879		E	HN	Breedon, Hope Cement Works, Derbys (S)
08885		B	RL	Weardale Railway, Wolsingham, County Durham (S)
08887	* a	B	AM	Alstom, Polmadie Depot, Glasgow
08891	*	FG	FL	Hunslet Engine Company, Barton-under-Needwood, Staffs
08892		DR	HN	HNRC, Worksop Depot, Nottinghamshire
08899		O	EM	East Midlands Railway, Derby Etches Park Depot
08903		B	SU	SembCorp Utilities UK, Wilton, Middlesbrough
08904	d	E	HN	HNRC, Worksop Depot, Nottinghamshire
08905		E	HN	Breedon, Hope Cement Works, Derbys (S)
08908		ST	EM	East Midlands Railway, Neville Hill Depot, Leeds (S)
08912		B	AD	AV Dawson, Ayrton Rail Terminal, Middlesbrough (S)
08913		E	EY	European Metal Recycling, Kingsbury, nr Tamworth
08918		DG	HN	Nemesis Rail, Burton-upon-Trent, Staffordshire (S)
08921		E	RS	RSS, Rye Farm, Wishaw, Sutton Coldfield (S)
08922		DG	PO	Melton Rail Innovation & Development Centre, Old Dalby
08924	†	GB	HN	Celsa Steel UK, Tremorfa Steelworks, Cardiff
08925		G	GB	HNRC, Worksop Depot, Nottinghamshire (S)
08927		G	RS	GB Railfreight, Bescot Yard
08933		B	MR	Hanson Aggregates, Whatley Quarry, near Frome
08934	a	VP	GB	GB Railfreight, Whitemoor Yard, March, Cambs
08936		B	RL	Weardale Railway, Wolsingham, County Durham
08937		G	BD	Dartmoor Railway, Meldon Quarry, nr Okehampton

08939		**ECR**	RS	DB Cargo UK, Springs Branch Depot, Wigan
08943		**HN**	HN	Barrow Hill Roundhouse, Chesterfield, Derbys
08947		**B**	MR	Hanson Aggregates, Whatley Quarry, near Frome
08948	c	**EP**	EU	Eurostar, Temple Mills Depot, London
08950		**ST**	EM	East Midlands Railway, Neville Hill Depot, Leeds (S)
08954	*	**B**	AM	Arlington Fleet Services, Eastleigh Works
08956		**O**	LO	Barrow Hill Roundhouse, Chesterfield, Derbys (S)

Class 08/9. Reduced height cab. Converted 1985–87 by BR at Landore.

08994	a	**E**	HN	Nemesis Rail, Burton-upon-Trent, Staffordshire (S)

Other numbers or names carried:

08308	"23"		08737	D3905
08423	"LOCO 2" / "14"		08743	Bryan Turner
08442	"0042"		08754	"H041"
08460	SPIRIT OF THE OAK		08757	EAGLE C.U.R.C.
08483	Bungle		08762	"H067"
08484	CAPTAIN NATHANIEL DARELL		08774	ARTHUR VERNON DAWSON
08499	REDLIGHT		08780	Zippy / D3948
08525	DUNCAN BEDFORD		08787	"08296"
08568	St. Rollox		08790	M.A. SMITH
08585	Vicky		08805	Robin Jones
08588	"H047"			40 YEARS SERVICE
08602	"004"		08809	"24"
08605	"WIGAN 2"		08810	RICHARD J. WENHAM
08613	"H064"			EASTLEIGH DEPOT
08615	UNCLE DAI			DECEMBER 1989 – JULY 1999
08616	TYSELEY 100 / Bam Bam / 3783		08818	MOLLY / "4"
08617	Steve Purser		08822	Dave Mills
08622	"H028" / "19"		08823	KEVLA
08624	Rambo PAUL RAMSEY		08824	"IEMD 01"
08629	Wolverton		08846	"003"
08630	"CELSA 3"		08847	"LOCO 1"
08641	Pride of Laira		08865	GILLY
08644	Laira Diesel Depot		08871	"H074"
	50 Years 1962–2012		08885	"H042" / "18"
08645	St. Piran		08899	Midland Counties Railway
08649	Bradwell			175 1839–2014
08669	Bob Machin		08903	John W Antill
08678	"555"		08924	"CELSA 2"
08682	Lionheart		08927	D4157
08690	DAVID THIRKILL		08934	D4164
08691	Terri		08937	D4167
08703	Jermaine		08950	DAVID LIGHTFOOT
08735	Geoff Hobbs 42			

CLASS 09 — BR/ENGLISH ELECTRIC — 0-6-0

Built: 1959–62 by BR at Darlington or Horwich Works.
Engine: English Electric 6KT of 298 kW (400 hp) at 680 rpm.
Main Generator: English Electric 801.
Traction Motors: English Electric 506.
Maximum Tractive Effort: 111 kN (25000 lbf).
Continuous Tractive Effort: 39 kN (8800 lbf) at 11.6 mph.
Power at Rail: 201 kW (269 hp). **Train Brakes:** Air & vacuum.
Brake Force: 19 t. **Dimensions:** 8.92 x 2.59 m.
Weight: 49 t. **Wheel Diameter:** 1372 mm.
Design Speed: 27 mph. **Maximum Speed:** 27 mph.
Fuel Capacity: 3037 litres. **Route Availability:** 5.
Train Supply: Not equipped. **Total:** 10.

Class 09/0. Built as Class 09.

09002	**G**	GB	Barrow Hill Roundhouse, Chesterfield, Derbys
09006	**E**	HN	Nemesis Rail, Burton-upon-Trent, Staffordshire (S
09007	**G**	LN	London Overground, Willesden Depot, London
09009	**G**	GB	Miles Platting Stone Terminal, Greater Mancheste
09014	**DG**	HN	Nemesis Rail, Burton-upon-Trent, Staffordshire (S
09022	**B**	VG	Victoria Group, Port of Boston, Boston
09023	**E**	EY	European Metal Recycling, Attercliffe, Sheffield (S

Class 09/1. Converted from Class 08 1992–93 by RFS Industries, Kilnhurst 110 V electrical equipment.

09106 **HN** HN Celsa Steel UK, Tremorfa Steelworks, Cardiff

Class 09/2. Converted from Class 08 1992 by RFS Industries, Kilnhurst 90 V electrical equipment.

09201	**DG**	HN	Breedon, Hope Cement Works, Derbys (S)
09204	**AW**	AV	Arriva TrainCare, Crewe Depot, Cheshire

Other numbers or names carried:

09007	D3671		09106	"6"
09022	PB144			

1.2. MAIN LINE DIESEL LOCOMOTIVES

CLASS 19

Experimental locomotive being rebuilt by Artemis Intelligent Power from a Mark 3B Driving Brake Van. Part of a project funded by the Rail Safety Standards Board (RSSB) to test the viability of combining hydrostatic transmission to reduce engine emissions. Conversion work is taking place at the Bo'ness & Kinneil Railway. Full details awaited.

Built: 1988 by BR Derby Works.
Engine: 2 x JCB diesel engines.
Main Generator:
Traction Motors:
Maximum Tractive Effort:
Continuous Tractive Effort: **Train Brakes:**
Power at Rail: **Dimensions:** 18.83 x 2.71 m.
Brake Force: **Weight:**
Design Speed: **Maximum Speed:**
Fuel Capacity: **Route Availability:**
Train Supply: **Total:** 1.

19001 (82113)   **B**   AV   BO

CLASS 20   ENGLISH ELECTRIC   Bo-Bo

Built: 1957–68 by English Electric at Vulcan Foundry, Newton-le-Willows or by Robert Stephenson & Hawthorns at Darlington.
Engine: English Electric 8SVT Mk II of 746 kW (1000 hp) at 850 rpm.
Main Generator: English Electric 819/3C.
Traction Motors: English Electric 526/5D or 526/8D.
Maximum Tractive Effort: 187 kN (42000 lbf).
Continuous Tractive Effort: 111 kN (25000 lbf) at 11 mph.
Power at Rail: 574 kW (770 hp). **Train Brakes:** Air & vacuum.
Brake Force: 35 t. **Dimensions:** 14.25 x 2.67 m.
Weight: 73.4–73.5 t. **Wheel Diameter:** 1092 mm.
Design Speed: 75 mph. **Maximum Speed:** 75 mph.
Fuel Capacity: 1727 litres. **Route Availability:** 5.
Train Supply: Not equipped. **Total:** 29.

Non-standard liveries/numbering:

20056   Yellow with grey cabsides and red solebar. Carries No. "81".
20066   Dark blue with yellow stripes. Carries No. "82".
20096   Carries original number D8096.
20107   Carries original number D8107.
20110   Carries original number D8110.
20142   LUL Maroon.
20168   White with green cabsides and solebar. Carries No. "2".
20227   LUL Maroon.
20906   White. Carries No. "3".

Class 20/0. Standard Design.

20007	G	EE	MOLO	SK	
20056	O	HN	HNRL	SC (S)	
20066	O	HN	HNRL	HO	
20096	G	LS	LSLO	CL	
20107	G	LS	LSLO	CL	Jocelyn Feilding 1940–2020
20110	G	HN	HNRS	WS (S)	
20118	FO	HN	HNRL	WS	Saltburn-by-the-Sea
20121	HN	HN	HNRL	BH (S)	
20132	FO	HN	HNRL	WS	Barrow Hill Depot
20142	O	20	MOLO	SK	SIR JOHN BETJEMAN
20168	O	HN	HNRL	HO	SIR GEORGE EARLE
20189	B	20	MOLO	SK	
20205	B	2L	MOLO	SK	
20227	O	2L	MOLO	SK	SHERLOCK HOLMES

Class 20/3. Locomotives refurbished by Direct Rail Services in the 1990s
Details as Class 20/0 except:

Refurbished: 15 locomotives were refurbished 1995–96 by Brush Traction at Loughborough (20301–305) or 1997–98 by RFS(E) at Doncaster (20306–315). Disc indicators or headcode panels removed.
Train Brakes: Air. **Maximum Speed:** 60 mph (+ 75 mph).
Weight: 73 t (+ 76 t). **Fuel Capacity:** 2909 (+ 4909) litres.
Brake Force: 35 t (+ 31 t). **RA:** 5 (+ 6).

20301	(20047)	r	DS	HN	HNRS	BH (S)	
20302	(20084)	r	DS	LS	LSLO	BO (S)	
20303	(20127)	r	DS	HN	HNRS	CR (S)	Max Joule 1958–1999
20304	(20120)	r	DS	HN	HNRS	BH (S)	
20305	(20095)	r	DS	LS	LSLO	BO (S)	
20308	(20187)	r+	DS	HN	HNRS	BH (S)	
20309	(20075)	r+	DS	HN	HNRS	BH (S)	
20311	(20102)	r+	HN	HN	HNRL	WS	
20312	(20042)	r+	DS	HN	HNRS	BH (S)	
20314	(20117)	r+	HN	HN	HNRL	WS	

Class 20/9. Harry Needle Railroad Company (former Hunslet-Barclay, DRS) locomotives. Details as Class 20/0 except:

Refurbished: 1989 by Hunslet-Barclay at Kilmarnock.
Train Brakes: Air. **Fuel Capacity:** 1727 (+ 4727) litres.
RA: 5 (+ 6).

20901	(20101)		GB	HN	HNRL	WS	
20903	(20083)	+	DR	HN	HNRS	BU (S)	
20904	(20041)		DR	HN	HNRS	BU (S)	
20905	(20225)	+	GB	HN	HNRL	WS	Dave Darwin
20906	(20219)		O	HN	HNRL	HO	

CLASS 25 BR/BEYER PEACOCK/SULZER Bo-Bo

Built: 1965 by Beyer Peacock at Gorton.
Engine: Sulzer 6LDA28-B of 930 kW (1250 hp) at 750 rpm.
Main Generator: AEI RTB15656. **Traction Motors:** AEI 253AY.
Maximum Tractive Effort: 200 kN (45000 lbf).
Continuous Tractive Effort: 93 kN (20800 lbf) at 17.1 mph.
Power at Rail: 708 kW (949 hp). **Train Brakes:** Air & vacuum.
Brake Force: 38 t. **Dimensions:** 15.39 x 2.73 m.
Weight: 71.5 t. **Wheel Diameter:** 1143 mm.
Design Speed: 90 mph. **Maximum Speed:** 60 mph.
Fuel Capacity: 2270 litres. **Route Availability:** 5.
Train Supply: Not equipped. **Total:** 1.

Carries original number D7628.

Only certified for use on Network Rail tracks between Whitby and Battersby, as an extension of North Yorkshire Moors Railway services.

| 25278 | GG | NY | MBDL | NY | SYBILLA |

CLASS 31 BRUSH/ENGLISH ELECTRIC A1A-A1A

Built: 1958–62 by Brush Traction at Loughborough.
Engine: English Electric 12SVT of 1100 kW (1470 hp) at 850 rpm.
Main Generator: Brush TG160-48. **Traction Motors:** Brush TM73-68.
Maximum Tractive Effort: 160 kN (35900 lbf).
Continuous Tractive Effort: 83 kN (18700 lbf) at 23.5 mph.
Power at Rail: 872 kW (1170 hp). **Train Brakes:** Air & vacuum.
Brake Force: 49 t. **Dimensions:** 17.30 x 2.67 m.
Weight: 106.7–111 t. **Wheel Diameter:** 1092/1003 mm.
Design Speed: 90 mph. **Maximum Speed:** 90 mph.
Fuel Capacity: 2409 litres. **Route Availability:** 5.
Train Supply: Not equipped. **Total:** 3.

Non-standard livery: 31452 All over dark green.

31106	B		HH	BQ	
31128	B	NS	NRLO	BU	CHARYBDIS
31452	O	ER	ERSL	YA	

CLASS 33 BRCW/SULZER Bo-Bo

Built: 1959–62 by the Birmingham Railway Carriage & Wagon Company at Smethwick.
Engine: Sulzer 8LDA28 of 1160 kW (1550 hp) at 750 rpm.
Main Generator: Crompton Parkinson CG391B1.
Traction Motors: Crompton Parkinson C171C2.
Maximum Tractive Effort: 200 kN (45000 lbf).
Continuous Tractive Effort: 116 kN (26000 lbf) at 17.5 mph.
Power at Rail: 906 kW (1215 hp). **Train Brakes:** Air & vacuum.
Brake Force: 35 t. **Dimensions:** 15.47 x 2.82 (2.64 m 33/2).

Weight: 76–78 t.
Design Speed: 85 mph.
Fuel Capacity: 3410 litres.
Train Supply: Electric, index 48 (750 V DC only).
Total: 5.

Wheel Diameter: 1092 mm.
Maximum Speed: 85 mph.
Route Availability: 6.

Non-standard numbering: 33012 Carries original number D6515.

Class 33/0. Standard Design.

33012	**G**	71	MBDL	SW	Lt Jenny Lewis RN
33025	**WC**	WC	AWCA	CS	
33029	**WC**	WC	AWCA	CS	
33030	**DR**	WC	AWCX	CS (S)	

Class 33/2. Built to former Loading Gauge of Tonbridge–Battle Line.
Equipped with slow speed control.

33207	**WC**	WC	AWCA	CS	Jim Martin

CLASS 37   ENGLISH ELECTRIC   Co-Co

Built: 1960–66 by English Electric at Vulcan Foundry, Newton-le-Willows or by Robert Stephenson & Hawthorns at Darlington.
Engine: English Electric 12CSVT of 1300 kW (1750 hp) at 850 rpm.
Main Generator: English Electric 822/10G.
Traction Motors: English Electric 538/A.
Maximum Tractive Effort: 247 kN (55500 lbf).
Continuous Tractive Effort: 156 kN (35000 lbf) at 13.6 mph.
Power at Rail: 932 kW (1250 hp).   **Train Brakes:** Air & vacuum.
Brake Force: 50 t.   **Dimensions:** 18.75 x 2.74 m.
Weight: 102.8–108.4 t.   **Wheel Diameter:** 1092 mm.
Design Speed: 90 mph.   **Maximum Speed:** 80 mph.
Fuel Capacity: 4046 (+ 7683) litres.   **Route Availability:** 5 (§ 6).
Train Supply: Not equipped.   **Total:** 65.

Non-standard liveries and numbering:

37424 Also carries the number 37558.
37521 Carries original number D6817.
37667 Carries original number D6851.
37688 Two-tone trainload freight grey with Construction decals.
37703 Carries the number 37067.
37905 Also carries original number D6838.

Class 37/0. Standard Design.

37025	**BL**	37	COTS	BH (S)	Inverness TMD
37038 a	**DI**	DR	XHHP	CR (S)	
37057	**CS**	CS	COTS	NM	Barbara Arbon
37059 ar+	**DI**	DR	XHNC	KM	
37069 ar+	**DI**	DR	XHNC	KM	
37099	**CS**	CS	COTS	NM	
37116 +	**CS**	CS	COTS	NM	MERL EVANS 1947–2016
37165 a+	**CE**	WC	AWCX	CS (S)	

37175	a	**CS**	CS	COTS	NM	
37190		**B**	LS	MBDL	CL	
37207		**B**	EP	EPUK	Dudley	
37218	ar+	**DI**	DR	XHNC	KM	
37219		**CS**	CS	COTS	NM	Jonty Jarvis 8-12-1998 to 18-3-2005
37240		**F**	NB	COFS	NM	
37254		**CS**	CS	COTS	NM	Cardiff Canton
37259	ar	**DS**	DR	XHSS	NM (S)	

Class 37/4. Refurbished with electric train supply equipment. Main generator replaced by alternator. Regeared (CP7) bogies. Details as Class 37/0 except:
Main Alternator: Brush BA1005A.   **Power At Rail:** 935 kW (1254 hp).
Traction Motors: English Electric 538/5A.
Maximum Tractive Effort: 256 kN (57440 lbf).
Continuous Tractive Effort: 184 kN (41250 lbf) at 11.4 mph.
Weight: 107 t.   **Design Speed:** 80 mph.
Fuel Capacity: 7683 litres.
Train Supply: Electric, index 30.

37401	ar	**BL**	DR	XHAC	KM	Mary Queen of Scots
37402	a	**BL**	DR	XHAC	KM	Stephen Middlemore 23.12.1954–8.6.2013
37403		**BL**	SP	RAJV	BO	Isle of Mull
37405	ar	**DS**	DR	XHHP	CR (S)	
37407		**BL**	DR	XHAC	KM	Blackpool Tower
37409	ar	**BL**	DR	XHSS	KM (S)	Lord Hinton
37418		**BL**	SB	COTS	NM	An Comunn Gaidhealach
37419	ar	**IC**	DR	XHAC	KM	Carl Haviland 1954–2012
37421		**CS**	CS	COTS	NM	
37422	ar	**DR**	DR	XHAC	KM	Victorious
37423	ar	**DR**	DR	XHAC	KM	Spirit of the Lakes
37424		**BL**	DR	XHAC	KM	Avro Vulcan XH558
37425	ar	**RR**	DR	XHAC	KM	Sir Robert McAlpine/Concrete Bob

Class 37/5. Refurbished without train supply equipment. Main generator replaced by alternator. Regeared (CP7) bogies. Details as Class 37/4 except:
Power At Rail: 932 kW (1250 hp).
Maximum Tractive Effort: 248 kN (55590 lbf).
Weight: 106.1–110.0 t.
Train Supply: Not equipped.

37510	a	**EX**	EP	GROG	LR	Orion
37516	s	**WC**	WC	AWCA	CS	Loch Laidon
37517	as	**LH**	WC	AWCX	CS (S)	
37518	ar	**WC**	WC	AWCA	CS	Fort William/An Gearasdan
37521		**G**	LS	LSLO	CL	

Class 37/6. Originally refurbished for Nightstar services. Main generator replaced by alternator. UIC jumpers. Details as Class 37/5 except:
Maximum Speed: 90 mph.   **Train Brake:** Air.
Train Supply: Not equipped, but electric through wired.

37601	ad	**EX**	EP	GROG	LR	Perseus
37602	ar	**DS**	DR	XSDP	ZG (S)	

37603 a	**DS**	DR	XSDP	LW (S)	
37604 a	**DS**	DR	XSDP	LW (S)	
37605 ar	**DS**	DR	XSDP	ZA (S)	
37606 a	**DS**	DR	XSDP	CR (S)	
37607 ar	**DR**	HN	COTS	BH (S)	
37608 ard	**EX**	EP	GROG	LR	Andromeda
37609 a	**DI**	DR	XSDP	LW (S)	
37610 ar	**BL**	HN	COTS	BH	
37611 ad	**EX**	EP	GROG	LR	Pegasus
37612 a	**DR**	HN	COTS	BH	

Class 37/5 continued.

37667 ars	**G**	LS	LSLO	CL	FLOPSIE
37668 e	**WC**	WC	AWCA	CS	
37669 e	**WC**	WC	AWCA	CS	
37676 a	**WC**	WC	AWCA	CS (S)	Loch Rannoch
37685 a	**WC**	WC	AWCA	CS	Loch Arkaig
37688	**O**	DO	MBDL	CL	Great Rocks

Class 37/7. Refurbished locomotives. Main generator replaced by alternator. Regeared (CP7) bogies. Ballast weights added. Details as Class 37/5 except:
Main Alternator: GEC G564AZ (37800) Brush BA1005A (others).
Maximum Tractive Effort: 276 kN (62000 lbf).
Weight: 120 t.   **Route Availability:** 7.

37703	**DR**	HN	HNRS	BO (S)	
37706	**WC**	WC	AWCA	CS	
37712 a	**WC**	WC	AWCX	CS (S)	
37716	**DI**	DR	XHNC	KM	
37800 d	**EX**	EP	GROG	LR	Cassiopeia
37884 d	**EX**	EP	GROG	LR	Cepheus

Class 37/9. Refurbished locomotives. New power unit. Main generator replaced by alternator. Ballast weights added. Details as Class 37/4 except:
Engine: * Mirrlees 6MB275T of 1340 kW (1800 hp) or † Ruston 6RK270T of 1340 kW (1800 hp) at 900 rpm.
Main Alternator: Brush BA15005A.
Maximum Tractive Effort: 279 kN (62680 lbf).
Weight: 120 t.   **Route Availability:** 7.
Train Supply: Not equipped.

37901 *	**EX**	EP	EPUK	LR	Mirrlees Pioneer
37905 †	**G**	UR	UKRM	LR (S)	
37906 †	**FO**	UR	UKRM	BL (S)	

Class 97/3. Class 37s refurbished for use on the Cambrian Lines which are signalled by ERTMS. Details as Class 37/0.

97301 (37100) e	**Y**	NR	QETS	ZA	
97302 (37170) e	**Y**	NR	QETS	ZA	Ffestiniog & Welsh Highland Railways/Rheilffyrdd Ffestiniog ac Eryri
97303 (37178) e	**Y**	NR	QETS	ZA	Dave Berry
97304 (37217) e	**Y**	NR	QETS	ZA	John Tiley

40013–43009　　　　　　　　　　　　　　　　　　　　　　　　　　　　33

CLASS 40　　　ENGLISH ELECTRIC　　　1Co-Co1

Built: 1961 by English Electric at Vulcan Foundry, Newton-le-Willows.
Engine: English Electric 16SVT Mk2 of 1492 kW (2000 hp) at 850 rpm.
Main Generator: English Electric 822/4C.
Traction Motors: English Electric 526/5D or EE526/7D.
Maximum Tractive Effort: 231 kN (52000 lbf).
Continuous Tractive Effort: 137 kN (30900 lbf) at 18.8 mph.
Power at Rail: 1160 kW (1550 hp).　**Train Brakes:** Air & vacuum.
Brake Force: 51 t.　**Dimensions:** 21.18 x 2.78 m.
Weight: 132 t.　**Wheel Diameter:** 914/1143 mm.
Design Speed: 90 mph.　**Maximum Speed:** 90 mph.
Fuel Capacity: 3250 litres.　**Route Availability:** 6.
Train Supply: Steam heating.　**Total:** 2.

40013 Carries original number D213
40145 Carries original number 345.

40013	**G**	ST	LSLO	CL	Andania
40145	**B**	40	CFSL	CL	

CLASS 43　　　BREL/PAXMAN　　　Bo-Bo

Built: 1975–82 by BREL at Crewe Works.
Engine: MTU 16V4000 R41R of 1680kW (2250 hp) at 1500 rpm.
(* Paxman 12VP185 of 1680 kW (2250 hp) at 1500 rpm.)
Main Alternator: Brush BA1001B.
Traction Motors: Brush TMH68–46 or GEC G417AZ (43124–152); frame mounted.
Maximum Tractive Effort: 80 kN (17980 lbf).
Continuous Tractive Effort: 46 kN (10340 lbf) at 64.5 mph.
Power at Rail: 1320 kW (1770 hp).　**Train Brakes:** Air.
Brake Force: 35 t.　**Dimensions:** 17.79 x 2.74 m.
Weight: 70.25–75.0 t.　**Wheel Diameter:** 1020 mm.
Design Speed: 125 mph.　**Maximum Speed:** 125 mph.
Fuel Capacity: 4500 litres.　**Route Availability:** 5.
Train Supply: Three-phase electric.　**Total:** 181.

† Buffer fitted.
§ Modified GWR power cars that can operate with power door fitted short sets.

43013, 43014 & 43062 are fitted with measuring apparatus & front-end cameras.

Power cars 43013 and 43321 carry small commemorative plates to celebrate 40 years of the HST, reading "40 YEARS 1976–2016".

Non-standard liveries:

43206 & 43312　Original HST blue & yellow. Carry the numbers 43006 and 43112
43238　　　　　Red

43003		**SI**	A	HAPC	HA
43004	§	**GW**	A	EFPC	LA	Caerphilly Castle
43005	§	**GW**	A	EFPC	LA	St Michael's Mount
43009	§	**GW**	GW	EFPC	LA	

43010 §	**GW**	GW	EFPC	LA	
43012	**SI**	A	HAPC	HA	
43013 †	**Y**	P	QCAR	ZA	Mark Carne CBE
43014 †	**Y**	P	QCAR	ZA	The Railway Observer
43015	**SI**	A	HAPC	HA	
43016 §	**GW**	A	EFPC	LA	
43017	**FB**	A	SCEL	EP (S)	
43020	**FB**	A	SCEL	EP (S)	MTU Power. Passion. Partnership
43021	**SI**	A	HAPC	HA	
43022 §	**GW**	GW	EFPC	LA	
43023	**FB**	A	SCEL	EP (S)	
43024	**FB**	A	SCEL	EP (S)	
43025	**FB**	A	SCEL	EP (S)	
43026	**SI**	A	HAPC	HA	
43027 §	**GW**	GW	EFPC	LA	
43028	**SI**	A	HAPC	HA	
43029 §	**GW**	GW	EFPC	LA	
43030	**SI**	A	HAPC	ZK (S)	
43031	**SI**	A	HAPC	HA	
43032	**SI**	A	HAPC	HA	
43033	**SI**	A	HAPC	HA	
43034	**SI**	A	HAPC	HA	
43035	**SI**	A	HAPC	HA	
43036	**SI**	A	HAPC	HA	
43037	**SI**	A	HAPC	HA	
43040 §	**GW**	A	EFPC	LA	
43041 §	**GW**	A	EFPC	LA	St Catherine's Castle
43042 §	**GW**	A	EFPC	LA	Tregenna Castle
43043 *	**ST**	P	SBXL	LM (S)	
43044 *	**IC**	125	ICHP	RD	
43045 *	**ST**	P	SBXL	LM (S)	
43046 *	**MP**	LS	MBDL	CL	Geoff Drury 1930–1999 Steam Preservation and Computerised Track Recording Pioneer
43047 *	**ST**	LS	MBDL	CL	
43048 *	**ST**	125	ICHP	RD	
43049 *	**IC**	LS	MBDL	CL	Neville Hill
43050 *	**ST**	P	SBXL	RJ (S)	
43052 *	**ST**	DA	MBDL	RJ	
43054 *	**ST**	DA	MBDL	RJ	
43055 *	**MP**	LS	MBDL	CL	
43056	**FB**	P	EFPC	LA (S)	
43058 *	**RC**	LS	MBDL	CL	
43059 *	**RC**	LS	MBDL	CL	
43060 *	**ST**	P	SBXL	LM (S)	
43062	**Y**	P	QCAR	ZA	John Armitt
43063	**FB**	GW	SBXL	LA (S)	
43064 *	**ST**	P	SBXL	LM (S)	
43066 *	**ST**	DA	MBDL	RJ	
43069 *	**FB**	P	EFPC	LA (S)	
43076 *	**ST**	DA	MBDL	RJ	

43078	**FB**	P	EFPC	LA (S)	
43083 *	**ST**	LS	SBXL	ZG (S)	
43086	**FB**	P	EFPC	LA (S)	
43087	**FB**	P	EFPC	LA (S)	
43088 §	**GW**	FG	EFPC	LA	
43089 *	**ST**	125	ICHP	RD	
43091	**FB**	GW	SBXL	LA (S)	
43092 §	**GW**	FG	EFPC	LA	Cromwell's Castle
43093 §	**GW**	FG	EFPC	LA	Old Oak Common HST Depot 1976–2018
43094 §	**GW**	FG	EFPC	LA	St Mawes Castle
43097 §	**GW**	FG	EFPC	LA	Castle Drogo
43098 §	**GW**	FG	EFPC	LA	Walton Castle
43122 §	**GW**	FG	EFPC	LA	Dunster Castle
43124	**SI**	A	HAPC	HA	
43125	**SI**	A	HAPC	HA	
43126	**SI**	A	HAPC	HA	
43127	**SI**	A	HAPC	HA	
43128	**SI**	A	HAPC	HA	
43129	**SI**	A	HAPC	HA	
43130	**SI**	A	HAPC	HA	
43131	**SI**	A	HAPC	HA	
43132	**SI**	A	HAPC	HA	
43133	**SI**	A	HAPC	HA	
43134	**SI**	A	HAPC	HA	Gordon Aikman BEM MND Campaigner 1985–2017
43135	**SI**	A	HAPC	HA	
43136	**SI**	A	HAPC	HA	
43137	**SI**	A	HAPC	HA	
43138	**SI**	A	HAPC	HA	
43139	**SI**	A	HAPC	HA	
43141	**SI**	A	HAPC	HA	
43142	**SI**	A	HAPC	HA	
43143	**SI**	A	HAPC	HA	
43144	**SI**	A	HAPC	HA	
43145	**SI**	A	HAPC	HA	
43146	**SI**	A	HAPC	HA	
43147	**SI**	A	HAPC	HA	
43148	**SI**	A	HAPC	HA	
43149	**SI**	A	HAPC	HA	
43150	**SI**	A	HAPC	HA	
43151	**SI**	A	HAPC	HA	
43152	**SI**	A	HAPC	HA	
43153 §	**GW**	FG	EFPC	LA	Chûn Castle
43154 §	**GW**	FG	EFPC	LA	Compton Castle
43155 §	**GW**	FG	EFPC	LA	Rougemont Castle
43156 §	**GW**	FG	EFPC	LA	
43158 §	**GW**	FG	EFPC	LA	Kingswear Castle
43159	**FB**	125	ICHP	RD	
43160 §	**GW**	FG	EFPC	LA	
43161	**FB**	GW	SBXL	LA (S)	
43162 §	**GW**	FG	EFPC	LA	

43163	**SI**	A	HAPC	HA	
43164	**SI**	A	HAPC	HA	
43165	**FB**	A	SCEL	EP (S)	
43168	**SI**	A	HAPC	HA	
43169	**SI**	A	HAPC	HA	
43170 §	**GW**	A	EFPC	LA	Chepstow Castle
43171	**GW**	GW	EFPC	LA	
43172	**GW**	GW	EFPC	LA	
43174	**FB**	A	SCEL	EP (S)	
43175	**SI**	A	HAPC	HA	
43176	**SI**	A	HAPC	HA	
43177	**SI**	A	HAPC	HA	
43179	**SI**	A	HAPC	HA	
43180	**FB**	GW	EFPC	LA (S)	
43181	**SI**	A	HAPC	HA	
43182	**SI**	A	HAPC	HA	
43183	**SI**	A	HAPC	HA	
43185	**IC**	A	SCEL	ZK (S)	
43186 §	**GW**	A	EFPC	LA	Taunton Castle
43187 §	**GW**	A	EFPC	LA	Cardiff Castle
43188 §	**GW**	A	EFPC	LA	Newport Castle
43189 §	**GW**	A	EFPC	LA	Launceston Castle
43190	**FB**	A	SCEL	EP (S)	
43191	**FB**	A	SCEL	EP (S)	
43192 §	**GW**	A	EFPC	LA	Trematon Castle
43193	**FB**	P	EFPC	LA (S)	
43194 §	**GW**	FG	EFPC	LA	Okehampton Castle
43195	**FB**	GW	EFPC	LA (S)	
43196	**FB**	P	EFPC	LA (S)	
43197	**FB**	P	EFPC	LA (S)	
43198 §	**GW**	FG	EFPC	LA	Driver Stan Martin 25 June 1950 – 6 November 2004/Driver Brian Cooper 15 June 1947 – 5 October 1999

Class 43/2. Rebuilt CrossCountry and former LNER, East Midlands Railway or Grand Central power cars. Power cars were renumbered by adding 200 to their original number or 400 to their original number (former Grand Central), except 43123 which became 43423.

43206 (43006)	**O**	A	IECP	EP (S)
43207 (43007)	**XC**	A	EHPC	LA
43208 (43008)	**XC**	A	EHPC	LA
43238 (43038)	**O**	A	IECP	EP (S)
43239 (43039)	**XC**	A	EHPC	LA
43251 (43051)	**VE**	P	COTS	ZA
43257 (43057)	**VE**	P	COTS	ZA
43272 (43072)	**VE**	P	COTS	ZA
43274 (43074)	**ER**	P	COTS	ZA
43277 (43077)	**VE**	P	COTS	ZA (S)
43285 (43085)	**XC**	P	EHPC	LA
43290 (43090)	**VE**	P	COTS	ZA
43295 (43095)	**VE**	A	SCEL	EP (S)

43296 (43096)	**VE**	RA	HHPC	ZG (S)
43299 (43099)	**VE**	P	COTS	ZA
43300 (43100)	**VE**	P	IECP	NL (S)
43301 (43101)	**XC**	P	EHPC	LA
43303 (43103)	**XC**	P	EHPC	LA
43304 (43104)	**XC**	A	EHPC	LA
43305 (43105)	**VE**	A	SCEL	EP (S)
43306 (43106)	**VE**	A	SCEL	EP (S)
43307 (43107)	**VE**	A	SCEL	EP (S)
43308 (43108)	**VE**	RA	HHPC	ZG (S)
43309 (43109)	**VE**	A	SCEL	EP (S)
43310 (43110)	**VE**	A	SCEL	EP (S)
43311 (43111)	**VE**	A	SCEL	EP (S)
43312 (43112)	**O**	A	SCEL	EP (S)
43313 (43113)	**VE**	A	SCEL	LA (S)
43314 (43114)	**VE**	A	SCEL	EP (S)
43315 (43115)	**VE**	A	SCEL	EP (S)
43316 (43116)	**VE**	A	SCEL	EP (S)
43317 (43117)	**VE**	A	SCEL	EP (S)
43318 (43118)	**VE**	A	SCEL	EP (S)
43319 (43119)	**VE**	A	SCEL	EP (S)
43320 (43120)	**VE**	A	SCEL	EP (S)
43321 (43121)	**XC**	P	EHPC	LA
43357 (43157)	**XC**	P	EHPC	LA
43366 (43166)	**XC**	A	EHPC	LA
43367 (43167)	**VE**	A	SCEL	EP (S)
43378 (43178)	**XC**	A	EHPC	LA
43384 (43184)	**XC**	A	EHPC	LA
43423 (43123) †	**EA**	RA	HHPC	ZG (S)
43465 (43065) †	**EA**	RA	HHPC	ZG (S)
43467 (43067) †	**EA**	RA	HHPC	ZG (S)
43468 (43068) †	**RA**	RA	HHPC	ZG (S)
43480 (43080) †	**RA**	RA	HHPC	ZG
43484 (43084) †	**RA**	RA	HHPC	ZG

CLASS 45   BR/SULZER   1Co-Co1

Built: 1963 by BR at Derby Locomotive Works.
Engine: Sulzer 12LDA28B of 1860 kW (2500 hp) at 750 rpm.
Main Generator: Crompton-Parkinson CG426 A1.
Traction Motors: Crompton-Parkinson C172 A1.
Maximum Tractive Effort: 245 kN (55000 lbf).
Continuous Tractive Effort: 134 kN (31600 lbf) at 22.3 mph.
Power at Rail: 1491 kW (2000 hp).   **Train Brakes:** Air & vacuum.
Brake Force: 63 t.   **Dimensions:** 20.70 x 2.78 m.
Weight: 135 t.   **Wheel Diameter:** 914/1143 mm.
Design Speed: 90 mph.   **Maximum Speed:** 90 mph.
Fuel Capacity: 3591 litres.   **Route Availability:** 6.
Train Supply: Electric, index 66.   **Total:** 1.

45118		**B**	LS	LSLS	BH	THE ROYAL ARTILLERYMAN

CLASS 47   BR/BRUSH/SULZER   Co-Co

Built: 1963–67 by Brush Traction, at Loughborough or by BR at Crewe Works.
Engine: Sulzer 12LDA28C of 1920 kW (2580 hp) at 750 rpm.
Main Generator: Brush TG160-60 Mk4 or TM172-50 Mk1.
Traction Motors: Brush TM64-68 Mk1 or Mk1A.
Maximum Tractive Effort: 267 kN (60000 lbf).
Continuous Tractive Effort: 133 kN (30000 lbf) at 26 mph.
Power at Rail: 1550 kW (2080 hp).   **Train Brakes:** Air.
Brake Force: 61 t.   **Dimensions:** 19.38 x 2.79 m.
Weight: 111.5–120.6 t.   **Wheel Diameter:** 1143 mm.
Design Speed: 95 mph.   **Maximum Speed:** 95 mph.
Fuel Capacity: 3273 (+ 5887) litres.   **Route Availability:** 6 or 7.
Train Supply: Not equipped.   **Total:** 50.

Class 47s exported for use abroad are listed in section 1.6 of this book.

Non-standard liveries/numbering:

47270	Also carries original number 1971.
47501	Carries original number D1944.
47614	Carries original number 1733.
47739	GBRf dark blue.
47773	Also carries original number D1755.
47798	Royal Train claret with Rail Express Systems markings.
47805	Carries original number D1935.
47810	Carries original number D1924.
47830	Also carries original number D1645.

Recent renumbering:

47077 carried the number 47840 from 1989 until it entered preservation.
47593 was renumbered from 47790 in 2019.
47614 was renumbered from 47853 in 2019.

Class 47/0. Standard Design. Built with train air and vacuum brakes.

47077 +	**B**	DE	MBDL	NY	NORTH STAR
47194 +	**F**	WC	AWCX	CS (S)	
47237 x+	**WC**	WC	AWCA	CS	
47245 x+	**WC**	WC	AWCA	CS	V.E. Day 75th Anniversary
47270 +	**B**	WC	AWCA	CS	SWIFT

Class 47/3. Built with train air and vacuum brakes. Details as Class 47/0 except: **Weight:** 113.7 t.

47355 a+	**K**	WC	AWCX	CS (S)	
47368	**F**	WC	AWCX	CS (S)	

Class 47/4. Electric Train Supply equipment.
Details as Class 47/0 except:

Weight: 120.4–125.1 t.   **Fuel Capacity:** 3273 (+ 5537) litres.
Train Supply: Electric, index 66.   **Route Availability:** 7.

47492 x	**RX**	WC	AWCX	CS (S)	

MDS Books

For collectors and enthusiasts

We stock the widest range of railway books and DVDs.

All the latest Venture Publications, Platform 5, Crecy, Middleton Press, Irwell Press, Amberley, Capital Transport, OnLine books and DVDs available plus those from many smaller publishers. We stock titles from around 500 publishers and DVD producers.

Write to us at
FREEPOST MDS BOOKSALES

Call in the shop at
128 Pikes Lane Glossop
Check before visiting - Covid restrictions may still apply

visit the website
www.mdsbooks.co.uk

email
sales@mdsbooks.co.uk

or phone **01457 861508**

47501 x+	**GG**	LS	LSLO	CL	CRAFTSMAN
47526 x	**BL**	WC	AWCX	CS (S)	
47580 x	**BL**	47	MBDL	TM	County of Essex
47593	**BL**	LS	LSLO	CL	Galloway Princess
47614 +	**B**	LS	LSLO	CL	

Class 47/7. Previously fitted with an older form of TDM.
Details as Class 47/4 except:

Weight: 118.7 t.　　　　　　　　　　　**Fuel Capacity:** 5887 litres.
Maximum Speed: 100 mph.

47703	**FR**	HN	HNRL	ZB
47712	**IC**	CD	LSLO	CL
47714	**AR**	HN	HNRL	WS
47715	**N**	HN	HNRL	WS

Class 47/7. Former Railnet dedicated locomotives.
Details as Class 47/0 except:

Fuel Capacity: 5887 litres.

47727	**CA**	GB	GBDF	LR	Edinburgh Castle/ Caisteal Dhùn Èideann
47739	**O**	GB	GBDF	LR	
47746 x	**WC**	WC	AWCA	CS	Chris Fudge 29.7.70 – 22.6.10
47749 d	**B**	GB	GBDF	LR	CITY OF TRURO
47760 x	**WC**	WC	AWCA	CS	
47768	**RX**	WC	AWCX	CS (S)	
47769	**V**	HN	HNRS	BH (S)	Resolve
47772 x	**WC**	WC	AWCA	CS	Carnforth TMD
47773 x	**GG**	70	MBDL	TM	
47776 x	**RX**	WC	AWCX	CS (S)	
47786	**WC**	WC	AWCA	CS	Roy Castle OBE
47787	**WC**	WC	AWCX	CS (S)	

Class 47/4 continued. Route Availability: 6.

47798 x	**O**	NM	MBDL	YK	Prince William
47802 +	**WC**	WC	AWCA	CS	
47804	**WC**	WC	AWCA	CS	
47805 +	**GG**	LS	LSLO	CL	Roger Hosking MA 1925–2013
47810 +	**GG**	LS	LSLO	CL	Crewe Diesel Depot
47811 +	**GL**	LS	DHLT	CL (S)	
47812 +	**RO**	WC	AWCA	CS	
47813 +	**RO**	WC	AWCA	CS	
47815 +	**GG**	WC	AWCA	CS	
47816 +	**GL**	LS	DHLT	CL (S)	
47818 +	**DS**	AF	MBDL	ZG (S)	
47826 +	**WC**	WC	AWCA	CS	
47828 +	**IC**	D0	LSLO	CL	
47830 +	**GG**	FL	DFLH	CB	BEECHING'S LEGACY
47832 +	**WC**	WC	AWCA	CS	
47841 +	**IC**	LS	LSLS	Margate (S)	The Institution of Mechanical Engineers

47843 +	**RB**	HN	SROG	LR (S)	
47847 +	**BL**	HN	SROG	LR (S)	
47848 +	**WS**	WC	AWCA	CS	
47851 +	**WC**	WC	AWCA	CS	
47854 +	**WC**	WC	AWCA	CS	Diamond Jubilee

CLASS 50 ENGLISH ELECTRIC Co-Co

Built: 1967–68 by English Electric at Vulcan Foundry, Newton-le-Willows.
Engine: English Electric 16CVST of 2010 kW (2700 hp) at 850 rpm.
Main Generator: English Electric 840/4B.
Traction Motors: English Electric 538/5A.
Maximum Tractive Effort: 216 kN (48500 lbf).
Continuous Tractive Effort: 147 kN (33000 lbf) at 23.5 mph.
Power at Rail: 1540 kW (2070 hp). **Train Brakes:** Air & vacuum.
Brake Force: 59 t. **Dimensions:** 20.88 x 2.78 m.
Weight: 116.9 t. **Wheel Diameter:** 1092 mm.
Design Speed: 105 mph. **Maximum Speed:** 90 mph.
Fuel Capacity: 4796 litres. **Route Availability:** 6.
Train Supply: Electric, index 61. **Total:** 5.

Non-standard numbering:

50007 Running with the number 50014 on one side.
50050 Also carries original number D400.

50007	**GB**	50	CFOL	KR	Hercules
50008	**HH**	HH	HVAC	ZG	Thunderer
50044	**B**	50	CFOL	KR	Exeter
50049	**GB**	50	CFOL	KR	Defiance
50050	**B**	NB	COFS	NM	Fearless

CLASS 52 BR/MAYBACH C-C

Built: 1961–64 by BR at Swindon Works.
Engine: Two Maybach MD655 of 1007 kW (1350 hp) each at 1500 rpm.
Transmission: Hydraulic. Voith L630rV.
Maximum Tractive Effort: 297 kN (66700 lbf).
Continuous Tractive Effort: 201 kN (45200 lbf) at 14.5 mph.
Power at Rail: 1490 kW (2000 hp). **Train Brakes:** Air & vacuum.
Brake Force: 83 t. **Dimensions:** 20.70 m x 2.78 m.
Weight: 110 t. **Wheel Diameter:** 1092 mm.
Design Speed: 90 mph. **Maximum Speed:** 90 mph.
Fuel Capacity: 3900 litres. **Route Availability:** 6.
Train Supply: Steam heating. **Total:** 1.

Never allocated a number in the 1972 number series.

D1015	**B**	DT	MBDL	KR	WESTERN CHAMPION

CLASS 55   ENGLISH ELECTRIC   Co-Co

Built: 1961 by English Electric at Vulcan Foundry, Newton-le-Willows.
Engine: Two Napier-Deltic D18-25 of 1230 kW (1650 hp) each at 1500 rpm.
Main Generators: Two English Electric 829/1A.
Traction Motors: English Electric 538/A.
Maximum Tractive Effort: 222 kN (50000 lbf).
Continuous Tractive Effort: 136 kN (30500 lbf) at 32.5 mph.
Power at Rail: 1969 kW (2640 hp).   **Train Brakes:** Air & vacuum.
Brake Force: 51 t.   **Dimensions:** 21.18 x 2.68 m.
Weight: 100 t.   **Wheel Diameter:** 1092 mm.
Design Speed: 105 mph.   **Maximum Speed:** 100 mph.
Fuel Capacity: 3755 litres.   **Route Availability:** 5.
Train Supply: Electric, index 66.   **Total:** 4.

Non-standard numbering:

55002   Carries original number D9002.
55009   Carries original number D9009.
55016   Carries original number D9016.

55002	**GG** NM	MBDL	YK	THE KING'S OWN YORKSHIRE LIGHT INFANTRY
55009	**B** DP	MBDL	BH	ALYCIDON
55016	**GG** LS	MBDL	Margate (S)	GORDON HIGHLANDER
55022	**B** LS	MBDL	CL	ROYAL SCOTS GREY

CLASS 56   BRUSH/BR/RUSTON   Co-Co

Built: 1976–84 by Electroputere at Craiova, Romania (as sub-contractors for Brush) or BREL at Doncaster or Crewe Works.
Engine: Ruston Paxman 16RK3CT of 2460 kW (3250 hp) at 900 rpm.
Main Alternator: Brush BA1101A.
Traction Motors: Brush TM73-62.
Maximum Tractive Effort: 275 kN (61800 lbf).
Continuous Tractive Effort: 240 kN (53950 lbf) at 16.8 mph.
Power at Rail: 1790 kW (2400 hp).   **Train Brakes:** Air.
Brake Force: 60 t.   **Dimensions:** 19.36 x 2.79 m.
Weight: 126 t.   **Wheel Diameter:** 1143 mm.
Design Speed: 80 mph.   **Maximum Speed:** 80 mph.
Fuel Capacity: 5228 litres.   **Route Availability:** 7.
Train Supply: Not equipped.   **Total:** 28.

All equipped with Slow Speed Control.

Class 56s exported for use abroad are listed in section 1.6 of this book.

Most of the locomotives at Longport are being rebuilt as Class 69.

Non-standard liveries:

56009 All over blue.
56303 All over dark green.

56007	**B**	GB	UKRS	LT (S)	
56009	**O**	EO	UKRS	LT (S)	
56032	**FER**	GB	GBGS	LT (S)	
56037	**E**	GB	GBGS	LT (S)	
56038	**FER**	GB	UKRS	LT (S)	
56049	**CS**	CS	COFS	NM	Robin of Templecombe 1938–2013
56051	**CS**	CS	COFS	NM	Survival
56060	**FER**	GB	UKRS	LT (S)	
56065	**FER**	GB	UKRS	LT (S)	
56077	**LH**	GB	UKRS	LT (S)	
56078	**CS**	CS	COFS	NM	
56081	**FO**	GB	GBGD	LR	
56087	**CS**	BN	COFS	NM	
56090	**CS**	BN	COFS	NM	
56091	**DC**	DC	DCRO	LR	Driver Wayne Gaskell The Godfather
56094	**CS**	CS	COFS	NM	
56096	**CS**	BN	COFS	NM	
56098	**FO**	GB	GBGD	LR	
56103	**DC**	DC	DCRO	LR	
56104	**FO**	GB	UKRL	LR (S)	
56105	**CS**	BN	COFS	NM	
56106	**FER**	GB	UKRS	LR (S)	
56113	**CS**	BN	COFS	NM	
56128	**F**	GB		LT (S)	

56301 (56045)	**FA**	56	UKRL	LR	
56302 (56124)	**CS**	CS	COFS	NM	PECO The Railway Modeller 2016 70 Years
56303 (56125)	**O**	GB	HTLX	LR	
56312 (56003)	**DC**	GB	GBGD	LR	

CLASS 57   BRUSH/GM   Co-Co

Built: 1964–65 by Brush Traction at Loughborough or BR at Crewe Works as Class 47. Rebuilt 1997–2004 by Brush Traction at Loughborough.
Engine: General Motors 12 645 E3 of 1860 kW (2500 hp) at 904 rpm.
Main Alternator: Brush BA1101D (recovered from Class 56).
Traction Motors: Brush TM64-68 Mark 1 or Mark 1A.
Maximum Tractive Effort: 244.5 kN (55000 lbf).
Continuous Tractive Effort: 140 kN (31500 lbf) at ?? mph.
Power at Rail: 1507 kW (2025 hp). **Train Brakes:** Air.
Brake Force: 80 t. **Dimensions:** 19.38 x 2.79 m.
Weight: 120.6 t. **Wheel Diameter:** 1143 mm.
Design Speed: 75 mph. **Maximum Speed:** 75 mph.
Fuel Capacity: 5550 litres. **Route Availability:** 6
Train Supply: Not equipped. **Total:** 33.

Non-standard livery: 57604 Original Great Western Railway green.

Class 57/0. No Train Supply Equipment. Rebuilt 1997–2000.

57001	(47356)	**WC**	WC	AWCA	CS (S)	
57002	(47322)	**DI**	DR	XHCK	KM	RAIL EXPRESS
57003	(47317)	**DI**	DR	XHCK	KM	
57004	(47347)	**DS**	DR	XSDP	LW (S)	
57005	(47350)	**AZ**	WC	AWCX	CS (S)	
57006	(47187)	**WC**	WC	AWCA	CS	
57007	(47332)	**DI**	DR	XHSS	KM (S)	John Scott 12.5.45–22.5.12
57008	(47060)	**DS**	DR	XSDP	LW (S)	
57009	(47079)	**DS**	DR	XSDP	LW (S)	
57010	(47231)	**DI**	DR	XSDP	LW (S)	
57011	(47329)	**DS**	DR	XSDP	LW (S)	
57012	(47204)	**DS**	DR	XSDP	LW (S)	

Class 57/3. Electric Train Supply Equipment. Former Virgin Trains locomotives fitted with retractable Dellner couplers. Rebuilt 2002–04. Details as Class 57/0 except:

Engine: General Motors 12645F3B of 2050 kW (2750 hp) at 954 rpm.
Main Alternator: Brush BA1101F (recovered from Class 56) or Brush BA1101G.
Fuel Capacity: 5887 litres. **Train Supply:** Electric, index 100.
Design Speed: 95 mph. **Maximum Speed:** 95 mph.
Brake Force: 60 t. **Weight:** 117 t.

57301	(47845)	d	**DI**	P	GROG	LR	Goliath
57302	(47827)	d	**DS**	LS	LSLO	ZG (S)	Chad Varah
57303	(47705)	d	**DR**	P	GROG	LR	Pride of Carlisle
57304	(47807)	d	**DI**	DR	XHVT	KM	Pride of Cheshire
57305	(47822)	d	**RO**	P	GROG	LR	
57306	(47814)	d	**DI**	P	XHAC	KM	Her Majesty's Railway Inspectorate 175
57307	(47225)	d	**DI**	DR	XHVT	KM	LADY PENELOPE
57308	(47846)	d	**DI**	DR	XHVT	KM	Jamie Ferguson
57309	(47806)	d	**DI**	DR	XHVT	KM	Pride of Crewe
57310	(47831)	d	**DR**	P	GROG	LR	Pride of Cumbria
57311	(47817)	d	**DS**	LS	LSLO	ZG (S)	Thunderbird
57312	(47330)	d	**RO**	P	GROG	LR	
57313	(47371)		**PC**	WC	AWCA	CS	Scarborough Castle
57314	(47232)		**WC**	WC	AWCA	CS	
57315	(47234)		**WC**	WC	AWCA	CS	
57316	(47290)		**WC**	WC	AWCA	CS	

Class 57/6. Electric Train Supply Equipment. Prototype ETS loco. Rebuilt 2001. Details as Class 57/0 except:

Main Alternator: Brush BA1101E. **Fuel Capacity:** 3273 litres.
Train Supply: Electric, index 95. **Weight:** 113 t.
Design Speed: 95 mph. **Maximum Speed:** 95 mph.
Brake Force: 60 t.

57601	(47825)	**PC**	WC	AWCA	CS	Windsor Castle

Class 57/6. Electric Train Supply Equipment. Great Western Railway locomotives. Rebuilt 2004. Details as Class 57/3.

57602	(47337)	**GW** P	EFOO	PZ	Restormel Castle
57603	(47349)	**GW** P	EFOO	PZ	Tintagel Castle
57604	(47209)	**O** P	EFOO	PZ	PENDENNIS CASTLE
57605	(47206)	**GW** P	EFOO	PZ	Totnes Castle

CLASS 58   BREL/RUSTON   Co-Co

Built: 1983–87 by BREL at Doncaster Works.
Engine: Ruston Paxman 12RK3ACT of 2460 kW (3300 hp) at 1000 rpm.
Main Alternator: Brush BA1101B.
Traction Motors: Brush TM73-62.
Maximum Tractive Effort: 275 kN (61800 lbf).
Continuous Tractive Effort: 240 kN (53950 lbf) at 17.4 mph.
Power at Rail: 1780 kW (2387 hp).   **Train Brakes:** Air.
Brake Force: 60 t.   **Dimensions:** 19.13 x 2.72 m.
Weight: 130 t.   **Wheel Diameter:** 1120 mm.
Design Speed: 80 mph.   **Maximum Speed:** 80 mph.
Fuel Capacity: 4214 litres.   **Route Availability:** 7.
Train Supply: Not equipped.   **Total:** 2.

All equipped with Slow Speed Control.

Class 58s exported for use abroad are listed in section 1.6 of this book.

58012	**F**	PO		BL (S)
58023	**ML**	PO		LR (S)

CLASS 59   GENERAL MOTORS   Co-Co

Built: 1985 (59001–004) or 1989 (59005) by General Motors, La Grange, Illinois, USA or 1990 (59101–104), 1994 (59201) and 1995 (59202–206) by General Motors, London, Ontario, Canada.
Engine: General Motors 16-645E3C two stroke of 2460 kW (3300 hp) at 904 rpm.
Main Alternator: General Motors AR11 MLD-D14A.
Traction Motors: General Motors D77B.
Maximum Tractive Effort: 506 kN (113550 lbf).
Continuous Tractive Effort: 291 kN (65300 lbf) at 14.3 mph.
Power at Rail: 1889 kW (2533 hp).   **Train Brakes:** Air.
Brake Force: 69 t.   **Dimensions:** 21.35 x 2.65 m.
Weight: 121 t.   **Wheel Diameter:** 1067 mm.
Design Speed: 60 (* 75) mph.   **Maximum Speed:** 60 (* 75) mph.
Fuel Capacity: 4546 litres.   **Route Availability:** 7.
Train Supply: Not equipped.   **Total:** 15.

Class 59/0. Owned by Freightliner and GB Railfreight.

59001	**AI**	FL	DFHG	MD	YEOMAN ENDEAVOUR
59002	**AI**	FL	DFHG	MD	ALAN J DAY
59003	**GB**	GB	GBYH	RR	YEOMAN HIGHLANDER
59004	**AI**	FL	DFHG	MD	PAUL A HAMMOND
59005	**AI**	FL	DFHG	MD	KENNETH J PAINTER

Class 59/1. Owned by Freightliner.

59101	**HA**	FL	DFHG	MD	Village of Whatley
59102	**HA**	FL	DFHG	MD	Village of Chantry
59103	**HA**	FL	DFHG	MD	Village of Mells
59104	**HA**	FL	DFHG	MD	Village of Great Elm

Class 59/2. Owned by Freightliner.

59201	*	**DB**	FL	DFHG	MD	
59202	*	**FG**	FL	DFHG	MD	
59203	*	**FG**	FL	DFHG	MD	
59204	*	**FG**	FL	DFHG	MD	
59205	*b	**DB**	FL	DFHG	MD	
59206	*b	**FG**	FL	DFHG	MD	John F. Yeoman Rail Pioneer

CLASS 60   BRUSH/MIRRLEES   Co-Co

Built: 1989–93 by Brush Traction at Loughborough.
Engine: Mirrlees 8MB275T of 2310 kW (3100 hp) at 1000 rpm.
Main Alternator: Brush BA1006A.
Traction Motors: Brush TM2161A.
Maximum Tractive Effort: 500 kN (106500 lbf).
Continuous Tractive Effort: 336 kN (71570 lbf) at 17.4 mph.
Power at Rail: 1800 kW (2415 hp).   **Train Brakes:** Air.
Brake Force: 74 t (+ 62 t).   **Dimensions:** 21.34 x 2.64 m.
Weight: 129 t (+ 131 t).   **Wheel Diameter:** 1118 mm.
Design Speed: 62 mph.   **Maximum Speed:** 60 mph.
Fuel Capacity: 4546 (+ 5225) litres.   **Route Availability:** 8.
Train Supply: Not equipped.   **Total:** 97.

All equipped with Slow Speed Control.

* Refurbished locomotives.

60034 carries its name on one side only.

60500 originally carried the number 60016.

Non-standard and Advertising liveries:

60026 Beacon Rail (blue).
60028 Cappagh (blue).
60066 Powering Drax (silver).
60074 Puma Energy (grey).
60081 Original Great Western Railway green.
60099 Tata Steel (silver).

60001–60052

Number					
60001 *	**DB**	DB	WCAT	TO	
60002 +*	**GB**	BN	GBTG	TO	GRAHAM FARISH 50TH ANNIVERSARY 1970–2020
60003 +	**E**	DB	WQCA	TO (S)	FREIGHT TRANSPORT ASSOCIATION
60004 +	**E**	GB	WQCA	TO (S)	
60005 +	**E**	DB	WQCA	TO (S)	
60007 +*	**DB**	DB	WCBT	TO	The Spirit of Tom Kendell
60008	**E**	DB	WQDA	TO (S)	Sir William McAlpine
60009 +	**E**	DB	WQDA	TO (S)	
60010 +*	**DB**	DB	WCBT	TO	
60011	**DB**	DB	WCAT	TO	
60012 +	**E**	DB	WQCA	TO (S)	
60013	**EG**	DB	WQDA	TO (S)	Robert Boyle
60014	**EG**	GB	WQCA	TO (S)	
60015 +*	**DB**	DB	WCBT	TO	
60017 +*	**DB**	DB	WCBT	TO	
60018	**E**	GB	WQCA	TO (S)	
60019 *	**DB**	DB	WCAT	TO	Port of Grimsby & Immingham
60020 +*	**DB**	DB	WCBT	TO	The Willows
60021 +*	**GB**	BN	GBTG	TO	PENYGHENT
60022 +	**E**	DB	WQDA	TO (S)	
60023 +	**E**	DB	WQCA	TO (S)	
60024 *	**DB**	DB	WCAT	TO	Clitheroe Castle
60025 +	**E**	DB	WQCA	TO (S)	
60026 +*	**O**	BN	GBTG	TO	HELVELLYN
60027 +	**E**	DB	WQCA	TO (S)	
60028 +	**O**	DC	DCRS	TO	
60029	**DC**	DC	DCRS	TO	Ben Nevis
60030 +	**E**	DB	WQCA	TO (S)	
60031	**E**	DB	WQCA	TO (S)	
60032	**F**	DB	WQCA	TO (S)	
60033 +	**CU**	DB	WQCA	TO (S)	Tees Steel Express
60034	**EG**	DB	WQCA	TO (S)	Carnedd Llewelyn
60035	**E**	DB	WQCA	TO (S)	
60036	**E**	DB	WQCA	TO (S)	GEFCO
60037 +	**E**	DB	WQCA	TO (S)	
60038 +	**E**	DB	WQDA	TO (S)	
60039 *	**DB**	DB	WCAT	TO	Dove Holes
60040 *	**DB**	DB	WCAT	TO	The Territorial Army Centenary
60041 +	**E**	DB	WQCA	TO (S)	
60042	**E**	DB	WQCA	TO (S)	
60043	**E**	DB	WQCA	TO (S)	
60044 *	**DB**	DB	WCAT	TO	Dowlow
60045	**E**	DB	WQCA	TO (S)	The Permanent Way Institution
60046 +	**DC**	DC	DCRC	TO	William Wilberforce
60047 *	**CS**	BN	GBTG	TO	
60048	**E**	DB	WQCA	TO (S)	
60049	**E**	DB	WQCA	TO (S)	
60051 +	**E**	DB	WQCA	TO (S)	
60052 +	**E**	DB	WQCA	TO (S)	Glofa Twr – The last deep mine in Wales – Tower Colliery

Number					Name
60053	**E**	DB	WQCA	TO (S)	
60054 +*	**DB**	DB	WQAA	TO (S)	
60055 +	**DC**	DC	DCRS	TO	Thomas Barnardo
60056 +*	**CS**	BN	GBTG	TO	
60057	**EG**	DB	WQDA	TO (S)	
60058 +	**E**	DB	WQCA	TO (S)	
60059 +*	**DB**	DB	WQAA	TO (S)	Swinden Dalesman
60060	**EG**	DC	WQCA	LR (S)	
60061	**F**	DB	WQDA	TO (S)	
60062 *	**DB**	DB	WCAT	TO	Stainless Pioneer
60063 *	**DB**	DB	WQAA	TO (S)	
60064 +	**EG**	DB	WQDA	TO (S)	
60065	**E**	DB	WCAT	TO	Spirit of JAGUAR
60066 *	**AL**	DB	WCAT	TO	
60067	**EG**	DB	WQCA	TO (S)	
60068	**EG**	DB	WQCA	TO (S)	
60069	**E**	DB	WQCA	TO (S)	Slioch
60070 +	**F**	DB	WQDA	TO (S)	
60071 +	**E**	DB	WQCA	TO (S)	Ribblehead Viaduct
60072	**EG**	DB	WQCA	TO (S)	
60073	**EG**	DB	WQCA	TO (S)	
60074 *	**AL**	DB	WCAT	TO	Luke
60075	**E**	DB	WQDA	TO (S)	
60076 *	**CS**	BN	GBTG	TO	Dunbar
60077 +	**EG**	DB	WQCA	TO (S)	
60078	**ML**	DB	WQCA	TO (S)	
60079 *	**DB**	DB	WQBA	TO (S)	
60080 +	**E**	DB	WQCA	TO (S)	
60081 +	**O**	LS	WQDA	TO (S)	
60082	**EG**	DB	WQCA	CE (S)	
60083	**E**	DB	WQCA	TO (S)	
60084	**EG**	DB	WQCA	TO (S)	
60085 *	**CS**	BN	GBTG	TO	
60087 *	**GB**	BN	GBTG	TO	
60088	**F**	DB	WQCA	TO (S)	
60089 +	**E**	DB	WQCA	TO (S)	
60090 +	**EG**	DB	WQDA	TO (S)	Quinag
60091 +*	**DB**	DB	WQAA	TO (S)	Barry Needham
60092 +*	**DB**	DB	WCBT	TO	
60093	**E**	DB	WQCA	TO (S)	
60094	**E**	DB	WQCA	TO (S)	Rugby Flyer
60095 *	**GB**	BN	GBTG	TO	
60096 +*	**CS**	BN	GBTG	TO	
60097 +	**E**	DB	WQCA	TO (S)	
60098 +	**E**	DB	WQDA	TO (S)	
60099	**AL**	DB	WQCA	TO (S)	
60100 *	**DB**	DB	WQAA	TO (S)	Midland Railway - Butterley
60500	**E**	DB	WQCA	TO (S)	

CLASS 66 DETAILS

CLASS 66   GENERAL MOTORS/EMD   Co-Co

Built: 1998–2008 by General Motors/EMD, London, Ontario, Canada (Model JT42CWR (low emission locomotives Model JT42CWRM)) or 2013–16 by EMD/Progress Rail, Muncie, Indiana (66752–779).
Engine: General Motors 12N-710G3B-EC two stroke of 2385 kW (3200 hp) at 904 rpm. 66752–779 GM 12N-710G3B-T2.
Main Alternator: General Motors AR8/CA6.
Traction Motors: General Motors D43TR.
Maximum Tractive Effort: 409 kN (92000 lbf).
Continuous Tractive Effort: 260 kN (58390 lbf) at 15.9 mph.
Power at Rail: 1850 kW (2480 hp).   **Train Brakes:** Air.
Brake Force: 68 t.   **Dimensions:** 21.35 x 2.64 m.
Weight: 127 t.   **Wheel Diameter:** 1120 mm.
Design Speed: 87.5 mph.   **Maximum Speed:** 75 mph.
Fuel Capacity: 6550 litres.   **Route Availability:** 7.
Train Supply: Not equipped.   **Total:** 405.

All equipped with Slow Speed Control.

Class 66s previously used in the UK but now in use abroad are listed in section 1.6 of this book. Some of the DBC 66s moved to France return to Great Britain from time to time for maintenance or operational requirements.

Class 66 delivery dates. The Class 66 design and delivery evolved over an 18-year period, with more than 400 locomotives delivered. For clarity the delivery dates (by year) for each batch of locomotives is as follows:

66001–250	EWS (now DB Cargo). 1998–2000 (some now in use in France or Poland, ten sold to GB Railfreight and five on long-term hire to DRS).
66301–305	Fastline. 2008. Now used by DRS.
66351–360	GB Railfreight. Number series for additional locomotives being sourced from mainland Europe.
66401–410	DRS. 2003. Now in use with GB Railfreight or Colas Rail and renumbered 66733–737 and 66742–746 (66734[1] since scrapped).
66411–420	DRS. 2006. Now leased by Freightliner (66411/412/417 exported to Poland).
66421–430	DRS. 2007
66431–434	DRS. 2008
66501–505	Freightliner. 1999
66506–520	Freightliner. 2000
66521–525	Freightliner. 2000 (66521 since scrapped).
66526–531	Freightliner. 2001
66532–537	Freightliner. 2001
66538–543	Freightliner. 2001
66544–553	Freightliner. 2001
66554	Freightliner. 2002†
66555–566	Freightliner. 2002
66567–574	Freightliner. 2003. 66573–574 now used by Colas Rail and renumbered 66846–847.
66575–577	Freightliner. 2004. Now used by Colas Rail and renumbered 66848–850.

CLASS 66 DETAILS

66578–581	Freightliner. 2005. Now used by GBRf and renumbered 66738–741.
66582–594	Freightliner. 2007 (66582/583/584/586 exported to Poland).
66595–599	Freightliner. 2008 (66595 exported to Poland).
66601–606	Freightliner. 2000
66607–612	Freightliner. 2002 (66607/609/611/612 exported to Poland)
66613–618	Freightliner. 2003
66619–622	Freightliner. 2005
66623–625	Freightliner. 2007 (66624/625 exported to Poland).
66701–707	GB Railfreight. 2001
66708–712	GB Railfreight. 2002
66713–717	GB Railfreight. 2003
66718–722	GB Railfreight. 2006
66723–727	GB Railfreight. 2006
66728–732	GB Railfreight. 2008
66734[11]	GB Railfreight. Imported from mainland Europe in 2021.
66747–749	Built in 2008 as 20078968-004/006/007 (DE 6313/15/16) for Crossrail AG in the Netherlands but never used. Sold to GB Railfreight in 2012.
66750–751	Built in 2003 as 20038513-01/04 and have worked in the Netherlands, Germany and Poland. GBRf secured these two locomotives on lease in 2013.
66752–772	GB Railfreight. 2014
66773–779	GB Railfreight. 2016
66780–789	GB Railfreight. 1998–2000. Former DBC locomotives acquired in 2017 that have been renumbered in the GBRf number series.
66790–792	Built in 2002 as 20018352-3/4/5 (T66403–405) for CargoNet, Norway. Sold to Beacon Rail and leased to GBRf from 2019.
66793–799	Second-hand locos imported from mainland Europe in 2020–21 for GB Railfreight.
66951–952	Freightliner. 2004
66953–957	Freightliner. 2008 (66954 exported to Poland).

Advertising and non-standard liveries:

66004	I am a Climate Hero (green).
66109	PD Ports (dark blue).
66587	Ocean Network Express (pink with white stripes).
66709	MSC – blue with images of a container ship.
66718	London Underground 150, (black).
66720	Day and night (various colours, different on each side).
66721	London Underground 150 (white with tube map images). Also carries the numbers 1933 and 2013.
66723	Also carries the number ZA723.
66731	Thank you NHS (blue with orange cabsides).
66734	Dark green.
66747	Newell & Wright (blue, white & red).
66769	Prostate Cancer UK (black with blue lettering).
66775	Also carries the number F231.
66779	BR dark green.
66780	Cemex (grey, blue & red).
66783	Biffa (red & orange).
66791	Beacon Rail (all-over blue).

66793	Two-tone trainload freight grey with Construction decals.				
66794	Two-tone trainload freight grey with Petroleum decals.				
66796	It's Cleaner by Rail (green & blue).				
66797	Beacon Rail (all-over blue with yellow solebar stripe and large yellow circle logo).				
66799	Light grey.				

Class 66/0. DB Cargo-operated locomotives.

All fitted with Swinghead Automatic "Buckeye" Combination Couplers except 66001 and 66002.

66031, 66091, 66108, 66122 and 66126 are on long-term hire to DRS.

† Fitted with additional lights and drawgear for Lickey banking duties.

t Fitted with tripcocks for working over London Underground tracks between Harrow-on-the-Hill and Amersham.

66001 t	**DB**	DB	WBAE	TO	
66002	**E**	DB	WBAE	TO	
66003	**E**	DB	WBAE	TO	
66004	**AL**	DB	WBAR	TO	
66005	**MT**	DB	WBAE	TO	Maritime Intermodal One
66006	**E**	DB	WBAR	TO	
66007	**E**	DB	WBAR	TO	
66009	**DB**	DB	WBAE	TO	
66010	**E**	DB	WBAI	TO (S)	
66011	**E**	DB	WBAE	TO	
66012	**E**	DB	WBAE	TO	
66013	**E**	DB	WBAE	TO	
66014	**E**	DB	WBAR	TO	
66015	**E**	DB	WBRT	TO	
66017 t	**DB**	DB	WBAR	TO	
66018	**DB**	DB	WBAE	TO	
66019 t	**DB**	DB	WBAR	TO	
66020	**DB**	DB	WBAE	TO	
66021	**DB**	DB	WBAR	TO	
66023	**E**	DB	WBAT	TO	
66024	**E**	DB	WBAE	TO	
66025	**E**	DB	WBAR	TO	
66027	**DB**	DB	WBAE	TO	
66028	**E**	DB	WBAI	TO (S)	
66030	**E**	DB	WBAR	TO	
66031	**DR**	DB	XHIM	KM	
66032	**DB**	DB	WBAI	TO	
66034	**DB**	DB	WBAE	TO	
66035	**DB**	DB	WBAE	TO	Resourceful
66037	**E**	DB	WQAB	TO (S)	
66039	**E**	DB	WBAE	TO	
66040	**E**	DB	WBAR	TO	
66041	**DB**	DB	WBAR	TO	
66043	**E**	DB	WQBA	TO (S)	
66044	**DB**	DB	WBAE	TO	

Number					
66047	**MT**	DB	WBAE	TO	Maritime Intermodal Two
66050	**E**	DB	WBAE	TO	EWS Energy
66051	**MT**	DB	WBAR	TO	Maritime Intermodal Four
66053	**E**	DB	WBAE	TO	
66054	**E**	DB	WBAR	TO	
66055 †	**DB**	DB	WBLE	TO	Alain Thauvette
66056 †	**E**	DB	WBLE	TO	
66057 †	**E**	DB	WBAE	TO	
66059 †	**E**	DB	WBLE	TO	
66060	**E**	DB	WBAR	TO	
66061	**E**	DB	WBAE	TO	
66063	**E**	DB	WBAE	TO	
66065	**DB**	DB	WBAR	TO	
66066	**DB**	DB	WBAR	TO	Geoff Spencer
66067	**E**	DB	WBAR	TO	
66068	**E**	DB	WBAR	TO	
66069	**E**	DB	WBAR	TO	
66070	**DB**	DB	WBAE	TO	
66073	**E**	DB	WBAI	TO (S)	
66074	**DB**	DB	WBAE	TO	
66075	**E**	DB	WBAE	TO	
66076	**E**	DB	WBAE	TO	
66077	**DB**	DB	WBAR	TO	Benjamin Gimbert G.C.
66078	**DB**	DB	WBAE	TO	
66079	**E**	DB	WBAR	TO	James Nightall G.C.
66080	**E**	DB	WBAE	TO	
66082	**DB**	DB	WBAE	TO	
66083	**E**	DB	WBAR	TO	
66084	**DB**	DB	WBAR	TO	
66085	**DB**	DB	WBAR	TO	
66086	**E**	DB	WBAE	TO	
66087	**E**	DB	WBAE	TO	
66088	**E**	DB	WBAE	TO	
66089	**E**	DB	WBAR	TO	
66090	**MT**	DB	WBAE	TO	Maritime Intermodal Six
66091	**DR**	DB	XHIM	KM	
66092	**E**	DB	WBAE	TO	
66093	**E**	DB	WBAE	TO	
66094	**DB**	DB	WBAE	TO	
66095	**E**	DB	WBAE	TO	
66096	**E**	DB	WBAE	TO	
66097	**DB**	DB	WBAE	TO	
66098	**E**	DB	WBAE	TO	
66099 r	**E**	DB	WBBE	TO	
66100 r	**DB**	DB	WBBE	TO	Armistice 100 1918–2018
66101 r	**DB**	DB	WBBE	TO	
66102 r	**E**	DB	WBBE	TO	
66103 r	**E**	DB	WBBE	TO	
66104 r	**DB**	DB	WBBT	TO	
66105 r	**DB**	DB	WBAR	TO	
66106 r	**E**	DB	WBBE	TO	

66107 r	**DB**	DB	WBBT	TO
66108 r	**DR**	DB	XHIM	KM
66109	**AL**	DB	WBAR	TO	Teesport Express
66110 r	**E**	DB	WBBE	TO
66111 r	**E**	DB	WAE	TO
66112 r	**E**	DB	WBBE	TO
66113 r	**DB**	DB	WBBE	TO
66114 r	**DB**	DB	WBBE	TO
66115	**DB**	DB	WBAE	TO
66116	**E**	DB	WBAE	TO
66117	**DB**	DB	WBAE	TO
66118	**DB**	DB	WBAE	TO
66119	**E**	DB	WBAE	TO
66120	**E**	DB	WBAE	TO
66121	**E**	DB	WBAE	TO
66122	**DR**	DB	XHIM	KM
66124	**DB**	DB	WBAR	TO
66125	**E**	DB	WBAE	TO
66126	**DR**	DB	XHIM	KM
66127	**E**	DB	WBAT	TO
66128	**DB**	DB	WBAE	TO
66129	**E**	DB	WBAR	TO
66130	**DB**	DB	WBAR	TO
66131	**DB**	DB	WBAE	TO
66133	**E**	DB	WBAE	TO
66134	**DB**	DB	WBAE	TO
66135	**DB**	DB	WBAE	TO
66136	**DB**	DB	WBAE	TO
66137	**DB**	DB	WBAE	TO
66138	**E**	DB	WQBA	TO (S)
66139	**E**	DB	WBAE	TO
66140	**E**	DB	WBAE	TO
66142	**MT**	DB	WBAR	TO	Maritime Intermodal Three
66143	**E**	DB	WBAE	TO
66144	**E**	DB	WBAR	TO
66145	**E**	DB	WQBA	TO (S)
66147	**E**	DB	WBAE	TO
66148	**MT**	DB	WBAE	TO	Maritime Intermodal Seven
66149	**DB**	DB	WBAE	TO
66150	**DB**	DB	WBAE	TO
66151	**E**	DB	WBAE	TO
66152	**DB**	DB	WBAE	TO	Derek Holmes Railway Operator
66154	**E**	DB	WBAE	TO
66155	**E**	DB	WBRT	TO
66156	**E**	DB	WBAE	TO
66158	**E**	DB	WBAE	TO
66160	**E**	DB	WBAR	TO
66161	**E**	DB	WBAE	TO
66162	**MT**	DB	WBAR	TO	Maritime Intermodal Five
66164	**E**	DB	WBAE	TO
66165	**DB**	DB	WBAR	TO

66167	**DB**	DB	WBAE	TO	
66168	**E**	DB	WBAR	TO	
66169	**E**	DB	WBAR	TO	
66170	**E**	DB	WBAE	TO	
66171	**E**	DB	WBAR	TO	
66172	**E**	DB	WBAE	TO	PAUL MELLENEY
66174	**E**	DB	WBAE	TO	
66175	**DB**	DB	WBAE	TO	Rail Riders Express
66176	**E**	DB	WBAR	TO	
66177	**E**	DB	WBAE	TO	
66179	**E**	DB	WBAI	TO (S)	
66181	**E**	DB	WBAR	TO	
66182	**DB**	DB	WQBA	TO (S)	
66183	**E**	DB	WBAE	TO	
66185	**DB**	DB	WBAE	TO	DP WORLD London Gateway
66186	**E**	DB	WBAR	TO	
66187	**E**	DB	WBAE	TO	
66188	**E**	DB	WBAR	TO	
66190	**E**	DB	WBAI	TO (S)	
66192	**DB**	DB	WBAR	TO	
66194	**E**	DB	WBAR	TO	
66197	**E**	DB	WBAE	TO	
66198	**E**	DB	WBAR	TO	
66199	**E**	DB	WBAE	TO	
66200	**E**	DB	WBAE	TO	
66205	**DB**	DB	WBAI	TO	
66206	**DB**	DB	WBAR	TO	
66207	**E**	DB	WBAE	TO	
66221	**E**	DB	WBAR	TO	
66224	**E**	DB	WBAI	TO (S)	
66230	**DB**	DB	WQBA	TO (S)	
66244	**E**	DB	WBAI	TO (S)	

Class 66/3. Former Fastline-operated locomotives now operated by DRS. Low emission. Details as Class 66/0 except:

Engine: EMD 12N-710G3B-T2 two stroke of 2420 kW (3245 hp) at 904 rpm.
Traction Motors: General Motors D43TRC.
Fuel Capacity: 5150 litres.

66301	r	**DR**	BN	XHIM	KM	Kingmoor TMD
66302	r	**DR**	BN	XHIM	KM	Endeavour
66303	r	**DR**	BN	XHIM	KM	Rail Riders 2020
66304	r	**DR**	BN	XHIM	KM	
66305	r	**DR**	BN	XHIM	KM	

Class 66/3. Number series reserved for further locomotives being sourced from mainland Europe for GB Railfreight. Full details awaited.

66351
66352
66353
66354

66355
66356
66357
66358
66359
66360

Class 66/4. Low emission. Akiem-owned. Details as Class 66/3.

66413	**FG** AK DFIN	LD	Lest We Forget	
66414	**FH** AK DFIN	LD		
66415	**FG** AK DFIN	LD	You Are Never Alone	
66416	**FH** AK DFIN	LD		
66418	**FH** AK DFIN	LD	PATRIOT – IN MEMORY OF FALLEN RAILWAY EMPLOYEES	
66419	**FG** AK DFIN	LD		
66420	**FH** AK DFIN	LD		
66421	**DR** AK XHIM	KM	Gresty Bridge TMD	
66422	**DR** AK XHIM	KM		
66423	**DR** AK XHIM	KM		
66424	**DR** AK XHIM	KM		
66425	**DR** AK XHIM	KM		
66426	**DR** AK XHIM	KM		
66427	**DR** AK XHIM	KM		
66428	**DR** AK XHIM	KM	Carlisle Eden Mind	
66429	**DR** AK XHIM	KM		
66430	**DR** AK XHIM	KM		
66431	**DR** AK XHIM	KM		
66432	**DR** AK XHIM	KM		
66433	**DR** AK XHIM	KM		
66434	**DR** AK XHIM	KM		

Class 66/5. Standard design. Freightliner-operated locomotives. Details as Class 66/0.

66501	**FL** P DFIM	LD	Japan 2001
66502	**FL** P DFIM	LD	Basford Hall Centenary 2001
66503	**FG** P DFIM	LD	The RAILWAY MAGAZINE
66504	**FH** P DFIM	LD	
66505	**FL** P DFIM	LD	
66506	**FL** E DFIM	LD	Crewe Regeneration
66507	**FL** E DFIM	LD	
66508	**FL** E DFIM	LD	
66509	**FL** E DFIM	LD	
66510	**FL** E DFIM	LD	
66511	**FL** E DFIM	LD	
66512	**FL** E DFIM	LD	
66513	**FL** E DFIM	LD	
66514	**FL** E DFIM	LD	
66515	**FL** E DFIM	LD	
66516	**FL** E DFIM	LD	
66517	**FL** E DFIM	LD	
66518	**FL** E DFIM	LD	

66519	**FL**	E	DFIM	LD	
66520	**FL**	E	DFIM	LD	
66522	**FL**	E	DFIM	LD	
66523	**FL**	E	DFIM	LD	
66524	**FL**	E	DFIM	LD	
66525	**FL**	E	DFIM	LD	
66526	**FL**	P	DFIM	LD	Driver Steve Dunn (George)
66528	**FH**	P	DFIM	LD	Madge Elliot MBE Borders Railway Opening 2015
66529	**FL**	P	DFIM	LD	
66531	**FL**	P	DFIM	LD	
66532	**FL**	P	DFIM	LD	P&O Nedlloyd Atlas
66533	**FL**	P	DFIM	LD	Hanjin Express/Senator Express
66534	**FL**	P	DFIM	LD	OOCL Express
66536	**FL**	P	DFIM	LD	
66537	**FL**	P	DFIM	LD	
66538	**FL**	E	DFIM	LD	
66539	**FL**	E	DFIM	LD	
66540	**FL**	E	DFIM	LD	Ruby
66541	**FL**	E	DFIM	LD	
66542	**FL**	E	DFIM	LD	
66543	**FL**	E	DFIM	LD	
66544	**FL**	P	DFIM	LD	
66545	**FL**	P	DFIM	LD	
66546	**FL**	P	DFIM	LD	
66547	**FL**	P	DFIM	LD	
66548	**FL**	P	DFIM	LD	
66549	**FL**	P	DFIM	LD	
66550	**FL**	P	DFIM	LD	
66551	**FL**	P	DFIM	LD	
66552	**FL**	P	DFIM	LD	Maltby Raider
66553	**FL**	P	DFIM	LD	
66554	**FL**	E	DFIM	LD	
66555	**FL**	E	DFIM	LD	
66556	**FL**	E	DFIM	LD	
66557	**FL**	E	DFIM	LD	
66558	**FL**	E	DFIM	LD	
66559	**FL**	E	DFIM	LD	
66560	**FL**	E	DFIM	LD	
66561	**FL**	E	DFIM	LD	
66562	**FL**	E	DFIM	LD	
66563	**FL**	E	DFIM	LD	
66564	**FL**	E	DFIM	LD	
66565	**FL**	E	DFIM	LD	
66566	**FL**	E	DFIM	LD	
66567	**FL**	E	DFIM	LD	
66568	**FL**	E	DFIM	LD	
66569	**FL**	E	DFIM	LD	
66570	**FL**	E	DFIM	LD	
66571	**FL**	E	DFIM	LD	
66572	**FL**	E	DFIM	LD	

Class 66/5. Freightliner-operated low emission locomotives. Details as Class 66/3.

66585	**FL**	HX	DFIN	LD	
66587	**AL**	HX	DFIN	LD	AS ONE, WE CAN
66588	**FL**	HX	DFIN	LD	
66589	**FL**	HX	DFIM	LD	
66590	**FL**	HX	DFIN	LD	
66591	**FL**	HX	DFIN	LD	
66592	**FL**	HX	DFIN	LD	Johnson Stevens Agencies
66593	**FL**	HX	DFIN	LD	3MG MERSEY MULTIMODAL GATEWAY
66594	**FL**	HX	DFIN	LD	NYK Spirit of Kyoto
66596	**FL**	BN	DFIN	LD	
66597	**FL**	BN	DFIN	LD	Viridor
66598	**FL**	BN	DFIN	LD	
66599	**FL**	BN	DFIN	LD	

Class 66/6. Freightliner-operated locomotives with modified gear ratios.
Details as Class 66/0 except:
Maximum Tractive Effort: 467 kN (105080 lbf).
Continuous Tractive Effort: 296 kN (66630 lbf) at 14.0 mph.
Design Speed: 65 mph.   **Maximum Speed:** 65 mph.

66601	**FL**	P	DFHH	LD	The Hope Valley
66602	**FL**	P	DFHH	LD	
66603	**FL**	P	DFHH	LD	
66604	**FL**	P	DFHH	LD	
66605	**FL**	P	DFHH	LD	
66606	**FL**	P	DFHH	LD	
66607	**FL**	P	DFHH	LD	
66610	**FL**	P	DFHH	LD	
66613	**FL**	E	DFHH	LD	
66614	**FL**	E	DFHH	LD	1916 POPPY 2016
66615	**FL**	E	DFHH	LD	
66616	**FL**	E	DFHH	LD	
66617	**FL**	E	DFHH	LD	
66618	**FL**	E	DFHH	LD	Railways Illustrated Annual Photographic Awards Alan Barnes
66619	**FL**	E	DFHH	LD	Derek W. Johnson MBE
66620	**FL**	E	DFHH	LD	
66621	**FL**	E	DFHH	LD	
66622	**FL**	E	DFHH	LD	

Class 66/6. Freightliner-operated low emission locomotive with modified gear ratios. Details as Class 66/6 except:

Fuel Capacity: 5150 litres.

66623	**FG**	AK	DFHH	LD

Class 66/7. Standard design. GB Railfreight-operated locomotives. Details as Class 66/0 except 66793 and 66794 which are as Class 66/6.

66701	**GB**	E	GBBT	RR	
66702	**GB**	E	GBBT	RR	Blue Lightning

66703	**GB** E	GBBT	RR	Doncaster PSB 1981–2002	
66704	**GB** E	GBBT	RR	Colchester Power Signalbox	
66705	**GB** E	GBBT	RR	Golden Jubilee	
66706	**GB** E	GBBT	RR	Nene Valley	
66707	**GB** E	GBBT	RR	Sir Sam Fay GREAT CENTRAL RAILWAY	
66708	**GB** E	GBBT	RR	Jayne	
66709	**AL** E	GBBT	RR	Sorrento	
66710	**GB** E	GBBT	RR	Phil Packer BRIT	
66711	**AI** E	GBBT	RR	Sence	
66712	**GB** E	GBBT	RR	Peterborough Power Signalbox	
66713	**GB** E	GBBT	RR	Forest City	
66714	**GB** E	GBBT	RR	Cromer Lifeboat	
66715	**GB** E	GBBT	RR	VALOUR – IN MEMORY OF ALL RAILWAY EMPLOYEES WHO GAVE THEIR LIVES FOR THEIR COUNTRY	
66716	**GB** E	GBBT	RR	LOCOMOTIVE & CARRIAGE INSTITUTION CENTENARY 1911–2011	
66717	**GB** E	GBBT	RR	Good Old Boy	

66718-751. GB Railfreight locomotives.

Details as Class 66/0 except 66718-732/747-749 as below:

Engine: EMD 12N-710G3B-T2 two stroke of 2420 kW (3245 hp) at 904 rpm.
Traction Motors: General Motors D43TRC.
Fuel Capacity: 5546 litres (66718–722) or 5150 litres (66723–732/747–749).

66747–749 were originally built for Crossrail AG in the Netherlands.

66750/751 were originally built for mainland Europe in 2003.

66718	**AL** E	GBLT	RR	Sir Peter Hendy CBE	
66719	**GB** E	GBLT	RR	METRO-LAND	
66720	**O** E	GBLT	RR		
66721	**AL** E	GBLT	RR	Harry Beck	
66722	**GB** E	GBLT	RR	Sir Edward Watkin	
66723	**GB** E	GBLT	RR	Chinook	
66724	**GB** E	GBLT	RR	Drax Power Station	
66725	**GB** E	GBLT	RR	SUNDERLAND	
66726	**GB** E	GBLT	RR	SHEFFIELD WEDNESDAY	
66727	**MT** E	GBLT	RR	Maritime One	
66728	**GB** P	GBLT	RR	Institution of Railway Operators	
66729	**GB** P	GBLT	RR	DERBY COUNTY	
66730	**GB** P	GBLT	RR	Whitemoor	
66731	**AL** P	GBLT	RR	Capt. Tom Moore A True British Inspiration	
66732	**GB** P	GBLT	RR	GBRf The First Decade 1999–2009 John Smith – MD	
66733 (66401) r	**GB** P	GBFM	RR	Cambridge PSB	
66734[1](PB04)	**O** BN	GBBR	LT (S)		
66735 (66403)	**GB** P	GBBT	RR	PETERBOROUGH UNITED	
66736 (66404) r	**GB** P	GBFM	RR	WOLVERHAMPTON WANDERERS	
66737 (66405) r	**GB** P	GBFM	RR	Lesia	

66738–66776

66738	(66578)		**GB** BN	GBBT	RR	HUDDERSFIELD TOWN
66739	(66579) r		**GB** BN	GBFM	RR	Bluebell Railway
66740	(66580) r		**GB** BN	GBFM	RR	Sarah
66741	(66581) r		**GB** BN	GBBT	RR	Swanage Railway
66742	(66406, 66841)		**GB** BN	GBBT	RR	ABP Port of Immingham Centenary 1912–2012
66743	(66407, 66842) r		**M** BN	GBFM	RR	
66744	(66408, 66843)		**GB** BN	GBBT	RR	Crossrail
66745	(66409, 66844)		**GB** BN	GBRT	RR	Modern Railways The first 50 years
66746	(66410, 66845) r		**M** BN	GBFM	RR	
66747	(20078968-007)		**AL** BN	GBEB	RR	Made in Sheffield
66748	(20078968-004)		**GB** BN	GBEB	RR	West Burton 50
66749	(20078968-006)		**GB** BN	GBEB	RR	Christopher Hopcroft MBE 60 Years Railway Service
66750	(20038513-01)		**GB** BN	GBEB	RR	Bristol Panel Signal Box
66751	(20038513-04) c		**GB** BN	GBEB	RR	Inspiration Delivered Hitachi Rail Europe

66752–779. Low emission, new build GB Railfreight locomotives. Details as Class 66/3.

66752	**GB**	GB	GBEL	RR	The Hoosier State
66753	**GB**	GB	GBEL	RR	EMD Roberts Road
66754	**GB**	GB	GBEL	RR	Northampton Saints
66755	**GB**	GB	GBEL	RR	Tony Berkeley OBE RFG Chairman 1997–2018
66756	**GB**	GB	GBEL	RR	Royal Corps of Signals
66757	**GB**	GB	GBEL	RR	West Somerset Railway
66758	**GB**	GB	GBEL	RR	The Pavior
66759	**GB**	GB	GBEL	RR	Chippy
66760	**GB**	GB	GBEL	RR	David Gordon Harris
66761	**GB**	GB	GBEL	RR	Wensleydale Railway Association 25 Years 1990–2015
66762	**GB**	GB	GBEL	RR	
66763	**GB**	GB	GBEL	RR	Severn Valley Railway
66764	**GB**	GB	GBEL	RR	Major Tom Poyntz Engineer & Railwayman
66765	**GB**	GB	GBEL	RR	
66766	**GB**	GB	GBEL	RR	
66767	**GB**	GB	GBEL	RR	King's Cross PSB 1971–2021
66768	**GB**	GB	GBEL	RR	
66769	**AL**	GB	GBEL	RR	LMA LEAGUE MANAGERS ASSOCIATION/ Paul Taylor Our Inspiration
66770	**GB**	GB	GBEL	RR	
66771	**GB**	GB	GBEL	RR	Amanda
66772	**GB**	GB	GBEL	RR	Maria
66773	**GB**	GB	GBNB	RR	Pride of GB Railfreight
66774	**GB**	GB	GBNB	RR	
66775	**GB**	GB	GBNB	RR	HMS Argyll
66776	**GB**	GB	GBNB	RR	Joanne

66777	**GB**	GB	GBNB	RR	Annette
66778	**GB**	GB	GBNB	RR	Cambois Depot 25 Years
66779	**O**	GB	GBEL	RR	EVENING STAR

66780–789. Standard design. Former DB Cargo locomotives acquired by GB Railfreight in 2017. Details as Class 66/0. Fitted with Swinghead Automatic "Buckeye" Combination Couplers.

† Fitted with additional lights and drawgear formerly used for Lickey banking duties.

66780	(66008)		**AL**	GB	GBOB	RR	The Cemex Express
66781	(66016)		**GB**	GB	GBOB	RR	
66782	(66046)		**GB**	GB	GBOB	RR	
66783	(66058)	†	**AL**	GB	GBOB	RR	The Flying Dustman
66784	(66081)		**GB**	GB	GBOB	RR	Keighley & Worth Valley Railway 50th Anniversary 1968–2018
66785	(66132)		**GB**	GB	GBOB	RR	
66786	(66141)		**GB**	GB	GBOB	RR	
66787	(66184)		**GB**	GB	GBOB	RR	
66788	(66238)		**GB**	GB	GBOB	RR	LOCOMOTION 15
66789	(66250)		**BL**	GB	GBOB	RR	British Rail 1948–1997

66790–799. Locomotives sourced from mainland Europe.

66790	(T66403)	**GB**	BN	GBBT	RR	
66791	(T66404)	**O**	BN	GBBT	RR	Neil Bennett
66792	(T66405)	**GB**	BN	GBBT	RR	
66793	(29004)	**O**	BN	GBHH	RR	
66794	(29005)	**O**	BN	GBEB	RR	Steve Hannam
66795	(561-05)	**GB**	BN	GBEB	RR	Bescot LDC
66796	(561-01)	**AL**	BN	MBDL	LT (S)	The Green Progressor
66797	(513-09)	**O**	BN	GBEB	RR	
66798	(561-03)	**GB**	BN	GBEB	RR	
66799	(6602)	**O**	BN	GBBR	TO (S)	

Class 66/8. Standard design. Colas Rail locomotives. Details as Class 66/0.

66846	(66573)	**CS**	BN	COLO	HJ	
66847	(66574)	**CS**	BN	COLO	HJ	Terry Baker
66848	(66575)	**CS**	BN	COLO	HJ	
66849	(66576)	**CS**	BN	COLO	HJ	Wylam Dilly
66850	(66577)	**CS**	BN	COLO	HJ	David Maidment OBE

Class 66/9. Freightliner locomotives. Low emission "demonstrator" locomotives. Details as Class 66/3. * **Fuel Capacity:** 5905 litres.

66951	*	**FL**	E	DFIN	LD
66952		**FL**	E	DFIN	LD

Class 66/5. Freightliner-operated low emission locomotives. Owing to the 665xx number range being full, subsequent deliveries of 66/5s were numbered from 66953 onwards. Details as Class 66/5 (low emission).

66953	**FL**	BN	DFIN	LD
66955	**FL**	BN	DFIN	LD

66956	**FL**	BN	DFIN	LD	
66957	**FL**	BN	DFIN	LD	Stephenson Locomotive Society 1909–2009

CLASS 67   ALSTOM/GENERAL MOTORS   Bo-Bo

Built: 1999–2000 by Alstom at Valencia, Spain, as sub-contractors for General Motors (General Motors model JT42 HW-HS).
Engine: GM 12N-710G3B-EC two stroke of 2385 kW (3200 hp) at 904 rpm.
Main Alternator: General Motors AR9A/HEP7/CA6C.
Traction Motors: General Motors D43FM.
Maximum Tractive Effort: 141 kN (31770 lbf).
Continuous Tractive Effort: 90 kN (20200 lbf) at 46.5 mph.
Power at Rail: 1860 kW. **Train Brakes:** Air.
Brake Force: 78 t. **Dimensions:** 19.74 x 2.72 m.
Weight: 90 t. **Wheel Diameter:** 965 mm.
Design Speed: 125 mph. **Maximum Speed:** 125 mph.
Fuel Capacity: 4927 litres. **Route Availability:** 8.
Train Supply: Electric, index 66. **Total:** 30.

All equipped with Slow Speed Control and Swinghead Automatic "Buckeye" Combination Couplers.

The following locomotives have been modified to operate with Transport for Wales Mark 4 stock: 67008, 67010, 67013, 67014, 67015, 67017, 67025.

Non-standard liveries:

67026 Diamond Jubilee silver.
67029 All over silver with DB logos.

67001	**AB**	DB	WAAC	CE	
67002	**AB**	DB	WAAC	CE	
67003	**AB**	DB	WQBA	TO (S)	
67004 r		DB	WQAB	TO (S)	
67005	**RZ**	DB	WAAC	CE	Queen's Messenger
67006	**RZ**	DB	WAAC	CE	Royal Sovereign
67007 r	**E**	DB	WABC	CE	
67008	**TW**	DB	WAWC	CE	
67009 r	**E**	DB	WQBA	CE (S)	
67010		DB	WAWC	CE	
67011 r	**E**	DB	WQBA	CE (S)	
67012	**CM**	DB	WAAC	CE	
67013		DB	WAWC	CE	
67014	**TW**	DB	WAWC	CE	
67015		DB	WAWC	CE	
67016	**E**	DB	WAAC	CE	
67017	**TW**	DB	WAWC	CE	
67018		DB	WQBA	CE (S)	Keith Heller
67019	**E**	DB	WQBA	TO (S)	
67020	**E**	DB	WAAC	CE	
67021	**PC**	DB	WAAC	CE	

67022	**E**	DB	WQAA	CE (S)	
67023	**CS**	BN	COTS	RU	Stella
67024	**PC**	DB	WAAC	CE	
67025	**TW**	DB	WAWC	TO	
67026	**O**	DB	WQBA	CE (S)	Diamond Jubilee
67027	**CS**	BN	COTS	RU	Charlotte
67028	**DB**	DB	WAAC	CE	
67029	**O**	DB	WQBA	CE (S)	Royal Diamond
67030 r	**E**	DB	WQBA	TO (S)	

CLASS 68   VOSSLOH/STADLER   Bo-Bo

New Vossloh/Stadler mixed-traffic locomotives operated by DRS.

Built: 2012–16 by Vossloh/Stadler, Valencia, Spain.
Engine: Caterpillar C175-16 of 2800 kW (3750 hp) at 1740 rpm.
Main Alternator: ABB WGX560.
Traction Motors: 4 x AMXL400 AC frame mounted ABB 4FRA6063.
Maximum Tractive Effort: 317 kN (71260 lbf).
Continuous Tractive Effort: 258 kN (58000 lbf) at 20.5 mph.
Power at Rail: **Train Brakes:** Air & rheostatic.
Brake Force: 73 t.   **Dimensions:** 20.50 x 2.69 m.
Weight: 85 t.   **Wheel Diameter:** 1100 mm.
Design Speed: 100 mph.   **Maximum Speed:** 100 mph.
Fuel Capacity: 5600 litres.   **Route Availability:** 7.
Train Supply: Electric, index 96.   **Total:** 34.

68008–015 have been modified to operate in push-pull mode on the Chiltern Railways locomotive-hauled sets.

68019–034 have been modified to operate in push-pull mode with the TransPennine Express Mark 5A stock.

Non-standard livery: 68006 Powering a greener Britain (dark and light green).

68001	**DI**	BN	XHVE	CR	Evolution
68002	**DI**	BN	XHVE	CR	Intrepid
68003	**DI**	BN	XHVE	CR	Astute
68004	**DI**	BN	XHNC	CR	Rapid
68005	**DI**	BN	XHVE	CR	Defiant
68006	**O**	BN	XHVE	CR	Pride of the North
68007	**DR**	BN	XHVE	CR	Valiant
68008	**DI**	BN	XHCS	CR	Avenger
68009	**DI**	BN	XHCS	CR	Titan
68010	**CM**	BN	XHCE	CR	Oxford Flyer
68011	**CM**	BN	XHCE	CR	
68012	**CM**	BN	XHCE	CR	
68013	**CM**	BN	XHCE	CR	
68014	**CM**	BN	XHCE	CR	
68015	**CM**	BN	XHCE	CR	
68016	**DI**	BN	XHVE	CR	Fearless
68017	**DI**	BN	XHVE	CR	Hornet

68018	**DI**	BN	XHVE	CR	Vigilant
68019	**TP**	BN	TPEX	CR	Brutus
68020	**TP**	BN	TPEX	CR	Reliance
68021	**TP**	BN	TPEX	CR	Tireless
68022	**TP**	BN	TPEX	CR	Resolution
68023	**TP**	BN	TPEX	CR	Achilles
68024	**TP**	BN	TPEX	CR	Centaur
68025	**TP**	BN	TPEX	CR	Superb
68026	**TP**	BN	TPEX	CR	Enterprise
68027	**TP**	BN	TPEX	CR	Splendid
68028	**TP**	BN	TPEX	CR	Lord President
68029	**TP**	BN	TPEX	CR	Courageous
68030	**TP**	BN	TPEX	CR	Black Douglas
68031	**TP**	BN	TPEX	CR	Felix
68032	**TP**	BN	TPEX	CR	Destroyer
68033	**DI**	DR	XHTP	CR	
68034	**DI**	DR	XHTP	CR	

CLASS 69   BRUSH/BR/RUSTON/EMD   Co-Co

These locomotives are heavy rebuilds of Class 56s for GB Railfreight, with new General Motors engines, the same type as used in the Class 66s. The first rebuild were completed and entered service in 2021 and it is planned that a total of 16 locomotives will be rebuilt. Donor locomotives shown for 69004–010 are provisional.

Built: 1976–84 by Electroputere at Craiova, Romania (as sub-contractors for Brush) or BREL at Doncaster or Crewe Works. Rebuilt 2019–22 by ElectroMotive Diesel Services, Longport.
Engine: General Motors 12N-710G3B-T2 two stroke of 2385 kW (3200 hp) at 904 rpm.
Main Traction Alternator: General Motors EMD AR10/CA6.
Traction Motors: Brush TM73-62.
Maximum Tractive Effort: 280 kN (62900 lbf).
Continuous Tractive Effort: 240 kN (54000 lbf).
Power at Rail: 2080 kW.   **Train Brakes:** Air.
Brake Force: 60 tonnes.   **Dimensions:** 19.36 x 2.79 m.
Weight: 125 tonnes.   **Wheel Diameter:** 1143 mm.
Design Speed: 80 mph.   **Maximum Speed:** 80 mph.
Fuel Capacity: 5200 litres.   **Route Availability:** 7.
Train Supply: Not equipped.   **Total:** 16.

69001	(56031)	**GB**	PG	GBRG	TN	Mayflower
69002	(56311)	**GB**	PG	GBRG	TN	Bob Tiller CM&EE
69003	(56018)	**GB**	PG	GBRG	TN	
69004	(56069)	**U**	PG			
69005	(56007)					
69006	(56128)					
69007	(56037)					
69008	(56038)					
69009	(56060)					

69010 (56065)
69011
69012
69013
69014
69015
69016

CLASS 70   GENERAL ELECTRIC   Co-Co

GE "PowerHaul" locomotives. 70012 was badly damaged whilst being unloaded in 2011 and was returned to Pennsylvania.

70801 (built as 70099) is a Turkish-built demonstrator that arrived in Britain in 2012. Colas Rail leased this locomotive and then in 2013 ordered a further nine locomotives (70802–810) that were delivered in 2014. 70811–817 followed in 2017.

Built: 2009–17 by General Electric, Erie, Pennsylvania, USA or by TÜLOMSAS, Eskişehir, Turkey (70801).
Engine: General Electric PowerHaul P616LDA1 of 2848 kW (3820 hp) at 1500 rpm.
Main Alternator: General Electric GTA series.
Traction Motors: AC-GE 5GEB30.
Maximum Tractive Effort: 544 kN (122000 lbf).
Continuous Tractive Effort: 427 kN (96000 lbf) at 11 mph.
Power at Rail: **Train Brakes:** Air.
Brake Force: 96.7 t.   **Dimensions:** 21.71 x 2.64 m.
Weight: 129 t.   **Wheel Diameter:** 1066 mm.
Design Speed: 75 mph.   **Maximum Speed:** 75 mph.
Fuel Capacity: 6000 litres.   **Route Availability:** 7.
Train Supply: Not equipped.   **Total:** 36.

Class 70/0. Freightliner locomotives.

70001	**FH**	AK	DFGI	LD	PowerHaul
70002	**FH**	AK	DFGI	LD	
70003	**FH**	AK	DFGI	LD	
70004	**FH**	AK	DFGI	LD	The Coal Industry Society
70005	**FH**	AK	DFGI	LD	
70006	**FH**	AK	DFGI	LD	
70007	**FH**	AK	DFGI	LD	
70008	**FH**	AK	DFGI	LD	
70009	**FH**	AK	DFGI	LD	
70010	**FH**	AK	DFGI	LD	
70011	**FH**	AK	DFGI	LD	
70013	**FH**	AK	DHLT	LD (S)	
70014	**FH**	AK	DFGI	LD	
70015	**FH**	AK	DFGI	LD	
70016	**FH**	AK	DFGI	LD	
70017	**FH**	AK	DFGI	LD	
70018	**FH**	AK	DHLT	LD (S)	
70019	**FH**	AK	DHLT	LD (S)	
70020	**FH**	AK	DFGI	LD	

▲ New Freightliner-liveried 08785 is seen at Ipswich on 09/08/21. **Keith Partlow**

▼ In BR green livery, carrying its original number D3948 and the tiny nameplates "Zippy", 08780 is seen shunting outside the Crewe Locomotive Services depot on 04/09/20. **Cliff Beeton**

▲ The veteran Class 20s can still be seen on the main line. On 01/06/21 BR Railfreight grey-liveried 20118 and GBRf-liveried 20901 pass Saxilby running light engine from Worksop to Derby Chaddesden Sidings. **Robert Pritchard**

▼ BR blue-liveried 31128 leads the Branch Line Society's "Sunday Yicker" tour from Ashton-in-Makerfield to Crewe via Liverpool through Roby on 09/06/19.
Steven Harrow

▲ BR Green-liveried 33012 (D6515) arrives at Brockenhurst with a "Swanage Sunday Special" tour from London Waterloo to Swanage hauling the 4TC set on 18/08/19. **Alan Holding**

▼ New DRS-liveried 37716 passes Leominster with 5V22 08.55 Motherwell–Cardiff Canton movement of Mark 2 stock on 26/08/21. **Dave Gommersall**

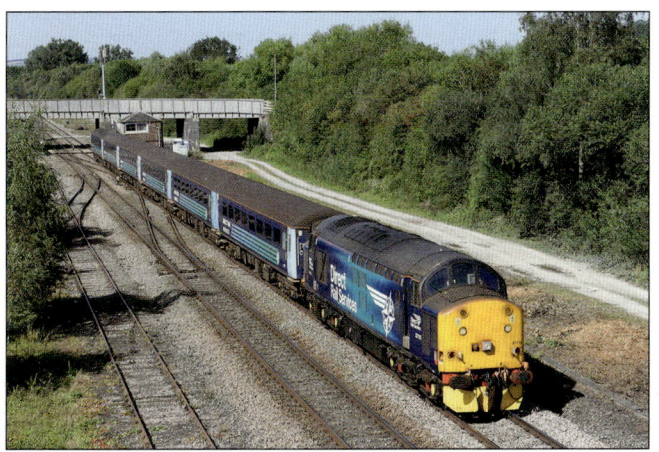

▲ BR Green-liveried D213 (40013) is seen at Crewe with a test working to Telford via Chester on 08/08/18. **Brad Joyce**

▼ ScotRail InterCity-liveried 43127 and 43177 pass Blackford with the 10.33 Aberdeen–Glasgow Queen Street on 21/03/21. **Ian Lothian**

▲ Rail Charter Services-liveried 43059 and 43058 power the 15.09 Skipton–Carlisle "Staycation Express" regular excursion south at Blea Moor, near Ribblehead, on 03/08/21.
Robert Pritchard

▲ InterCity-liveried 47828 heads west with the "Dartmouth Royal Regatta Statesman" tour (the 05.52 High Wycombe–Kingswear) at Stoke Canon on 28/08/21. **Stephen Ginn**

▼ GB Railfreight-liveried 50049 leads 50044 and 50007 into Bescot with the Carlisle–Paddington leg of a 4-day GBRf railtour on 05/09/21. **Dave Gommersall**

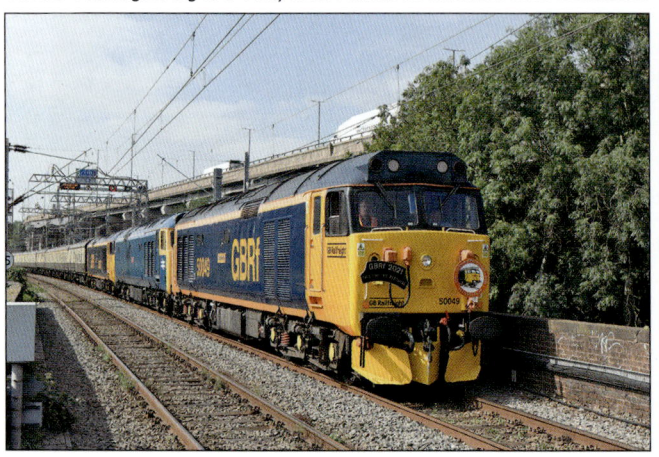

▲ Operating a test run on its return to the main line, BR Blue Western D1015 tops GBRf 66719 on 6M42 09.20 Avonmouth–Penyffordd cement at Gossington on 17/09/21. **Dave Gommersall**

▼ Colas Rail-liveried 56105 passes Saxilby with 6C80 08.50 Clarborough Junction–Toton North Yard engineers train on 07/03/21. **Robert Pritchard**

▲ GWR Green-liveried 57603 passes Langham Levels, near Ivybridge, with 5Z79 09.30 Reading–Penzance empty stock move on 05/06/20. **Tony Christie**

▼ Aggregate Industries-liveried 59001 passes Little Bedwyn with 6C76 14.39 Acton Yard–Whatley on 20/07/21. **Tony Christie**

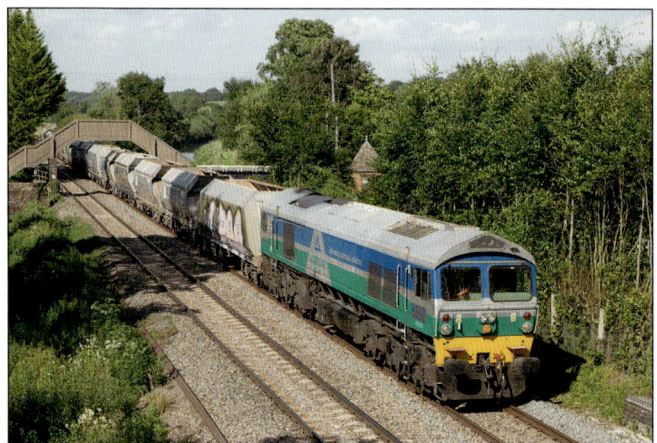

▲ DCR Rail-liveried 60046 is seen near Saxilby with 6Z22 15.21 Leicester Humberstone Road–Worksop empty aggregates on 22/07/21. **Robert Pritchard**

▼ DB Cargo's Puma-liveried 60074 passes Plumley with 6H02 09.30 Warrington Arpley–Tunstead empty stone on 09/06/21. **Cliff Beeton**

▲ DB Cargo-liveried 66175 is seen near Holytown with 4M30 10.30 Grangemouth–Daventry intermodal on 28/08/21. **Stuart Fowler**

▼ New Freightliner-liveried 66623 passes Berkley Marsh with 6V18 Allington–Whatley empty stone on 08/06/21. **Steve Stubbs**

▲ Transport for Wales-liveried 67008 is seen near Leominster with the 17.12 Cardiff Central–Holyhead on 08/06/21. **Dave Gommersall**

▼ New DRS-liveried 68016 and 68001 haul 6M69 15.42 Sizewell–Crewe nuclear flask on Belstead Bank, near Ipswich, on 20/04/21. **Keith Partlow**

▲ BR Revised blue-liveried 69002 (rebuilt from 56311) is shunted by 66776 at the EMD Longport Works on 05/07/21. **Cliff Beeton**

▼ Freightliner-liveried 70001 heads north through Slindon, near Stafford, with 4M61 13.00 Southampton–Trafford Park intermodal on 14/09/20. **Andy Chard**

▲ Colas Rail-liveried 70801 passes Gleneagles with 6A65 05.55 Oxwellmains–Aberdeen cement tanks on 12/04/21. **Ian Lothian**

▼ Caledonian Sleeper-liveried 73971 hauls a single Mark 5 Sleeper coach (15315) along the Angus coast at Boddin, near Usan, running as a 5Z16 15.39 Aberdeen Clayhills–Polmadie on 22/06/21. **Richard Birse**

▲ BR Electric blue-liveried 86259 is seen stabled at Rugby on 24/06/20. **Brad Joyce**

▼ InterCity-liveried 87002 hauls 5Z86 08.45 Crewe–Carlisle empty stock at Red Bank near Warrington on 25/06/20. **Tom McAtee**

▲ New DRS-liveried 88007 approaches Lancaster with 4S44 12.16 Daventry–Mossend intermodal on 04/08/21. **Andy Chard**

▼ New Freightliner-liveried 90014 and 90015 haul a well-loaded 4M80 16.33 Coatbridge–Crewe intermodal south near Abington on 07/07/21. **Stuart Fowler**

▲ One of LNER's remaining Class 91s, 91110 "Battle of Britain Memorial Flight" arrives into Shipley with the 10.25 Bradford Forster Square–London King's Cross on 08/08/21. **Ian Beardsley**

▼ A rare daytime freight on HS1 on 26/06/20 as two-tone railfreight grey-liveried 92036 leads GBRf 92032 on 6O18 12.40 Ripple Lane–Dollands Moor, 92032 having failed with the booked overnight train. **Jamie Squibbs**

Class 70/8. Colas Rail locomotives.

70801	**CS** LF	COLO	CF
70802	**CS** LF	COLO	CF
70803	**CS** LF	COLO	CF
70804	**CS** LF	COLO	CF
70805	**CS** LF	COLO	CF
70806	**CS** LF	COLO	CF
70807	**CS** LF	COLO	CF
70808	**CS** LF	COLO	CF
70809	**CS** LF	COLO	CF
70810	**CS** LF	COLO	CF
70811	**CS** BN	COLO	CF
70812	**CS** BN	COLO	CF
70813	**CS** BN	COLO	CF
70814	**CS** BN	COLO	CF
70815	**CS** BN	COLO	CF
70816	**CS** BN	COLO	CF
70817	**CS** BN	COLO	CF

LocoTrack

THE BRITISH LOCOMOTIVE DATABASE

Input and organise all your spotting records in one place

A PC database containing current, historical and your own data

Over 90,000 items of stock pre-loaded into the database

Includes loco's, DMUs, EMUs, coaches and wagons since 1948 plus preserved steam locomotives

Enter your sightings, haulage, photo details, etc.

And you can link your own photos to each record!

Simple searching, filtering and reports - *all data can be updated*

Excellent reviews in railway press

Download or CD - £25 inc P+P in UK – info. at www.locotrack.co.uk

LocoTrack, 13 Alderley Edge, Waltham, N.E. Lincs, DN37 0UR

Supporting the railway enthusiast for 23 years

1.3. ELECTRO-DIESEL & ELECTRIC LOCOMOTIVES

CLASS 73/1　　BR/ENGLISH ELECTRIC　　Bo-Bo

Electro-diesel locomotives which can operate either from a DC supply or using power from a diesel engine.

Built: 1965–67 by English Electric Co. at Vulcan Foundry, Newton-le-Willows.
Engine: English Electric 4SRKT of 447 kW (600 hp) at 850 rpm.
Main Generator: English Electric 824/5D.
Electric Supply System: 750 V DC from third rail.
Traction Motors: English Electric 546/1B.
Maximum Tractive Effort (Electric): 179 kN (40000 lbf).
Maximum Tractive Effort (Diesel): 160 kN (36000 lbf).
Continuous Rating (Electric): 1060 kW (1420 hp) giving a tractive effort of 35 kN (7800 lbf) at 68 mph.
Continuous Tractive Effort (Diesel): 60 kN (13600 lbf) at 11.5 mph.
Maximum Rail Power (Electric): 2350 kW (3150 hp) at 42 mph.
Train Brakes: Air, vacuum & electro-pneumatic († Air & electro-pneumatic).
Brake Force: 31 t.　　　　　　　　　**Dimensions:** 16.36 x 2.64 m.
Weight: 77 t.　　　　　　　　　　　**Wheel Diameter:** 1016 mm.
Design Speed: 90 mph.　　　　　　　**Maximum Speed:** 90 mph.
Fuel Capacity: 1409 litres.　　　　　**Route Availability:** 6.
Train Supply: Electric, index 66 (on electric power only). **Total:** 30.

Formerly numbered E6007–E6020/E6022–E6026/E6028–E6049 (not in order).

Locomotives numbered in the 732xx series are classed as 73/2 and were originally dedicated to Gatwick Express services.

There have been two separate Class 73 rebuild projects. For GBRf 11 locomotives were rebuilt at Brush, Loughborough with a 1600 hp MTU engine (renumbered 73961–971). For Network Rail 73104/211 were rebuilt at RVEL Derby (now LORAM) with 2 x QSK19 750 hp engines (73951/952).

Non-standard liveries and numbering:

73110　Carries original number E6016.
73139　Light blue & light grey.
73235　Plain dark blue.

73101	**PC**	GB	GBZZ	ZG (S)	
73107	**GB**	GB	GBED	SE	Tracy
73109	**GB**	GB	GBED	SE	Battle of Britain 80th Anniversary
73110	**B**	GB	GBBR	ZG (S)	
73119	**GB**	GB	GBED	SE	Borough of Eastleigh
73128	**GB**	GB	GBED	SE	O.V.S. BULLEID C.B.E.
73133	**TT**	TT	MBED	ZG	
73134	**IC**	GB	GBZZ	WS (S)	Woking Homes 1885–1985
73136	**GB**	GB	GBED	SE	Mhairi

73138	**Y**	NR	QADD	RO (S)	
73139	**O**	GB	GBZZ	ZG (S)	
73141	**GB**	GB	GBED	SE	Charlotte
73201 †	**B**	GB	GBED	SE	Broadlands
73202 †	**SN**	P	MBED	SL	Graham Stenning
73212 †	**GB**	GB	GBED	SE	Fiona
73213 †	**GB**	GB	GBED	SE	Rhodalyn
73235 †	**O**	P	HYWD	BM	

CLASS 73/9 (RVEL)   BR/RVEL   Bo-Bo

The 7395x number series was used for rebuilt Network Rail locomotives.

Rebuilt: Re-engineered by RVEL Derby 2013–15.
Engine: 2 x QSK19 of 560 kW (750 hp) at 1800 rpm (total 1120 kw (1500 hp)).
Main Alternator: 2 x Marathon Magnaplus.
Electric Supply System: 750 V DC from third rail.
Traction Motors: English Electric 546/1B.
Maximum Tractive Effort (Electric): 179 kN (40000 lbf).
Maximum Tractive Effort (Diesel): 179 kN (40000 lbf).
Continuous Rating (Electric): 1060 kW (1420 hp) giving a tractive effort of 35 kN (7800 lbf) at 68 mph.
Continuous Tractive Effort (Diesel): 990 kW (1328 hp) giving a tractive effort of 33 kN (7420 lbf) at 68 mph.
Maximum Rail Power (Electric): 2350 kW (3150 hp) at 42 mph.
Train Brakes: Air. **Brake Force:** 31 t.
Weight: 77 t. **Dimensions:** 16.36 x 2.64 m.
Maximum Speed: 90 mph. **Wheel Diameter:** 1016 mm.
Fuel Capacity: 2260 litres. **Route Availability:** 6.
Train Supply: Not equipped.

73951 (73104)	**Y**	LO	QADD	ZA	Malcolm Brinded
73952 (73211)	**Y**	LO	QADD	ZA	Janis Kong

CLASS 73/9 (GBRf)   BR/BRUSH   Bo-Bo

GBRf Class 73s rebuilt at Brush Loughborough. 73961–965 are normally used on Network Rail contracts and 73966–971 are used by Caledonian Sleeper.

Rebuilt: Re-engineered by Brush, Loughborough 2014–16.
Engine: MTU 8V4000 R43L of 1195 kW (1600 hp) at 1800 rpm.
Main Alternator: Lechmotoren SDV 87.53-12.
Electric Supply System: 750 V DC from third rail (73961–965 only).
Traction Motors: English Electric 546/1B.
Maximum Tractive Effort (Electric): 179 kN (40000 lbf).
Maximum Tractive Effort (Diesel): 179 kN (40000 lbf).
Continuous Rating (Electric): 1060 kW (1420 hp) giving a tractive effort of 35 kN (7800 lbf) at 68 mph.
Continuous Tractive Effort (Diesel):
Maximum Rail Power (Electric): 2350 kW (3150 hp) at 42 mph.

Train Brakes: Air.
Weight: 77 t.
Maximum Speed: 90 mph.
Fuel Capacity: 1409 litres.
Brake Force: 31 t.
Dimensions: 16.36 x 2.64 m.
Wheel Diameter: 1016 mm.
Route Availability: 6.
Train Supply: Electric, index 38 (electric & diesel).

73961	(73209)	**GB** GB	GBNR	SE	Alison
73962	(73204)	**GB** GB	GBNR	SE	Dick Mabbutt
73963	(73206)	**GB** GB	GBNR	SE	Janice
73964	(73205)	**GB** GB	GBNR	SE	Jeanette
73965	(73208)	**GB** GB	GBNR	SE	Des O' Brien

73966–971 have been rebuilt for Caledonian Sleeper but their third rail electric capability has been retained. They have a higher Train Supply index and a slightly higher fuel capacity. Details as 73961–965 except:
Fuel Capacity: 1509 litres.   **Train Supply:** Electric, index 96.

73005 and 73006 were originally assembled at Eastleigh Works.

73966	(73005)	d	**CA** GB	GBCS	EC
73967	(73006)	d	**CA** GB	GBCS	EC
73968	(73117)	d	**CA** GB	GBCS	EC
73969	(73105)	d	**CA** GB	GBCS	EC
73970	(73103)	d	**CA** GB	GBCS	EC
73971	(73207)	d	**CA** GB	GBCS	EC

CLASS 86   BR/ENGLISH ELECTRIC   Bo-Bo

Built: 1965–66 by English Electric Co at Vulcan Foundry, Newton-le-Willows or by BR at Doncaster Works.
Electric Supply System: 25 kV AC 50 Hz overhead.
Traction Motors: AEI 282BZ axle hung.
Maximum Tractive Effort: 207 kN (46500 lbf).
Continuous Rating: 3010 kW (4040 hp) giving a tractive effort of 85 kN (19200 lbf) at 77.5 mph.
Maximum Rail Power: 4550 kW (6100 hp) at 49.5 mph.
Train Brakes: Air.
Dimensions: 17.83 x 2.65 m.
Wheel Diameter: 1156 mm.
Design Speed: 110–125 mph.
Route Availability: 6.
Brake Force: 40 t.
Weight: 83–86.8 t.
Train Supply: Electric, index 74.
Maximum Speed: 100 mph.
Total: 21.

Formerly numbered E3101–E3200 (not in order).

Class 86s exported for use abroad are listed in section 1.6 of this book.

Class 86/1. Class 87-type bogies & motors. Details as above except:

Traction Motors: GEC 412AZ frame mounted.
Maximum Tractive Effort: 258 kN (58000 lbf).
Continuous Rating: 3730 kW (5000 hp) giving a tractive effort of 95 kN (21300 lbf) at 87 mph.
Maximum Rail Power: 5860 kW (7860 hp) at 50.8 mph.

Wheel Diameter: 1150 mm.
Design Speed: 110 mph. **Maximum Speed:** 110 mph.

86101	**IC**	LS	LSLO	CL	Sir William A Stanier FRS

Class 86/2. Standard design rebuilt with resilient wheels & Flexicoil suspension. Details as in main class heading.

Non-standard livery:

86259 BR "Electric blue". Also carries number E3137.

86251	**V**	FL	EPEX	CB (S)	
86259 x	**0**	PP	MBEL	RU	Les Ross/Peter Pan

Class 86/4. Details as Class 86/2 except:

Traction Motors: AEI 282AZ axle hung.
Maximum Tractive Effort: 258 kN (58000 lbf).
Continuous Rating: 2680 kW (3600 hp) giving a tractive effort of 89 kN (20000 lbf) at 67 mph.
Maximum Rail Power: 4400 kW (5900 hp) at 38 mph.
Weight: 83–83.9 t.
Design Speed: 100 mph. **Maximum Speed:** 100 mph.

86401	**CA**	WC	AWCA	CS	Mons Meg

Class 86/6. Freightliner-operated locomotives.

Previously numbered in the Class 86/0 and 86/4 series'. 86608 was also regeared and renumbered 86501 between 2000 and 2016.

Details as Class 86/4 except:
Traction Motors: AEI 282AZ axle hung.
Maximum Speed: 75 mph. **Train Supply:** Electric, isolated.

86604	**FL**	FL	DHLT	CB (S)
86605	**FL**	FL	DHLT	CB (S)
86607	**FL**	FL	DHLT	CB (S)
86608	**FL**	FL	DHLT	CB (S)
86609	**FL**	FL	DHLT	CB (S)
86610	**FL**	FL	DHLT	CB (S)
86612	**FL**	FL	DHLT	CB (S)
86613	**FL**	FL	DHLT	CB (S)
86614	**FL**	FL	DHLT	CB (S)
86622	**FH**	FL	DHLT	CB (S)
86627	**FL**	FL	DHLT	CB (S)
86628	**FL**	FL	DHLT	CB (S)
86632	**FL**	FL	DHLT	CB (S)
86637	**FH**	FL	DHLT	CB (S)
86638	**FL**	FL	DHLT	CB (S)
86639	**FL**	FL	DHLT	CB (S)

CLASS 87 — BREL/GEC — Bo-Bo

Built: 1973–75 by BREL at Crewe Works.
Electric Supply System: 25 kV AC 50 Hz overhead.
Traction Motors: GEC G412AZ frame mounted.
Maximum Tractive Effort: 258 kN (58000 lbf).
Continuous Rating: 3730 kW (5000 hp) giving a tractive effort of 95 kN (21300 lbf) at 87 mph.
Maximum Rail Power: 5860 kW (7860 hp) at 50.8 mph.
Train Brakes: Air.
Brake Force: 40 t.
Dimensions: 17.83 x 2.65 m.
Weight: 83.3 t.
Wheel Diameter: 1150 mm.
Train Supply: Electric, index 95.
Design Speed: 110 mph.
Maximum Speed: 110 mph.
Route Availability: 6.
Total: 1.

Class 87s exported for use abroad are listed in section 1.6 of this book.

87002	**IC**	LS	LSLO	CL	Royal Sovereign

CLASS 88 — VOSSLOH/STADLER — Bo-Bo

New Vossloh/Stadler bi-mode DRS locomotives.

Built: 2015–16 by Vossloh/Stadler, Valencia, Spain.
Electric Supply System: 25 kV AC 50 Hz overhead.
Engine: Caterpillar C27 12-cylinder of 708 kW (950 hp) at 1750 rpm.
Main Alternator: ABB AMXL400.
Traction Motors: ABB AMXL400.
Maximum Tractive Effort (Electric): 317 kN (71260 lbf).
Maximum Tractive Effort (Diesel): 317 kN (71260 lbf).
Continuous Rating: 4000 kW (5360 hp) giving a tractive effort of 258 kN (58000 lbf) at 28 mph (electric).
Maximum Rail Power:
Train Brakes: Air, regenerative & rheostatic.
Brake Force: 73 t.
Dimensions: 20.50 x 2.69 m.
Weight: 85 t.
Wheel Diameter: 1100 mm.
Fuel Capacity: 1800 litres.
Train Supply: Electric, index 96.
Design Speed: 100 mph.
Maximum Speed: 100 mph.
Route Availability: 7.
Total: 10.

88001	**DI**	BN	XHVE	KM	Revolution
88002	**DI**	BN	XHVE	KM	Prometheus
88003	**DI**	BN	XHVE	KM	Genesis
88004	**DI**	BN	XHVE	KM	Pandora
88005	**DI**	BN	XHVE	KM	Minerva
88006	**DI**	BN	XHVE	KM	Juno
88007	**DI**	BN	XHVE	KM	Electra
88008	**DI**	BN	XHVE	KM	Ariadne
88009	**DI**	BN	XHVE	KM	Diana
88010	**DI**	BN	XHVE	KM	Aurora

CLASS 90　　　GEC　　　Bo-Bo

90001–90030

Built: 1987–90 by BREL at Crewe Works (as sub-contractors for GEC).
Electric Supply System: 25 kV AC 50 Hz overhead.
Traction Motors: GEC G412CY frame mounted.
Maximum Tractive Effort: 258 kN (58000 lbf).
Continuous Rating: 3730 kW (5000 hp) giving a tractive effort of 95 kN (21300 lbf) at 87 mph.
Maximum Rail Power: 5860 kW (7860 hp) at 68.3 mph.
Train Brakes: Air.
Brake Force: 40 t.
Weight: 84.5 t.
Design Speed: 110 mph.
Train Supply: Electric, index 95.
Dimensions: 18.80 x 2.74 m.
Wheel Diameter: 1150 mm.
Maximum Speed: 110 mph.
Route Availability: 7.
Total: 50.

Advertising liveries:

90024　Malcolm Logistics (blue).
90039　I am the backbone of the economy (black).

90001	b	**IC**	LS	LSLO	CL	Royal Scot
90002	b	**IC**	LS	LSLO	CL	Wolf of Badenoch
90003	b	**FG**	FL	DFLC	CB	
90004	b	**FG**	FL	DFLC	CB	
90005	b	**FG**	FL	DFLC	CB	
90006	b	**FG**	FL	DFLC	CB	Modern Railways Magazine/ Roger Ford
90007	b	**FG**	FL	DFLC	CB	
90008	b	**FG**	FL	DFLC	CB	
90009	b	**FG**	FL	DFLC	CB	
90010	b	**FG**	FL	DFLC	CB	
90011	b	**FG**	FL	DFLC	CB	
90012	b	**FG**	FL	DFLC	CB	
90013	b	**GA**	FL	DFLC	CB	
90014	b	**FG**	FL	DFLC	CB	Over the Rainbow
90015	b	**FG**	FL	DFLC	CB	
90016		**FL**	FL	DFLC	CB	
90017		**E**	DB	WQCA	CE (S)	
90018		**DB**	DB	WQAB	CE (S)	The Pride of Bellshill
90019		**DB**	DB	WEDC	CE	Multimodal
90020		**GC**	DB	WEDC	CE	
90021		**FS**	DB	WQAA	CE (S)	
90022		**EG**	DB	WQCA	CE (S)	Freightconnection
90023		**E**	DB	WQCA	CE (S)	
90024		**AL**	DB	WEAC	CE	
90025		**F**	DB	WQCA	CE (S)	
90026		**GC**	DB	WEDC	CE	
90027		**F**	DB	WQCA	CE (S)	Allerton T&RS Depot
90028		**DB**	DB	WQAA	CE (S)	Sir William McAlpine
90029		**GC**	DB	WEDC	CE	
90030		**E**	DB	WEDC	CE	

90031	**E**	DB	WQCA	CE (S)	The Railway Children Partnership Working For Street Children Worldwide
90032	**E**	DB	WQCA	CE (S)	
90033	**FE**	DB	WQCA	CE (S)	
90034	**DR**	DB	WEDC	CE	
90035	**DB**	DB	WEAC	CE	
90036	**DB**	DB	WEDC	CE	Driver Jack Mills
90037	**DB**	DB	WEAC	CE	Christine
90038	**FE**	DB	WQCA	CE (S)	
90039	**AL**	DB	WEDC	CE	The Chartered Institute of Logistics and Transport
90040	**DB**	DB	WQAB	CE (S)	
90041	**FL**	FL	DFLC	CB	
90042	**FH**	FL	DFLC	CB	
90043	**FH**	FL	DFLC	CB	
90044	**FG**	FL	DFLC	CB	
90045	**FH**	FL	DFLC	CB	
90046	**FL**	FL	DFLC	CB	
90047	**FG**	FL	DFLC	CB	
90048	**FG**	FL	DFLC	CB	
90049	**FH**	FL	DFLC	CB	
90050	**FF**	AV	DHLT	CB (S)	

CLASS 91   GEC   Bo-Bo

Built: 1988–91 by BREL at Crewe Works (as sub-contractors for GEC).
Electric Supply System: 25 kV AC 50 Hz overhead.
Traction Motors: GEC G426AZ.
Maximum Tractive Effort: 190 kN (43 000 lbf).
Continuous Rating: 4540 kW (6090 hp) giving a tractive effort of 170 kN at 96 mph.
Maximum Rail Power: 4700 kW (6300 hp) at ?? mph.
Train Brakes: Air.   **Dimensions:** 19.41 x 2.74 m.
Brake Force: 45 t.   **Wheel Diameter:** 1000 mm.
Weight: 84 t.   **Maximum Speed:** 125 mph.
Design Speed: 140 mph.   **Route Availability:** 7.
Train Supply: Electric, index 95.   **Total:** 31.

Locomotives were originally numbered in the 910xx series, but were renumbered upon completion of overhauls at Bombardier, Doncaster by the addition of 100 to their original number.

Advertising liveries:

91101 Flying Scotsman (red, white & purple).
91110 Battle of Britain (black and grey).
91111 For the fallen (various with poppy and Union Jack vinyls).

91101	**AL**	E	IECA	NL	FLYING SCOTSMAN
91103	**VE**	E	SAXL	ZB (S)	
91104	**VE**	E	SAXL	ZB (S)	
91105	**VE**	E	IECA	NL	

91106	**VE**	E	IECA	NL	
91107	**VE**	E	IECA	NL	SKYFALL
91108	**VE**	E	SAXL	ZB (S)	
91109	**VE**	E	IECA	NL	Sir Bobby Robson
91110	**AL**	E	IECA	NL	BATTLE OF BRITAIN MEMORIAL FLIGHT
91111	**AL**	E	IECA	NL	For the Fallen
91112	**VE**	E	SAXL	DR (S)	
91114	**VE**	E	IECA	NL	Durham Cathedral
91115	**VE**	E	SAXL	DR (S)	Blaydon Races
91116	**VE**	E	SAXL	DR (S)	
91117	**EX**	EP	EPEX	LR (S)	
91118	**VE**	E	SAXL	DR (S)	The Fusiliers
91119	**IC**	E	IECA	NL	Bounds Green INTERCITY Depot 1977–2017
91120	**EX**	EP	EPEX	LR (S)	
91121	**VE**	E	SAXL	DR (S)	
91122	**VE**	E	EROG	RJ	
91124	**VE**	E	IECA	NL	
91125	**VE**	E	SAXL	DR (S)	
91127	**VE**	E	IECA	NL	
91128	**VE**	E	EROG	RJ	INTERCITY 50
91130	**VE**	E	IECA	NL	Lord Mayor of Newcastle
91131	**VE**	E	SAXL	DR (S)	

CLASS 92   BRUSH   Co-Co

Built: 1993–96 by Brush Traction at Loughborough.
Electric Supply System: 25 kV AC 50 Hz overhead or 750 V DC third rail.
Traction Motors: Asea Brown Boveri design. Model 6FRA 7059B (Asynchronous 3-phase induction motors).
Maximum Tractive Effort: 400 kN (90 000 lbf).
Continuous Rating: 5040 kW (6760 hp) on AC, 4000 kW (5360 hp) on DC.
Maximum Rail Power: **Train Brakes:** Air.
Brake Force: 63 t.   **Dimensions:** 21.34 x 2.67 m.
Weight: 126 t.   **Wheel Diameter:** 1070 mm.
Design Speed: 140 km/h (87 mph).   **Maximum Speed:** 140 km/h (87 mph).
Train Supply: Electric, index 180 (AC), 108 (DC).
Route Availability: 7.   **Total:** 33.

* Fitted with TVM430 signalling equipment to operate on High Speed 1.

Class 92s exported for use abroad are listed in section 1.6 of this book.

Advertising livery: 92017 Stobart Rail (two-tone blue & white).

92004		**EG**	DB	WQCA	CE (S)	Jane Austen
92006	d	**CA**	GB	GBSL	WB	
92007		**EG**	DB	WQBA	CE (S)	Schubert
92008		**EG**	DB	WQCA	CE (S)	Jules Verne
92009	*	**DB**	DB	WQCA	CE (S)	Marco Polo
92010	*d	**CA**	GB	GBST	WB	
92011	*	**EG**	DB	WFBC	CE	Handel

92013	**EG**	DB	WQBA	CE (S)	Puccini
92014 d	**CA**	GB	GBSL	WB	
92015 *	**DB**	DB	WFBC	CE	
92016 *	**DB**	DB	WQCA	CE (S)	
92017	**AL**	DB	WQCA	CE (S)	Bart the Engine
92018 *d	**CA**	GB	GBST	WB	
92019 *	**EG**	DB	WFBC	CE	Wagner
92020 d	**GB**	GB	GBSL	WB	BILLING STIRLING
92021	**EP**	GB	GBSD	WS (S)	Purcell
92023 *d	**CA**	GB	GBSL	WB	
92028 d	**GB**	GB	GBST	WB	
92029	**EG**	DB	WQAB	CE (S)	Dante
92031	**DB**	DB	WQBA	CE (S)	
92032 *d	**GB**	GB	GBCT	WB	IMechE Railway Division
92033 d	**CA**	GB	GBSL	WB	
92035	**EG**	DB	WQCA	CE (S)	Mendelssohn
92036 *	**EG**	DB	WFBC	CE	Bertolt Brecht
92037	**EG**	DB	WQCA	CE (S)	Sullivan
92038 *d	**CA**	GB	GBST	WB	
92040	**EP**	GB	GBSD	WS (S)	Goethe
92041 *	**EG**	DB	WFBC	CE	Vaughan Williams
92042 *	**DB**	DB	WFBC	CE	
92043 *d	**GB**	GB	GBST	WB	
92044 *	**EP**	GB	GBCT	WB	Couperin
92045	**EP**	GB	GBSD	WS (S)	Chaucer
92046	**EP**	GB	GBSD	WS (S)	Sweelinck

CLASS 93　　　　　　STADLER　　　　　　Bo-Bo

In January 2021 Rail Operations Group placed a order with Stadler for a new design of mixed-traffic tri-mode locomotives, designated Class 93. The framework order is for an initial 30 locomotives, to be confirmed in batches of ten.

The locomotive is a development of the DRS Class 88 and as well as having a more powerful CAT diesel engine and electric capability will be fitted with batteries and a higher maximum speed of 110 mph. The locomotives are due to be delivered from early 2023. Full details awaited.

Built: 2021–23 by Stadler, Valencia, Spain.
Electric Supply System: 25 kV AC 50 Hz overhead.
Engine: Caterpillar C32 12-cylinder of 900 kW (1205 hp) at　　rpm.
Batteries: Two LTO battery packs providing 400 kW (535 hp).
Main Alternator:
Traction Motors:
Maximum Tractive Effort (Electric):
Maximum Tractive Effort (Diesel):
Continuous Rating: 4660 kW (5360 hp).
Maximum Rail Power:

93001–93030

Train Brakes: Air, regenerative & electro-pneumatic.
Brake Force:
Weight: 86 t.
Fuel Capacity:
Design Speed: 110 mph.
Route Availability: 7.
Dimensions:
Wheel Diameter:
Train Supply:
Maximum Speed: 110 mph.
Total: 30.

93001	RO
93002	RO
93003	RO
93004	RO
93005	RO
93006	RO
93007	RO
93008	RO
93009	RO
93010	RO
93011	RO
93012	RO
93013	RO
93014	RO
93015	RO
93016	RO
93017	RO
93018	RO
93019	RO
93020	RO
93021	RO
93022	RO
93023	RO
93024	RO
93025	RO
93026	RO
93027	RO
93028	RO
93029	RO
93030	RO

1.4. EUROTUNNEL LOCOMOTIVES

DIESEL LOCOMOTIVES

0001–10 are registered on TOPS as 21901–910.

0001–0005   Krupp MaK   Bo-Bo

Channel Tunnel maintenance and rescue train locomotives.
Built: 1991–92 by MaK at Kiel, Germany (Model DE 1004).
Engine: MTU 12V396 TC 13 of 950 kW (1275 hp) at 1800 rpm.
Main Alternator: ABB.   **Traction Motors:** ABB.
Maximum Tractive Effort: 305 kN (68600 lbf).
Continuous Tractive Effort: 140 kN (31500 lbf) at 20 mph.
Power At Rail: 750 kW (1012 hp).   **Dimensions:** 14.40 x ?? m.
Brake Force: 120 kN.   **Wheel Diameter:** 1000 mm.
Train Brakes: Air.   **Weight:** 90 t.
Maximum Speed: 100 km/h.   **Design Speed:** 120 km/h.
Fuel Capacity: 3500 litres.   **Multiple Working:** Within class.
Train Supply: Not equipped.   **Signalling System:** TVM430 cab signalling.

0001		**GY**	ET	CT	0004	**GY**	ET	CT
0002		**GY**	ET	CT	0005	**GY**	ET	CT
0003		**GY**	ET	CT				

0006–0010   Krupp MaK   Bo-Bo

Channel Tunnel maintenance and rescue locomotives. Rebuilt from Netherlands Railways/DB Cargo Nederland Class 6400. 0006/07 were added to the Eurotunnel fleet in 2011, and 0008–10 in 2016.

Built: 1990–91 by MaK at Kiel, Germany (Model DE 6400).
Engine: MTU 12V396 TC 13 of 1180 kW (1580 hp) at 1800 rpm.
Main Alternator: ABB.   **Traction Motors:** ABB.
Maximum Tractive Effort: 290 kN (65200 lbf).
Continuous Tractive Effort: 140 kN (31500 lbf) at 20 mph.
Power At Rail: 750 kW (1012 hp).   **Dimensions:** 14.40 x ?? m.
Brake Force: 120 kN.   **Wheel Diameter:** 1000 mm.
Train Brakes: Air.   **Weight:** 80 t.
Maximum Speed: 120 km/h.   **Design Speed:** 120 km/h.
Fuel Capacity: 2900 litres.   **Multiple Working:** Within class.
Train Supply: Not equipped.

Not fitted with TVM 430 cab signalling so have to operate with another locomotive when used on HS1. 0010 can only be used for shunting at Coquelles depot.

0006	(6456)	**GY**	ET	CT	0009	(6451)	**GY**	ET	CT
0007	(6457)	**GY**	ET	CT	0010	(6447)	**EB**	ET	CO
0008	(6450)	**GY**	ET	CT					

EUROTUNNEL 0031–9005

0031–0042　　HUNSLET/SCHÖMA　　0-4-0

Built: 1989-90 by Hunslet Engine Company at Leeds as 900 mm gauge.
Rebuilt: 1993-94 by Schöma in Germany to 1435 mm gauge as Type CFL 200 DCL-R.
Engine: Deutz F10L 413 FW of 170 kW (230 hp) at 2300 rpm.
Transmission: Mechanical Clark 5421-179 type.
Maximum Tractive Effort: 68 kN (15300 lbf).
Continuous Tractive Effort: 47 kN (10570 lbf) at 5 mph.
Power At Rail: 130.1 kW (175 hp).
Brake Force:　　　　　　　　　　　　**Dimensions:** 7.87 (* 10.94) x 2.69 m.
Weight: 25 t. (* 28 t.)　　　　　　**Wheel Diameter:** 1010 mm.
Maximum Speed: 48 km/h (* 75 km/h).
Fuel Capacity: 450 litres.　　　　　**Train Brakes:** Air.
Train Supply: Not equipped.　　　**Multiple Working:** Not equipped.

* Rebuilt with inspection platforms to check overhead catenary (Type CS 200).

0031		**GY**	ET CT	FRANCES
0032		**GY**	ET CT	ELISABETH
0033		**GY**	ET CT	SILKE
0034		**GY**	ET CT	AMANDA
0035		**GY**	ET CT	MARY
0036		**GY**	ET CT	LAURENCE
0037		**GY**	ET CT	LYDIE
0038		**GY**	ET CT	JENNY
0039	*	**GY**	ET CT	PACITA
0040		**GY**	ET CT	JILL
0041	*	**GY**	ET CT	KIM
0042		**GY**	ET CT	NICOLE

ELECTRIC LOCOMOTIVES

9005–9840　　BRUSH/ABB　　Bo-Bo-Bo

Built: 1993-2002 by Brush Traction, Loughborough.
Electric Supply System: 25 kV AC 50 Hz overhead.
Traction Motors: Asea Brown Boveri design. Asynchronous 3-phase motors. Model 6FHA 7059 (as built). Model 6FHA 7059C (7000 kW rated locos).
Maximum Tractive Effort: 400kN (90 000 lbf).
Continuous Rating: Class 9/0: 5760 kW (7725 hp). Class 9/7 and 9/8: 7000 kW (9387 hp).
Maximum Rail Power:　　　　　　**Multiple Working:** TDM system.
Brake Force: 50 t.　　　　　　　　**Dimensions:** 22.01 x 2.97 x 4.20 m.
Weight: 136 t.　　　　　　　　　　**Wheel Diameter:** 1250 mm.
Maximum Speed: 140 km/h.　　**Design Speed:** 140 km/h.
Train Supply: Electric.　　　　　　**Train Brakes:** Air.

Class 9/0 Original build locos. Built 1993-94.

9005　　**EB** ET CO　　JESSYE NORMAN

EUROTUNNEL 9007–9814

9007	**EB**	ET	CO	DAME JOAN SUTHERLAND[1]
9011	**EB**	ET	CO	JOSÉ VAN DAM[1]
9013	**EB**	ET	CO	MARIA CALLAS[1]
9015	**EB**	ET	CO	LÖTSCHBERG 1913[1]
9018	**EB**	ET	CO	WILHELMENIA FERNANDEZ
9022	**EB**	ET	CO	DAME JANET BAKER
9024	**EB**	ET	CO	GOTTHARD 1882
9026	**EB**	ET	CO	FURKATUNNEL 1982
9029	**EB**	ET	CO	THOMAS ALLEN
9033	**EB**	ET	CO	MONTSERRAT CABALLE
9036	**EB**	ET	CO	ALAIN FONDARY[1]
9037	**EB**	ET	CO	

Class 9/7. Increased power freight shuttle locos. Built 2001–02 (9711–23 built 1998–2001 as 9101–13 and rebuilt as 9711–23 2010–12).

9701	**EB**	ET	CO	
9702	**EB**	ET	CO	
9703	**EB**	ET	CO	
9704	**EB**	ET	CO	
9705	**EB**	ET	CO	
9706	**EB**	ET	CO	
9707	**EB**	ET	CO	

9711	(9101)	**EB**	ET	CO
9712	(9102)	**EB**	ET	CO
9713	(9103)	**EB**	ET	CO
9714	(9104)	**EB**	ET	CO
9715	(9105)	**EB**	ET	CO
9716	(9106)	**EB**	ET	CO
9717	(9107)	**EB**	ET	CO
9718	(9108)	**EB**	ET	CO
9719	(9109)	**EB**	ET	CO
9720	(9110)	**EB**	ET	CO
9721	(9111)	**EB**	ET	CO
9722	(9112)	**EB**	ET	CO
9723	(9113)	**EB**	ET	CO

Class 9/8 Locos rebuilt from Class 9/0 by adding 800 to the loco number. Uprated to 7000 kW.

90xx and 98xx locomotives have a cab in the blunt end for shunting, except 9840 which does not have this feature.

9801	**EB**	ET	CO	LESLEY GARRETT
9802	**EB**	ET	CO	STUART BURROWS
9803	**EB**	ET	CO	BENJAMIN LUXON
9804	**EB**	ET	CO	
9806	**EB**	ET	CO	REGINE CRESPIN
9808	**EB**	ET	CO	ELISABETH SODERSTROM
9809	**EB**	ET	CO	
9810	**EB**	ET	CO	
9812	**EB**	ET	CO	
9814	**EB**	ET	CO	LUCIA POPP

9816	**EB**	ET	CO	
9819	**EB**	ET	CO	MARIA EWING[1]
9820	**EB**	ET	CO	NICOLAI GHIAROV
9821	**EB**	ET	CO	
9823	**EB**	ET	CO	DAME ELISABETH LEGGE-SCHWARZKOPF
9825	**EB**	ET	CO	
9827	**EB**	ET	CO	BARBARA HENDRICKS
9828	**EB**	ET	CO	
9831	**EB**	ET	CO	
9832	**EB**	ET	CO	RENATA TEBALDI
9834	**EB**	ET	CO	MIRELLA FRENI
9835	**EB**	ET	CO	NICOLAI GEDDA
9838	**EB**	ET	CO	HILDEGARD BEHRENS
9840	**EB**	ET	CO	

[1] nameplates carried on one side only.

1.5. LOCOMOTIVES AWAITING DISPOSAL

Locomotives that are still extant but best classed as awaiting disposal are listed here.

66048   EMD, Longport Works

1.6. LOCOMOTIVES EXPORTED FOR USE ABROAD

This section details former British Railways (plus privatisation era) diesel and electric locomotives that have been exported from Great Britain for use in industrial locations or with a main line operator abroad. Not included are locos that are classed as "preserved" abroad. These are included in the Platform 5 "Preserved Locomotives of British Railways" publication.

(S) denotes locomotives that are stored.

Number Other no./name   Location

Class 03

03156		Ferramenta Pugliese, Terlizzi, Bari, Italy

Class 47

47375	92 70 00 47375-5	Continental Railway Solution, Hungary

Class 56

56101	92 55 0659 001-5	FLOYD, Hungary
56115	92 55 0659 002-3	FLOYD, Hungary
56117	92 55 0659 003-1	FLOYD, Hungary (S) Budapest Keleti

Class 58

58001		DB, France, (S) Alizay
58004		DB, France, (S) Alizay
58005		DB, France, (S) Alizay
58006		DB, France, (S) Alizay
58007		DB, France, (S) Alizay
58009		DB, France, (S) Alizay
58010		DB, France, (S) Alizay
58011		DB, France, (S) Alizay
58013		DB, France, (S) Alizay
58018		DB, France, (S) Alizay
58021		DB, France, (S) Alizay
58025		DB, Spain, (S) Albacete
58026		DB, France, (S) Alizay
58027	L52	DB, Spain, (S) Albacete
58032		DB, France, (S) Alizay
58033		DB, France, (S) Alizay
58034		DB, France, (S) Alizay
58035		DB, France, (S) Alizay
58036		DB, France, (S) Alizay
58038		DB, France, (S) Alizay
58039		DB, France, (S) Alizay
58040		DB, France, (S) Alizay
58041	L36	Transfesa, Spain, (S) Albacete
58042		DB, France, (S) Alizay
58044		DB, France, (S) Woippy, Metz

LOCOMOTIVES EXPORTED FOR USE ABROAD 97

58046		DB, France, (S) Alizay
58049		DB, France, (S) Alizay
58050	L53	DB, Spain, (S) Albacete

Class 66
The second number shown is the running number for the locomotives operated by Freightliner in Poland.

66022	ECR, France	66202	ECR, France	66237		DBC, Poland
66026	ECR, France	66203	ECR, France	66239		ECR, France
66029	ECR, France	66204	ECR, France	66240		ECR, France
66033	ECR, France	66208	ECR, France	66241		ECR, France
66036	ECR, France	66209	ECR, France	66242		ECR, France
66038	ECR, France	66210	ECR, France	66243		ECR, France
66042	ECR, France	66211	ECR, France	66245		ECR, France
66045	ECR, France	66212	ECR, France	66246		ECR, France
66049	ECR, France	66213	ECR, France	66247		ECR, France
66052	ECR, France	66214	ECR, France	66248		DBC, Poland
66062	ECR, France	66215	ECR, France	66249		ECR, France
66064	ECR, France	66216	ECR, France	66411	66013	FL, Poland
66071	ECR, France	66217	ECR, France	66412	66015	FL, Poland
66072	ECR, France	66218	ECR, France	66417	66014	FL, Poland
66123	ECR, France	66219	ECR, France	66527	66016	FL, Poland
66146	DBC, Poland	66220	DBC, Poland	66530	66017	FL, Poland
66153	DBC, Poland	66222	ECR, France	66535	66018	FL, Poland
66157	DBC, Poland	66223	ECR, France	66582	66009	FL, Poland
66159	DBC, Poland	66225	ECR, France	66583	66010	FL, Poland
66163	DBC, Poland	66226	ECR, France	66584	66011	FL, Poland
66166	DBC, Poland	66227	DBC, Poland	66586	66008	FL, Poland
66173	DBC, Poland	66228	ECR, France	66595		FL, Poland
66178	DBC, Poland	66229	ECR, France	66608	66603	FL, Poland
66180	DBC, Poland	66231	ECR, France	66609	66605	FL, Poland
66189	DBC, Poland	66232	ECR, France	66611	66604	FL, Poland
66191	ECR, France	66233	ECR, France	66612	66606	FL, Poland
66193	ECR, France	66234	ECR, France	66624	66602	FL, Poland
66195	ECR, France	66235	ECR, France	66625	66601	FL, Poland
66196	DBC, Poland	66236	ECR, France	66954		FL, Poland
66201	ECR, France					

Class 86

86213	91 52 00 87703-2	Lancashire Witch	Bulmarket, Bulgaria
86215	91 55 0450 005-8		FLOYD, Hungary
86217	91 55 0450 006-6		FLOYD, Hungary
86218	91 55 0450 004-1		FLOYD, Hungary
86228	91 55 0450 007-4		FLOYD, Hungary
86231	91 52 00 85005-4	Lady of the Lake	Bulmarket, Bulgaria
86232	91 55 0450 003-3		FLOYD, Hungary
86233			Bulmarket, Bulgaria (S) Ruse
86234			Bulmarket, Bulgaria
86235	91 52 00 87704-0	Novelty	Bulmarket, Bulgaria
86242	91 55 0450 008-2		FLOYD, Hungary
86248	91 55 0450 001-7		FLOYD, Hungary

LOCOMOTIVES EXPORTED FOR USE ABROAD

86250	91 55 0450 002-5		FLOYD, Hungary
86424	91 55 0450 009-0		FLOYD, Hungary (S) Budapest
86701	91 52 00 87701-6	Orion	Bulmarket, Bulgaria
86702	91 52 00 87702-4	Cassiopeia	Bulmarket, Bulgaria

Class 87

87003	91 52 00 87003-7		BZK, Bulgaria
87004	91 52 00 87004-5	Britannia	BZK, Bulgaria
87006	91 52 00 87006-0		BZK, Bulgaria
87007	91 52 00 87007-8		BZK, Bulgaria
87008	87008-9		BZK, Bulgaria (S) Ruse
87009	91 52 00 87009-4		Bulmarket, Bulgaria
87010	91 52 00 87010-2		BZK, Bulgaria
87012	91 52 00 87012-8		BZK, Bulgaria
87013	91 52 00 87013-6		BZK, Bulgaria
87014	87014-7		BZK, Bulgaria (S) Sofia
87017	91 52 00 87017-7	Iron Duke	Bulmarket, Bulgaria
87019	91 52 00 87019-3		BZK, Bulgaria
87020	91 52 00 87020-1		BZK, Bulgaria
87022	91 52 00 87022-7		BZK, Bulgaria
87023	91 52 00 87023-5	Velocity	Bulmarket, Bulgaria
87025	91 52 00 87025-0		Bulmarket, Bulgaria
87026	91 52 00 87026-8		BZK, Bulgaria
87028	91 52 00 87028-4		BZK, Bulgaria
87029	91 52 00 87029-2		BZK, Bulgaria
87033	91 52 00 87033-4		BZK, Bulgaria
87034	91 52 00 87034-2		BZK, Bulgaria

Class 92

92001	91 53 0 472 002-1	Mircea Eliade	Transagent Rail, Croatia
92002	91 53 0 472 003-9	Lucian Blaga	Transagent Rail, Croatia
92003		Beethoven	DB Cargo, Romania (S)
92005	91 53 0 472 005-4		Transagent Rail, Croatia
92012	91 53 0 472 001-3	Mihai Eminescu	Transagent Rail, Croatia
92022		Charles Dickens	DB Cargo, Bulgaria (S) Aurubis
92024	91 53 0 472 004-7	Marin Preda	Transagent Rail, Croatia
92025	91 52 1 688 025-1	Oscar Wilde	DB Cargo, Bulgaria
92026		Britten	DB Cargo, Romania
92027	91 52 1 688 027-7	George Eliot	DB Cargo, Bulgaria
92030	91 52 1 688 030-1	Ashford	DB Cargo, Bulgaria
92034	91 52 1 688 034-3	Kipling	DB Cargo, Bulgaria
92039	91 53 0 472 006-2	Eugen Ionescu	DB Cargo, Romania

PLATFORM 5 MAIL ORDER
www.platform5.com

Diesel & Electric

LOCO REGISTER

5th Edition

A complete list of all diesel and electric locomotives operated by British Railways, its constituents and successors, that have been capable of working on the main line railway network, including shunters and departmental locomotives.

Detailed entries list every number carried, entry to service and withdrawal dates and every official name carried.

Scrapping information has also been included. The book now contains scrapping details for approaching 5000 locomotives, showing where and when they were disposed of. Well illustrated. 256 pages.

Cover Price £24.95. Mail Order Price £21.95 plus P&P.
Please add postage: 10% UK, 20% Europe, 30% Rest of World.

Order at www.platform5.com or the Platform 5 Mail Order Department.
Please see page 432 of this book for details.

2. LOCO-HAULED COACHING STOCK

INTRODUCTION

This section contains details of all locomotive-hauled or propelled coaching stock, often referred to as carriages, which can run on Britain's national railway network.

The number of locomotive-hauled or propelled carriages in use on the national railway network is much fewer than was once the case. Those that remain fall into two distinct groups.

Firstly, there are those used by franchised and open access operators for regular timetabled services. Most of these are formed in fixed or semi-fixed formations with either locomotives or a locomotive and Driving Brake Carriage at either end which allows for push-pull operation. There are also a small number of mainly overnight trains with variable formations that use conventional locomotive haulage.

Secondly there are those used for what can best be described as excursion trains. These include a wide range of carriage types ranging from luxurious saloons to those more suited to the "bucket and spade" seaside type of excursion. These are formed into sets to suit the requirements of the day. From time to time some see limited use with franchised and open access operators to cover for stock shortages and times of exceptional demand such as major sporting events.

In addition, there remain a small number of carriages referred to as "Service Stock" which are used internally within the railway industry and are not used to convey passengers.

FRANCHISED & OPEN ACCESS OPERATORS

For each operator regularly using locomotive-hauled carriages brief details are given here of the sphere of operation. For details of operators using HSTs see Section 2.2.

Caledonian Sleeper
This franchise, operated by Serco, started in 2015 when the Anglo-Scottish Sleeper operation was split from the ScotRail franchise. Caledonian Sleeper operates seating and sleeping car services between London Euston and Scotland using sets of new CAF Mark 5 Sleeping Cars and seated carriages.

GBRf is contracted to supply the motive power for the Sleepers. Class 92s are used between London Euston and Edinburgh/Glasgow Central and rebuilt Class 73/9s between Edinburgh and Inverness, Aberdeen and Fort William, with Class 66s filling in as required.

COACHING STOCK: INTRODUCTION

Chiltern Railways
Chiltern operates four sets of Mark 3 carriages hauled by DRS Class 68 locomotives on its Mainline services between London Marylebone and Birmingham Moor Street/Kidderminster (plus one train to Oxford). Trains operate as push-pull sets.

Great Western Railway
The "Night Riviera" seating and sleeping car service between London Paddington and Penzance uses sets of Mark 3 carriages hauled by Class 57/6 locomotives.

London North Eastern Railway
LNER has retained several rakes of Mark 4 carriages and these are hauled by Class 91 locomotives in push-pull formation on a limited number of InterCity services between London King's Cross and Leeds or York. All other services on the East Coast Main Line are now in the hands of LNER's fleet of 65 "Azuma" bi-mode or electric units.

North Yorkshire Moors Railway
In addition to operating the North Yorkshire Moors Railway between Pickering and Grosmont the company operates through services to Whitby and occasionally Battersby. A fleet of Mark 1 passenger carriages and Pullman Cars are used for these services. It also operates the "North Norfolkman" services on behalf of the North Norfolk Railway between Sheringham and Cromer.

TransPennine Express
TPE has 13 sets of new CAF Mark 5A coaches that were originally due to enter service in 2019 but due to teething problems and delays with crew training are now not due to enter full service until 2022. The sets are being used on some services on the Liverpool–Scarborough route and they are also due to be used on the Cleethorpes–Manchester/Liverpool and Manchester Airport–Redcar routes. They are operated using DRS Class 68s in push-pull mode.

Transport for Wales
TfW ceased using its Mark 3 rakes during the Covid-19 lockdown in March 2020. It has taken on lease three shortened rakes of ex-LNER Mark 4s and these were introduced in spring 2021 on the Cardiff–Holyhead route, in push-pull mode with Class 67s. TfW has also purchased an additional four Mark 4 rakes that will be used on the Manchester–Swansea route from late 2022.

West Coast Railway Company
WCRC operates two sets of Mark 1/2 carriages on its regular steam-hauled "Jacobite" trains between Fort William and Mallaig. These trains normally operate between early April and late October.

COACHING STOCK: INTRODUCTION

EXCURSION TRAIN OPERATORS

Usually, three types of companies will be involved in the operation of an excursion train. There will be the promoter, the rolling stock provider and the train operator. In many cases two or more of these roles may be undertaken by the same or associated companies. Only a small number of Train Operating Companies facilitate the operation of excursion trains. This takes various forms ranging from the complete package of providing and operating the train, through offering a "hook up and haul" service, to operating the train for a third-party rolling stock custodian.

DB Cargo UK
DBC currently operates its own luxurious train of Mark 3 carriages, called the Company Train. It also offers a hook up and haul service and regularly operates the Royal Train and the Belmond British Pullman as well as trains for Riviera Trains and their client promoters.

Direct Rail Services
DRS has offered a hook up and haul service for Riviera Trains and its client promoters but has recently put up for sale its own fleet of Mark 2 carriages.

GB Railfreight
GBRf initially operated excursion trains using the preserved Class 201 "Hastings" DEMU. It now also operates a small number of company excursions using hired-in carriages. The company also offers a hook up and haul service operating the Royal Scotsman luxury train, as well as trains for Riviera Trains and its client promoters.

Locomotive Services
This vertically integrated company gained an operating license in 2017. From its base at Crewe, excursion trains are operated across the country using its increasingly varied fleet of steam, diesel and electric locomotives and Mark 1/2/3 carriages, and also using the "Midland Pullman" or Rail Charter Services HST sets.

Rail Operations Group
This company has operated a small number of excursion trains using hired in carriages. It also offers a hook up and haul service.

Vintage Trains
This vertically integrated company gained a licence in 2018. From its base at Tyseley it operates the "Shakespeare Express" steam service between Birmingham and Stratford-upon-Avon. It also operates excursions using its fleet of steam and diesel locomotives and Mark 1/2 carriages and Pullman cars.

West Coast Railway Company
This vertically integrated company has its own large fleet of steam and diesel locomotives as well as a full range of different carriage types. It operates its own regular trains, including the luxury Northern Belle, the "Jacobite" steam service between Fort William and Mallaig, the "Dalesman" steam and diesel services over the Settle & Carlisle route and numerous excursion trains for itself and client promoters. In addition, it offers a hook up and haul service operating trains for companies such as The Princess Royal Locomotive Trust and the Scottish Railway Preservation Society.

COACHING STOCK: INTRODUCTION 103

LAYOUT OF INFORMATION

Carriages are listed in numerical order of painted number in batches according to type.

Where a carriage has been renumbered, the former number is shown in parentheses. If a carriage has been renumbered more than once, the original number is shown first, followed by the most recent previous number.

Each carriage entry is laid out as in the following example (previous number(s) column may be omitted where not applicable):

No.	Prev. No.	Notes	Livery	Owner	Operator	Depot/Location
82301	(82117)	g	**CM**	AV	CR	AL

Codes: Codes are used to denote the livery, owner, operator and depot/location of each carriage. Details of codes used can be found in Section 6 of this book.

The owner is the responsible custodian of the carriage and this may not always be the legal owner. Actual ownership can be very complicated. Some vehicles are owned by finance/leasing companies. Others are owned by subsidiary companies of a holding company or by an associate company of the responsible custodian or operator.

The operator is the organisation which facilitates the use of the carriage and may not be the actual train operating company which runs the train. If no operator is shown the carriage is considered to be not in use.

The depot is the facility primarily responsible for the carriages maintenance. Light maintenance and heavy overhauls may also be carried out elsewhere.

The location is where carriages not in use are currently being kept or are stored.

# GENERAL INFORMATION

CLASSIFICATION AND NUMBERING

Seven different numbering systems were in use on British Rail. These were the British Rail series, the four pre-nationalisation companies' series', the Pullman Car Company's series and the UIC (International Union of Railways) series. In this book BR number series carriages and former Pullman Car Company series are listed separately. There is also a separate listing of "Saloon" type carriages, that includes pre-nationalisation survivors, which are permitted to run on the national railway system, Locomotive Support Carriages and Service Stock. Please note the Mark 2 Pullman carriages were ordered after the Pullman Car Company had been nationalised and are therefore numbered in the British Rail series. The new CAF Mark 5/Mark 5A carriages have been allocated numbers in the British Rail series.

Also listed separately are the British Rail and Pullman Car Company number series carriages used on North Yorkshire Moors Railway and North Norfolk Railway services on very limited parts of the national railway network. This is due to their very restricted sphere of operation.

The BR number series grouped carriages of a particular type together in chronological order. Major modifications affecting type of accommodation resulted in renumbering into a more appropriate or new number series. Since privatisation such renumbering has not always taken place, resulting in renumbering which has been more haphazard and greater variations within numbering groups.

With the introduction of the TOPS numbering system, coaching stock (including multiple unit vehicles) retained their original BR number unless this conflicted with a locomotive number. Carriages can be one–five digits, although no one or two-digit examples remain in use on the national network. BR generally numbered "Service Stock" in a six-digit wagon number series.

UNITS OF MEASUREMENT

All dimensions and weights are quoted for carriages in an "as new" condition or after a major modification, such as fitting with new bogies etc. Dimensions are quoted in the order length x width. Lengths quoted are over buffers or couplers as appropriate. All widths quoted are maxima. All weights are shown as metric tonnes (t = tonnes).

COACHING STOCK: INTRODUCTION

DIMENSIONS

Carriage lengths are summarised as follows:

Mark 1: 19.35 m or 17.37 m.
Mark 2: 19.66 m.
Mark 3: 23.00 m.
Mark 3 HST: 23.00 m.
Mark 4: 23.00 m.
Mark 5: 22.20 m.
Mark 5A: 22.20–22.37 m.

DETAILED INFORMATION & CODES

Under each type heading, the following details are shown:

* "Mark" of carriage (see below).
* Descriptive text.
* Number of First Class seats, Standard Class seats, lavatory compartments and wheelchair spaces shown as F/S nT nW respectively. A number in brackets indicates tip-up seats (in addition to the regular seats).
* Bogie type (see below).
* Additional features.
* ETS Index.
* Weight: All weights are shown as metric tonnes.

BOGIE TYPES

Gresley. LNER design of bogie first used in the "Gresley" era. Used by BR on some Mark 1 catering carriages. Now used for some saloons.

BR Mark 1 (BR1). Double bolster leaf spring bogie. Generally 90 mph, but Mark 1 bogies may be permitted to run at 100 mph with special maintenance. Weight: 6.1 t.

BR Mark 2 (BR2). Single bolster leaf-spring bogie used on certain types of non-passenger stock and suburban stock (all now withdrawn). Weight: 5.3 t.

COMMONWEALTH (C). Heavy, cast steel coil spring bogie. 100 mph. Weight: 6.75 t.

B4. Coil spring fabricated bogie. Generally 100 mph, but B4 bogies may be permitted to run at 110 mph with special maintenance. Weight: 5.2 t.

B5. Heavy duty version of B4. 100 mph. Weight: 5.3 t.

B5 (SR). A bogie originally used on Southern Region EMUs, similar in design to B5. Now also used on locomotive-hauled carriages. 100 mph.

BT10. A fabricated bogie designed for 125 mph. Air suspension.

T4. A 125 mph bogie designed by BREL (now Bombardier Transportation).

BT41. Fitted to Mark 4 carriages, designed by SIG in Switzerland. At present limited to 125 mph, but designed for 140 mph.

CAF. Fitted to CAF Mark 5 and Mark 5A carriages.

COACHING STOCK: INTRODUCTION

BRAKES

Air braking is now standard on British main line trains. Carriages with other equipment are denoted:

- b Air braked, through vacuum pipe.
- v Vacuum braked.
- x Dual braked (air and vacuum).

HEATING & VENTILATION

Electric heating and ventilation is now standard on British main-line trains. Certain carriages for use on excursion services may also have steam heating facilities, or be steam heated only. All carriages used on North Yorkshire Moors Railway and North Norfolk Railway trains have steam heating.

NOTES ON ELECTRIC TRAIN SUPPLY

The sum of ETS indices in a train must not be more than the ETS index of the locomotive or generator van. The normal voltage on British trains is 1000 V. Suffix "X" denotes 600 amp wiring instead of 400 amp. Trains whose ETS index is higher than 66 must be formed completely of 600 amp wired stock. Class 33 and 73/1 locomotives cannot provide a suitable electric train supply for Mark 2D, Mark 2E, Mark 2F, Mark 3, Mark 3A, Mark 3B or Mark 4 carriages. Class 55 locomotives provide an ETS directly from one of their traction generators into the train line. Consequently voltage fluctuations can result in motor-alternator flashover. Thus these locomotives are not suitable for use with Mark 2D, Mark 2E, Mark 2F, Mark 3, Mark 3A, Mark 3B or Mark 4 carriages unless modified motor-alternators are fitted. Such motor alternators were fitted to Mark 2D and 2F carriages used on the East Coast Main Line, but few remain fitted.

PUBLIC ADDRESS

It is assumed all carriages are now fitted with public address equipment, although certain stored carriages may not have this feature. In addition, it is assumed all carriages with a conductor's compartment have public address transmission facilities, as have catering carriages.

COOKING EQUIPMENT

It is assumed that Mark 1 catering carriages have gas powered cooking equipment, whilst Mark 2, 3 and 4 catering carriages have electric powered cooking equipment unless stated otherwise.

COACHING STOCK: INTRODUCTION

ADDITIONAL FEATURE CODES

(+4)	Indicates tip-up seats in that carriage (in addition to the fixed seats).
d	Central Door Locking.
dg	Driver–Guard communication equipment.
f	Facelifted or fluorescent lighting.
h	"High density" seating
k	Composition brake blocks (instead of cast iron).
n	Day/night lighting.
pg	Public address transmission and driver-guard communication.
pt	Public address transmission facility.
q	Catering staff to shore telephone.
T	Toilet
TD	A universal access toilet suitable for use by person of reduced mobility.
w	Wheelchair space.

More modern Mark 4 and Mark 5 carriages were fitted with retention toilets as built and most Mark 3s were later retrofitted with them (as have all HST vehicles that are still in regular passenger service). Mark 1, 2 and 3 charter stock still used on the main line are currently being fitted with retention toilets ahead of the requirement to have all trains so fitted by 2023.

BUILD DETAILS

Lot Numbers
Carriages ordered under the auspices of BR were allocated a lot (batch) number when ordered and these are quoted in class headings and sub-headings.

Builders
These are shown for each lot. More details and a full list of builders can be found in section 6.7.

Information on sub-contracting works which built parts of carriages eg the underframes etc is not shown.

In addition to the above, certain vintage Pullman cars were built or rebuilt at the following works:

Metropolitan Carriage & Wagon Company, Birmingham (later Alstom).
Midland Carriage & Wagon Company, Birmingham.
Pullman Car Company, Preston Park, Brighton.
Conversions have also been carried out at the Railway Technical Centre, Derby, LNWR Crewe and Blakes Fabrications, Edinburgh.

THE DEVELOPMENT OF BR STANDARD COACHES

Mark 1

The standard BR coach built from 1951 to 1963 was the Mark 1. This type features a separate underframe and body. The underframe is normally 64 ft 6 in long, but certain vehicles were built on shorter (57 ft) frames. Tungsten lighting was standard and until 1961, BR Mark 1 bogies were generally provided. In 1959 Lot No. 30525 (Open Standard) appeared with fluorescent lighting and melamine interior panels, and from 1961 onwards Commonwealth bogies were fitted in an attempt to improve the quality of ride which became very poor when the tyre profiles on the wheels of the BR1 bogies became worn. Later batches of Open Standard and Open Brake Standard retained the features of Lot No. 30525, but compartment vehicles – whilst utilising melamine panelling in Standard Class – still retained tungsten lighting. Wooden interior finish was retained in First Class vehicles where the only change was to fluorescent lighting in open vehicles (except Lot No. 30648, which had tungsten lighting). In later years many Mark 1 coaches had BR 1 bogies replaced by B4. More recently a small number of carriages have had BR1 bogies replaced with Commonwealth bogies.

XP64

In 1964, a new prototype train was introduced. Known as "XP64", it featured new seat designs, pressure heating & ventilation, aluminium compartment doors and corridor partitions, foot pedal operated toilets and B4 bogies. The vehicles were built on standard Mark 1 underframes. Folding exterior doors were fitted, but these proved troublesome and were later replaced with hinged doors. All XP64 coaches have been withdrawn, but some have been preserved.

Mark 2

The prototype Mark 2 vehicle (W13252) was produced in 1963. This was a Corridor First of semi-integral construction and had pressure heating & ventilation, tungsten lighting, and was mounted on B4 bogies. This vehicle has now been preserved at the Mid Norfolk Railway. The production build was similar, but wider windows were used. The Open Standard vehicles used a new seat design similar to that in the XP64 and fluorescent lighting was provided. Interior finish reverted to wood. Mark 2 vehicles were built from 1964–66.

Mark 2A–2C

The Mark 2A design, built 1967–68, incorporated the remainder of the features first used in the XP64 coaches, ie foot pedal operated toilets (except Open Brake Standard), new First Class seat design, aluminium compartment doors and partitions together with fluorescent lighting in first class compartments. Folding gangway doors (lime green coloured) were used instead of the traditional one-piece variety.

COACHING STOCK: INTRODUCTION

Mark 2B coaches had wide wrap around doors at vehicle ends, no centre doors and a slightly longer body. In Standard Class there was one toilet at each end instead of two at one end as previously. The folding gangway doors were red.

Mark 2C coaches had a lowered ceiling with twin strips of fluorescent lighting and ducting for air conditioning, but air conditioning was never fitted.

Mark 2D–2F

These vehicles were fitted with air conditioning. They had no opening toplights in saloon windows, which were shallower than previous ones.

Mark 2E vehicles had smaller toilets with luggage racks opposite. The folding gangway doors were fawn coloured.

Mark 2F vehicles had a modified air conditioning system, plastic interior panels and InterCity 70 type seats.

Mark 3

The Mark 3 design has BT10 bogies, is 75 ft (23 m) long and is of fully integral construction with InterCity 70 type seats. Gangway doors were yellow (red in Kitchen Buffet First) when new, although these were changed on refurbishment. Locomotive-hauled coaches are classified Mark 3A, Mark 3 being reserved for HST trailers. A new batch of Open First and Open Brake First, classified Mark 3B, was built in 1985 with Advanced Passenger Train-style seating and revised lighting. The last vehicles in the Mark 3 series were the driving brake vans ("Driving Van Trailers") built for West Coast Main Line services but now mostly withdrawn.

A number of Mark 3 vehicles were converted for use as HST trailers with CrossCountry, Grand Central and Great Western Railway.

Mark 4

The Mark 4 design was built by Metro-Cammell for use on the East Coast Main Line after electrification and featured a body profile suitable for tilting trains, although tilt is not fitted, and is not intended to be. This design is suitable for 140 mph running, although is restricted to 125 mph because the signalling system on the route is not suitable for the higher speed. The bogies for these coaches were built by SIG in Switzerland and are designated BT41. Power operated sliding plug exterior doors are standard. All Mark 4s were rebuilt with completely new interiors in 2003–05 for GNER and referred to as "Mallard" stock. These rakes generally run in fixed formations: nine are still operated by London North Eastern Railway and three shorter sets (with four more to come) by Transport for Wales.

New CAF carriages have recently been introduced by Caledonian Sleeper and TransPennine Express. CAF has designated them "Mark 5" and "Mark 5A" but it should be emphasised that these are not a development of the BR standard coach.

2.1. BRITISH RAILWAYS NUMBER SERIES COACHING STOCK

KITCHEN FIRST

Mark 1. Spent most of its life as a Royal Train vehicle and was numbered 2907 for a time. 24/–. B5 bogies. ETS 2.

Lot No. 30633 Swindon 1961. 41 t.

| 325 | **VN** | WC | *WC* | CS | DUART |

PULLMAN KITCHEN

Mark 2. Pressure Ventilated. Built with First Class seating but this has been replaced with a servery area. Gas cooking. 2T. B5 bogies. ETS 6.

Lot No. 30755 Derby 1966. 40 t.

| 504 | **PC** | WC | *WC* | CS | ULLSWATER |
| 506 | **PC** | WC | *WC* | CS | WINDERMERE |

PULLMAN OPEN FIRST

Mark 2. Pressure Ventilated. 36/– 2T. B4 bogies. ETS 5.

Lot No. 30754 Derby 1966. 35 t.

Non-standard livery: 546 Maroon & beige.

546	**O**	WC		CS	CITY OF MANCHESTER
548	**PC**	WC	*WC*	CS	GRASMERE
549	**PC**	WC	*WC*	CS	BASSENTHWAITE
550	**PC**	WC	*WC*	CS	RYDAL WATER
551	**PC**	WC	*WC*	CS	BUTTERMERE
552	**PC**	WC	*WC*	CS	ENNERDALE WATER
553	**PC**	WC	*WC*	CS	CRUMMOCK WATER

PULLMAN OPEN BRAKE FIRST

Mark 2. Pressure Ventilated. 30/– 2T. B4 bogies. ETS 4.

Lot No. 30753 Derby 1966. 35 t.

| 586 | **PC** | WC | *WC* | CS | DERWENTWATER |

BUFFET FIRST

Mark 2F. Air conditioned. Converted 1988–89/91 at BREL, Derby from Mark 2F Open Firsts. 1200/03/11/20/21 have Stones equipment, others have Temperature Ltd. 25/– 1T 1W. B4 bogies. d. ETS 6X.

1200/03/11/20. Lot No. 30845 Derby 1973. 33 t.
1207/10/12/21. Lot No. 30859 Derby 1973–74. 33 t.

1200	(3287, 6459)	**BG**	RV	*RV*	BU	
1203	(3291)	**CC**	LS	*LS*	CL	
1207	(3328, 6422)	**V**	WC		CS	
1210	(3405, 6462)	**FS**	ER		YA	
1211	(3305)	**PC**	LS	*LS*	CL	SNAEFELL
1212	(3427, 6453)	**BG**	RV	*RV*	BU	
1220	(3315, 6432)	**FS**	ER		WO	
1221	(3371)	**IC**	WC		CS	

KITCHEN WITH BAR

Mark 1. Built with no seats but three Pullman-style seats now fitted in bar area. B5 bogies. ETS 1.

Lot No. 30624 Cravens 1960–61. 41 t.

1566		**VN**	WC	*WC*	CS	CAERDYDD

KITCHEN BUFFET UNCLASSIFIED

Mark 1. Built with 23 loose chairs. All remaining vehicles were refurbished with 23 fixed polypropylene chairs and fluorescent lighting. 1683/91 were further refurbished with 21 chairs, wheelchair space and carpets. ETS 2 (* 2X).

Now used on excursion trains with the seating area adapted to various uses including servery and food preparation areas, with some or all seating removed.

1651–91. Lot No. 30628 Pressed Steel 1960–61. Commonwealth bogies. 39 t.
1730. Lot No. 30512 BRCW 1960–61. B5 bogies. 37 t.

1651		**CC**	RV	*RV*	BU		1683		**RB**	RV		BU
1657		**BG**	RV	*RV*	BU		1691		**BG**	RV	*RV*	BU
1666	x	**M**	RP	*WC*	CS		1730	x	**CC**	SP	*SP*	BO
1671	x*	**CH**	RV		ZG							

BUFFET STANDARD

Mark 1. These carriages are basically an open standard with two full window spaces removed to accommodate a buffet counter, and four seats removed to allow for a stock cupboard. All remaining vehicles now have fluorescent lighting. –/44 2T. Commonwealth bogies. ETS 3.

1861 has had its toilets replaced with store cupboards.

1813–32. Lot No. 30520 Wolverton 1960. 38 t.
1840. Lot No. 30507 Wolverton 1960. 37 t.
1859–63. Lot No. 30670 Wolverton 1961–62. 38 t.
1882. Lot No. 30702 Wolverton 1962. 38 t.

1813	x	**CH**	RV	*RV*	BU		1860	x	**M**	WC	*WC*	CS
1832	x	**CH**	RV		ZG		1861	x	**M**	WC	*WC*	CS
1840	v	**M**	WC	*WC*	CS		1863	x	**CH**	LS		CL
1859	x	**M**	SP	*SP*	BO		1882	x	**M**	WC	*WC*	CS

KITCHEN UNCLASSIFIED

Mark 1. These carriages were built as Unclassified Restaurants. They were rebuilt with buffet counters and 23 fixed polypropylene chairs, then further refurbished by fitting fluorescent lighting. Further modified for use as servery vehicle with seating removed and kitchen extended. ETS 2X.

1953. Lot No. 30575 Swindon 1960. B4/B5 bogies. 36.5 t.
1961. Lot No. 30632 Swindon 1961. Commonwealth bogies. 39 t.

1953		**VN**	WC	*WC*	CS		1961	x	**M**	WC	*WC*	CS

HM THE QUEEN'S SALOON

Mark 3. Converted from an Open First built 1972. Consists of a lounge, bedroom and bathroom for HM The Queen, and a combined bedroom and bathroom for the Queen's dresser. One entrance vestibule has double doors. Air conditioned. BT10 bogies. ETS 9X.

Lot No. 30886 Wolverton 1977. 36 t.

2903	(11001)	**RP**	NR	*RT*	ZN

HRH THE DUKE OF EDINBURGH'S SALOON

Mark 3. Converted from an Open Standard built 1972. Consists of a combined lounge/dining room, a bedroom and a shower room for the Duke, a kitchen and a valet's bedroom and bathroom. Air conditioned. BT10 bogies. ETS 15X.

Lot No. 30887 Wolverton 1977. 36 t.

2904	(12001)	**RP**	NR	*RT*	ZN

ROYAL HOUSEHOLD SLEEPING CAR

Mark 3A. Built to similar specification as Sleeping Cars 10647–729. 12 sleeping compartments for use of Royal Household with a fixed lower berth and a hinged upper berth. 2T plus shower room. Air conditioned. BT10 bogies. ETS 11X.

Lot No. 31002 Derby/Wolverton 1985. 44 t.

2915   **RP**   NR   *RT*   ZN

HRH THE PRINCE OF WALES'S DINING CAR

Mark 3. Converted from HST TRUK (kitchen car) built 1976. Large kitchen retained, but dining area modified for Royal use seating up to 14 at central table(s). Air conditioned. BT10 bogies. ETS 13X.

Lot No. 31059 Wolverton 1988. 43 t.

2916   (40512)   **RP**   NR   *RT*   ZN

ROYAL KITCHEN/HOUSEHOLD DINING CAR

Mark 3. Converted from HST TRUK built 1977. Large kitchen retained and dining area slightly modified with seating for 22 Royal Household members. Air conditioned. BT10 bogies. ETS 13X.

Lot No. 31084 Wolverton 1990. 43 t.

2917   (40514)   **RP**   NR   *RT*   ZN

ROYAL HOUSEHOLD CARS

Mark 3. Converted from HST TRUKs built 1976/77. Air conditioned. BT10 bogies. ETS 10X.

Lot Nos. 31083 (* 31085) Wolverton 1989. 41.05 t.

2918   (40515)   **RP**   NR   ZN
2919   (40518) *   **RP**   NR   ZN

ROYAL HOUSEHOLD COUCHETTES

Mark 2B. Converted from Corridor Brake First built 1969. Consists of luggage accommodation, guard's compartment, workshop area, 350 kW diesel generator and staff sleeping accommodation. B5 bogies. ETS 2X (when generator not in use). ETS index ?? (when generator in use).

Lot No. 31044 Wolverton 1986. 48 t.

2920   (14109, 17109)   **RP**   NR   *RT*   ZN

Mark 2B. Converted from Corridor Brake First built 1969. Consists of luggage accommodation, kitchen, brake control equipment and staff accommodation. B5 bogies. ETS 7X.

Lot No. 31086 Wolverton 1990. 41.5 t.

2921 (14107, 17107)　　**RP**　NR　*RT*　　ZN

HRH THE PRINCE OF WALES'S SLEEPING CAR

Mark 3B. Air conditioned. BT10 bogies. ETS 7X.

Lot No. 31035 Derby/Wolverton 1987.

2922　　　　　　　　　**RP**　NR　*RT*　　ZN

ROYAL SALOON

Mark 3B. Air conditioned. BT10 bogies. ETS 6X.

Lot No. 31036 Derby/Wolverton 1987.

2923　　　　　　　　　**RP**　NR　*RT*　　ZN

OPEN FIRST

Mark 1. 42/– 2T. ETS 3. Many now fitted with table lamps.

3058 was numbered DB 975313 and 3093 was numbered DB 977594 for a time when in departmental service for BR.

3045. Lot No. 30091 Doncaster 1954. B4 bogies. 33 t.
3058. Lot No. 30169 Doncaster 1955. Commonwealth bogies 35 t.
3093. Lot No. 30472 BRCW 1959. B4 bogies. 33 t.
3096–3100. Lot No. 30576 BRCW 1959. B4 bogies. 33 t.

3045	x **CC**	LS *LS*	CL		3097		**CH**	RV *RV*	BU
3058	x **M**	WC *WC*	CS	FLORENCE	3098	x **CH**		RV *RV*	SH
3093	x **M**	WC *WC*	CS	FLORENCE	3100	x **CC**		LS *LS*	CL
3096	x **M**	SP *SP*	BO						

Later design with fluorescent lighting, aluminium window frames and Commonwealth bogies.

3128/36/41/43/46/47/48 were renumbered 1058/60/63/65/68/69/70 when reclassified Restaurant Open First, then 3600/05/08/09/06/04/10 when declassified to Open Standard, but have since regained their original numbers. 3136 was numbered DB 977970 for a time when in use with Serco Railtest as a Brake Force Runner.

3105 has had its luggage racks removed and has tungsten lighting.

3105–28. Lot No. 30697 Swindon 1962–63. 36 t.
3130–50. Lot No. 30717 Swindon 1963. 36 t.

3105	x	**M**	WC	*WC*	CS	3125	x	**CC**	LS	*LS*	CL
3106	x	**M**	WC	*WC*	CS	3128	x	**M**	WC	*WC*	CS
3107	x	**CC**	LS		ZG	3130	x	**M**	WC	*WC*	CS
3110	x	**CH**	RV	*RV*	BU	3136	x	**M**	WC	*WC*	CS
3112	x	**CH**	RV		ZG	3140	x	**CC**	LS		ZG
3113	x	**M**	WC	*WC*	CS	3141		**CH**	RV	*RV*	BU
3115	x	**M**	SP	*SP*	BO	3143	x	**M**	WC	*WC*	CS
3117	x	**M**	WC	*WC*	CS	3146		**CH**	RV	*RV*	BU
3119	x	**CH**	RV	*RV*	BU	3147		**CH**	RV	*RV*	BU
3120		**CH**	RV	*RV*	SH	3148		**CC**	LS	*LS*	CL
3121		**CH**	RV	*RV*	BU	3149		**CH**	RV		ZG
3122	x	**CC**	LS	*LS*	CL	3150		**CC**	SP	*SP*	BO
3123		**CH**	RV	*RV*	BU						

Names:

3105	JULIA		3128	VICTORIA
3106	ALEXANDRA		3130	PAMELA
3113	JESSICA		3136	DIANA
3117	CHRISTINA		3143	PATRICIA

OPEN FIRST

Mark 2D. Air conditioned. Stones equipment. 42/– 2T. B4 bogies. ETS 5.

† Interior modified to Pullman Car standards with new seating, new panelling, tungsten lighting and table lights.

Lot No. 30821 Derby 1971–72. 34 t.

3174	†	**VN**	WC	*WC*	CS	GLAMIS
3182	†	**VN**	WC		CS	WARWICK
3188		**PC**	LS	*LS*	CL	CADAIR IDRIS

OPEN FIRST

Mark 2E. Air conditioned. Stones equipment. 42/– 2T (* 36/– 2T). B4 bogies. ETS 5.

r Refurbished with new seats.
† Interior modified to Pullman Car standards with new seating, new panelling, tungsten lighting and table lights.

Lot No. 30843 Derby 1972–73. 32.5 t. († 35.8 t).

3223			**RV**	LS		CL	DIAMOND
3229			**PC**	LS	*LS*	CL	SNOWDON
3231	*		**PC**	LS	*LS*	CL	BEN CRUACHAN
3232	dr		**BG**	WC		CS	
3240			**RV**	LS		CL	SAPPHIRE
3247	†		**VN**	WC	*WC*	CS	CHATSWORTH
3267	†		**VN**	WC	*WC*	CS	BELVOIR
3273	†		**VN**	WC	*WC*	CS	ALNWICK
3275	†		**VN**	WC	*WC*	CS	HARLECH

OPEN FIRST

Mark 2F. Air conditioned. 3278–3314/3359–79 have Stones equipment, others have Temperature Ltd. All refurbished in the 1980s with power-operated vestibule doors, new panels and new seat trim. 42/– 2T. B4 bogies. d. ETS 5X.

r Further refurbished with table lamps and modified seats with burgundy seat trim.

3278–3314. Lot No. 30845 Derby 1973. 33.5 t.
3325–3426. Lot No. 30859 Derby 1973–74. 33.5 t.
3431–3438. Lot No. 30873 Derby 1974–75. 33.5 t.

3278	r	**BG**	RV	*RV*	BU	3356	r	**BG**	RV	*RV*	BU
3304	r	**BG**	RV	*RV*	BU	3359	r	**M**	WC	*WC*	CS
3312		**PC**	LS	*LS*	CL	3360	r	**PC**	WC	*WC*	CS
3313	r	**M**	WC	*WC*	CS	3362	r	**PC**	WC	*WC*	CS
3314	r	**BG**	RV	*RV*	BU	3364	r	**BG**	RV	*RV*	BU
3325	r	**V**	RV		ZG	3384	r	**PC**	LS	*LS*	CL
3326	r	**M**	WC	*WC*	CS	3386	r	**BG**	RV	*RV*	BU
3330	r	**CC**	LS	*LS*	CL	3390	r	**BG**	RV	*RV*	BU
3333	r	**BG**	RV	*RV*	BU	3392	r	**M**	WC	*WC*	CS
3340	r	**BG**	RV	*RV*	BU	3395	r	**M**	WC	*WC*	CS
3344	r	**PC**	LS	*LS*	CL	3397	r	**BG**	RV	*RV*	BU
3345	r	**BG**	RV	*RV*	BU	3426	r	**PC**	LS	*LS*	CL
3348	r	**PC**	LS	*LS*	CL	3431	r	**M**	WC	*WC*	CS
3350	r	**M**	WC	*WC*	CS	3438	r	**PC**	LS	*LS*	CL
3352	r	**M**	WC	*WC*	CS						

Names:

3312	HELVELLYN
3344	SCAFELL
3348	INGLEBOROUGH
3384	PEN-Y-GHENT
3426	BEN NEVIS
3438	BEN LOMOND

OPEN STANDARD

Mark 1. –/64 2T. ETS 4.

4831–36. Lot No. 30506 Wolverton 1959. Commonwealth bogies. 37 t.
4854/56. Lot No. 30525 Wolverton 1959–60. B4 bogies. 33 t.

4831	x	**M**	SP	*SP*	BO	4854	x	**M**	WC	*WC*	CS
4832	x	**M**	SP	*SP*	BO	4856	x	**M**	SP	*SP*	BO
4836	x	**M**	SP	*SP*	BO						

OPEN STANDARD

Mark 1. Commonwealth bogies. –/64 2T. ETS 4.

4905. Lot No. 30646 Wolverton 1961. 36 t.
4927–5044. Lot No. 30690 Wolverton 1961–62. 37 t.

4905	x	**M**	WC	*WC*	CS	4984	x	**M**	WC *WC*	CS
4927	x	**CC**	RV	*RV*	BU	4991		**CH**	RV *RV*	BU
4931	v	**M**	WC	*WC*	CS	4994	x	**M**	WC *WC*	CS
4940	x	**M**	WC	*WC*	CS	4998		**CH**	RV *RV*	BU
4946	x	**CH**	RV	*RV*	ZG	5009	x	**CH**	RV *RV*	BU
4949	x	**CH**	RV	*RV*	ZG	5028	x	**M**	SP *SP*	BO
4951	x	**M**	WC	*WC*	CS	5032	x	**M**	WC *WC*	CS
4954	v	**M**	WC	*WC*	CS	5033	x	**M**	WC *WC*	CS
4959		**CH**	RV		ZG	5035	x	**M**	WC *WC*	CS
4960	x	**M**	WC	*WC*	CS	5044	x	**M**	WC *WC*	CS
4973	x	**M**	WC	*WC*	CS					

OPEN STANDARD

Mark 2. Pressure ventilated. –/64 2T. B4 bogies. ETS 4.

Lot No. 30751 Derby 1965–67. 32 t.

5157	v	**CH**	VT	*VT*	TM	5200	v	**M**	WC *WC*	CS
5171	v	**M**	WC	*WC*	CS	5212	v	**CH**	VT *VT*	TM
5177	v	**CH**	VT	*VT*	TM	5216	v	**M**	WC *WC*	CS
5191	v	**CH**	VT	*VT*	TM	5222	v	**M**	WC *WC*	CS
5198	v	**CH**	VT	*VT*	TM					

OPEN STANDARD

Mark 2. Pressure ventilated. –/48 2T. B4 bogies. ETS 4.

Lot No. 30752 Derby 1966. 32 t.

5229		**M**	WC	*WC*	CS	5239		**M**	WC *WC*	CS
5236	v	**M**	WC	*WC*	CS	5249	v	**M**	WC *WC*	CS
5237	v	**M**	WC	*WC*	CS					

OPEN STANDARD

Mark 2A. Pressure ventilated. –/64 2T (w –/62 2T). B4 bogies. ETS 4.

f Facelifted vehicles.

5278–92. Lot No. 30776 Derby 1967–68. 32 t.
5366–5419. Lot No. 30787 Derby 1968. 32 t.

5278		**M**	WC	*WC*	CS	5366	f	**CC**	LS *LS*	CL
5292	f	**CC**	RV		BU	5419	w	**M**	WC *WC*	CS

OPEN STANDARD

Mark 2B. Pressure ventilated. –/62. B4 bogies. ETS 4.

Lot No. 30791 Derby 1969. 32 t.

| 5487 | | **M** | WC | *WC* | CS |

OPEN STANDARD

Mark 2E. Air conditioned. Stones equipment. Refurbished with new interior panelling. –/64 2T. B4 bogies. d. ETS 5.

s Modified design of seat headrest and centre luggage stack. –/60 2T.

5787. Lot No. 30837 Derby 1972. 33.5 t.
5810. Lot No. 30844 Derby 1972–73. 33.5 t.

| 5787 | s | **DS** DR | | ML | | 5810 | | **DR** LO | | CN |

OPEN STANDARD

Mark 2F. Air conditioned. Temperature Ltd equipment. InterCity 70 seats. All were refurbished in the 1980s with power-operated vestibule doors, new panels and seat trim. They have subsequently undergone a second refurbishment with carpets and new seat trim. –/64 2T. B4 bogies. d. ETS 5X.

q Fitted with two wheelchair spaces. –/60 2T 2W.
s Fitted with centre luggage stack. –/60 2T.
t Fitted with centre luggage stack and wheelchair space. –/58 2T 1W.

5910–55. Lot No. 30846 Derby 1973. 33 t.
5961–6158. Lot No. 30860 Derby 1973–74. 33 t.
6173–83. Lot No. 30874 Derby 1974–75. 33 t.

5910	q	**V**	RV		BU	5991		**CC**	LS	*LS*	CL
5912		**PC**	LS	*LS*	CL	5995		**DS**	NR		CF
5919	pt	**DR**	LO		CN	5998		**BG**	RV	*RV*	BU
5921		**AR**	RV	*RV*	BU	6000	t	**M**	WC	*WC*	CS
5929		**BG**	RV	*RV*	BU	6001		**DS**	NR		CF
5937		**DS**	DR		ML	6006		**AR**	RV		BU
5945		**SR**	RV		BU	6008	s	**DS**	NR		CF
5950		**AR**	RV	*RV*	BU	6012		**M**	WC	*WC*	CS
5952		**BG**	RV	*RV*	BU	6021		**PC**	WC	*WC*	CS
5955		**SR**	RV		BU	6022	s	**M**	WC	*WC*	CS
5961	pt	**BG**	RV	*RV*	BU	6024		**BG**	RV	*RV*	BU
5964		**AR**	RV	*RV*	BU	6027	q	**SR**	RV		BU
5965	t	**SR**	RV		BU	6042		**AR**	RV	*RV*	BU
5971		**DS**	NR		CF	6046		**DR**	LO		CN
5976	t	**SR**	RV		BU	6051		**BG**	RV	*RV*	BU
5985		**AR**	RV	*RV*	BU	6054		**BG**	RV	*RV*	BU
5987		**SR**	RV		BU	6064		**DS**	DR		ML

6067	pt	**BG**	RV	*RV*	BU	6141	q	**V**	RV	BU
6103		**M**	WC	*WC*	CS	6158		**BG**	RV *RV*	BU
6115	s	**M**	WC	*WC*	CS	6173		**DS**	DR	ML
6117		**DS**	NR		CF	6176	t	**BG**	RV *RV*	BU
6122		**DS**	NR		CF	6177	s	**SR**	RV	BU
6137	s pt	**SR**	RV		BU	6183	s	**SR**	RV	BU

BRAKE GENERATOR VAN

Mark 1. Renumbered 1989 from BR departmental series. Converted from Gangwayed Brake Van in 1973 to three-phase supply brake generator van for use with HST trailers. Modified 1999 for use with locomotive-hauled stock. B5 bogies. ETS index ??.

Lot No. 30400 Pressed Steel 1958.

6310	(81448, 975325)		**CH**	RV	*RV*	BU

GENERATOR VAN

Mark 1. Converted from Gangwayed Brake Vans in 1992. B4 (* B5) bogies. ETS index 75.

6311. Lot No. 30162 Pressed Steel 1958. 37.25 t.
6312. Lot No. 30224 Cravens 1956. 37.25 t.
6313. Lot No. 30484 Pressed Steel 1958. 37.25 t.

6311	(80903, 92911)		**CC**	LS	*LS*	CL
6312	(81023, 92925)		**M**	WC	*WC*	CS
6313	(81553, 92167)	*	**PC**	BE	*BP*	SL

BUFFET STANDARD

Mark 2C. Converted from Open Standard by removal of one seating bay and replacing this with a counter with a space for a trolley, now replaced with a more substantial buffet. Adjacent toilet removed and converted to steward's washing area/store. Pressure ventilated. –/55 1T. B4 bogies. ETS 4.

Lot No. 30795 Derby 1969–70. 32.5 t.

6528	(5592)		**M**	WC	*WC*	CS

SLEEPER RECEPTION CAR

Mark 2F. Converted from Open First. These vehicles consist of pantry, microwave cooking facilities, seating area for passengers (with loose chairs, staff toilet plus two bars). Later refurbished again with new "sofa" seating as well as the loose chairs. Converted at RTC, Derby (6700), Ilford (6701–05) and Derby (6706–08). Air conditioned.

6700/01/03/05–08 have Stones equipment and 6702/04 have Temperature Ltd equipment. The number of seats per coach can vary but typically is 25/–1T (12 seats as "sofa" seating and 13 loose chairs). B4 bogies. d. ETS 5X.

6705 and 6706 have been rebuilt as private saloons. Full details awaited.

6708 also carries the branding "THE HIPPOCRENE BAR".

6700–02/04/08. Lot No. 30859 Derby 1973–74. 33.5 t.
6703/05–07. Lot No. 30845 Derby 1973. 33.5 t.

6700	(3347)	**CA**	ER		YA
6701	(3346)	**CA**	BR		ZM
6702	(3421)	**FS**	ER		YA
6703	(3308)	**CA**	ER		WO
6704	(3341)	**FS**	ER		YA
6705	(3310, 6430)	**CC**	LS	*LS*	CL	ARDNAMURCHAN
6706	(3283, 6421)	**CC**	LS	*LS*	CL	MOUNT MGAHINGA
6707	(3276, 6418)	**FS**	ER		YA
6708	(3370)	**PC**	LS	*LS*	CL	MOUNT HELICON

BUFFET FIRST

Mark 2D. Converted from Buffet Standard by the removal of another seating bay and fitting a more substantial buffet counter with boiler and microwave oven. Now converted to First Class with new seating and end luggage stacks. Air conditioned. Stones equipment. 30/– 1T. B4 bogies. d. ETS 5. Lot No. 30822 Derby 1971. 33 t.

6723	(5641, 6662)	**M**	WC		CS
6724	(5721, 6665)	**M**	WC	*WC*	CS

OPEN BRAKE STANDARD WITH TROLLEY SPACE

Mark 2. This vehicle uses the same bodyshell as Mark 2 Corridor Brake Firsts and has First Class seat spacing and wider tables. Converted from Open Brake Standard by removal of one seating bay and replacing this with a counter with a space for a trolley. Adjacent toilet removed and converted to a steward's washing area/store. –/23. B4 bogies. ETS 4.

Lot No. 30757 Derby 1966. 31 t.

9101	(9398)	v	**CH**	VT	*VT*	TM

OPEN BRAKE STANDARD

Mark 2. These vehicles use the same bodyshell as Mark 2 Corridor Brake Firsts and have First Class seat spacing and wider tables. Pressure ventilated. –/31 1T. B4 bogies. ETS 4.

9104 was originally numbered 9401. It was renumbered when converted to Open Brake Standard with trolley space. Now returned to original layout.

Lot No. 30757 Derby 1966. 31.5 t.

9104	v	**M**	WC	*WC*	CS		9392	v	**M**	WC	*WC*	CS
9391		**M**	WC	*WC*	CS							

OPEN BRAKE STANDARD

Mark 2D. Air conditioned. Stones Equipment. B4 bogies. d. pg. ETS 5.

r Refurbished with new interior panelling –/31 1T.
s Refurbished with new seating –/22 1TD.

Lot No. 30824 Derby 1971. 33 t.

9479	r	**PC**	LS	*LS*	CL		9493	s	**M**	WC	*WC*	CS
9488	s	**SR**	DR		ML							

OPEN BRAKE STANDARD

Mark 2E. Air conditioned. Stones Equipment. Refurbished with new interior panelling. –/32 1T (* –/30 1T 1W). B4 bogies. d. pg. ETS 5.

Lot No. 30838 Derby 1972. 33 t.

Non-standard livery: 9502 Pullman umber & cream.

s Modified design of seat headrest.

9497		**CA**	ER		WO		9507	s	**BG**	RV	*RV*	BU
9502	s	**O**	BE	*BP*	SL		9509	s	**AV**	RV		BU
9504	s*	**BG**	RV	*RV*	BU							

OPEN BRAKE STANDARD

Mark 2F. Air conditioned. Temperature Ltd equipment. All were refurbished in the 1980s with power-operated vestibule doors, new panels and seat trim. All now further refurbished with carpets. –/32 1T (w –/30 1T 1W). B4 bogies. d. pg. ETS 5X.

9537 has had all its seats removed for the purpose of carrying luggage.

Lot No. 30861 Derby 1974. 34 t.

9513		**IC**	ER		WO		9526	n	**BG**	RV	*RV*	BU
9520	nw	**AR**	RV	*RV*	BU		9527	n	**SR**	RV		BU
9521		**DS**	RV		BU		9537	n	**V**	RV		BU
9525		**DR**	LO		CN		9539		**SR**	RV		BU

DRIVING OPEN BRAKE STANDARD

Mark 2F. Air conditioned. Temperature Ltd equipment. Push & pull (tdm system). Converted from Open Brake Standard, these vehicles originally had half cabs at the brake end. They have since been refurbished and have had their cabs widened and the cab-end gangways removed. Five vehicles (9701–03/08/14) have been converted for use in Network Rail test trains and can be found in the Service Stock section of this book. –/30(+1) 1W. B4 bogies. d. pg. Cowcatchers. ETS 5X.

Lot No. 30861 Derby 1974. Converted Glasgow 1979. Disc brakes. 34 t.

9704	(9512)	**DS**	DR	LW		9709	(9515)	**DS**	DR	LW
9705	(9519)	**DS**	DR	LW		9710	(9518)	**DS**	DR	BO
9707	(9511)	**DS**	DR	LW						

OPEN BRAKE UNCLASSIFIED

Mark 2E. Converted from Open Standard with new seating by Railcare, Wolverton. Air conditioned. Stones equipment. Five vehicles (9801/03/06/08/10) are currently used in Network Rail test trains and can be found in the Service Stock section of this book. –/31 2T. B4 bogies. d. ETS 4X.

9800/02. Lot No. 30837 Derby 1972. 33.5 t.
9804–09. Lot No. 30844 Derby 1972–73. 33.5 t.

9800	(5751)	**CA**	ER	WO		9805	(5833)	**FS**	ER	YA
9802	(5772)	**CA**	ER	YA		9807	(5851)	**FS**	ER	YA
9804	(5826)	**FS**	ER	CP		9809	(5890)	**FS**	ER	YA

KITCHEN BUFFET FIRST

Mark 3A. Air conditioned. Converted from HST catering vehicles and Mark 3 Open Firsts. 18/– plus two seats for staff use (* 24/–, † 35/– 1T, t 23/– 1T 1W). BT10 bogies. d. ETS 14X.

† Refurbished Great Western Railway Sleeper coaches fitted with new Transcal seating.

Non-standard liveries:

10211 EWS dark maroon.
10241 Livery trials.

10211. Lot No. 30884 Derby 1977. 39.8 t.
10212–229. Lot No. 30878 Derby 1975–76. 39.8 t.
10237–259. Lot No. 30890 Derby 1976. 39.8 t.

10211	(40510)		**O**	DB	*DB*	TO		10229	(11059)	*	**GA**	ER		WO
10212	(11049)		**VT**	ER		YA		10237	(10022)	*	**B**	DA	*RO*	RJ
10217	(11051)	†	**GW**	P	*GW*	PZ		10241	(10009)	*	**O**	P		IL
10219	(11047)	†	**GW**	P	*GW*	PZ		10249	(10012)	t	**AW**	RO	*RO*	LR
10225	(11014)	†	**GW**	P	*GW*	PZ		10259	(10025)	t	**AW**	RO		CN

KITCHEN BUFFET FIRST

Mark 3A. Air conditioned. Rebuilt 2011–12 and fitted with sliding plug doors. Interiors originally refurbished for Wrexham & Shropshire with Primarius seating, a new kitchen area and universal-access toilet. Retention toilets. 30/– 1TD 1W. BT10 bogies. ETS 14X.

10271/273/274. Lot No. 30890 Derby 1979. 41.3 t.
10272. Lot No. 30884 Derby 1977. 41.3 t.

10271 (10018, 10236)	**CM**	AV	*CR*	AL
10272 (40517, 10208)	**CM**	AV	*CR*	AL
10273 (10021, 10230)	**CM**	AV	*CR*	AL
10274 (10010, 10255)	**CM**	AV	*CR*	AL

KITCHEN BUFFET STANDARD

Mark 4. Air conditioned. Rebuilt from First to Standard Class with bar adjacent to seating area instead of adjacent to end of coach. Retention toilets. –/30 1T. BT41 bogies. ETS 6X.

Lot No. 31045 Metro-Cammell 1989–92. 43.2 t.

10300	**VE**	E	*LN*	NL		10315	**VE**	E		ZB
10301	**GC**	TW		ZB		10318	**GC**	TW		EH
10305	**VE**	TW		ZB		10321	**GC**	TW		ZB
10306	**VE**	E	*LN*	NL		10324	**VE**	E	*LN*	NL
10307	**VE**	E		WS		10325	**VE**	TW	*TW*	CF
10309	**VE**	E	*LN*	NL		10328	**VE**	TW	*TW*	CF
10311	**VE**	E	*LN*	NL		10330	**GC**	TW		EH
10312	**VE**	TW	*TW*	CF		10332	**VE**	E		WS
10313	**VE**	E	*LN*	NL		10333	**VE**	E	*LN*	NL

BUFFET STANDARD

Mark 3A. Air conditioned. Converted from Mark 3 Open Standard at Derby 2006. –/54. d. ETS 13X.

Lot No. 30877 Derby 1975–77. 37.8 t.

10406 (12020)	**GA**	EL	*RO*	LR

BUFFET STANDARD

Mark 3A. Air conditioned. Converted from Mark 3 Kitchen Buffet First 2015–16. –/54. BT10 bogies. d. ETS 13X.

10411. Lot No. 30884 Derby 1977. 37.8 t.
10413/416. Lot No. 30878 Derby 1975–76. 37.8 t.
10417. Lot No. 30890 Derby 1979. 37.8 t.

10411 (40519, 10200)	**IC**	LS	*LS*	CL
10413 (11034, 10214)	**GA**	ER		YA
10416 (11035, 10228)	**IC**	LS	*LS*	CL

SLEEPING CAR WITH PANTRY

Mark 3A. Air conditioned. Retention toilets. 12 compartments with a fixed lower berth and a hinged upper berth, plus an attendant's compartment (* 11 compartments with a fixed lower berth and a hinged upper berth + one compartment for a disabled person. 1TD). 2T. BT10 bogies. d. ETS 7X.

Non-standard livery: 10546 EWS dark maroon.

Lot No. 30960 Derby 1981–83. 41 t.

10501	**FS**	ER		YA	10584	**GW**	P	*GW*	PZ
10502	**FS**	ER		YA	10589	**GW**	P	*GW*	PZ
10504	**FS**	LS		KR	10590	**GW**	P	*GW*	PZ
10513	**FS**	LS		KR	10594	**GW**	P	*GW*	PZ
10519	**FS**	LS		CL	10596	**GW**	P	*GW*	PZ
10520	**CC**	LS	*LS*	CL	10598	**FS**	WC		CS
10532	**GW**	P	*GW*	PZ	10600	**FS**	ER		YA
10534	**GW**	P	*GW*	PZ	10601 *	**GW**	P	*GW*	PZ
10546	**O**	DB	*DB*	TO	10610	**FS**	WC		CS
10551	**FS**	P		LA	10612 *	**GW**	P	*GW*	PZ
10553	**FS**	P		LA	10614	**FS**	WC		CS
10563	**GW**	P	*GW*	PZ	10616 *	**GW**	P	*GW*	PZ

SLEEPING CAR

Mark 3A. Air conditioned. Retention toilets. 13 compartments with a fixed lower berth and a hinged upper berth (* 11 compartments with a fixed lower berth and a hinged upper berth + one compartment for a disabled person. 1TD). 2T. BT10 bogies. ETS 6X.

10734 was originally 2914 and used as a Royal Train staff sleeping car. It has 12 berths and a shower room and is ETS 11X.

10648–729. Lot No. 30961 Derby 1980–84. 43.5 t.
10734. Lot No. 31002 Derby/Wolverton 1985. 42.5 t.

10648	d*	**FS**	LS		KR	10703	d	**FS**	WC	CS
10650	d*	**FS**	LS		KR	10714	d*	**FS**	PO	CS
10675	d	**FS**	LS		KR	10718	d*	**FS**	WC	CS
10683	d	**FS**	LS		KR	10719	d*	**FS**	PO	CS
10688	d	**PC**	LS	*LS*	CL	10729		**VN**	WC	*WC*	CS
10699	d*	**FS**	ER		YA	10734		**VN**	WC	*WC*	CS

Names:

10729 CREWE

10734 BALMORAL

OPEN FIRST

Mark 3A. Air conditioned. All refurbished with table lamps and new seat cushions and trim. 48/– 2T. BT10 bogies. d. ETS 6X.

Non-standard livery: 11039 EWS dark maroon.

Lot No. 30878 Derby 1975–76. 34.3 t.

11018	**VT**	DA	*RO*	RJ		11048	**VT**	DA	*RO*	RJ
11039	**0**	DB	*DB*	TO						

OPEN FIRST

Mark 3B. Air conditioned. InterCity 80 seats. All refurbished with table lamps and new seat cushions and trim. Retention toilets. 48/– 1T. BT10 bogies. d. ETS 6X.

† Fitted with disabled toilet and reduced seating, including three Compin Pegasus seats. 37/– 1TD 2W.

Non-standard livery: 11074 Original HST prototype grey & BR blue.

Lot No. 30982 Derby 1985. 36.5 t.

11068		**IC**	LS	*LS*	CL		11090 †	**GA**	DA	*RO*	RJ
11070		**IC**	LS	*LS*	CL		11091	**IC**	LS	*LS*	CL
11074		**0**	DA	*RO*	RJ		11092 †	**GA**	EL	*RO*	LR
11075		**IC**	LS	*LS*	CL		11093 †	**GA**	EL	*RO*	LR
11076		**IC**	LS	*LS*	CL		11095 †	**GA**	PO		YA
11077		**IC**	LS	*LS*	CL		11098 †	**IC**	LS	*LS*	CL
11078 †		**GA**	ER		YA		11099 †	**GA**	EL	*RO*	LR
11087 †		**IC**	LS	*LS*	CL		11101 †	**GA**	EL	*RO*	LR
11088 †		**GA**	P		BU						

OPEN FIRST

Mark 4. Air conditioned. Rebuilt with new interior by Bombardier Wakefield 2003–05 (some converted from Standard Class vehicles). Retention toilets. 41/– 1T (plus 2 seats for staff use). BT41 bogies. ETS 6X.

11229. Lot No. 31046 Metro-Cammell 1989–92. 41.3 t.
11279–11295. Lot No. 31049 Metro-Cammell 1989–92. 41.3 t.

11229		**VE**	E	*LN*	NL		11286 (12482)	**VE**	E	*LN*	NL
11279 (12521)		**VE**	E	*LN*	NL		11288 (12517)	**VE**	E	*LN*	NL
11284 (12487)		**VE**	E	*LN*	NL		11295 (12475)	**VE**	E	*LN*	NL
11285 (12537)		**VE**	E	*LN*	NL						

OPEN FIRST (DISABLED)

Mark 4. Air conditioned. Rebuilt from Open First by Bombardier Wakefield 2003–05. Retention toilets. 42/– 1TD 1W. BT41 bogies. ETS 6X.

Lot No. 31046 Metro-Cammell 1989–92. 40.7 t.

11306	(11276)	**VE**	E	*LN*	NL			
11308	(11263)	**VE**	E	*LN*	NL			
11309	(11259)	**VE**	E		WS			
11312	(11225)	**VE**	E	*LN*	NL			
11313	(11210)	**VE**	E	*LN*	NL			
11314	(11207)	**VE**	E		WS			
11315	(11238)	**VE**	E	*LN*	NL			
11316	(11227)	**VE**	E		WS			
11317	(11223)	**VE**	E	*LN*	NL			
11318	(11251)	**VE**	E		ZB			
11319	(11247)	**GC**	TW		EH			
11320	(11255)	**GC**	TW		ZB			
11321	(11245)	**GC**	TW		EH			
11322	(11228)	**GC**	TW		ZB			
11323	(11235)	**VE**	TW	*TW*	CF			
11324	(11253)	**VE**	TW	*TW*	CF			
11325	(11231)	**VE**	TW	*TW*	CF			
11326	(11206)	**VE**	E	*LN*	NL			

OPEN FIRST

Mark 4. Air conditioned. Rebuilt from Open First by Bombardier Wakefield 2003–05. Separate area for 7 smokers, although smoking is no longer allowed. Retention toilets. 46/– 1TD 1W. BT41 bogies. ETS 6X.

Lot No. 31046 Metro-Cammell 1989–92. 42.1 t.

11404	(11202)	**VE**	E		WS			
11406	(11205)	**VE**	E	*LN*	NL			
11408	(11218)	**VE**	E	*LN*	NL			
11409	(11262)	**VE**	E		WS			
11412	(11209)	**VE**	E	*LN*	NL			
11413	(11212)	**VE**	E	*LN*	NL			
11414	(11246)	**VE**	E		WS			
11415	(11208)	**VE**	E	*LN*	NL			
11416	(11254)	**VE**	E		ZB			
11417	(11226)	**VE**	E	*LN*	NL			
11418	(11222)	**VE**	E		ZB			
11426	(11252)	**VE**	E	*LN*	NL			

OPEN FIRST

CAF Mark 5A. Air conditioned. New TransPennine Express coaches. Retention toilets. 30/– 1TD 2W. CAF bogies. ETS XX.

CAF Beasain 2017–18. 32.7 t.

11501	**TP**	BN	*TP*	MA	
11502	**TP**	BN	*TP*	MA	
11503	**TP**	BN	*TP*	MA	
11504	**TP**	BN	*TP*	MA	
11505	**TP**	BN	*TP*	MA	
11506	**TP**	BN	*TP*	MA	
11507	**TP**	BN	*TP*	MA	
11508	**TP**	BN	*TP*	MA	
11509	**TP**	BN	*TP*	MA	
11510	**TP**	BN	*TP*	MA	
11511	**TP**	BN	*TP*	MA	
11512	**TP**	BN	*TP*	MA	
11513	**TP**	BN	*TP*	MA	

OPEN STANDARD

Mark 3A. Air conditioned. All refurbished with modified seat backs and new layout and further refurbished with new seat trim. –/76 2T († –/70 2T 1W, t –/72 2T, z –/70 1TD 1T 2W). BT10 bogies. d. ETS 6X.

* Further refurbished with more unidirectional seating and one toilet removed. Retention toilets. –/80 1T.
s Refurbished Sleeper day coaches fitted with new Transcal seating to a 2+2 layout and a universal access toilet. Retention toilets. –/65 1TD 1W.

12171 was converted from Open Composite 11910, formerly Open First 11010.

Non-standard livery: 12092 Original HST prototype grey & BR blue.

12017–167. Lot No. 30877 Derby 1975–77. 34.3 t.
12171. Lot No. 30878 Derby 1975–76. 34.3 t.

12017	t	**CM**	ER		YA	12100	s	**GW**	P	*GW*	PZ
12021	*	**GA**	ER		YA	12111	*	**GA**	LS		CL
12032	*	**GA**	DA	*RO*	RJ	12122	z	**VT**	DA	*RO*	RJ
12036	†	**CM**	ER		YA	12125	*	**GA**	EL	*RO*	LR
12043	†	**CM**	ER		YA	12133		**VT**	DA	*RO*	RJ
12061	*	**GA**	NS		LM	12137	*	**GA**	NS		LM
12064	*	**GA**	DA	*RO*	RJ	12138		**VT**	DA	*RO*	RJ
12078		**VT**	DA	*RO*	RJ	12142	s	**GW**	P	*GW*	PZ
12079	*	**GA**	NS		LM	12146	*	**GA**	NS		LM
12090	*	**GA**	NS		LM	12154	*	**GA**	EL	*RO*	LR
12091	*	**GA**	DA	*RO*	RJ	12161	s	**GW**	P	*GW*	PZ
12092		**O**	DA	*RO*	RJ	12164	*	**GA**	NS		LM
12094		**CM**	ER		YA	12167	*	**GA**	NS		LM
12097	*	**GA**	DA	*RO*	RJ	12171	*	**IC**	LS	*LS*	CL
12098	*	**GA**	ER		YA						

OPEN STANDARD

Mark 3A (†) or Mark 3B. Air conditioned. Converted from Mark 3A or 3B Open First. Fitted with Grammer seating. –/70 2T 1W. BT10 bogies. d. ETS 6X.

12176–181/185. Mark 3B. Lot No. 30982 Derby 1985. 38.5 t.
12182–184. Mark 3A. Lot No. 30878 Derby 1975–76. 38.5 t.

12176	(11064)		**AW**	RO	*RO*	LR
12177	(11065)		**AW**	RO		BR
12178	(11071)		**AW**	RO		BR
12179	(11083)		**AW**	RO		BR
12180	(11084)		**AW**	RO	*RO*	LR
12181	(11086)		**AW**	RO		BR
12182	(11013)	†	**AW**	RO		ZA
12183	(11027)	†	**AW**	RO		BR
12184	(11044)	†	**AW**	RO		BR
12185	(11089)		**AW**	RO		BR

OPEN STANDARD (END)

Mark 4. Air conditioned. Rebuilt with new interior by Bombardier Wakefield 2003–05. Separate area for 26 smokers, although smoking is no longer allowed. Retention toilets. –/76 1T. BT41 bogies. ETS 6X.

12202–230. Lot No. 31047 Metro-Cammell 1989–91. 39.5 t.

12202	**VE**	E		ZB	12217	**VE**	TW	*TW*	CF
12203	**VE**	E		WS	12219	**VE**	TW	*TW*	CF
12205	**VE**	E	*LN*	NL	12220	**VE**	E	*LN*	NL
12208	**VE**	E	*LN*	NL	12222	**GC**	TW		EH
12209	**VE**	E		WS	12223	**VE**	E	*LN*	NL
12210	**GC**	TW		ZB	12224	**GC**	TW		ZB
12211	**GC**	TW		EH	12225	**VE**	TW	*TW*	CF
12212	**VE**	E	*LN*	NL	12226	**VE**	E	*LN*	NL
12213	**VE**	E		ZB	12228	**VE**	E	*LN*	NL
12214	**VE**	E	*LN*	NL	12229	**VE**	E		WS
12215	**VE**	TW		ZB	12230	**VE**	E		WS

OPEN STANDARD (DISABLED)

Mark 4. Air conditioned. Rebuilt with new interior by Bombardier Wakefield 2003–05. Retention toilets. –/68 2W 1TD. BT41 bogies. ETS 6X.

12300–330. Lot No. 31048 Metro-Cammell 1989–91. 39.4 t.

12300	**VE**	E		WS	12313	**VE**	E	*LN*	NL
12303	**VE**	E	*LN*	NL	12315	**VE**	TW		ZB
12304	**VE**	TW		ZB	12316	**GC**	TW		ZB
12305	**VE**	E		WS	12323	**GC**	TW		EH
12308	**VE**	E		WS	12324	**VE**	TW		ZB
12309	**VE**	E	*LN*	NL	12325	**VE**	E	*LN*	NL
12310	**GC**	TW		EH	12326	**GC**	TW		ZB
12311	**VE**	E	*LN*	NL	12328	**VE**	E	*LN*	NL
12312	**VE**	E		ZB	12330	**VE**	E	*LN*	NL

OPEN STANDARD

Mark 4. Air conditioned. Rebuilt with new interior by Bombardier Wakefield 2003–05. Retention toilets. –/76 1T. BT41 bogies. ETS 6X.

Lot No. 31049 Metro-Cammell 1989–92. 40.8 t.

12404	**VE**	E	*LN*	NL	12417	**VE**	E		WS
12406	**VE**	E	*LN*	NL	12420	**VE**	E	*LN*	NL
12407	**VE**	E	*LN*	NL	12422	**VE**	E	*LN*	NL
12409	**VE**	E	*LN*	NL	12423	**VE**	E		WS
12410	**VE**	E		WS	12424	**VE**	E	*LN*	NL
12415	**VE**	E		WS	12426	**VE**	E	*LN*	NL

12427	**VE**	E	*LN*	NL		12453	**VE**	E		WS
12428	**VE**	E		ZB		12454	**VE**	TW	*TW*	CF
12429	**VE**	E	*LN*	NL		12461	**GC**	TW		EH
12430	**VE**	E	*LN*	NL		12465	**VE**	E	*LN*	NL
12431	**VE**	E	*LN*	NL		12467	**VE**	E		ZB
12432	**VE**	E	*LN*	NL		12468	**VE**	E		WS
12433	**VE**	E		ZB		12469	**VE**	E	*LN*	NL
12434	**GC**	TW		EH		12474	**VE**	E	*LN*	NL
12436	**VE**	E		WS		12477	**GC**	TW		ZB
12437	**VE**	E		WS		12480	**VE**	E		WS
12442	**VE**	E	*LN*	NL		12481	**VE**	E	*LN*	NL
12443	**VE**	E		WS		12484	**VE**	E		WS
12444	**VE**	E	*LN*	NL		12485	**VE**	E	*LN*	NL
12446	**VE**	TW	*TW*	CF		12486	**VE**	E		WS
12447	**VE**	TW	*TW*	CF		12515	**VE**	E	*LN*	NL
12452	**GC**	TW		ZB		12526	**VE**	E		WS

OPEN STANDARD

Mark 3A. Air conditioned. Rebuilt 2011–13 and fitted with sliding plug doors. Original InterCity 70 seating retained but mainly arranged around tables. Retention toilets. –/72(+6) or * –/69(+4) 1T. BT10 bogies. ETS 6X.

12602–609/614–616/618/620. Lot No. 30877 Derby 1975–77. 36.2 t (* 37.1 t).
12601/613/617–619/621/623/625/627. Lot No. 30878 Derby 1975–76. 36.2 t (* 37.1 t).

12602	(12072)		**CM**	AV	*CR*	AL
12603	(12053)	*	**CM**	AV	*CR*	AL
12604	(12131)		**CM**	AV	*CR*	AL
12605	(11040)	*	**CM**	AV	*CR*	AL
12606	(12048)		**CM**	AV	*CR*	AL
12607	(12038)	*	**CM**	AV	*CR*	AL
12608	(12069)		**CM**	AV	*CR*	AL
12609	(12014)		**CM**	AV	*CR*	AL
12610	(12117)		**CM**	AV	*CR*	AL
12613	(11042, 12173)	*	**CM**	AV	*CR*	AL
12614	(12145)		**CM**	AV	*CR*	AL
12615	(12059)	*	**CM**	AV	*CR*	AL
12616	(12127)		**CM**	AV	*CR*	AL
12617	(11052, 12174)	*	**CM**	AV	*CR*	AL
12618	(11008, 12169)		**CM**	AV	*CR*	AL
12619	(11058, 12175)	*	**CM**	AV	*CR*	AL
12620	(12124)		**CM**	AV	*CR*	AL
12621	(11046)	*	**CM**	AV	*CR*	AL
12623	(11019)	*	**CM**	AV	*CR*	AL
12625	(11030)	*	**CM**	AV	*CR*	AL
12627	(11054)	*	**CM**	AV	*CR*	AL

OPEN STANDARD

CAF Mark 5A. Air conditioned. New TransPennine Express coaches. Retention toilets. –/69 1T (* –/59(+6) 1T + bike spaces). CAF bogies. ETS XX.

CAF Beasain 2017–18. 31.8 t (* 31.6 t).

12701		**TP**	BN	*TP*	MA	12721 *	**TP**	BN	*TP*	MA
12702		**TP**	BN	*TP*	MA	12722	**TP**	BN	*TP*	MA
12703	*	**TP**	BN	*TP*	MA	12723	**TP**	BN	*TP*	MA
12704		**TP**	BN	*TP*	MA	12724 *	**TP**	BN	*TP*	MA
12705		**TP**	BN	*TP*	MA	12725	**TP**	BN	*TP*	MA
12706	*	**TP**	BN	*TP*	MA	12726	**TP**	BN	*TP*	MA
12707		**TP**	BN	*TP*	MA	12727 *	**TP**	BN	*TP*	MA
12708		**TP**	BN	*TP*	MA	12728	**TP**	BN	*TP*	MA
12709	*	**TP**	BN	*TP*	MA	12729	**TP**	BN	*TP*	MA
12710		**TP**	BN	*TP*	MA	12730 *	**TP**	BN	*TP*	MA
12711		**TP**	BN	*TP*	MA	12731	**TP**	BN	*TP*	MA
12712	*	**TP**	BN	*TP*	MA	12732	**TP**	BN	*TP*	MA
12713		**TP**	BN	*TP*	MA	12733 *	**TP**	BN	*TP*	MA
12714		**TP**	BN	*TP*	MA	12734	**TP**	BN	*TP*	MA
12715	*	**TP**	BN	*TP*	MA	12735	**TP**	BN	*TP*	MA
12716		**TP**	BN	*TP*	MA	12736 *	**TP**	BN	*TP*	MA
12717		**TP**	BN	*TP*	MA	12737	**TP**	BN	*TP*	MA
12718	*	**TP**	BN	*TP*	MA	12738	**TP**	BN	*TP*	MA
12719		**TP**	BN	*TP*	MA	12739 *	**TP**	BN	*TP*	MA
12720		**TP**	BN	*TP*	MA					

DRIVING OPEN BRAKE STANDARD

CAF Mark 5A. Air conditioned. New TransPennine Express coaches. –/64. CAF bogies. ETS XX.

CAF Irun 2017–18. 32.9 t.

12801	**TP**	BN	*TP*	MA	12808	**TP**	BN	*TP*	MA
12802	**TP**	BN	*TP*	MA	12809	**TP**	BN	*TP*	MA
12803	**TP**	BN	*TP*	MA	12810	**TP**	BN	*TP*	MA
12804	**TP**	BN	*TP*	MA	12811	**TP**	BN	*TP*	MA
12805	**TP**	BN	*TP*	MA	12812	**TP**	BN	*TP*	MA
12806	**TP**	BN	*TP*	MA	12813	**TP**	BN	*TP*	MA
12807	**TP**	BN	*TP*	MA	12814	**TP**	BN	*TP*	MA

CORRIDOR FIRST

Mark 1. Seven compartments. 42/– 2T. B4 bogies. ETS 3.

Lot No. 30381 Swindon 1959. 33 t.
Lot No. 30667 Swindon 1962. Commonwealth bogies. 36 t.

13227	x	**CC**	LS	*LS*	CL		13230	xk	**M**	SP	*SP*	BO
13229	xk	**M**	SP	*SP*	BO		13306	x	**M**	WC	*WC*	CS

Name: 13306 JOANNA

OPEN FIRST

Mark 1 converted from Corridor First in 2013–14. 42/– 2T. Commonwealth bogies. ETS 3.

Lot No. 30667 Swindon 1962. 35 t.

13320 x **M** WC *WC* CS ANNA

CORRIDOR FIRST

Mark 2A. Seven compartments. Pressure ventilated. 42/– 2T. B4 bogies. ETS 4.

Lot No. 30774 Derby 1968. 33 t.

13440 v **M** WC *WC* CS

SLEEPER SEATED CARRIAGE WITH BRAKE

CAF Mark 5. Air conditioned. Retention toilets. –/31 1TD 1W. CAF bogies. ETS XX.

CAF Irun 2016–18. 32.5 t.

15001	**CA**	LF	*CA*	PO	15007	**CA**	LF	*CA*	PO
15002	**CA**	LF	*CA*	PO	15008	**CA**	LF	*CA*	PO
15003	**CA**	LF	*CA*	PO	15009	**CA**	LF	*CA*	PO
15004	**CA**	LF	*CA*	PO	15010	**CA**	LF	*CA*	PO
15005	**CA**	LF	*CA*	PO	15011	**CA**	LF	*CA*	PO
15006	**CA**	LF	*CA*	PO					

SLEEPER LOUNGE CAR

CAF Mark 5. Air conditioned. –/30 or –/28 1W. CAF bogies. ETS XX.

CAF Beasain 2016–18. 35.5 t.

15101	**CA**	LF	*CA*	PO	15106	**CA**	LF	*CA*	PO
15102	**CA**	LF	*CA*	PO	15107	**CA**	LF	*CA*	PO
15103	**CA**	LF	*CA*	PO	15108	**CA**	LF	*CA*	PO
15104	**CA**	LF	*CA*	PO	15109	**CA**	LF	*CA*	PO
15105	**CA**	LF	*CA*	PO	15110	**CA**	LF	*CA*	PO

SLEEPING CAR (FULLY ACCESSIBLE)

CAF Mark 5. Air conditioned. Retention toilets. Two fully accessible berths (one with double bed, one with foldable upper bed), two berths with double beds and en-suite toilets and showers, two berths with foldable upper beds. 2TD 2T, plus two showers. CAF bogies. ETS XX.

CAF Castejon/Irun 2016–18. 35.5 t.

15201	**CA**	LF	*CA*	PO	15208	**CA**	LF	*CA*	PO
15202	**CA**	LF	*CA*	PO	15209	**CA**	LF	*CA*	PO
15203	**CA**	LF	*CA*	PO	15210	**CA**	LF	*CA*	PO
15204	**CA**	LF	*CA*	PO	15211	**CA**	LF	*CA*	PO
15205	**CA**	LF	*CA*	PO	15212	**CA**	LF	*CA*	PO
15206	**CA**	LF	*CA*	PO	15213	**CA**	LF	*CA*	PO
15207	**CA**	LF	*CA*	PO	15214	**CA**	LF	*CA*	PO

SLEEPING CAR

CAF Mark 5. Air conditioned. Retention toilets. 6 en-suite toilet/shower and 4 non en-suite compartments with a fixed lower berth and hinged upper berth. 7T. CAF bogies. ETS XX.

CAF Beasain 2016–18. 38.0 t.

15301	**CA**	LF	*CA*	PO	15321	**CA**	LF	*CA*	PO
15302	**CA**	LF	*CA*	PO	15322	**CA**	LF	*CA*	PO
15303	**CA**	LF	*CA*	PO	15323	**CA**	LF	*CA*	PO
15304	**CA**	LF	*CA*	PO	15324	**CA**	LF	*CA*	PO
15305	**CA**	LF	*CA*	PO	15325	**CA**	LF	*CA*	PO
15306	**CA**	LF	*CA*	PO	15326	**CA**	LF	*CA*	PO
15307	**CA**	LF	*CA*	PO	15327	**CA**	LF	*CA*	PO
15308	**CA**	LF	*CA*	PO	15328	**CA**	LF	*CA*	PO
15309	**CA**	LF	*CA*	PO	15329	**CA**	LF	*CA*	PO
15310	**CA**	LF	*CA*	PO	15330	**CA**	LF	*CA*	PO
15311	**CA**	LF	*CA*	PO	15331	**CA**	LF	*CA*	PO
15312	**CA**	LF	*CA*	PO	15332	**CA**	LF	*CA*	PO
15313	**CA**	LF	*CA*	PO	15333	**CA**	LF	*CA*	PO
15314	**CA**	LF	*CA*	PO	15334	**CA**	LF	*CA*	PO
15315	**CA**	LF	*CA*	PO	15335	**CA**	LF	*CA*	PO
15316	**CA**	LF	*CA*	PO	15336	**CA**	LF	*CA*	PO
15317	**CA**	LF	*CA*	PO	15337	**CA**	LF	*CA*	PO
15318	**CA**	LF	*CA*	PO	15338	**CA**	LF	*CA*	PO
15319	**CA**	LF	*CA*	PO	15339	**CA**	LF	*CA*	PO
15320	**CA**	LF	*CA*	PO	15340	**CA**	LF	*CA*	PO

CORRIDOR BRAKE FIRST

Mark 1. Four compartments. 24/– 1T. Commonwealth bogies. ETS 2.

Lot No. 30668 Swindon 1961. 36 t.

17013	(14013)		**CC**	LS	ZG	
17018	(14018)	v	**CH**	VT	TM	BOTAURUS

CORRIDOR BRAKE FIRST

Mark 2A. Four compartments. Pressure ventilated. 24/– 1T. B4 bogies. ETS 4.

17080/090 were numbered 35516/503 for a time when declassified.

17056. Lot No. 30775 Derby 1967–68. 32 t.
17080–102. Lot No. 30786 Derby 1968. 32 t.

17056	(14056)		**PC** LS	*LS*	CL
17080	(14080)		**PC** LS		ZG
17090	(14090)	v	**CH** VT		TM
17102	(14102)		**M** WC	*WC*	CS

COUCHETTE/GENERATOR COACH

Mark 2B. Formerly part of Royal Train. Converted from Corridor Brake First built 1969. Consists of luggage accommodation, guard's compartment, 350 kW diesel generator and staff sleeping accommodation. Pressure ventilated. B5 bogies. ETS 5X (when generator not in use). ETS index ?? (when generator in use).

Lot No. 30888 Wolverton 1977. 46 t.

17105 (14105, 2905)   **BG** RV   *RV*   BU

CORRIDOR BRAKE FIRST

Mark 2D. Four compartments. Air conditioned. Stones equipment. 24/– 1T. B4 Bogies. ETS 5.

Lot No. 30823 Derby 1971–72. 33.5 t.

17159	(14159)	d	**CC** LS	*LS*	CL	
17167	(14167)		**VN** WC	*WC*	CS	MOW COP

OPEN BRAKE UNCLASSIFIED

Mark 3B. Air conditioned. Fitted with hydraulic handbrake. Used as Sleeper day coaches. Refurbished with new Transcal seating 2018. 55/– 1T. BT10 bogies. pg. d. ETS 6X.

Lot No. 30990 Derby 1986. 35.8 t.

17173	**GW** P	*GW*	PZ		17175	**GW** P	*GW*	PZ
17174	**GW** P	*GW*	PZ					

CORRIDOR STANDARD

Mark 1. –/48 2T. Eight Compartments. Commonwealth bogies. ETS 4.

Currently in use as part of the Harry Potter World exhibition at Leavesden, near Watford.

Lot No. 30685 Derby 1961–62. 36 t.

| 18756 | (25756) | x | | **M** | WC | | SH |

CORRIDOR BRAKE COMPOSITE

Mark 1. There are two variants depending upon whether the Standard Class compartments have armrests. Each vehicle has two First Class and three Standard Class compartments. 12/18 2T (* 12/24 2T). Commonwealth bogies. ETS 2.

21241–245. Lot No. 30669 Swindon 1961–62. 36 t.
21256. Lot No. 30731 Derby 1963. 37 t.
21266. Lot No. 30732 Derby 1964. 37 t.

21241	x	**M**	SP	*SP*	BO
21245	x	**M**	RV		ZG
21256	x	**M**	WC	*WC*	CS
21266	x*	**M**	WC	*WC*	CS
21269	*	**CC**	RV	*RV*	BU

CORRIDOR BRAKE STANDARD

Mark 1. Four compartments. –/24 1T. ETS 2.

35185. Lot No. 30427 Wolverton 1959. B4 bogies. 33 t.
35459/465. Lot No. 30721 Wolverton 1963. Commonwealth bogies. 37 t.

35185	x	**M**	SP	*SP*	BO
35459	x	**M**	WC	*WC*	CS
35465	x	**CC**	LS	*LS*	CL

CORRIDOR BRAKE GENERATOR STANDARD

Mark 1. Four compartments. –/24 1T. Fitted with an ETS generator in the former luggage compartment. ETS 2 (when generator not in use). ETS index ?? (when generator in use).

Lot No. 30721 Wolverton 1963. Commonwealth bogies. 37 t.

| 35469 | x | **CH** | RV | *RV* | BU |

BRAKE/POWER KITCHEN

Mark 2C. Pressure ventilated. Converted from Corridor Brake First (declassified to Corridor Brake Standard) built 1970. Converted by West Coast Railway Company 2000-01. Consists of 60 kVA generator, guard's compartment and electric kitchen. B5 bogies. ETS ? (when generator not in use). ETS index ?? (when generator in use).

Non-standard livery: Brown.

Lot No. 30796 Derby 1969-70. 32.5 t.

35511 (14130, 17130)	**O**	LS		CL

KITCHEN CAR

Mark 1. Converted 1989/2006/2017-19 from Kitchen Buffet Unclassified. 80041/020 had buffet and seating area replaced with additional kitchen and food preparation area. 80043 had a full length kitchen fitted. Fluorescent lighting. Commonwealth or (†) B5 bogies. ETS 2X.

Lot No. 30628 Pressed Steel 1960-61. 39 t (* 36.4 t).

80041 (1690)	x		**M**	RV	ZG
80042 (1646)			**CH**	RV	*RV*	BU
80043 (1680)	*		**PC**	LS	*LS*	CL
80044 (1659)	†		**CC**	LS	*LS*	CL

DRIVING BRAKE VAN (110 mph)

Mark 3B. Air conditioned. T4 bogies. dg. ETS 5X. Driving Brake Vans converted for use by Network Rail can be found in the Service Stock section of this book.

Non-standard livery: 82146 All over silver with DB logos.

Lot No. 31042 Derby 1988. 45.2 t.

82107	**GA**	EL		BR		82138	**B**	DA	*RO*	RJ
82115	**B**	DA	*RO*	RJ		82139	**IC**	LS	*LS*	CL
82127	**IC**	LS	*LS*	CL		82146	**O**	DB	*DB*	TO
82136	**GA**	DA	*RO*	RJ						

DRIVING BRAKE VAN (140 mph)

Mark 4. Air conditioned. Swiss-built (SIG) bogies. dg. ETS 6X.

Advertising liveries:

82205 Flying Scotswoman (red, white & purple).
82216 Tŷ Gobaith (Hope House) Children's Hospice (white).
82226 Alzheimer's Society Cymru (blue).
82229 Royal National Lifeboat Institution (black).

Lot No. 31043 Metro-Cammell 1988. 43.5 t.

82200	**GC**	TW		ZB	82215	**VE**	E	ZB
82201	**GC**	TW		EH	82216	**AL**	TW *TW*	CF
82204	**VE**	E		WS	82218	**VE**	E	WS
82205	**AL**	E	*LN*	NL	82220	**VE**	TW	ZB
82206	**VE**	E		WS	82222	**VE**	E	ZB
82208	**VE**	E	*LN*	NL	82223	**VE**	E *LN*	NL
82209	**VE**	E		WS	82225	**VE**	E *LN*	NL
82210	**VE**	E		WS	82226	**AL**	TW *TW*	CF
82211	**VE**	E	*LN*	NL	82227	**GC**	TW	EH
82212	**VE**	E	*LN*	NL	82229	**AL**	TW *TW*	CF
82213	**VE**	E	*LN*	NL	82230	**GC**	TW	ZB
82214	**VE**	E	*LN*	NL				

DRIVING BRAKE VAN (100 mph)

Mark 3B. Air conditioned. T4 bogies. dg. ETS 6X.

82301–305 converted 2008. 82306–308 converted 2011–12. 82309 converted 2013.

g Fitted with a diesel generator for use while stabled in terminal stations or at depots. 48.5 t.

Lot No. 31042 Derby 1988. 45.2 t.

82301	(82117)	g	**CM**	AV	*CR*	AL
82302	(82151)	g	**CM**	AV	*CR*	AL
82303	(82135)	g	**CM**	AV	*CR*	AL
82304	(82130)	g	**CM**	AV	*CR*	AL
82305	(82134)	g	**CM**	AV	*CR*	AL
82306	(82144)		**AW**	DA	*RO*	RJ
82307	(82131)		**AW**	RO		BR
82308	(82108)		**AW**	RO		BR
82309	(82104)	g	**CM**	AV	*CR*	AL

GANGWAYED BRAKE VAN (100 mph)

Mark 1. Short frame (57 ft). Load 10 t. Adapted 199? for use as Brake Luggage Van. Guard's compartment retained and former baggage area adapted for secure stowage of passengers' luggage. B4 bogies. 100 mph. ETS 1X.

Lot No. 30162 Pressed Steel 1956–57. 30.5 t.

92904 (80867, 99554)   **VN**   WC   *WC*   CS

HIGH SECURITY GENERAL UTILITY VAN

Mark 1. Short frame (57 ft). Load 14 t. Modified with new floors, three roller shutter doors per side and the end doors removed. Commonwealth bogies. ETS 0X.

Lot No. 30616 Pressed Steel 1959–60. 32 t.

94225 (86849, 93849)   **M**   WC   *WC*   CS

GENERAL UTILITY VAN (100 mph)

Mark 1. Short frame (57 ft). Load 14 t. Screw couplers. Adapted 2013/2010 for use as a water carrier with 3000 gallon capacity. ETS 0.

Non-standard livery: 96100 GWR Brown.

96100. Lot No. 30565 Pressed Steel 1959. 30 t. B5 bogies.
96175. Lot No. 30403 York/Glasgow 1958–60. 32 t. Commonwealth bogies.

96100	(86734, 93734)	x	**0**	VT	*VT*	TM
96175	(86628, 93628)	x	**M**	WC	*WC*	CS

KITCHEN CAR

Mark 1 converted from Corridor First in 2008 with staff accommodation. Commonwealth bogies. ETS 3.

Lot No. 30667 Swindon 1961. 35 t.

99316	(13321)	x	**M**	WC	*WC*	CS

BUFFET STANDARD

Mark 1 converted from Open Standard in 2013 by the removal of two seating bays and fitting of a buffet. –/48 2T. Commonwealth bogies. ETS 4.

Lot No. 30646 Wolverton 1961. 36 t.

99318	(4912)	x	**M**	WC	*WC*	CS

KITCHEN CAR

Mark 1 converted from Corridor Standard in 2011 with staff accommodation. Commonwealth bogies. ETS 3.

Lot No. 30685 Derby 1961–62. 34 t.

99712	(18893)	x	**M**	WC	*WC*	CS

OPEN STANDARD

Mark 1 Corridor Standard rebuilt in 1997 as Open Standard using components from 4936. –/64 2T. Commonwealth bogies. ETS 4.

Lot No. 30685 Derby 1961–62. 36 t.

99722	(25806, 18806)	x	**M**	WC	*WC*	CS

LUL 4 TC USED AS HAULED STOCK

The Class 438 4 TC sets were unpowered units designed to work in push-pull mode with Class 430 (4 Rep) tractor units and Class 33/1, 73 and 74 locomotives. They were converted from locomotive-hauled coaching stock built 1952–57.

The vehicles listed are owned by London Underground and used on both special services on the LU Metropolitan Line and on occasional specials on the National Rail network, top-and-tailed by locomotives.

Mark 1. Trailer Brake Second side corridor with Lavatory (TBSK). Lot No. 30229. Metro-Cammell 1957. 35.5 t.

70823 (34970)   **M**   LU   *WC*   RS

Mark 1. Trailer First side corridor with Lavatory (TFK). Lot No. 30019. Swindon 1954. 33.5 t.

71163 (13097)   **M**   LU   *WC*   RS

Mark 1. Driving Trailer Second Open (DTSO).

76297. Lot No. 30086. Eastleigh 1955. 32.0 t.
76324. Lot No. 30149. Swindon 1956. 32.0 t.

76297 (3938)   **M**   LU   *WC*   RS
76324 (4009)   **M**   LU   *WC*   RS

NNR REGISTERED CARRIAGES

These carriages are permitted to operate on the national railway network only between Sheringham and Cromer as an extension of North Norfolk Railway (NNR) "North Norfolkman" services. Only NNR coaches currently registered for use on the national railway network are listed.

KITCHEN BUFFET STANDARD

Mark 1. Built as Unclassified Restaurant. Rebuilt with Buffet Counter and seating reduced. –/23. Commonwealth bogies. Lot No. 30632 Swindon 1960–61. 39 t.

1969 v **CC** NN *NY* NO

OPEN FIRST

Mark 1. 42/–. Commonwealth bogies. Lot No. 30697 Swindon 1962–63. 36 t.

3116 v **CC** NN *NY* NO

OPEN STANDARD

Mark 1. –/48 2T. BR Mark 1 bogies. Lot No. 30121 Eastleigh 1953–55. 32 t.

4372 v **CC** NN *NY* NO

GANGWAYED BRAKE VAN

Mark 1. Short frame (57 ft). Now fitted with a kitchen. BR Mark 1 bogies. Lot No. 30224 Cravens 1955–56. 31.5 t.

81033 v **CC** NN *NY* NO

NYMR REGISTERED CARRIAGES

These carriages are permitted to operate on the national railway network but may only be used to convey fare-paying passengers between Middlesbrough and Whitby on the Esk Valley branch as an extension of North Yorkshire Moors Railway services between Pickering and Grosmont. Only NYMR coaches currently registered for use on the national railway network are listed.

RESTAURANT FIRST

Mark 1. 24/–. Commonwealth bogies. Lot No. 30633 Swindon 1961. 42.5 t.

| 324 | x | **PC** | NY | *NY* | NY | JOS de CRAU |

BUFFET STANDARD

Mark 1. –/44 2T. Commonwealth bogies.
Lot No. 30520 Wolverton 1960. 38 t.

| 1823 | v | **M** | NY | *NY* | NY |

OPEN STANDARD

Mark 1. –/64 2T (* –/60 2W 2T, † –/60 3W 1T). BR Mark 1 bogies.

3798/3801. Lot No. 30079 York 1953. 33 t.
3860/72. Lot No. 30080 York 1954. 33 t.
3948. Lot No. 30086 Eastleigh 1954–55. 33 t.
4198/4252. Lot No. 30172 York 1956. 33 t.
4286/90. Lot No. 30207 BRCW 1956. 33 t.
4455. Lot No. 30226 BRCW 1957. 33 t.

3798	v	**M**	NY	*NY*	NY	4198	v	**CC**	NY	*NY*	NY
3801	v	**CC**	NY	*NY*	NY	4252	v*	**CC**	NY	*NY*	NY
3860	v*	**M**	NY	*NY*	NY	4286	v	**CC**	NY	*NY*	NY
3872	v†	**BG**	NY	*NY*	NY	4290	v	**M**	NY	*NY*	NY
3948	v	**CC**	NY	*NY*	NY	4455	v	**CC**	NY	*NY*	NY

OPEN STANDARD

Mark 1. –/48 2T. BR Mark 1 bogies.

4786. Lot No. 30376 York 1957. 33 t.
4817. Lot No. 30473 BRCW 1959. 33 t.

| 4786 | v | **CH** | NY | *NY* | NY | 4817 | v | **M** | NY | *NY* | NY |

OPEN STANDARD

Mark 1. Later vehicles built with Commonwealth bogies. –/64 2T.
Lot No. 30690 Wolverton 1961–62. Aluminium window frames. 37 t.

| 4990 | v | **M** | NY | *NY* | NY | 5029 | v | **M** | NY | *NY* | NY |
| 5000 | v | **M** | NY | *NY* | NY |

OPEN BRAKE STANDARD

Mark 1. –/39 1T. BR Mark 1 bogies.
Lot No. 30170 Doncaster 1956. 34 t.

| 9225 | v | **M** | NY | *NY* | NY | | 9274 | v | **M** | NY | *NY* | NY |

CORRIDOR COMPOSITE

Mark 1. 24/18 1T. BR Mark 1 bogies.
15745. Lot No. 30179 Metro Cammell 1956. 36 t.
16156. Lot No. 30665 Derby 1961. 36 t.

| 15745 | v | **M** | NY | *NY* | NY | | 16156 | v | **CC** | NY | *NY* | NY |

CORRIDOR BRAKE COMPOSITE

Mark 1. Two First Class and three Standard Class compartments. 12/18 2T. BR Mark 1 bogies.
Lot No. 30185 Metro Cammell 1956. 36 t.

21100 v **CC** NY *NY* NY

CORRIDOR BRAKE STANDARD

Mark 1. –/24 1T. BR Mark 1 bogies.
Lot No. 30233 Gloucester 1957. 35 t.

35089 v **CC** NY *NY* NY

PULLMAN BRAKE THIRD

Built 1928 by Metropolitan Carriage & Wagon Company. –/30. Gresley bogies. 37.5 t.

232 v **PC** NY *NY* NY   CAR No. 79

PULLMAN KITCHEN FIRST

Built by Metro-Cammell 1960–61 for East Coast Main Line services. 20/– 2T. Commonwealth bogies. 41.2 t.

318 x **PC** NY *NY* NY   ROBIN

PULLMAN PARLOUR FIRST

Built by Metro-Cammell 1960–61 for East Coast Main Line services. 29/– 2T. Commonwealth bogies. 38.5 t.

328 x **PC** NY *NY* NY   OPAL

2.2. HIGH SPEED TRAIN TRAILER CARS

HSTs traditionally consist of a number of trailer cars (usually between four and nine) with a power car at each end. All trailers are classified Mark 3 and have BT10 bogies with disc brakes and central door locking. Heating is by a 415V three-phase supply and vehicles have air conditioning. Maximum speed is 125 mph.

The trailer cars have one standard 23m bodyshell for both First and Standard Class, thus facilitating easy conversion from one class to the other. As-built all cars had facing seating around tables with Standard Class carriages having nine bays of seats per side which did not line up with the eight windows per side.

All vehicles underwent a mid-life refurbishment in the 1980s with Standard Class seating layouts revised to incorporate unidirectional seating in addition to facing. A further refurbishment programme was completed in November 2000, with each company having a different scheme as follows:

Great Western Trains (later First Great Western). Green seat covers and extra partitions between seat bays.

Great North Eastern Railway. New lighting panels and brown seat covers.

Virgin CrossCountry. Green seat covers. Standard Class vehicles had four seats in the centre of each carriage replaced with a luggage stack.

Midland Mainline. Grey seat covers, redesigned seat squabs, side carpeting and two seats in the centre of each Standard Class carriage and one in First Class carriages replaced with a luggage stack.

Since then there have been many separate, and very different, projects:

Midland Mainline was first to refurbish its vehicles a second time in 2003–04. This involved fitting new fluorescent and halogen ceiling lighting, although the original seats were retained, but with blue upholstery.

East Midlands Trains embarked on another, less radical, refurbishment in 2009–10 which included retention of the original seats but with red upholstery in Standard Class and blue in First. Subsequent operator East Midlands Railway used some former LNER rakes for a time before replacing all of its HSTs in 2021.

First Great Western (now **Great Western Railway**) started a major rebuild of its HST sets in late 2006, with the programme completed in 2008. The new interiors featured new lighting and seating throughout. First Class seats had leather upholstery, and were made by Primarius UK. Standard Class seats were of high-back design by Grammer. A number of sets operated without a full buffet or kitchen car, instead using one of 19 TS vehicles converted to include a "mini buffet" counter for use on shorter distance services. During 2012 15 402xx or 407xx buffet vehicles were converted to Trailer Standards to make the rakes formed as 7-cars up to 8-cars.

Many of the former GWR vehicles have now been scrapped, but GWR has retained 16 short 4-car sets for local and regional services. Trailers have been fitted with power doors and renumbered in the 48xxx and 49xxx series'.

HST INTRODUCTION

Having increased its sets to 9-car sets in 2004, at the end of 2006 **GNER** embarked on a major rebuild of its HSTs. All vehicles have similar interiors to the Mark 4 "Mallard" fleet, with new Primarius seating. The refurbishment of the 13 sets was completed by **National Express East Coast** in late 2009, these trains were later operated by **Virgin Trains East Coast** and then **London North Eastern Railway**. VTEC refurbished its sets in 2015–16, with the same seats retained but with new upholstery, and leather in First Class, but all sets were taken out of traffic with LNER by the end of 2019.

Open access operator **Grand Central** started operation in December 2007 with a new service from Sunderland to London King's Cross. This operator had three sets mostly using stock converted from loco-hauled Mark 3s. The seats in Standard Class have First Class spacing and in most vehicles are all facing. These sets were withdrawn in December 2017 and transferred to East Midlands Trains (then EMR). They were refurbished in 2018–19, with ex-GWR buffet cars used instead of the original Grand Central buffet cars.

CrossCountry reintroduced HSTs to the Cross-Country network from 2008. Five sets were refurbished at Wabtec, Doncaster principally for use on the Plymouth–Edinburgh route. Three of these sets use stock mostly converted from loco-hauled Mark 3s and two are sets ex-Midland Mainline. The interiors are similar to refurbished East Coast sets, although the seating layout is different and one toilet per carriage has been removed in favour of a luggage stack. These sets have now been fitted with sliding power doors.

ScotRail started operating HSTs from October 2018. The operator will have a fleet of 17 5-car and eight 4-car former GWR sets (fitted with sliding power doors) for use between Glasgow/Edinburgh and Aberdeen/Inverness, and on the Aberdeen–Inverness route.

Crewe-based **Locomotive Services** has acquired a number of former GWR and EMR HST vehicles and power cars. Two sets of First Class coaches are normally formed for charter use – one as the premium "Midland Pullman" in a striking blue livery and a second rake for Rail Charter Services in its green/silver livery. This latter set is used on regular services on the Settle & Carlisle line, mainly during the summer months. The **125 Group** also plans to return its rake of trailers and its power cars to the main line.

Operator Codes

Operator codes are shown in the heading before each set of vehicles. The first letter is always "T" for HST carriages, denoting a Trailer vehicle. The second letter denotes the passenger accommodation in that vehicle, for example "F" for First. "GS" denotes Guards accommodation and Standard Class seating. This is followed by catering provision, with "B" for buffet, and "K" for a kitchen and buffet:

TC	Trailer Composite	TGFB	Trailer Guard's Buffet First
TCK	Trailer Composite Kitchen	TSB	Trailer Buffet Standard
TF	Trailer First	TS	Trailer Standard
TFB	Trailer Buffet First	TGF	Trailer Guard's First
TFKB	Trailer Kitchen Buffet First	TGS	Trailer Guard's Standard

Power doors: All HSTs now operated by CrossCountry, Great Western Railway and ScotRail have been fitted with power sliding doors and retention toilets. Vehicles so fitted are shown with a "p" in the Notes column.

TRAILER BUFFET STANDARD — TSB

19 vehicles (40101–119) were converted at Laira 2009–10 from HST TSs for First Great Western. All other vehicles now scrapped. Grammer seating.

40106. Lot No. 30897 Derby 1977–79. –/70 1T. 35.5 t.

40106 (42162)   **FD**   LS   KR

TRAILER BUFFET FIRST — TFB

Converted from TSB by fitting First Class seats. Renumbered from 404xx series by subtracting 200. Refurbished by First Great Western and fitted with Primarius leather seating. 23/–.

40204–221. Lot No. 30883 Derby 1976–77. 36.12 t.

40204	**EA**	A	EP	40221	**EA**	A	EP
40205	**EA**	A	EP				

TRAILER GUARD'S MINIATURE BUFFET FIRST — TGFB

Refurbished 2018–21 for ScotRail. Former Great Western Railway vehicles. Primarius leather seating. Fitted with a new corner buffet counter and kitchen. 32/– 1T.

40601–626. For Lot No. details see TF. 39.1 t.

40601	(41032) p	**SI**	A	*SR*	IS	40614	(41010) p	**SI**	A	*SR* IS
40602	(41038) p	**SI**	A	*SR*	IS	40615	(41022) p	**SI**	A	*SR* IS
40603	(41006) p	**SI**	A	*SR*	IS	40616	(41142) p	**SI**	A	*SR* IS
40604	(41024) p	**SI**	A	*SR*	IS	40617	(41144) p	**SI**	A	*SR* IS
40605	(41094) p	**SI**	A	*SR*	IS	40618	(41016) p	**SI**	A	*SR* IS
40606	(41104) p	**SI**	A	*SR*	IS	40619	(41124) p	**SI**	A	*SR* IS
40607	(41136) p	**SI**	A	*SR*	IS	40620	(41158) p	**SI**	A	*SR* IS
40608	(41122) p	**SI**	A	*SR*	IS	40621	(41146) p	**SI**	A	*SR* IS
40609	(41020) p	**SI**	A	*SR*	IS	40623	(41180) p	**SI**	A	*SR* IS
40610	(41103) p	**SI**	A	*SR*	IS	40624	(41116) p	**SI**	A	*SR* IS
40611	(41130) p	**SI**	A	*SR*	IS	40625	(41137) p	**SI**	A	*SR* IS
40612	(41134) p	**SI**	A	*SR*	IS	40626	(41012) p	**SI**	A	*SR* IS
40613	(41135) p	**SI**	A	*SR*	IS					

TRAILER KITCHEN BUFFET FIRST — TFKB

These vehicles have larger kitchens than the 402xx and 404xx series vehicles, and are used in trains where a full meal service is required. They were renumbered from the 403xx series (in which the seats were unclassified) by adding 400 to the previous number. 17/–.

*   Refurbished former GWR vehicles. Primarius leather seating.
m   Refurbished former LNER vehicles with Primarius leather seating.

▲ Northern Belle-liveried Mark 1 Kitchen With Bar 1566 is seen at Great Strickland on 19/09/20. **Ian Beardsley**

▼ BR chocolate & cream-liveried Mark 1 Kitchen Buffet Unclassified 1671 is seen at Carlisle on 05/09/21. **Ian Beardsley**

▲ BR carmine & cream-liveried Mark 1 Open First 3150 is seen near Sheffield on 16/09/21. **Robert Pritchard**

▼ BR maroon-liveried Mark 1 Open Standard 3860 is seen at Whitby on 02/07/21. This coach is passed for operation on the National Railway network on the Esk Valley Line only as part of the North Yorkshire Moors Railway fleet. **Ian Beardsley**

▲ BR carmine & cream-liveried former Mark 2F Sleeper Reception Car 6705, now converted to a private saloon by Locomotive Services, is seen at Craigenhill on 05/03/21. **Robin Ralston**

▼ BR chocolate & cream-liveried Mark 2 Open Brake Standard 9101 is seen at Birmingham Moor Street on 29/07/21. **Ian Beardsley**

▲ WCRC maroon-liveried Mark 2 Open Brake Standard 9392 is seen at Garsdale on 03/08/21. **Robert Pritchard**

▼ BR carmine & cream-liveried Sleeping Car With Pantry 10520 is seen at Craigenhill on 05/03/21. **Robin Ralston**

▲ Repainted into BR InterCity Swallow livery, Mark 3B Open First 11075 (now operated by Locomotive Services) is seen at Crewe on 16/04/21. **Cliff Beeton**

▼ Virgin Trains East Coast-liveried Mark 4 Open First (Disabled) 11313, now operated by LNER, is seen at Shipley on 08/08/21. **Ian Beardsley**

▲ TransPennine Express-liveried Mark 5A Open First 11511 is seen at York on 07/07/21. **Robert Pritchard**

▼ In the erstwhile Greater Anglia livery, and now with DATS logos, Mark 3A Open Standard 12097 is seen at Leicester on 03/08/21. **Ian Beardsley**

▲ Chiltern Railways Mainline-liveried Mark 3A Open Standard 12623 is seen near Dorridge on 20/06/19. **Robert Pritchard**

▼ Caledonian Sleeper-liveried Mark 5 Sleeping Car 15319 is seen at Braidwood on 15/04/21. **Robin Ralston**

▲ BR Blue & Grey-liveried Mark 2B Couchette/Generator Coach 17105 is seen at Beighton Junction on 14/08/21. **Ian Beardsley**

▼ BR chocolate & cream-liveried Mark 1 Kitchen Car 80042 is seen at Harwich International on 02/09/21. **Ian Beardsley**

▲ WCRC maroon-liveried Mark 1 Open First 99122 (3106) is seen at Selside on the Settle–Carlisle line on 08/08/21. **Ian Beardsley**

▼ WCRC maroon-liveried Mark 1 Corridor Brake Standard 99723 (35459) is seen at Craigenhill on 12/03/21. **Robin Ralston**

▲ Carrying vinyls advertising the Royal National Lifeboat Institution, Transport for Wales Mark 4 Driving Brake Van 82229 is seen near Leominster with 5J78 11.55 Crewe–Newport training run on 26/08/21. **Dave Gommersall**

▼ Midland Pullman-liveried HST Trailer Kitchen Buffet First 40801 is seen near Carstairs on 15/08/21. **Robin Ralston**

▲ Rail Charter Services-liveried HST Trailer First 41187 is seen near Ribblehead on 03/08/21. **Robert Pritchard**

▼ CrossCountry-liveried HST Trailer Composite Kitchen 45004 is seen at Sheffield on 07/07/21. **Robert Pritchard**

▲ Great Western Railway-liveried HST Trailer Standard 48112 is seen at Cardiff Central on 20/09/21. **Robert Pritchard**

▼ Royal Scotsman Service Car 99969 (Mark 3A Sleeping Car 10556) is seen at Perth on 15/04/19. **Robert Pritchard**

▲ Pullman Car Company-liveried Pullman Parlour First "ZENA" is seen at Worcester Shrub Hill on 03/07/21. **Dave Gommersall**

▼ Pullman Car Company-liveried Pullman Bar First 311 "EAGLE" is seen at Henley-in-Arden on 29/07/21. **Ian Beardsley**

▲ Arlington Fleet Services-liveried EMU Translator Vehicle 64664 (converted from a Class 508 driving car) is seen near Saxilby on 18/09/20. **Robert Pritchard**

▼ Network Rail yellow-liveried Driving Trailer Coach 9714 is seen at Failford with 3Q62 11.10 Slateford–Ayr test train (powered by 37099) on 30/05/21. **Stuart Fowler**

▲ Network Rail Inspection Saloon 975025 (converted from a Class 202 DEMU TRB) is seen at Henwick turnback siding in the company of 37421 on 25/05/21.
Dave Gommersall

▼ Network Rail yellow-liveried Overhead Line Equipment Test Coach 975091 is seen at Saxilby on 29/05/21.
Robert Pritchard

▲ Network Rail yellow-liveried New Measurement Train Test Coach 975814 is seen at Long Marston on 16/06/21. **Ian Beardsley**

▼ Network Rail yellow-liveried Ultrasonic Test Coach 999605 is seen at Doncaster on 07/07/21. **Ian Beardsley**

40704–40720. Lot No. 30921 Derby 1978–79. 38.16 t.
40728–734. Lot No. 30940 Derby 1979–80. 38.16 t.
40750. Lot No. 30948 Derby 1980–81. 38.16 t.
40755. Lot No. 30966 Derby 1982. 38.16 t.

40704	m	**VE**	A		EP	40734	*	**FD**	A		EP
40715	*	**GW**	A		EP	40741		**ST**	125		RD
40720	m	**BG**	A		EP	40750	m	**VE**	A	*EM*	NL
40728		**ST**	125		RD	40755	*	**GW**	A		ZG
40730		**ST**	DA	*RO*	RJ						

TRAILER KITCHEN BUFFET FIRST   TFKB

These vehicles have been converted from TSBs in the 404xx series to be similar to the 407xx series vehicles. 17/–. Primarius leather seating.

40802 and 40804 were numbered 40212 and 40232 for a time when fitted with 23 First Class seating.

40801/802/808. Lot No. 30883 Derby 1976–77. 38.16 t.
40804. Lot No. 30899 Derby 1978–79. 38.16 t.

40801	(40027, 40427)	**MP**	LS	*LS*	CL
40802	(40012, 40412)	**MP**	LS	*LS*	CL
40804	(40032, 40432)	**RC**	LS	*LS*	CL
40808	(40015, 40415)	**FD**	LS		KR

TRAILER BUFFET FIRST   TFB

Converted from TSB by First Great Western. Refurbished with Primarius leather seating. 23/–.

40900/902/904. Lot No. 30883 Derby 1976–77. 36.12 t.

40900	(40022, 40422)	**FD**	FG	LM
40902	(40023, 40423)	**FD**	FG	LM
40904	(40001, 40401)	**GW**	FG	LM

TRAILER FIRST   TF

As built and m 48/– 2T (mt 48/– 1T – one toilet removed for trolley space).
* Refurbished former GWR vehicles. Primarius leather seating.
m Refurbished former LNER vehicles with Primarius leather seating.
px Refurbished CrossCountry vehicles with power doors, Primarius seating and one toilet removed. 39/– 1TD 1W.
s Fitted with centre luggage stack, disabled toilet and wheelchair space. 46/– 1TD 1T 1W.
w Wheelchair space. 47/– 2T 1W.

41026/035. Lot No. 30881 Derby 1976–77. 33.66 t.
41057–118. Lot No. 30896 Derby 1977–78. 33.66 t.
41149–166. Lot No. 30947 Derby 1980. 33.66 t.
41167/169. Lot No. 30963 Derby 1982. 33.66 t.
41170. Lot No. 30967 Derby 1982. Former prototype vehicle. 33.66 t.

41176. Lot No. 30897 Derby 1977. 33.66 t.
41182/183. Lot No. 30939 Derby 1979–80. 33.66 t.
41187. Lot No. 30969 Derby 1982. 33.66 t.
41193–195/204–206. Lot No. 30878 Derby 1975–76. 34.3 t. Converted from Mark 3A Open First.
41208/209. Lot No. 30877 Derby 1975–77. Converted from Mark 3A Open Standard.

41026	px	**XC**	A	*XC*	LA		41108	*w	**MP** LS	*LS*	CL
41035	px	**XC**	A	*XC*	LA		41117		**ST** LS	*LS*	CL
41057		**ST**	125		RD		41118	mw	**BG** A		EP
41059	*w	**MP**	LS	*LS*	CL		41149	*w	**GW** LS		KR
41063		**ST**	LS	*LS*	CL		41160	*w	**RC** LS	*LS*	CL
41067	s	**ST**	125		RD		41162	*w	**MP** LS	*LS*	CL
41087	mt	**VE**	A		EP		41166	*w	**RC** LS	*LS*	CL
41091	mt	**VE**	A		EP		41167	*w	**FD** LS		ZG
41100	mw	**VE**	A		EP		41169	*w	**MP** LS	*LS*	CL
41106	*w	**FD**	A		ZG						

41170 (41001)		mt **BG**	A	EP
41176 (42142, 42352)	*w	**MP**	LS *LS*	CL
41182 (42278)	*w	**MP**	LS *LS*	CL
41183 (42274)	*w	**MP**	LS *LS*	CL
41187 (42311)	*w	**RC**	LS *LS*	CL

The following carriages have been converted from loco-hauled Mark 3 vehicles.

41193 (11060)		px	**XC**	P *XC*	LA
41194 (11016)		px	**XC**	P *XC*	LA
41195 (11020)		px	**XC**	P *XC*	LA
41204 (11023)			**EA**	A	EP
41205 (11036)	w		**EA**	A	EP
41206 (11055)			**EA**	A	EP
41208 (12112, 42406)	w		**EA**	A	EP
41209 (12088, 42409)			**EA**	A	EP

TRAILER STANDARD   TS

42310 was numbered 41188 for a time when fitted with First Class seats.

Standard seating and m –/76 2T.
* Refurbished former Great Western Railway vehicles. Grammer seating. –/80 2T (unless h – high density).
h "High density" former Great Western Railway vehicles. –/84 2T.
k "High density" former Great Western Railway refurbished vehicle with disabled persons toilet and 5, 6 or 7 tip-up seats. –/72 1T 1TD 2W.
m Refurbished former LNER vehicles with Primarius seating.
pr Refurbished ScotRail vehicles with power doors and Grammer seating. –/74.
ps Refurbished ScotRail vehicles with power doors and Grammer seating. –/74 1T.
p* Refurbished ScotRail vehicles with power doors, Grammer seating and universal access toilet. –/58 1TD 2W.
px Refurbished CrossCountry vehicles with power doors and Primarius seating. –/80 1T.

pt Refurbished CrossCountry vehicles with power doors, Primarius seating and universal access toilet. –/64 1TD 2W.
u Centre luggage stack (EMR) –/74 2T.
w Centre luggage stack and wheelchair space (EMR) –72 2T 1W.
† Disabled persons toilet (LNER) –/62 1T 1TD 1W.

42004–078. Lot No. 30882 Derby 1976–77. 33.6 t.
42094–250. Lot No. 30897 Derby 1977–79. 33.6 t.
42252–301. Lot No. 30939 Derby 1979–80. 33.6 t.
42310/319. Lot No. 30969 Derby 1982. 33.6 t.
42325–337. Lot No. 30983 Derby 1984–85. 33.6 t.
42342/360. Lot No. 30949 Derby 1982. 33.47 t. Converted from TGS.
42343/345. Lot No. 30970 Derby 1982. 33.47 t. Converted from TGS.
42347/350/351/379/380/551–563. Lot No. 30881 Derby 1976–77. 33.66 t. Converted from TF.
42353/355/357. Lot No. 30967 Derby 1982. Ex-prototype vehicles. 33.66 t.
42363/565–569. Lot No. 30896 Derby 1977–78. 33.66 t. Converted from TF.
42366–378/401–408. Lot No. 30877 Derby 1975–77. 34.3 t. Converted from Mark 3A Open Standard.
42503. Lot No. 30921 Derby 1978–79. 34.8 t. Converted from TFKB.
42506. Lot No. 30940 Derby 1979–80. 34.8 t. Converted from TFKB.
42571–579. Lot No. 30938 Derby 1979–80. 33.66 t. Converted from TF.
42581/583. Lot No. 30947 Derby 1980. 33.66 t. Converted from TF.
42584/585. Lot No. 30878 Derby 1975–76. Converted from Mark 3A Open First.

42004	p*	**SI**	A	*SR*	IS	42055	p*	**SI**	A	*SR*	IS
42009	ps	**SI**	A	*SR*	IS	42056	ps	**SI**	A	*SR*	IS
42010	ps	**SI**	A	*SR*	IS	42072	pr	**SI**	A	*SR*	IS
42012	p*	**SI**	A	*SR*	IS	42075	ps	**SI**	A	*SR*	IS
42013	ps	**SI**	A	*SR*	IS	42077	ps	**SI**	A	*SR*	IS
42014	ps	**SI**	A	*SR*	IS	42078	ps	**SI**	A	*SR*	IS
42019	ps	**SI**	A	*SR*	IS	42094	*h	**FD**	FG		LA
42021	p*	**SI**	A	*SR*	IS	42095	*	**FD**	FG		LA
42023	ps	**SI**	A	*SR*	IS	42096	ps	**SI**	A	*SR*	IS
42024	*k	**FD**	A		EP	42097	px	**XC**	A	*XC*	LA
42026	*h	**FD**	A		EP	42100	u	**ST**	LS	*LS*	CL
42029	ps	**SI**	A	*SR*	IS	42107	pr	**SI**	A	*SR*	IS
42030	p*	**SI**	A	*SR*	IS	42110	m	**VE**	NS		BU
42032	ps	**SI**	A	*SR*	IS	42111	u	**ST**	125		RD
42033	ps	**SI**	A	*SR*	IS	42119	u	**ST**	125		RD
42034	pr	**SI**	A	*SR*	IS	42120	u	**ST**	125		RD
42035	ps	**SI**	A	*SR*	IS	42129	ps	**SI**	A	*SR*	IS
42036	px	**XC**	A	*XC*	LA	42143	ps	**SI**	A	*SR*	IS
42037	px	**XC**	A	*XC*	LA	42144	ps	**SI**	A	*SR*	IS
42038	px	**XC**	A	*XC*	LA	42167	*h	**FD**	FG		LM
42045	ps	**SI**	A	*SR*	IS	42173	*k	**FD**	GW		ZB
42046	ps	**SI**	A	*SR*	IS	42175	*h	**FD**	FG		LA
42047	ps	**SI**	A	*SR*	IS	42176	*h	**GW**	P		LM
42051	px	**XC**	A	*XC*	LA	42179	m	**VE**	A		EP
42052	px	**XC**	A	*XC*	LA	42183	p*	**SI**	A	*SR*	IS
42053	px	**XC**	A	*XC*	LA	42184	ps	**SI**	A	*SR*	IS
42054	ps	**SI**	A	*SR*	IS	42185	ps	**SI**	A	*SR*	IS

42195	*k	**FD**	GW		ZB		42269	ps	**SI**	A	*SR*	IS
42200	p*	**SI**	A	*SR*	IS		42275	p*	**SI**	A	*SR*	IS
42206	p*	**SI**	A	*SR*	IS		42276	ps	**SI**	A	*SR*	IS
42207	p*	**SI**	A	*SR*	IS		42277	p*	**SI**	A	*SR*	IS
42208	ps	**SI**	A	*SR*	IS		42279	p*	**SI**	A	*SR*	IS
42209	ps	**SI**	A	*SR*	IS		42280	pr	**SI**	A	*SR*	IS
42213	ps	**SI**	A	*SR*	IS		42281	p*	**SI**	A	*SR*	IS
42217	*k	**FD**	GW		ZB		42288	ps	**SI**	A	*SR*	IS
42220	w	**ST**	LS	*LS*	CL		42290	px	**XC**	P	*XC*	LA
42231	*h	**FD**	FG		LM		42291	p*	**SI**	A	*SR*	IS
42234	px	**XC**	P	*XC*	LA		42292	p*	**SI**	A	*SR*	IS
42242	m	**BG**	A		EP		42293	ps	**SI**	A	*SR*	IS
42243	m	**BG**	A		EP		42295	p*	**SI**	A	*SR*	IS
42245	pr	**SI**	A	*SR*	IS		42296	ps	**SI**	A	*SR*	IS
42250	ps	**SI**	A	*SR*	IS		42297	p*	**SI**	A	*SR*	IS
42252	ps	**SI**	A	*SR*	IS		42299	p*	**SI**	A	*SR*	IS
42253	p*	**SI**	A	*SR*	IS		42300	pr	**SI**	A	*SR*	IS
42255	p*	**SI**	A	*SR*	IS		42301	ps	**SI**	A	*SR*	IS
42256	ps	**SI**	A	*SR*	IS		42310	*k	**FD**	GW		ZB
42257	ps	**SI**	A	*SR*	IS		42319	*h	**GW**	LS		KR
42259	p*	**SI**	A	*SR*	IS		42325	pr	**SI**	A	*SR*	IS
42265	p*	**SI**	A	*SR*	IS		42333	ps	**SI**	A	*SR*	IS
42267	p*	**SI**	A	*SR*	IS		42337	w	**ST**	125		RD
42268	p*	**SI**	A	*SR*	IS							

42342	(44082)		px	**XC**	A *XC*	LA
42343	(44095)		ps	**SI**	A *SR*	IS
42345	(44096)		p*	**SI**	A *SR*	IS
42347	(41054)		*k	**FD**	A	EP
42350	(41047)		ps	**SI**	A *SR*	IS
42351	(41048)		ps	**SI**	A *SR*	IS
42353	(42001, 41171)		*k	**FD**	GW	ZB
42355	(42000, 41172)		m	**VE**	A	EP
42357	(41002, 41174)		m	**VE**	A	EP
42360	(44084, 45084)		p*	**SI**	A *SR*	IS
42363	(41082)		m†	**BG**	A	EP

42366–378 were converted from loco-hauled Mark 3 vehicles for CrossCountry.

42366	(12007)		pt	**XC**	P *XC*	LA
42367	(12025)		px	**XC**	P *XC*	LA
42368	(12028)		px	**XC**	P *XC*	LA
42369	(12050)		px	**XC**	P *XC*	LA
42370	(12086)		px	**XC**	P *XC*	LA
42371	(12052)		pt	**XC**	P *XC*	LA
42372	(12055)		px	**XC**	P *XC*	LA
42373	(12071)		px	**XC**	P *XC*	LA
42374	(12075)		pt	**XC**	P *XC*	LA
42375	(12113)		px	**XC**	P *XC*	LA
42376	(12085)		pt	**XC**	P *XC*	LA
42377	(12102)		px	**XC**	P *XC*	LA
42378	(12123)		px	**XC**	P *XC*	LA

42379–42585

42379	(41036)	pt **XC**	A	*XC*	LA
42380	(41025)	pt **XC**	A	*XC*	LA

These carriages were converted from loco-hauled Mark 3 vehicles for Grand Central. They have a lower density seating layout (most seats arranged around tables). –/62 2T.

42401	(12149)	**EA**	A		EP
42402	(12155)	**EA**	A		EP
42404	(12152)	**EA**	A		EP
42405	(12136)	**EA**	A		EP
42408	(12121)	**EA**	A		EP

These carriages were converted from TFKB or TSB buffet cars to TS vehicles in 2011–12 at Wabtec Kilmarnock for FGW. Refurbished with Grammer seating. –/84 1T. 34.8 t.

42503	(40312, 40712)	**FD**	WA		ZB
42506	(40324, 40724)	**FD**	A		EP

These carriages were converted from TF to TS vehicles in 2014 at Wabtec Kilmarnock for FGW. Refurbished with Grammer seating. –/80 1T (pr –/74). 35.5 t.

42551	(41003)	pr **SI**	A	*SR*	IS
42553	(41009)	pr **SI**	A	*SR*	IS
42555	(41015)	pr **SI**	A	*SR*	IS
42557	(41019)	pr **SI**	A	*SR*	IS
42558	(41021)	pr **SI**	A	*SR*	IS
42559	(41023)	pr **SI**	A	*SR*	IS
42561	(41031)	pr **SI**	A	*SR*	IS
42562	(41037)	pr **SI**	A	*SR*	IS
42563	(41045)	**FD**	FG		LM
42565	(41085)	**FD**	FG		LM
42566	(41086)	**FD**	FG		PZ
42567	(41093)	pr **SI**	A	*SR*	IS
42568	(41101)	pr **SI**	A	*SR*	IS
42569	(41105)	**FD**	A		EP
42571	(41121)	pr **SI**	A	*SR*	IS
42574	(41129)	pr **SI**	A	*SR*	IS
42575	(41131)	pr **SI**	A	*SR*	IS
42576	(41133)	pr **SI**	A	*SR*	IS
42577	(41141)	pr **SI**	A	*SR*	IS
42578	(41143)	pr **SI**	A	*SR*	IS
42579	(41145)	pr **SI**	A	*SR*	IS
42581	(41157)	pr **SI**	A	*SR*	IS
42583	(41153, 42385)	**GW**	LS		KR

These carriages were converted from loco-hauled carriages for Grand Central, before being converted to TS for East Midlands Railway. –/62 2T.

42584	(11045, 41201)	**EA**	A		EP
42585	(11017, 41202)	**EA**	A		EP

TRAILER GUARD'S STANDARD/FIRST   TGS/TGF

As built and m –/65 1T.
* * Refurbished Great Western Railway vehicles. Grammer seating and toilet removed for trolley store. –/67 (unless h).
* † Converted to Trailer Guard's First (TGF) with Primarius seating. 36/–.
* p Refurbished CrossCountry vehicles with power doors and Primarius seating. –/67.
* h "High density" Great Western Railway vehicles. –/71.
* m Refurbished former LNER vehicles with Primarius seating.
* s Fitted with centre luggage stack (EMR) –/63 1T.
* t Fitted with centre luggage stack –/61 1T.

44000. Lot No. 30953 Derby 1980. 33.47 t.
44004–089. Lot No. 30949 Derby 1980–82. 33.47 t.
44094. Lot No. 30964 Derby 1982. 33.47 t.
44098/100. Lot No. 30970 Derby 1982. 33.47 t.

44000	*h	**GW**	125		RD	44061	m	**VE**	A		EP
44004	*h	**FD**	WA		ZB	44063	m	**VE**	A		EP
44012	p	**XC**	A	*XC*	LA	44066	*	**FD**	WA		ZB
44017	p	**XC**	A	*XC*	LA	44072	p	**XC**	P	*XC*	LA
44020	*h	**FD**	WA		ZB	44078	†	**MP**	LS	*LS*	CL
44021	p	**XC**	P	*XC*	LA	44081	†	**RC**	LS	*LS*	CL
44024	*h	**FD**	WA		ZB	44086	*	**GW**	WA		ZB
44034	*	**FD**	A		EP	44089	t	**V**	ER		ZR
44035	*	**FD**	WA		ZB	44094	m	**VE**	A		EP
44040	*	**GW**	WA		ZB	44098	m	**BG**	A		EP
44047	s	**ST**	LS	*LS*	CL	44100	*h	**FD**	P		PZ
44052	p	**XC**	P	*XC*	LA						

TRAILER COMPOSITE KITCHEN   TCK

Converted from Mark 3A Open Standard. Refurbished CrossCountry vehicles with Primarius seating. Small kitchen for the preparation of hot food and stowage space for two trolleys between First and Standard Class. One toilet removed. 30/8 1T.

45001–005. Lot No. 30877 Derby 1975–77. 34.3 t.

45001	(12004)	p	**XC**	P	*XC*	LA
45002	(12106)	p	**XC**	P	*XC*	LA
45003	(12076)	p	**XC**	P	*XC*	LA
45004	(12077)	p	**XC**	P	*XC*	LA
45005	(12080)	p	**XC**	P	*XC*	LA

TRAILER COMPOSITE   TC

Converted from TF for First Great Western 2014–15. Refurbished with Grammer seating. 24/39 1T.

46006. Lot No. 30896 Derby 1977–78. 35.6 t. Converted from TF.
46012. Lot No. 30938 Derby 1979–80. 35.6 t. Converted from TF.
46014. Lot No. 30963 Derby 1982. 35.6 t. Converted from TF.

46006	(41081)	**FD**	LS	ZG
46012	(41147)	**FD**	LS	KR
46014	(41168)	**FD**	LS	ZG

TRAILER STANDARD   TS

Refurbished for Great Western Railway 2017–21 and fitted with power doors and retention toilets. Used in 4-car sets on local and regional services across the South-West. –/84 1T († –/62 + 5 tip-ups 1TD 2W).

48101–137/140–150. For Lot No. details see TS. 36.3 t.

48101	(42093, 48111)	p	**GW**	FG	*GW*	LA
48102	(42218)	p†	**GW**	FG	*GW*	LA
48103	(42168, 48101)	p	**GW**	FG	*GW*	LA
48104	(41107, 42365)	p	**GW**	FG	*GW*	LA
48105	(42266)	p†	**GW**	FG	*GW*	LA
48106	(42258)	p	**GW**	FG	*GW*	LA
48107	(42101)	p	**GW**	FG	*GW*	LA
48108	(42174)	p†	**GW**	FG	*GW*	LA
48109	(42085)	p	**GW**	FG	*GW*	LA
48110	(42315)	p	**GW**	FG	*GW*	LA
48111	(42224)	p†	**GW**	FG	*GW*	LA
48112	(42222)	p	**GW**	FG	*GW*	LA
48113	(42177, 48102)	p	**GW**	FG	*GW*	LA
48114	(42317)	p†	**GW**	FG	*GW*	LA
48115	(42285)	p	**GW**	A	*GW*	LA
48116	(42273)	p	**GW**	A	*GW*	LA
48117	(42271)	p†	**GW**	A	*GW*	LA
48118	(42073)	p	**GW**	A	*GW*	LA
48119	(42204)	p	**GW**	A	*GW*	LA
48120	(42201)	p†	**GW**	A	*GW*	LA
48121	(42027)	p	**GW**	A	*GW*	LA
48122	(42214)	p	**GW**	A	*GW*	LA
48123	(42211)	p†	**GW**	A	*GW*	LA
48124	(42212)	p	**GW**	A	*GW*	LA
48125	(42203)	p	**GW**	A	*GW*	LA
48126	(42138)	p†	**GW**	A	*GW*	LA
48127	(42349)	p	**GW**	A	*GW*	LA
48128	(42044)	p	**GW**	A	*GW*	LA
48129	(42008)	p†	**GW**	A	*GW*	LA
48130	(42102, 48131)	p	**GW**	FG	*GW*	LA

48131	(42042)	p	**GW**	A	*GW*	LA
48132	(42202)	p†	**GW**	A	*GW*	LA
48133	(42003)	p	**GW**	A	*GW*	LA
48134	(42264)	p†	**GW**	A	*GW*	LA
48135	(42251)	p†	**GW**	A	*GW*	LA
48136	(41114, 42570)	p	**GW**	FG	*GW*	LA
48137	(41163, 42582)	p	**GW**	FG	*GW*	LA
48140	(42005)	p	**GW**	GW	*GW*	LA
48141	(42015)	p†	**GW**	GW	*GW*	LA
48142	(42016)	p	**GW**	GW	*GW*	LA
48143	(42050)	p	**GW**	GW	*GW*	LA
48144	(42066)	p†	**GW**	GW	*GW*	LA
48145	(42048)	p	**GW**	GW	*GW*	LA
48146	(42074)	p	**GW**	GW	*GW*	LA
48147	(42081)	p†	**GW**	GW	*GW*	LA
48148	(42071)	p	**GW**	GW	*GW*	LA
48149	(42087)	p	**GW**	GW	*GW*	LA
48150	(42580)	p	**GW**	GW	*GW*	LA

TRAILER GUARD'S STANDARD — TGS

Refurbished for Great Western Railway 2017–21 and fitted with power doors. –/71.

49101–117. For Lot No. details see TGS. 35.7 t.

49101	(44055)	p	**GW**	FG	*GW*	LA
49102	(44083)	p	**GW**	FG	*GW*	LA
49103	(44097)	p	**GW**	FG	*GW*	LA
49104	(44101)	p	**GW**	FG	*GW*	LA
49105	(44090)	p	**GW**	FG	*GW*	LA
49106	(44033)	p	**GW**	A	*GW*	LA
49107	(44064)	p	**GW**	A	*GW*	LA
49108	(44067)	p	**GW**	A	*GW*	LA
49109	(44003)	p	**GW**	A	*GW*	LA
49110	(44014)	p	**GW**	A	*GW*	LA
49111	(44036)	p	**GW**	A	*GW*	LA
49112	(44079)	p	**GW**	FG	*GW*	LA
49113	(44008)	p	**GW**	A	*GW*	LA
49114	(44005)	p	**GW**	GW	*GW*	LA
49115	(44016)	p	**GW**	GW	*GW*	LA
49116	(44002)	p	**GW**	GW	*GW*	LA
49117	(44042)	p	**GW**	GW	*GW*	LA

PLATFORM 5 MAIL ORDER
www.platform5.com

THE BEATEN TRACK

This new book contains more than 260 high quality colour images of Britain's railway network taken between 1970 and 1985. The photographers' authorised access to the rail network in the 1970s enabled the capture of many rare views that have given rise to this interesting and unique record. The Beaten Track is an exceptional combination of outstanding colour photography and rarely seen locations taken during an often-neglected era of British railway history.

The Beaten Track illustrates a very different railway to that of today, when a multitude of railway locations, locomotive types and some longstanding practices were fast disappearing. It takes the reader to a variety of locations, many of which have now become long-lost extremities of the British railway network. The images show an assortment of traction types, very few of which can still be seen on the main line.

All the photographs are in colour and all are accompanied by extensive captions, containing considerable historical and anecdotal information relating to the lines, stations and trains depicted. Hardback. A4 size. 176 pages.

Cover Price £32.95. Mail Order Price £29.95 plus P&P.
Please add postage: 10% UK, 20% Europe, 30% Rest of World.

Order at www.platform5.com or the Platform 5 Mail Order Department.
Please see page 432 of this book for details.

2.3 HST SET FORMATIONS

GREAT WESTERN RAILWAY

GWR has retained and refurbished 16 4-car sets for use on regional and local services in the South-West.

Number of sets: 16.
Formations: 4-cars.
Maximum number of daily diagrams: 12.
Allocation: Laira (Plymouth).
Other maintenance and servicing depots: Long Rock (Penzance), St Philip's Marsh (Bristol).
Operation: Bristol–Exeter–Plymouth–Penzance and Cardiff–Bristol–Taunton.

Set	D	C	B	A
GW01	48103	48102	48101	49101
GW02	48106	48105	48104	49102
GW03	48109	48108	48107	49103
GW04	48112	48111	48110	49104
GW05	48115	48114	48113	49105
GW06	48118	48117	48116	49106
GW07	48121	48120	48119	49107
GW08	48124	48123	48122	49108
GW09	48127	48126	48125	49109
GW10	48130	48129	48128	49110
GW11	48133	48132	48131	49111
GW12	48136	48135	48134	49112
GW13	48150	48149	48137	49113
GW14	48142	48141	48140	49114
GW15	48145	48144	48143	49115
GW16	48148	48147	48146	49116

Spare:
LA: 49117

CROSSCOUNTRY

CrossCountry HSTs run in 7-car formation. All are fitted with power doors.

Number of sets: 5.
Formations: 7-cars.
Maximum number of daily diagrams: 4.
Allocation: Laira (Plymouth).
Other maintenance depots: Neville Hill (Leeds) or Edinburgh (Craigentinny).
Operation: Edinburgh–Leeds–Plymouth is the core route.

Set	A	B	C	D	E	F	G
XC01	41193	45001	42342	42097	42377	42380	44021
XC02	41194	45002	42053	42037	42234	42371	44072
XC03	41195	45003	42375	42378	42036	42376	44052
XC04	41026	45004	42290	42369	42038	42366	44012
XC05	41035	45005	42373	42368	42370	42379	44017

Spares:
LA: 42051 42052 42367 42372 42374

HST SET FORMATIONS

SCOTRAIL

ScotRail is introducing refurbished HSTs onto its Edinburgh/Glasgow–Aberdeen/Inverness services – branded INTER-7-CITY as they serve Scotland's seven cities. There will ultimately be 17 5-car and eight 4-car sets (HA22 was written off in the 2020 Carmont accident). The first 5-car sets were introduced in autumn 2021 and further 4-cars sets will be lengthened to 5-cars during 2022.

Number of sets: 25.
Maximum number of daily diagrams at start of 2022: 17.
Formations: 4-cars or 5-cars.
Allocation: Power cars: Haymarket (Edinburgh), Trailers: Inverness.
Operation: Edinburgh/Glasgow–Aberdeen, Edinburgh/Glasgow–Inverness, Aberdeen–Inverness.

Set	A	B	C	D	E
HA01	40601	42004	42561	42046	
HA02	40602	42292	42562	42045	
HA03	40603	42021	42557	42143	
HA04	40604	42183	42559	42343	
HA05	40605	42345	42034	42184	42029
HA06	40606	42206	42581	42208	42033
HA07	40607	42207	42574	42288	
HA08	40608	42055	42571	42019	
HA09	40609	42253	42107	42257	
HA10	40610	42360	42551	42252	42351
HA11	40611	42267	42325	42301	42023
HA12	40612	42275	42576	42276	
HA13	40613	42279	42280	42296	
HA14	40614	42012	42245	42013	
HA15	40615	42030	42579	42010	
HA16	40616	42291	42577	42075	
HA17	40617	42295	42558	42250	
HA18	40618	42297	42555	42014	
HA19	40619	42255	42568	42256	
HA20	40620	42200	42575	42129	
HA21	40621	42299	42300	42277	
HA23	40623	42268	42567	42269	
HA24	40624	42265	42553	42293	
HA25	40625	42259	42578	42333	
HA26	40626	42281	42072	42350	

Extra coaches to make further sets up to 5-car rakes:

42009 42032 42035 42047 42054 42056 42077 42078 42096
42144 42185 42209 42213

2.4. SALOONS

Several specialist passenger carrying carriages, normally referred to as saloons are permitted to run on the national railway system. Many of these are to pre-nationalisation designs.

WCJS FIRST CLASS SALOON

Built 1892 by LNWR, Wolverton. Originally dining saloon mounted on six-wheel bogies. Rebuilt with new underframe with four-wheel bogies in 1927. Rebuilt 1960 as observation saloon with DMU end. Gangwayed at other end. The interior has a saloon, kitchen, guards vestibule and observation lounge. 19/– 1T. Gresley bogies. 28.5 t. 75 mph. ETS x.

41 (484, 45018) x **M** WC *WC* CS

LNWR DINING SALOON

Built 1890 by LNWR, Wolverton. Mounted on the underframe of LMS General Utility Van 37908 in the 1980s. Contains kitchen and dining area seating 12 at tables for two. 12/–. Gresley bogies. 75 mph. 25.4 t. ETS x.

159 (5159) x **M** WC *WC* CS

GNR FIRST CLASS SALOON

Built 1912 by GNR, Doncaster. Contains entrance vestibule, lavatory, two separate saloons, library and luggage space. 19/– 1T. Gresley bogies. 75 mph. 29.4 t. ETS x.

Non-standard livery: Teak.

807 (4807) x **0** WC *WC* CS

LNER GENERAL MANAGERS SALOON

Built 1945 by LNER, York. Gangwayed at one end with a veranda at the other. The interior has a dining saloon seating 12, kitchen, toilet, office and nine seat lounge. 21/– 1T. B4 bogies. 75 mph. 35.7 t. ETS 3.

1999 (902260) **M** WC CS DINING CAR No. 2

GENERAL MANAGER'S SALOON

Renumbered 1989 from London Midland Region departmental series. Formerly the LMR General Manager's saloon. Rebuilt from LMS period 1 Corridor Brake First M5033M to dia 1654 and mounted on the underframe of BR suburban Brake Standard M43232. Screw couplings have been removed. B4 bogies. 100 mph. ETS 2X.

LMS Lot No. 326 Derby 1927. 27.5 t.

6320 (5033, DM 395707) x **M** PR *PR* SK

SUPPORT CAR

Converted 199? from Courier vehicle converted from Mark 1 Corridor Brake Standard 1986–87. Toilet retained and former compartment area replaced with train manager's office, crew locker room, linen store and dry goods store. The former luggage area has been adapted for use as an engineers' compartment and workshop. B5 bogies. 100 mph. ETS 2.

Lot No. 30721 Wolverton 1963. 35.5 t.

99545 (35466, 80207) **PC** BE *BP* SL BAGGAGE CAR No. 11

SERVICE CAR

Converted from BR Mark 1 Corridor Brake Standard. Commonwealth bogies. 100 mph. ETS 2.

Lot No. 30721 Wolverton 1963.

99886 (35407) x **M** WC *WC* CS 86 SERVICE CAR No. 1

ROYAL SCOTSMAN SALOONS

Built 1960 by Metro-Cammell as Pullman Kitchen Second for East Coast Main Line Services. Rebuilt 2016 as a Spa Car with two large bedrooms with bathroom/spa areas. Commonwealth bogies. xx t. ETS ?.

99337 (CAR No. 337) **M** BE *RS* HN STATE SPA CAR

Built 1960 by Metro-Cammell as Pullman Kitchen First for East Coast Main Line services. Rebuilt 2013 as dining car. Commonwealth bogies. 38.5 t. ETS ?.

99960 (321 SWIFT) **M** BE *RS* HN DINING CAR No. 2

Built 1960 by Metro-Cammell as Pullman Parlour First (§ Pullman Kitchen First) for East Coast Main Line services. Rebuilt 1990 as sleeping cars with four twin sleeping rooms (*§ three twin sleeping rooms and two single sleeping rooms at each end). Commonwealth bogies. 38.5 t. ETS ?.

99961	(324 AMBER) *	**M**	BE	*RS*	HN	STATE CAR No. 1
99962	(329 PEARL)	**M**	BE	*RS*	HN	STATE CAR No. 2
99963	(331 TOPAZ)	**M**	BE	*RS*	HN	STATE CAR No. 3
99964	(313 FINCH) §	**M**	BE	*RS*	HN	STATE CAR No. 4

Built 1960 by Metro-Cammell as Pullman Kitchen First for East Coast Main Line services. Rebuilt 1990 as observation car with open verandah seating 32. B4 bogies. 36.95 t. ETS ?.

99965	(319 SNIPE)	**M**	BE	*RS*	HN	OBSERVATION CAR

Built 1960 by Metro-Cammell as Pullman Kitchen First for East Coast Main Line services. Rebuilt 1993 as dining car. Commonwealth bogies. 38.5 t. ETS ?.

99967	(317 RAVEN)	**M**	BE	*RS*	HN	DINING CAR No. 1

Mark 3A. Converted 1997 from a Sleeping Car at Carnforth Railway Restoration & Engineering Services. BT10 bogies. Attendant's and adjacent two sleeping compartments converted to generator room containing a 160 kW Volvo unit. In 99968 four sleeping compartments remain for staff use with another converted for use as a staff shower and toilet. The remaining five sleeping compartments have been replaced by two passenger cabins. In 99969 seven sleeping compartments remain for staff use. A further sleeping compartment, along with one toilet, have been converted to store rooms. The other two sleeping compartments have been combined to form a crew mess. 41.5 t. 99968 ETS index ?. 99969 ETS 7X (when generator not in use). ETS index ?? (when generator in use).

Lot No. 30960 Derby 1981–83.

99968	(10541)	**M**	BE	*RS*	HN	STATE CAR No. 5
99969	(10556)	**M**	BE	*RS*	HN	SERVICE CAR

"CLUB CAR"

Converted from BR Mark 1 Open Standard at Carnforth Railway Restoration & Engineering Services in 1994. Contains kitchen, pantry and two dining saloons. 20/– 1T. Commonwealth bogies. 100 mph. ETS 4.

Lot No. 30724 York 1963. 37 t.

99993	(5067)	x	**CC**	LS	*LS*	CL	CLUB CAR

BR INSPECTION SALOON

Mark 1. Short frames. Non-gangwayed. Observation windows at each end. The interior layout consists of two saloons interspersed by a central lavatory/kitchen/guards/luggage section. 90 mph. ETS x.

BR Wagon Lot No. 3095 Swindon 1957. B4 bogies. 30.5 t.

999506		**M**	WC *WC*	CS

2.5. PULLMAN CAR COMPANY SERIES

Pullman cars have never generally been numbered as such, although many have carried numbers, instead they have carried titles. However, a scheme of schedule numbers exists which generally lists cars in chronological order. In this section those numbers are shown followed by the car's title. Cars described as "kitchen" contain a kitchen in addition to passenger accommodation and have gas cooking unless otherwise stated. Cars described as "parlour" consist entirely of passenger accommodation. Cars described as "brake" contain a compartment for the use of the guard and a luggage compartment in addition to passenger accommodation.

PULLMAN PARLOUR FIRST

Built 1927 by Midland Carriage & Wagon Company. 26/– 2T. Gresley bogies. 41 t. ETS 2.

| 213 | MINERVA | **PC** | BE | *BP* | SL |

PULLMAN KITCHEN FIRST

Built 1928 by Metropolitan Carriage & Wagon Company. 20/– 1T. Gresley bogies. 42 t. ETS 4.

| 238 | PHYLISS | **PC** | BE | | SL |

PULLMAN PARLOUR FIRST

Built 1928 by Metropolitan Carriage & Wagon Company. 24/– 2T. Gresley bogies. 40 t. ETS 4.

| 239 | AGATHA | **PC** | BE | | SL |
| 243 | LUCILLE | **PC** | BE | *BP* | SL |

PULLMAN KITCHEN FIRST

Built 1925 by BRCW. Rebuilt by Midland Carriage & Wagon Company in 1928. 20/– 1T. Gresley bogies. 41 t. ETS 4.

| 245 | IBIS | **PC** | BE | *BP* | SL |

PULLMAN PARLOUR FIRST

Built 1928 by Metropolitan Carriage & Wagon Company. 24/– 2T. Gresley bogies. ETS 4.

| 254 | ZENA | **PC** | BE | *BP* | SL |

PULLMAN KITCHEN FIRST

Built 1928 by Metropolitan Carriage & Wagon Company. 20/– 1T. Gresley bogies. 42 t. ETS 4.

| 255 | IONE | **PC** | BE | *BP* | SL |

PULLMAN KITCHEN COMPOSITE

Built 1932 by Metropolitan Carriage & Wagon Company. Originally included in 6-Pul EMU. Electric cooking. 12/16 1T. EMU bogies. ETS x.

| 264 | RUTH | | **PC** | BE | | SL |

PULLMAN KITCHEN FIRST

Built 1932 by Metropolitan Carriage & Wagon Company. Originally included in "Brighton Belle" EMUs but now used as hauled stock. Electric cooking. 20/– 1T. B5 (SR) bogies (§ EMU bogies). 44 t. ETS 2.

280	AUDREY		**PC**	BE	*BP*	SL
281	GWEN		**PC**	BE	*BP*	SL
283	MONA	§	**PC**	BE		SL
284	VERA		**PC**	BE	*BP*	SL

PULLMAN PARLOUR THIRD

Built 1932 by Metropolitan Carriage & Wagon Company. Originally included in "Brighton Belle" EMUs. –/56 2T. EMU bogies. ETS x.

Non-standard livery: BR Revised Pullman (blue & white lined out in white).

| 286 | CAR No. 86 | **O** | BE | | SL |

PULLMAN BRAKE THIRD

Built 1932 by Metropolitan Carriage & Wagon Company. Originally driving motor cars in "Brighton Belle" EMUs. Traction and control equipment removed for use as hauled stock. –/48 1T. EMU bogies. ETS x.

| 292 | CAR No. 92 | **PC** | BE | SL |
| 293 | CAR No. 93 | **PC** | BE | SL |

PULLMAN PARLOUR FIRST

Built 1951 by Birmingham Railway Carriage & Wagon Company. 32/– 2T. Gresley bogies. 39 t. ETS 3.

| 301 | PERSEUS | **PC** | BE | *BP* | SL |

Built 1952 by Pullman Car Company, Preston Park using underframe and bogies from 176 RAINBOW, the body of which had been destroyed by fire. 26/– 2T. Gresley bogies. 38 t. ETS 4.

| 302 | PHOENIX | **PC** | BE | *BP* | SL |

PULLMAN PARLOUR FIRST

Built 1951 by Birmingham Railway Carriage & Wagon Company. 32/– 2T. Gresley bogies. 39 t. ETS 3.

| 308 | CYGNUS | **PC** | BE | *BP* | SL |

PULLMAN BAR FIRST

Built 1951 by Birmingham Railway Carriage & Wagon Company. Rebuilt 1999 by Blake Fabrications, Edinburgh with original timber-framed body replaced by a new fabricated steel body. Contains kitchen, bar, dining saloon and coupé. Electric cooking. 14/– 1T. Gresley bogies. ETS 3.

| 310 | PEGASUS | x | **PC** | LS | *LS* | CL |

Also carries "THE TRIANON BAR" branding.

PULLMAN KITCHEN FIRST

Built 1960 by Birmingham Railway Carriage & Wagon Company. Originally part of the National Collection. Rebuilt by Vintage Trains and returned to service 2021. Electric cooking. 26/– 1T. Commonwealth bogies. ETS x.

| 311 | EAGLE | x | **PC** | VT | *VT* | TM |

PULLMAN PARLOUR FIRST

Built 1960–61 by Metro-Cammell for East Coast Main Line services. –/36 2T. Commonwealth bogies. 38.5 t. ETS x.

| 325 | AMBER | x | **PC** | WC | *WC* | CS |
| 326 | EMERALD | x | **PC** | WC | *WC* | CS |

PULLMAN KITCHEN SECOND

Built 1960–61 by Metro-Cammell for East Coast Main Line services. Commonwealth bogies. –/30 1T. 40 t. ETS x.

| 335 | CAR No. 335 | x | **PC** | VT | *VT* | TM |

PULLMAN PARLOUR SECOND

Built 1960–61 by Metro-Cammell for East Coast Main Line services. 347 is used as an Open First. –/42 2T. Commonwealth bogies. 38.5 t. ETS x.

347	CAR No. 347	x	**M**	WC	*WC*	CS
348	TOPAZ	x	**PC**	WC	*WC*	CS
349	CAR No. 349	x	**PC**	VT	*VT*	TM
350	TANZANITE	x	**PC**	WC	*WC*	CS
351	SAPPHIRE	x	**PC**	WC	*WC*	CS
352	AMETHYST	x	**PC**	WC	*WC*	CS
353	CAR No. 353	x	**PC**	VT		TM

PULLMAN SECOND BAR

Built 1960–61 by Metro-Cammell for East Coast Main Line services. –/24+17 bar seats. Commonwealth bogies. 38.5 t. ETS x.

| 354 | THE HADRIAN BAR | x | **PC** | WC | *WC* | CS |

2.6. LOCOMOTIVE SUPPORT CARRIAGES

These carriages have been adapted from Mark 1s and Mark 2s for use as support carriages for heritage steam and diesel locomotives. Some seating is retained for the use of personnel supporting the locomotives operation with the remainder of the carriage adapted for storage, workshop, dormitory and catering purposes. These carriages can spend considerable periods of time off the national railway system when the locomotives they support are not being used on that system. No owner or operator details are included in this section. After the depot code, the locomotive(s) each carriage is usually used to support is given.

CORRIDOR BRAKE FIRST

Mark 1. Commonwealth bogies. ETS 2.

14007. Lot No. 30382 Swindon 1959. 35 t.
17025. Lot No. 30718 Swindon 1963. Metal window frames. 36 t.

14007	(14007, 17007)	x	**M**	NY	LNER 61264
17025	(14025)	v	**M**	CS	LMS 45690

CORRIDOR BRAKE FIRST

Mark 2A. Pressure ventilated. B4 bogies. ETS 4.

14060. Lot No. 30775 Derby 1967–68. 32 t.
17096. Lot No. 30786 Derby 1968. 32 t.

14060	(14060, 17060)	v	**M**	TM	LMS 45596	
17096	(14096)		**PC**	SL	SR 35028	MERCATOR

CORRIDOR BRAKE COMPOSITE

Mark 1. ETS 2.

21096. Lot No. 30185 Metro-Cammell 1956. BR Mark 1 bogies. 32.5 t.
21232. Lot No. 30574 GRCW 1960. B4 bogies. 34 t.
21249. Lot No. 30669 Swindon 1961–62. Commonwealth bogies. 36 t.

21096	x	**M**	NY	LNER 60007
21232	x	**M**	SK	LMS 46201
21249	x	**M**	SL	New Build 60163

LOCOMOTIVE SUPPORT CARRIAGES 179

CORRIDOR BRAKE STANDARD

Mark 1. Metal window frames and melamine interior panelling. ETS 2.

35317/322. Lot No. 30699 Wolverton 1962–63. Commonwealth bogies. 37 t.
35451–486. Lot No. 30721 Wolverton 1963. Commonwealth bogies. 37 t.

35317	x	**CC**	CL	Locomotives Services Crewe-based locomotives
35322	x	**M**	CS	WCRC Carnforth-based locomotives
35451	x	**CC**	CL	Locomotives Services Crewe-based locomotives
35461	x	**CH**	CL	GWR 5029
35463	v	**M**	CS	WCRC Carnforth-based locomotives
35468	x	**M**	YK	National Railway Museum locomotives
35470	v	**CH**	TM	Tyseley Locomotive Works-based locos
35476	x	**M**	SK	LMS 46233
35479	v	**M**	SH	LNER 61306
35486	x	**M**	BQ	*Currently not in service*

CORRIDOR BRAKE FIRST

Mark 2C. Pressure ventilated. Renumbered when declassified. B4 bogies. ETS 4.

Lot No. 30796 Derby 1969–70. 32.5 t.

35508 (14128, 17128)	**M**	BQ	LMS 44871/45212/45407

CORRIDOR BRAKE FIRST

Mark 2A. Pressure ventilated. Renumbered when declassified. B4 bogies. ETS 4.

Lot No. 30786 Derby 1968. 32 t.

35517 (14088, 17088)	b	**M**	BQ	LMS 44871/45212/45407
35518 (14097, 17097)	b	**G**	CS	SR 34067

COURIER VEHICLE

Mark 1. Converted 1986–87 from Corridor Brake Standards. ETS 2.

80204/217. Lot No. 30699 Wolverton 1962. Commonwealth bogies. 37 t.
80220. Lot No. 30573 Gloucester 1960. B4 bogies. 33 t.

80204 (35297)	**M**	CS	WCRC Carnforth-based locomotives
80217 (35299)	**M**	CS	WCRC Carnforth-based locomotives
80220 (35276)	**M**	NY	LNER 62005

2.7. 95xxx & 99xxx RANGE NUMBER CONVERSION TABLE

The following table is presented to help readers identify carriages which may still carry numbers in the 95xxx and 99xxx number ranges of the former private owner number series, which is no longer in general use.

9xxxx	BR No.	9xxxx	BR No.	9xxxx	BR No.
95402	Pullman 326	99349	Pullman 349	99673	550
95403	Pullman 311	99350	Pullman 350	99674	551
99025	Pullman 325	99351	Pullman 351	99675	552
99035	35322	99352	Pullman 352	99676	553
99040	21232	99353	Pullman 353	99677	586
99041	35476	99354	Pullman 354	99678	504
99052	Saloon 41	99361	Pullman 335	99679	506
99121	3105	99371	3128	99680	17102
99122	3106	99405	35486	99710	18767
99125	3113	99530	Pullman 301	99716 *	18808
99127	3117	99531	Pullman 302	99718	18862
99128	3130	99532	Pullman 308	99721	18756
99131	Saloon 1999	99534	Pullman 245	99723	35459
99241	35449	99535	Pullman 213	99880	Saloon 159
99302	13323	99536	Pullman 254	99881	Saloon 807
99304	21256	99537	Pullman 280	99883	2108
99311	1882	99539	Pullman 255	99885	2110
99312	35463	99541	Pullman 243	99887	2127
99319	17168	99543	Pullman 284	99953	35468
99326	4954	99546	Pullman 281	99966	34525
99327	5044	99547	Pullman 292	99970	Pullman 232
99328	5033	99548	Pullman 293	99972	Pullman 318
99329	4931	99670	546	99973	324
99347	Pullman 347	99671	548	99974	Pullman 328
99348	Pullman 348	99672	549		

* The number 99716 has also been applied to 3416 for filming purposes.

2.8. SET FORMATIONS

LNER MARK 4 SET FORMATIONS

The LNER Mark 4 sets generally run in fixed formations. Class 91 locomotives are positioned next to Coach B. Most Mark 4 sets were withdrawn in 2019–20, leaving just seven rakes still on lease to LNER. An eighth and ninth rake will be returned to service during 2022 but the vehicles for set NL14 are still to be confirmed.

Set	B	C	D	E	F	H	K	L	M	DVT
NL06	12208	12406	12420	12422	12313	10309	11279	11306	11406	82208
NL08	12205	12481	12485	12407	12328	10300	11229	11308	11408	82211
NL12	12212	12431	12404	12426	12330	10333	11284	11312	11412	82212
NL13	12228	12469	12430	12424	12311	10313	11285	11313	11413	82213
NL14										
NL15	12226	12442	12409	12515	12309	10306	11286	11315	11415	82214
NL16*	12213	12428	12433	12467	12312	10315	11418	11318	11416	82222
NL17	12223	12444	12427	12432	12303	10324	11288	11317	11417	82225
NL26	12220	12474	12465	12429	12325	10324	11295	11326	11426	82223
Spare	12202									82205
Spare	12214									82215

* Set being prepared for returning to service. Formation subject to confirmation.

TfW MARK 4 SET FORMATIONS

In 2021 Transport for Wales returned three shortened four-coach Mark 4 sets to service to replace its Mark 3 sets. They are used on selected services on the Cardiff–Holyhead route, hauled by Class 67s. They are planned to be lengthened to five-coach sets using the spare Open Standard (Disabled) coaches listed.

Transport for Wales has also purchased the sets previously planned to be operated by Grand Central and it plans to return these to service by late 2022 on the Manchester–Swansea route.

Set					DVT	
HD01	12225	10325	11323	12454	82226	(ex-BN23)
HD02	12219	10328	11324	12447	82229	(ex-BN24)
HD03	12217	10312	11325	12446	82216	(ex-BN25)
Spare	12304	12315	12324			

Set					DVT	
GC01	12211	12434	12310	10318	11319	82201 (ex-BN19)
GC02	12224	12477	12326	10321	11320	82200 (ex-BN20)
GC03	12222	12461	12323	10330	11321	82227 (ex-BN21)
GC04	12210	12452	12316	10301	11322	82230 (ex-BN22)
Spare	10305	12215	82220			

TPE MARK 5A SET FORMATIONS

The entry into service of the new TransPennine Express coaches has been very protracted. They are used in fixed formations hauled by a Class 68 locomotive in push-pull mode, initially between Liverpool and Scarborough but more recently largely limited to York–Scarborough. Full service introduction is planned during 2022 when they will also be used on services between Cleethorpes and Manchester/Liverpool.

Set	E	D	C	B	A
TP01	11501	12701	12702	12703	12801
TP02	11502	12704	12705	12706	12814
TP03	11503	12707	12708	12709	12803
TP04	11504	12710	12711	12712	12804
TP05	11505	12713	12714	12715	12805
TP06	11506	12716	12717	12718	12806
TP07	11507	12719	12720	12721	12807
TP08	11508	12722	12723	12724	12808
TP09	11509	12725	12726	12727	12809
TP10	11510	12728	12729	12730	12810
TP11	11511	12731	12732	12733	12811
TP12	11512	12734	12735	12736	12812
TP13	11513	12737	12738	12739	12813
Spare					12802

2.9. SERVICE STOCK

Carriages in this section are used for internal purposes within the railway industry, ie they do not generate revenue from outside the industry. Most are numbered in the former BR departmental number series.

BARRIER, ESCORT & TRANSLATOR VEHICLES

These vehicles are used to move multiple units, HST and other vehicles around the national railway system.

Barrier Vehicles. Mark 1/2A. Renumbered from BR departmental series, or converted from various types. B4 bogies (* Commonwealth bogies).

6330. Mark 2A. Lot No. 30786 Derby 1968.
6336/38/44. Mark 1. Lot No. 30715 Gloucester 1962.
6340. Mark 1. Lot No. 30669 Swindon 1962.
6346. Mark 2A. Lot No. 30777 Derby 1967.
6348. Mark 1. Lot No. 30163 Pressed Steel 1957.

6330	(14084, 975629)		**RO**	A	*RO*	LR
6336	(81591, 92185)		**FB**	A	*GW*	LA
6338	(81581, 92180)		**FB**	A	*RO*	LR
6340	(21251, 975678)	*	**RO**	A	*RO*	LR
6344	(81263, 92080)		**RO**	A	*RO*	LR
6346	(9422)		**RO**	A	*RO*	LR
6348	(81233, 92963)		**FB**	A	*GW*	LA

Mark 4 Barrier Vehicles. Mark 2A. Converted from Corridor First. B4 bogies. Lot No. 30774 Derby 1968.

6352	(13465, 19465)	**HB**	E		WS
6353	(13478, 19478)	**HB**	E		WS

EMU Translator Vehicles. Mark 1. Converted 1980 from Restaurant Unclassified Opens. 6376/77 have Tightlock couplers and 6378/79 Dellner couplers. Commonwealth bogies.

Lot No. 30647 Wolverton 1959–61.

6376	(1021, 975973)	**PB**	P	*GB*	ZG	*(works with 6377)*
6377	(1042, 975975)	**PB**	P	*GB*	ZG	*(works with 6376)*
6378	(1054, 975971)	**RO**	RO	*RO*	LR	*(works with 6379)*
6379	(1059, 975972)	**RO**	RO	*RO*	LR	*(works with 6378)*

Brake Force Runners. Mark 1. Previously used as HST Barrier Vehicles. Converted from Gangwayed Brake Vans in 1994–95. B4 bogies.

6392. Lot No. 30715 Gloucester 1962.
6397. Lot No. 30716 Gloucester 1962.

6392	(81588, 92183)	**PB**	CS	*CS*	ZA
6397	(81600, 92190)	**PB**	CS	*CS*	ZA

SERVICE STOCK

HST Barrier Vehicles. Mark 1. Converted from Gangwayed Brake Vans in 1994–95. B4 bogies.

6393. Lot No. 30716 Gloucester 1962.
6394. Lot No. 30162 Pressed Steel 1956–57.
6398/99. Lot No. 30400 Pressed Steel 1957–58.

6393	(81609, 92196)	**PB**	P	*GB*	ZG
6394	(80878, 92906)	**PB**	P	*GB*	ZG
6398	(81471, 92126)	**PB**	EM	*EM*	NL
6399	(81367, 92994)	**PB**	EM	*EM*	NL

Escort Coaches. Converted from Mark 2A (* Mark 2E) Open Brake Standards. 9419/28 use the same bodyshell as the Mark 2A Corridor Brake First. B4 bogies.

9419. Lot No.30777 Derby 1970.
9428. Lot No.30820 Derby 1970.
9506/08. Lot No.30838 Derby 1972.

9419		**DS**	DR	*DR*	KM
9428		**DS**	DR	*DR*	KM
9506	*	**DS**	DR	*DR*	KM
9508	*	**DS**	DR	*DR*	KM

EMU Translator Vehicles. Converted from Class 508 driving cars.

64664. Lot No. 30979 York 1979–80.
64707. Lot No. 30981 York 1979–80.

64664	**AG**	A	*GB*	ZG	Liwet	*(works with 64707)*
64707	**AG**	A	*GB*	ZG	Labezerin	*(works with 64664)*

EMU Translator Vehicles. Converted from Class 489 DMLVs that had originally been Class 414/3 DMBSOs. Previously used as de-icing coaches.

Lot No. 30452 Ashford/Eastleigh 1959. Mk 4 bogies.

68501	(61281)	**AG**	AF	*RO*	LR
68504	(61286)	**AG**	AF	*RO*	LR

Generator Vans. Former Nightstar Generator Vans converted from Mark 3A Sleeping Cars that are now used as carriage pre-heaters. Gangways removed. Two Cummins diesel generator groups provide a 1500 V train supply.

Lot No. 30960 Derby 1981–83. BT10 bogies.

96371	(10545, 6371)	**EP**	ER	YA
96372	(10564, 6372)	**EP**	ER	YA
96373	(10568, 6373)	**EP**	ER	YA
96374	(10585, 6374)	**IC**	ER	YA
96375	(10587, 6375)	**EP**	ER	YA

Eurostar Barrier Vehicles. Mark 1. Converted from General Utility Vans with bodies removed. Fitted with B4 bogies for use as Eurostar barrier vehicles.

96380/381. Lot No. 30417 Pressed Steel 1958–59.
96383. Lot No. 30565 Pressed Steel 1959.
96384. Lot No. 30616 Pressed Steel 1959–60.

96380	(86386, 6380)	**B**	EU	*EU*	TI

SERVICE STOCK 185

96381	(86187, 6381)	**B**	EU	*EU*	TI
96383	(86664, 6383)	**B**	EU	*EU*	TI
96384	(86955, 6384)	**B**	EU	*EU*	TI

Brake Force Runners. Converted from Motorail vans built 1998-99 by Marcroft Engineering using underframe and running gear from Motorail General Utility Vans. B5 bogies.

Lot No. 30417 Pressed Steel 1958-59.

96604	(86337, 96156)	**Y**	CS	*CS*	ZA
96606	(86324, 96213)	**Y**	CS	*CS*	ZA
96608	(86385, 96216)	**Y**	CS	*CS*	ZA
96609	(86327, 96217)	**Y**	CS	*CS*	ZA

EMU Translator Vehicles. Converted from various Mark 1s.

Non-standard livery: All over blue.

975864. Lot No. 30054 Eastleigh 1951-54. Commonwealth bogies.
975867. Lot No. 30014 York 1950-51. Commonwealth bogies.
975875. Lot No. 30143 Charles Roberts 1954-55. Commonwealth bogies.
975974/978. Lot No. 30647 Wolverton 1959-61. B4 bogies.
977087. Lot No. 30229 Metro-Cammell 1955-57. Commonwealth bogies.

975864	(3849)	**HB**	E		BU		*(works with 975867)*
975867	(1006)	**HB**	E		BU		*(works with 975864)*
975875	(34643)	**0**	E	*RO*	LR		*(works with 977087)*
975974	(1030)	**AG**	A	*GB*	ZG	Paschar	*(works with 975978)*
975978	(1025)	**AG**	A	*GB*	ZG	Perpetiel	*(works with 975974)*
977087	(34971)	**0**	E	*RO*	LR		*(works with 975875)*

LABORATORY, TESTING & INSPECTION COACHES

These coaches are used for research, testing and inspection on the national railway system. Many are fitted with sophisticated technical equipment.

Plain Line Pattern Recognition Coaches. Converted from BR Mark 2F Buffet First (*) or Open Standard. B4 bogies.

1256. Lot No. 30845 Derby 1973.
5981. Lot No. 30860 Derby 1973-74.

| 1256 | (3296) | * | **Y** | NR | *CS* | ZA |
| 5981 | | | **Y** | NR | *CS* | ZA |

Generator Vans. Mark 1. Converted from BR Mark 1 Gangwayed Brake Vans. B5 bogies.

6260. Lot No. 30400 Pressed Steel 1957-58.
6261. Lot No. 30323 Pressed Steel 1957.
6262. Lot No. 30228 Metro-Cammell 1957-58.
6263. Lot No. 30163 Pressed Steel 1957.
6264. Lot No. 30173 York 1956.

| 6260 | (81450, 92116) | **Y** | NR | *CS* | ZA |
| 6261 | (81284, 92988) | **Y** | NR | *CS* | ZA |

6262	(81064, 92928)	**Y**	NR	*CS*	ZA
6263	(81231, 92961)	**Y**	NR	*CS*	ZA
6264	(80971, 92923)	**Y**	NR	*CS*	ZA

Staff Coach. Mark 2D. Converted from BR Mark 2D Open Brake Standard. Lot No. 30824 Derby 1971. B4 bogies.

9481	**Y**	NR	*CS*	ZA

Test Train Brake Force Runners. Mark 2F. Converted from BR Mark 2F Open Brake Standard. Lot No. 30861 Derby 1974. B4 bogies.

9516	**Y**	NR	*CS*	ZA *(works with 72616)*
9523	**Y**	NR	*CS*	ZA

Driving Trailer Coaches. Converted 2008 at Serco, Derby from Mark 2F Driving Open Brake Standards. Fitted with generator. Disc brakes. B4 bogies.

9701–08. Lot No. 30861 Derby 1974. Converted to Driving Open Brake Standard Glasgow 1974.
9714. Lot No. 30861 Derby 1974. Converted to Driving Open Brake Standard Glasgow 1986.

9701	(9528)	**Y**	NR	*CS*	ZA
9702	(9510)	**Y**	NR	*CS*	ZA
9703	(9517)	**Y**	NR	*CS*	ZA
9708	(9530)	**Y**	NR	*CS*	ZA
9714	(9536)	**Y**	NR	*CS*	ZA

Test Train Brake Coaches. Former Caledonian Sleeper coaches now used for staff accommodation in test trains. Fitted with toilets with retention tanks. Converted from Mark 2E Open Standard with new seating by Railcare Wolverton. B4 bogies.

9801/03. Lot No. 30837 Derby 1972.
9806–10. Lot No. 30844 Derby 1972–73.

9801	(5760)	**FB**	ER	*CS*	ZA
9803	(5799)	**FB**	ER	*CS*	ZA
9806	(5840)	**FB**	ER	*CS*	ZA
9808	(5871)	**FB**	ER	*CS*	ZA
9810	(5892)	**FB**	ER	*CS*	ZA

Ultrasonic Test Coach. Converted from Class 421 EMU MBSO.

62287. Lot No. 30808. York 1970. SR Mark 6 bogies.
62384. Lot No. 30816. York 1970. SR Mark 6 bogies.

62287	**Y**	NR	*CS*	ZA
62384	**Y**	NR	*CS*	ZA

Test Train Brake Force Runners. Converted from Mark 2F Open Standard converted to Class 488/3 EMU TSOLH. These vehicles are included in test trains to provide brake force and are not used for any other purposes. Lot No. 30860 Derby 1973–74. B4 bogies.

72612	(6156)	**Y**	NR	*CS*	ZA
72616	(6007)	**Y**	NR	*CS*	ZA *(works with 9516)*

SERVICE STOCK

Structure Gauging Train Coach. Converted from Mark 2F Open Standard converted to Class 488/3 EMU TSOLH. Lot No. 30860 Derby 1973–74. B4 bogies.

| 72630 | (6094) | Y | NR | CS | ZA | *(works with 99666)* |

Plain Line Pattern Recognition Coaches. Converted from BR Mark 2F Open Standard converted to Class 488/3 EMU TSOLH. Lot No. 30860 Derby 1973–74. B4 bogies.

72631	(6096)	Y	NR	CS	ZA
72639	(6070)	Y	NR	CS	ZA

Driving Trailer Coaches. Converted from Mark 3B 110 mph Driving Brake Vans. Fitted with diesel generator. Lot No. 31042 Derby 1988. T4 bogies.

82111	Y	NR	LM
82124	Y	NR	LM
82129	Y	NR	LM
82145	Y	NR	LM

Structure Gauging Train Coach. Converted from BR Mark 2E Open First then converted to exhibition van. Lot No. 30843 Derby 1972–73. B4 bogies.

| 99666 | (3250) | Y | NR | CS | ZA | *(works with 72630)* |

Inspection Saloon. Converted from Class 202 DEMU TRB at Stewarts Lane for use as a BR Southern Region General Manager's Saloon. Overhauled at FM Rail, Derby 2004–05 for use as a New Trains Project Saloon. Can be used in push-pull mode with suitably equipped locomotives. Eastleigh 1958. SR Mark 4 bogies.

| 975025 | (60755) | G | NR | CS | ZA | CAROLINE |

Overhead Line Equipment Test Coach ("MENTOR"). Converted from BR Mark 1 Corridor Brake Standard. Lot No. 30142 Gloucester 1954–55. Fitted with pantograph. B4 bogies.

| 975091 | (34615) | Y | NR | CS | ZA |

New Measurement Train Conference Coach. Converted from prototype HST TF Lot No. 30848 Derby 1972. BT10 bogies.

| 975814 | (11000, 41000) | Y | NR | CS | ZA |

New Measurement Train Lecture Coach. Converted from prototype HST catering vehicle. Lot No. 30849 Derby 1972–73. BT10 bogies.

| 975984 | (10000, 40000) | Y | NR | CS | ZA |

Radio Survey Coach. Converted from BR Mark 2E Open Standard. Lot No. 30844 Derby 1972–73. B4 bogies.

| 977868 | (5846) | Y | NR | CS | ZA |

Staff Coach. Converted from Royal Household couchette Lot No. 30889, which in turn had been converted from BR Mark 2B Corridor Brake First. Lot No. 30790 Derby 1969. B5 bogies.

| 977969 | (14112, 2906) | Y | NR | CS | ZA |

Track Inspection Train Coach. Converted from BR Mark 2E Open Standard. Lot No. 30844 Derby 1972–73. B4 bogies.

977974 (5854)	**Y**	NR	*CS*	ZA

Electrification Measurement Coach. Converted from BR Mark 2F Open First converted to Class 488/2 EMU TFOH. Lot No. 30859 Derby 1973–74. B4 bogies.

977983 (3407, 72503)	**Y**	NR	*CS*	ZA

New Measurement Train Staff Coach. Converted from HST catering vehicle. Lot No. 30884 Derby 1976–77. BT10 bogies.

977984 (40501)	**Y**	P	*CS*	ZA

Structure Gauging Train Coaches. Converted from Mark 2F Open Standard converted to Class 488/3 EMU TSOLH or from BR Mark 2D Open First subsequently declassified to Open Standard and then converted to exhibition van. B4 bogies.

977985. Lot No. 30860 Derby 1973–74.
977986. Lot No. 30821 Derby 1971.

977985 (6019, 72715)	**Y**	NR	*CS*	ZA *(works with 977986)*
977986 (3189, 99664)	**Y**	NR	*CS*	ZA *(works with 977985)*

New Measurement Train Test Coach. Converted from HST TGS. Lot No. 30949 Derby 1982. BT10 bogies.

977993 (44053)	**Y**	P	*CS*	ZA

New Measurement Train Track Recording Coach. Converted from HST TGS. Lot No. 30949 Derby 1982. BT10 bogies.

977994 (44087)	**Y**	P	*CS*	ZA

New Measurement Train Coach. Converted from HST catering vehicle. Lot No. 30921 Derby 1978–79. Fitted with generator. BT10 bogies.

977995 (40719, 40619)	**Y**	P	*CS*	ZA

Radio Survey Coach. Converted from Mark 2F Open Standard converted to Class 488/3 EMU TSOLH. Lot No. 30860 Derby 1973–74. B4 bogies.

977997 (72613, 6126)	**Y**	NR	*CS*	ZA

Track Recording Coach. Purpose built Mark 2. BR Wagon Lot No. 3830 Derby 1976. B4 bogies.

999550	**Y**	NR	*CS*	ZA

Ultrasonic Test Coaches. Converted from Class 421 EMU MBSO and Class 432 EMU MSO.

999602/605. Lot No. 30862 York 1974. SR Mk 6 bogies.
999606. Lot No. 30816. York 1970. SR Mk 6 bogies.

999602 (62483)	**Y**	NR	*CS*	ZA
999605 (62482)	**Y**	NR	*CS*	ZA
999606 (62356)	**Y**	NR	*CS*	ZA

SERVICE STOCK

BREAKDOWN TRAIN COACHES

These coaches are formed in trains used for the recovery of derailed railway vehicles and were converted from BR Mark 1 Corridor Brake Standard and General Utility Van. The current use of each vehicle is given.

971001/003/004. Lot No. 30403 York/Glasgow 1958–60. Commonwealth bogies.
971002. Lot No. 30417 Pressed Steel 1958–59. Commonwealth bogies.
975087. Lot No. 30032 Wolverton 1951–52. BR Mark 1 bogies.
975464. Lot No. 30386 Charles Roberts 1956–58. Commonwealth bogies.
975471. Lot No. 30095 Wolverton 1953–55. Commonwealth bogies.
975477. Lot No. 30233 GRCW 1955–57. BR Mark 1 bogies.
975486. Lot No. 30025 Wolverton 1950–52. Commonwealth bogies.

971001	(86560, 94150)	Y	NR	*DB*	SP	Tool & Generator Van
971002	(86624, 94190)	Y	NR	*DB*	SP	Tool Van
971003	(86596, 94191)	Y	NR	*DB*	SP	Tool Van
971004	(86194, 94168)	Y	NR	*DB*	SP	Tool Van
975087	(34289)	Y	NR	*DB*	SP	Tool & Generator Van
975464	(35171)	Y	NR	*DB*	SP	Staff Coach
975471	(34543)	Y	NR	*DB*	SP	Staff Coach
975477	(35108)	Y	NR	*DB*	SP	Staff Coach
975486	(34100)	Y	NR	*DB*	SP	Tool & Generator Van

INFRASTRUCTURE MAINTENANCE COACH

Winterisation Train Coach. Converted from BR Mark 2E Open Standard. Lot No. 30844 Derby 1972–73. B4 bogies.

977869	(5858)	Y	NR	*DR*	Perth CS

SERVICE STOCK

INTERNAL USER VEHICLES

These vehicles are confined to yards and depots or do not normally move. Details are given of the internal user number (if allocated), type, former identity, current use and location. Many no longer see regular use.

* = Grounded body.

041989*	BR SPV 975423	Stores Van	Toton Depot
061202*	BR GUV 93498	Stores Van	Laira Depot, Plymouth
–	BR NKA 94199	Stores Van	EG Steels, Hamilton
–	BR NA 94322*	Stores Van	WCRC, Carnforth Depot
083602	BR CCT 94494	Stores Van	Three Bridges Station
–	BR NB 94548*	Stores Van	WCRC, Carnforth Depot
083637	BR NW 99203	Stores Van	Stewarts Lane Depot
083644	BR Ferry Van 889201	Stores van	Eastleigh Depot
083664	BR Ferry Van 889203	Stores van	Eastleigh Depot
–	BR Open Standard 5636	Instruction Coach	St Philip's Marsh Depot
–	BR BV 6396	Stores van	Longsight Depot (Manchester)
–	BR RFKB 10256	Instruction Coach	Yoker Depot
–	BR RFKB 10260	Instruction Coach	Yoker Depot
–	BR SPV 88045*	Stores Van	Thames Haven Yard
–	BR NL 94003	Stores van	Burton-upon-Trent Depot
–	BR NK 94121	Stores van	Toton Depot
–	BR NB 94438	Stores van	Toton Depot
–	BR CCT 94663*	Stores Van	Mossend Up Yard
–	BR GUV 96139	Stores van	Longsight Depot, Manchester
–	BR Ferry Van 889200	Stores van	Stewarts Lane Depot
–	BR Ferry Van 889202	Stores van	Stewarts Lane Depot
–	SR PMV 977045*	Stores Van	EMD, Longport Works
–	SR CCT 2516*	Stores Van	Eastleigh Depot

Abbreviations:

- BV = Barrier Vehicle
- CCT = Covered Carriage Truck (a 4-wheeled van similar to a GUV)
- GUV = General Utility Van (bogied van with side and end doors)
- NAA = Propelling Control Vehicle
- NB = High Security Brake Van (converted from Gangwayed Brake Van, gangways removed)
- NK = High Security General Utility Van (end doors removed)
- NKA = High Security Mail Van
- NL = Newspaper Van (converted from a GUV)
- NW = Bullion Van (converted from a Corridor Brake Standard)
- PMV = Parcels & Miscellaneous Van (a 4-wheeled van similar to a CCT but without end doors)
- RFKB = Kitchen Buffet First
- SPV = Special Parcels Van (a 4-wheeled van converted from a Fish Van)

2.10. COACHING STOCK AWAITING DISPOSAL

This list shows the locations of carriages awaiting disposal. The definition of which vehicles are awaiting disposal is somewhat vague, but often these are vehicles of types not now in normal service, those not expected to see further use or that have originated from preservationists as a source of spares or possible future use or carriages which have been damaged by fire, vandalism or collision.

1201	TM	3379	DE	5888	SH	9529	WS
1252	SH	3388	FA	5922	WS	9531	WS
1253	SH	3399	FA	5924	WS	10222	BU
1258	CS	3400	BU	5925	SH	10242	BU
1644	CS	3408	CS	5928	TM	10245	CS
1650	CS	3416	TM	5943	CS	10257	BU
1652	CS	3417	DE	5954	BU	10530	ZN
1655	CS	3424	BU	5958	SH	10578	ZN
1658	CL	4362	BU	5959	WS	10588	ZN
1663	CS	4796	BU	5978	SH	10656	ZN
1670	CS	4799	BU	6009	SH	11006	BU
1679	RO	4849	CS	6029	SH	11021	LM
1696	YA	4860	CS	6036	WS	11028	ZB
1800	SH	4932	CS	6041	CS	11097	BU
1883	CL	4997	CS	6045	SH	12096	ZN
1954	CL	5027	BU	6050	CS	13323	CS
2108	CS	5054	RO	6073	SH	13508	RO
2110	CS	5179	TM	6110	BU	17013	ZG
2127	CS	5183	TM	6134	SH	17168	CS
2131	CS	5186	TM	6139	BU	18767	SH
2833	CS	5194	TM	6151	SH	18808	SH
2909	CS	5331	FA	6152	WS	18862	CS
3051	YA	5386	FA	6154	SH	21268	RO
3060	CL	5420	TM	6175	CS	34525	CS
3091	RO	5453	CS	6179	CS	35333	ZG
3241	CS	5463	CS	6324	CP	35467	CL
3255	FA	5478	CS	6351	BU	68505	ZG
3277	RO	5491	CS	6360	NL	80212	CS
3279	BU	5569	CS	6361	NL	80374	BL
3292	BU	5631	BU	6364	CF	80403	CS
3295	RO	5657	BU	6365	CF	80404	CS
3309	TM	5710	ZM	6412	CL	80414	SL
3318	BU	5737	CS	6720	FA	82101	LW
3331	BU	5740	CS	7204	CL	82126	LW
3334	DE	5756	CS	7931	BU	92114	ZA
3336	DE	5777	BU	9440	SH	92159	CS
3351	TM	5797	RO	9489	CS	92908	CS
3358	BU	5815	SH	9490	BU	93723	BY
3368	FA	5876	SH	9496	DE	94058	BU

COACHING STOCK AWAITING DISPOSAL

94101	CS	94338	WE	94527	HL	99019	CS
94106	BU	94401	CS	94531	BU	99884	YA
94116	BU	94406	CS	94538	CL	975081	BU
94153	WE	94408	CS	94539	CS	975280	BU
94166	BL	94410	WE	94540	TJ	975454	TO
94170	CL	94420	CS	94542	CS	975484	CS
94176	BU	94423	BU	94545	HM	975490	BU
94195	BU	94427	WE	94546	HL	975639	CS
94196	CS	94428	CS	94547	CS	975681	CS
94197	BU	94429	HM	95300	CS	975682	CS
94214	CS	94431	CS	95410	CS	975685	CS
94222	CS	94434	CL	95727	WE	975686	CS
94227	HM	94445	WE	95754	CS	975687	CS
94229	CL	94450	WE	95761	WE	975688	CS
94302	HL	94451	WE	95763	BL	975920	Portobello
94303	HL	94482	CS	96110	CS	977085	BU
94304	MH	94488	BU	96132	CS	977095	CS
94306	HL	94490	BU	96135	CS	977169	BU
94308	CS	94492	WE	96164	CS	977241	BU
94310	WE	94495	HL	96165	CS	977450	BL
94311	WE	94498	CS	96170	CS	977618	BY
94313	WE	94504	HL	96178	CS	083439	BU
94323	HL	94512	CS	96182	CS		
94326	HL	94515	ZG	96191	CS	DS70220 Western Trading Estate Siding, North Acton	
94332	CS	94517	BU	96192	CS		
94333	HL	94520	BU	96602	BU		
94335	CL	94522	CL	96603	BU	Pullman 315 CS	
94336	CL	94525	CS	96605	BU	Pullman 316 HN	
94337	WE	94526	CS	96607	BU		

> # DMUS: INTRODUCTION

3. DIESEL MULTIPLE UNITS

INTRODUCTION

This section contains details of all Diesel Multiple Units, usually referred to as DMUs, which can run on Britain's national railway network.

Since the 1980s DMUs have replaced more traditional locomotive-hauled trains on many routes. DMUs today work a wide variety of services, from long distance Intercity to inter-urban and suburban duties.

LAYOUT OF INFORMATION

DMUs are listed in numerical order of set – using current numbers as allocated by the Rolling Stock Library. Individual "loose" vehicles are listed in numerical order after vehicles formed into fixed formations. Where sets or vehicles have been renumbered in recent years, former numbering detail is shown in parentheses. Each entry is laid out as in the following example:

RSL Set No.	Detail	Livery	Owner	Operator	Depot	Formation	
156 505	w	**SR**	A	*SR*	CK	52505	57505

Codes: Codes are used to denote the livery, owner, operator and depot allocation of each Diesel Multiple Unit. Details of these can be found in section 6 of this book. Where a unit or spare car is off-lease, the operator column is left blank.

Detail Differences: Detail differences which currently affect the areas and types of train which vehicles may work are shown, plus differences in interior layout. Where such differences occur within a class, these are shown either in the heading information or alongside the individual set or vehicle number. The following standard abbreviations are used:

e European Railway Traffic Management System (ERTMS) signalling equipment fitted.
r Radio Electric Token Block signalling equipment fitted.

Use of the above abbreviations indicates the equipment fitted is normally operable. Meaning of non-standard abbreviations is detailed in individual class headings.

Set Formations: Regular set formations are shown where these are normally maintained. Readers should note set formations might be temporarily varied from time to time to suit maintenance and/or operational requirements. Vehicles shown as "Spare" are not formed in any regular set formation.

Names: Only names carried with official sanction are listed. Names are shown in UPPER/lower case characters as actually shown on the name carried on the vehicle(s). Unless otherwise shown, complete units are regarded as named rather than just the individual car(s) which carry the name.

DMUS: INTRODUCTION

GENERAL INFORMATION

CLASSIFICATION AND NUMBERING

DMU Classes are listed in class number order.

First generation ("Heritage") DMUs were classified in the series 100–139.
Parry People Movers (not technically DMUs) are classified in the series 139.
Second generation DMUs are classified in the series 140–199.
Diesel Electric Multiple Units are classified in the series 200–249.
Service units are classified in the series 930–999.

First and second generation individual cars are numbered in the series 50000–59999 and 79000–79999.

Parry People Mover cars are numbered in the 39000 series.

DEMU individual cars are numbered in the series 60000–60999, except for a few former EMU vehicles which retain their EMU numbers.

For all new vehicles allocated by the Rolling Stock Library since 2014 6-digit vehicle numbers are being used. The Class 230 D-Train DEMU or battery unit individual cars are numbered in the 300xxx series.

WHEEL ARRANGEMENT

A system whereby the number of powered axles on a bogie or frame is denoted by a letter (A = 1, B = 2, C= 3 etc) and the number of unpowered axles is denoted by a number is used in this publication. The letter "o" after a letter indicates that each axle is individually powered.

UNITS OF MEASUREMENT

Principal details and dimensions are quoted for each class in metric and/or imperial units as considered appropriate bearing in mind common UK usage.

All dimensions and weights are quoted for vehicles in an "as new" condition with all necessary supplies (eg oil, water, sand) on board. Dimensions are quoted in the order Length – Width. All lengths quoted are over buffers or couplers as appropriate. Where two lengths are quoted, the first refers to outer vehicles in a set and the second to inner vehicles. All width dimensions quoted are maxima. All weights are shown as metric tonnes (t = tonnes).

OPERATING CODES

These codes are used by railway operating staff to describe the various different types of vehicles and normally appear on data panels on the inner (ie non driving) ends of vehicles.

DMUS: INTRODUCTION

The first part of the code describes whether the car has a motor or a driving cab as follows:

DM Driving motor   DT Driving trailer   M Motor   T Trailer

The next letter is a "B" for cars with a brake compartment.
This is followed by the saloon details:

F First
S Standard
C Composite

L denotes a vehicle with a toilet.
W denotes a Wheelchair space.

Finally vehicles with a buffet or kitchen area are suffixed RB or RMB for a miniature buffet counter.

Where two vehicles of the same type are formed within the same unit, the above codes may be suffixed by (A) and (B) to differentiate between the vehicles.

A composite is a vehicle containing both First and Standard Class accommodation, whilst a brake vehicle is a vehicle containing separate specific accommodation for the conductor.

Where vehicles have been declassified, the correct operating code which describes the actual vehicle layout is quoted in this publication.

BUILD DETAILS

Lot Numbers

Vehicles ordered under the auspices of BR were allocated a Lot (batch) number when ordered and these are quoted in class headings and sub-headings. Vehicles ordered since 1995 have no Lot Numbers, but the manufacturer and location that they were built is given.

Builders

These are shown for each lot. More details and a full list of builders can be found in section 6.7.

Information on sub-contracting works which built parts of carriages eg the underframes etc is not shown.

ACCOMMODATION

The information given in class headings and sub-headings is in the form F/S nT (or TD) nW. For example, 12/54 1T 1W denotes 12 First Class and 54 Standard Class seats, one toilet and one space for a wheelchair. A number in brackets (ie (+2)) denotes tip-up seats (in addition to the fixed seats). The seating layout of open saloons is indicated as 2+1, 2+2 or 3+2. Where units have First Class accommodation as well as Standard Class and the layout is different for each class then these are shown separately prefixed by "1:" and "2:".

TD denotes a universal access toilet suitable for use by people with disabilities. By law all trains should have been fitted with such facilities by the start of 2020. All serviceable DMUs have now been fitted with a universal access toilet apart from a handful of Transport for Wales Class 153/9s which must operate with a PRM compliant unit and have had their toilets locked out of use.

3.1. DIESEL MECHANICAL & DIESEL HYDRAULIC UNITS

3.1.1. FIRST GENERATION UNIT

CLASS 121   PRESSED STEEL SUBURBAN

First generation unit. Used by Chiltern Railways until 2017, and then sold to Locomotives Services for use as a route learning vehicle.
Construction: Steel.
Engines: Two Leyland 1595 of 112 kW (150 hp) at 1800 rpm.
Transmission: Mechanical. Cardan shaft and freewheel to a four-speed epicyclic gearbox and final drive.
Bogies: DD10.
Brakes: Vacuum.
Couplers: Screw.
Dimensions: 20.45 x 2.82 m.
Gangways: Non gangwayed single cars with cabs at each end.
Wheel arrangement: 1-A + A-1.
Doors: Manually-operated slam.
Maximum Speed: 70 mph.
Seating Layout: 3+2 facing.
Multiple Working: "Blue Square" coupling code. First Generation vehicles cannot be coupled to Second Generation units.

Fitted with central door locking.

Formerly in departmental use as 977828.

DMBS. Lot No. 30518 1960. –/65. 38.0 t.

121034	**G**	LS	*LS*	CL	55034

3.1.2. PARRY PEOPLE MOVERS

CLASS 139   PPM-60

Gas/flywheel hybrid drive Railcars used on the Stourbridge Junction–Stourbridge Town branch.
Body construction: Stainless steel framework.
Chassis construction: Welded mild steel box section.
Primary Drive: Ford MVH420 2.3 litre 64 kW (86 hp) LPG fuel engine driving through Newage marine gearbox, Tandler bevel box and 4 "V" belt driver to flywheel.
Flywheel Energy Store: 500 kg, 1 m diameter, normal operational speed range 1000–1500 rpm.
Final transmission: 4 "V" belt driver from flywheel to Tandler bevel box, Linde hydrostatic transmission and spiral bevel gearbox at No. 2 end axle.
Braking: Normal service braking by regeneration to flywheel (1 m/s/s); emergency/parking braking by sprung-on, air-off disc brakes (3 m/s/s).
Maximum Speed: 45 mph.   **Dimensions:** 8.7 x 2.4 m.
Doors: Deans powered doors, double-leaf folding (one per side).
Seating Layout: 1+1 unidirectional/facing.
Multiple Working: Not applicable.

39001-002. DMS. Main Road Sheet Metal, Leyland 2007-08. –/17(+4) 1W. 12.5 t.

139001	**WM**	P	*WM*	SJ	39001
139002	**WM**	P	*WM*	SJ	39002

3.1.3. SECOND GENERATION UNITS

All units in this section have air brakes and are equipped with public address, with transmission equipment on driving vehicles and flexible diaphragm gangways. Except where otherwise stated, transmission is Voith 211r hydraulic with a cardan shaft to a Gmeinder GM190 final drive.

CLASS 142　　　　PACER　　　BREL DERBY/LEYLAND

DMS–DMSL. The remaining Class 142s were withdrawn from normal passenger service at the end of 2020 and most have now been disposed of, either for scrap or preservation. Some can be found in the DMUs in Industrial Service section (Section 3.3).

Construction: Steel underframe, rivetted steel body and roof. Built from Leyland National bus parts on Leyland Bus four-wheeled underframes.
Engines: One Cummins LT10-R of 165 kW (225 hp) at 1950 rpm.
Couplers: BSI at outer ends, bar within unit.
Dimensions: 15.55 x 2.80 m.
Gangways: Within unit only.　　　　**Wheel Arrangement:** 1-A + A-1.
Doors: Twin-leaf inward pivoting.　　**Maximum Speed:** 75 mph.
Seating Layout: 3+2 mainly unidirectional bus/bench style unless stated.
Multiple Working: Within class and with Classes 143, 144, 150, 153, 155, 156, 158 and 159.

Non-standard livery: 142003 Greater Manchester PTE (orange & brown).

s　Fitted with 2+2 individual high-back seating.
t　Former First North Western facelifted units – DMS fitted with a luggage/bicycle rack and wheelchair space.
u　Merseytravel units – Fitted with 3+2 individual low-back seating.

55544–588. DMS. Lot No. 31003 1985–86. –/62 (s –/56, t –/53 or 55 1W, u –/52 or 54 1W). 24.5 t.
55594–638. DMSL. Lot No. 31004 1985–86. –/59 1T (s –/50 1T, u –/60 1T). 25.0 t.
55706/739. DMS. Lot No. 31013 1986–87. –/62 (s –/56, t –/53 or 55 1W, u –/52 or 54 1W). 24.5 t.
55752/785. DMSL. Lot No. 31014 1986–87. –/59 1T (s –/50 1T, u –/60 1T). 25.0 t.

142 003		**O**	LS	ZG	55544 55594
142 007	t	**NO**	LS	ZG	55548 55598
142 014	t	**NO**	AF	ZG	55555 55605
142 032	t	**NO**	AF	ZG	55573 55623
142 047	u	**NO**	A	GA	55588 55638
142 056	u	**NO**	AF	ZG	55706 55752
142 089	s	**NO**	AF	ZG	55739 55785

CLASS 143　　　　PACER　　　ALEXANDER/BARCLAY

DMS–DMSL. Similar design to Class 142, but bodies built by W Alexander with Barclay underframes. All withdrawn from normal service by May 2021.
Construction: Steel underframe, aluminium alloy body and roof. Alexander bus bodywork on four-wheeled underframes.

143 617–144 023

Engines: One Cummins LT10-R of 165 kW (225 hp) at 1950 rpm.
Couplers: BSI at outer ends, bar within unit.
Dimensions: 15.45 x 2.80 m.
Gangways: Within unit only. **Wheel Arrangement:** 1-A + A-1.
Doors: Twin-leaf inward pivoting. **Maximum Speed:** 75 mph.
Seating Layout: 2+2 high-back Chapman seating, mainly unidirectional.
Multiple Working: Within class and with Classes 142, 144, 150, 153, 155, 156, 158 and 159.

DMS. Lot No. 31005 Andrew Barclay 1985–86. –/48(+6) 2W. 24.0 t.
DMSL. Lot No. 31006 Andrew Barclay 1985–86. –/44(+6) 1T 2W. 24.5 t.

143 617	**GW**	GW	PM	55644	55683
143 618	**GW**	GW	PM	55659	55684
143 619	**GW**	GW	PM	55660	55685

CLASS 144　　PACER　　ALEXANDER/BREL DERBY

DMS–DMSL or DMS–MS–DMSL. As Class 143, but underframes built by BREL. Class 144s finished in service with Northern in 2020. Many have since been preserved or can be found in DMUs in Industrial Service (Section 3.3).

Construction: Steel underframe, aluminium alloy body and roof. Alexander bus bodywork on four-wheeled underframes.
Engines: One Cummins LT10-R of 165 kW (225 hp) at 1950 rpm.
Couplers: BSI at outer ends, bar within unit.
Dimensions: 15.45/15.43 x 2.80 m.
Gangways: Within unit only. **Wheel Arrangement:** 1-A + A-1.
Doors: Twin-leaf inward pivoting. **Maximum Speed:** 75 mph.
Seating Layout: 2+2 high-back Richmond seating, mainly unidirectional.
Multiple Working: Within class and with Classes 142, 143, 150, 153, 155, 156, 158 and 159.

144 015 and 144 021 are reserved for use by the University of Birmingham.

Non-standard livery: 144 012 144evolution (blue & purple).

DMS. Lot No. 31015 BREL Derby 1986–87. –/45(+3) 1W 24.0 t.
MS. Lot No. 31037 BREL Derby 1987. –/58. 23.5 t.
DMSL. Lot No. 31016 BREL Derby 1986–87. –/41(+3) 1T. 24.5 t.

† Prototype demonstrator unit, refurbished as a trial, with new Fainsa seating and a universal access toilet. Details are as follows:
DMS 55812: Lot No. 31015 BREL Derby 1986–87. –/43(+3). 27.2 t
DMSL 55835: Lot No. 31016 BREL Derby 1986–87. –/35 1TD 2W. 28.0 t.

144 005		**N0**	LO	WS	55805		55828
144 012	†	**0**	NR	LM	55812		55835
144 014		**N0**	VT	TM	55814	55850	55837
144 015		**N0**	P	LM	55815	55851	55838
144 019		**N0**	VT	TM	55819	55855	55842
144 021		**N0**	P	LM	55821	55857	55844
144 023		**N0**	VT	TM	55823	55859	55846

CLASS 150/0 PROTOTYPE SPRINTER BREL YORK

DMSL–MS–DMS. Prototype Sprinter.

Construction: Steel.
Engines: One Cummins NT855R5 of 213 kW (285 hp) at 2100 rpm.
Bogies: BX8P (powered), BX8T (non-powered).
Couplers: BSI at outer end of driving vehicles, bar non-driving ends.
Dimensions: 19.93/19.92 x 2.73 m.
Gangways: Within unit only. **Wheel Arrangement:** 2-B + 2-B + B-2.
Doors: Twin-leaf sliding. **Maximum Speed:** 75 mph.
Seating Layout: 3+2 (mainly unidirectional).
Multiple Working: Within class and with Classes 142, 143, 144, 153, 155, 156, 158, 159, 170 and 172.

DMSL. Lot No. 30984 1984. –/58(+3) 1TD 2W. 35.4 t.
MS. Lot No. 30986 1984. –/91. 38.2 t.
DMS. Lot No. 30985 1984. –/69(+6). 36.1 t.

150 001		**NR**	A	*NO*	NH	55200	55400	55300
150 002		**NR**	A	*NO*	NH	55201	55401	55301

CLASS 150/0 SPRINTER BREL YORK

DMSL–DMS–DMS (150005 DMSL–DMSL–DMS). In 2021 Northern reformed 150003–006 as new 3-car units using a 150/1 unit with a 150/2 vehicle inserted as a centre car.

Construction: Steel.
Engines: One Cummins NT855R5 of 213 kW (285 hp) at 2100 rpm.
Bogies: BP38 (powered), BT38 (non-powered).
Couplers: BSI. **Dimensions:** 19.74 x 2.82 m.
Gangways: Within unit only.
Wheel Arrangement: 2-B + 2-B/B-2 + B-2.
Doors: Twin-leaf sliding. **Maximum Speed:** 75 mph.
Seating Layout: 3+2 facing/unidirectional.
Multiple Working: Within class and with Classes 142, 143, 144, 153, 155, 156, 158, 159, 170 and 172.

DMSL. Lot No. 31011 1985–86. † –/56(+3) 1TD 2W, * –/55(+3) 1TD 2W. 38.3 t.
DMS. Lot No. 31018 1986–87. † –/70(+6), * –/58(+10). 36.5 t.
DMSL (52223). Lot No. 31017 1986–87. –/58(+3) 1TD 2W. 37.5 t.
DMS. Lot No. 31012 1985–86. † –/70(+6), * –/65. 38.1 t.

150 003	†	**NR**	A	*NO*	NH	52116	57209	57116
150 004	†	**NR**	A	*NO*	NH	52112	57212	57112
150 005		**NR**	A	*NO*	NH	52117	52223	57117
150 006	*	**NR**	A	*NO*	NH	52147	57223	57147

CLASS 150/1 SPRINTER BREL YORK

DMSL–DMS.

Construction: Steel.
Engines: One Cummins NT855R5 of 213 kW (285 hp) at 2100 rpm.
Bogies: BP38 (powered), BT38 (non-powered).
Couplers: BSI. **Dimensions:** 19.74 x 2.82 m.
Gangways: Within unit only. **Wheel Arrangement:** 2-B + B-2.
Doors: Twin-leaf sliding. **Maximum Speed:** 75 mph.
Seating Layout: 3+2 facing as built but units operated by Centro were reseated with mainly unidirectional seating.
Multiple Working: Within class and with Classes 142, 143, 144, 153, 155, 156, 158, 159, 170 and 172.

† Refurbished Northern units with original Ashbourne seating.
* Refurbished Northern units. Chapman seating.

DMSL. Lot No. 31011 1985–86. † –/56–58(+3) 1TD 2W, * –/55(+3) 1TD 2W, 38.3 t.
DMS. Lot No. 31012 1985–86. † –/70(+6) or –/71(+6)), * –/65. 38.1 t.

150 101	†	**NR**	A	*NO*	NH	52101 57101
150 102	†	**NR**	A	*NO*	NH	52102 57102
150 103	†	**NR**	A	*NO*	NH	52103 57103
150 104	†	**NR**	A	*NO*	NH	52104 57104
150 105	†	**NR**	A	*NO*	NH	52105 57105
150 106	†	**NR**	A	*NO*	NH	52106 57106
150 107	†	**NR**	A	*NO*	NH	52107 57107
150 108	†	**NR**	A	*NO*	NH	52108 57108
150 109	†	**NR**	A	*NO*	NH	52109 57109
150 110	†	**NR**	A	*NO*	NH	52110 57110
150 111	†	**NR**	A	*NO*	NH	52111 57111
150 113	†	**NR**	A	*NO*	NH	52113 57113
150 114	†	**NR**	A	*NO*	NH	52114 57114
150 115	†	**NR**	A	*NO*	NH	52115 57115
150 118	†	**NR**	A	*NO*	NH	52118 57118
150 119	†	**NR**	A	*NO*	NH	52119 57119
150 120	†	**NR**	A	*NO*	NH	52120 57120
150 121	†	**NR**	A	*NO*	NH	52121 57121
150 122	†	**NR**	A	*NO*	NH	52122 57122
150 123	†	**NR**	A	*NO*	NH	52123 57123
150 124	†	**NR**	A	*NO*	NH	52124 57124
150 125	†	**NR**	A	*NO*	NH	52125 57125
150 126	†	**NR**	A	*NO*	NH	52126 57126
150 127	†	**NR**	A	*NO*	NH	52127 57127
150 128	†	**NR**	A	*NO*	NH	52128 57128
150 129	†	**NR**	A	*NO*	NH	52129 57129
150 130	†	**NR**	A	*NO*	NH	52130 57130
150 131	†	**NR**	A	*NO*	NH	52131 57131
150 132	†	**NR**	A	*NO*	NH	52132 57132
150 133	*	**NR**	A	*NO*	NH	52133 57133
150 134	*	**NR**	A	*NO*	NH	52134 57134

150 135	*	**NR**	A	*NO*	NH	52135	57135
150 136	*	**NR**	A	*NO*	NH	52136	57136
150 137	*	**NR**	A	*NO*	NH	52137	57137
150 138	*	**NR**	A	*NO*	NH	52138	57138
150 139	*	**NR**	A	*NO*	NH	52139	57139
150 140	*	**NR**	A	*NO*	NH	52140	57140
150 141	*	**NR**	A	*NO*	NH	52141	57141
150 142	*	**NR**	A	*NO*	NH	52142	57142
150 143	*	**NR**	A	*NO*	NH	52143	57143
150 144	*	**NR**	A	*NO*	NH	52144	57144
150 145	*	**NR**	A	*NO*	NH	52145	57145
150 146	*	**NR**	A	*NO*	NH	52146	57146
150 148	*	**NR**	A	*NO*	NH	52148	57148
150 149	*	**NR**	A	*NO*	NH	52149	57149
150 150	*	**NR**	A	*NO*	NH	52150	57150

CLASS 150/2　　　SPRINTER　　　BREL YORK

DMSL–DMS.

Construction: Steel.
Engines: One Cummins NT855R5 of 213 kW (285 hp) at 2100 rpm.
Bogies: BP38 (powered), BT38 (non-powered).
Couplers: BSI.　　　　　　　　　**Dimensions:** 19.74 x 2.82 m.
Gangways: Throughout.　　　　**Wheel Arrangement:** 2-B + B-2.
Doors: Twin-leaf sliding.　　　　**Maximum Speed:** 75 mph.
Seating Layout: 3+2 mainly unidirectional seating as built, but most units have now been refurbished with new 2+2 seating.
Multiple Working: Within class and with Classes 142, 143, 144, 153, 155, 156, 158, 159, 170 and 172.

c Former First North Western units with 3+2 Chapman seating.
q Refurbished Great Western Railway units. Original Ashbourne seating. Full details awaited.
t Refurbished Transport for Wales units with 2+2 Chapman seating.
* Refurbished Great Western Railway units with 2+2 Chapman seating.
† Refurbished Northern units. 3+2 Chapman seating.
§ Refurbished Northern units. Original Ashbourne seating.

DMSL. Lot No. 31017 1986–87. * –/50(+4) 1TD 2W, † –/58(+3) 1TD 2W, § –/58(+3) 1TD 2W, c –/62 1TD, t –/50 1TD 2W. 37.5 t (* 35.8 t, † and § 38.1 t).
DMS. Lot No. 31018 1986–87. * –/58(+10), † –/70(+6), § –/72(+3), c –/70, t –/58(+6). 36.5 t.

150 201	†	**NR**	A	*NO*	NL	52201	57201
150 202	q	**GW**	A	*GW*	EX	52202	57202
150 203	†	**NR**	A	*NO*	NL	52203	57203
150 204	†	**NR**	A	*NO*	NL	52204	57204
150 205	†	**NR**	A	*NO*	NL	52205	57205
150 206	†	**NR**	A	*NO*	NL	52206	57206
150 207	c	**GW**	A	*NO*	EX	52207	57207
150 208	t	**AW**	P	*TW*	CF	52208	57208
150 210	†	**NR**	A	*NO*	NL	52210	57210

150 211	†	**NR**	A	*NO*	NL	52211	57211
150 213	t	**AW**	P	*TW*	CF	52213	57213
150 214	§	**NR**	A	*NO*	NL	52214	57214
150 215	†	**NR**	A	*NO*	NL	52215	57215
150 216	q	**GW**	A	*GW*	EX	52216	57216
150 217	t	**AW**	P	*TW*	CF	52217	57217
150 218	†	**NR**	A	*NO*	NL	52218	57218
150 219	*	**FB**	P	*GW*	EX	52219	57219
150 220	§	**NR**	A	*NO*	NL	52220	57220
150 221	*	**GW**	P	*GW*	EX	52221	57221
150 222	†	**NR**	A	*NO*	NL	52222	57222
150 224	†	**NR**	A	*NO*	NH	52224	57224
150 225	†	**NR**	A	*NO*	NH	52225	57225
150 226	†	**NR**	A	*NO*	NH	52226	57226
150 227	t	**TW**	P	*TW*	CF	52227	57227
150 228	§	**NR**	P	*NO*	NL	52228	57228
150 229	t	**AW**	P	*TW*	CF	52229	57229
150 230	t	**AW**	P	*TW*	CF	52230	57230
150 231	t	**AW**	P	*TW*	CF	52231	57231
150 232	*	**GW**	P	*GW*	EX	52232	57232
150 233	*	**GW**	P	*GW*	EX	52233	57233
150 234	*	**GW**	P	*GW*	EX	52234	57234
150 235	t	**AW**	P	*TW*	CF	52235	57235
150 236	t	**TW**	P	*TW*	CF	52236	57236
150 237	t	**TW**	P	*TW*	CF	52237	57237
150 238	*	**FB**	P	*GW*	EX	52238	57238
150 239	*	**GW**	P	*GW*	EX	52239	57239
150 240	t	**TW**	P	*TW*	CF	52240	57240
150 241	t	**TW**	P	*TW*	CF	52241	57241
150 242	t	**TW**	P	*TW*	CF	52242	57242
150 243	*	**GW**	P	*GW*	EX	52243	57243
150 244	*	**GW**	P	*GW*	EX	52244	57244
150 245	t	**TW**	P	*TW*	CF	52245	57245
150 246	*	**GW**	P	*GW*	EX	52246	57246
150 247	*	**GW**	P	*GW*	EX	52247	57247
150 248	*	**GW**	P	*GW*	EX	52248	57248
150 249	*	**GW**	P	*GW*	EX	52249	57249
150 250	t	**AW**	P	*TW*	CF	52250	57250
150 251	t	**TW**	P	*TW*	CF	52251	57251
150 252	t	**AW**	P	*TW*	CF	52252	57252
150 253	t	**TW**	P	*TW*	CF	52253	57253
150 254	t	**TW**	P	*TW*	CF	52254	57254
150 255	t	**TW**	P	*TW*	CF	52255	57255
150 256	t	**TW**	P	*TW*	CF	52256	57256
150 257	t	**TW**	P	*TW*	CF	52257	57257
150 258	t	**AW**	P	*TW*	CF	52258	57258
150 259	t	**TW**	P	*TW*	CF	52259	57259
150 260	t	**AW**	P	*TW*	CF	52260	57260
150 261	*	**GW**	P	*GW*	EX	52261	57261
150 262	t	**AW**	P	*TW*	CF	52262	57262
150 263	*	**GW**	P	*GW*	EX	52263	57263

150 264	t	**AW**	P	*TW*	CF	52264 57264
150 265	*	**GW**	P	*GW*	EX	52265 57265
150 266	*	**GW**	P	*GW*	EX	52266 57266
150 267	t	**AW**	P	*TW*	CF	52267 57267
150 268	§	**NR**	P	*NO*	NL	52268 57268
150 269	§	**NR**	P	*NO*	NL	52269 57269
150 270	§	**NR**	P	*NO*	NL	52270 57270
150 271	§	**NR**	P	*NO*	NL	52271 57271
150 272	§	**NR**	P	*NO*	NL	52272 57272
150 273	§	**NR**	P	*NO*	NL	52273 57273
150 274	§	**NR**	P	*NO*	NL	52274 57274
150 275	§	**NR**	P	*NO*	NL	52275 57275
150 276	§	**NR**	P	*NO*	NL	52276 57276
150 277	§	**NR**	P	*NO*	NL	52277 57277
150 278	t	**TW**	P	*TW*	CF	52278 57278
150 279	t	**AW**	P	*TW*	CF	52279 57279
150 280	t	**AW**	P	*TW*	CF	52280 57280
150 281	t	**AW**	P	*TW*	CF	52281 57281
150 282	t	**TW**	P	*TW*	CF	52282 57282
150 283	t	**TW**	P	*TW*	CF	52283 57283
150 284	t	**TW**	P	*TW*	CF	52284 57284
150 285	t	**AW**	P	*TW*	CF	52285 57285

Names:

150 214   The Bentham Line A Dementia-Friendly Railway
150 275   The Yorkshire Regiment Yorkshire Warrior

CLASS 153   SUPER SPRINTER   LEYLAND BUS

DMSL. Converted by Hunslet-Barclay, Kilmarnock from Class 155 2-car units. By late 2021 the only Class 153s remaining in passenger service were with Transport for Wales and ScotRail.

Construction: Steel underframe, rivetted steel body and roof. Built from Leyland National bus parts on Leyland Bus bogied underframes.
Engine: One Cummins NT855R5 of 213 kW (285 hp) at 2100 rpm.
Bogies: One P3-10 (powered) and one BT38 (non-powered).
Couplers: BSI.
Dimensions: 23.21 x 2.70 m.
Gangways: Throughout.   **Wheel Arrangement:** 2-B.
Doors: Single-leaf sliding plug.   **Maximum Speed:** 75 mph.
Seating Layout: 2+2 facing/unidirectional.
Multiple Working: Within class and with Classes 142, 143, 144, 150, 155, 156, 158, 159, 170 and 172.

Cars numbered in the 573xx series were renumbered by adding 50 to their original number so that the last two digits correspond with the set number.
c Chapman seating.
d Richmond seating.
† Refurbished Transport for Wales units with a new universal access toilet.

§ 153305/370/373/377/380 have been converted to bicycle carrying vehicles by ScotRail for West Highland Line Oban services. Richmond seating.

n These units now form part of the Network Rail infrastructure monitoring fleet and have been fitted with additional equipment for switch & crossing monitoring.

Non-standard livery: 153305/370/373/377/380 ScotRail active travel (**SR** livery with various graphics).

52301–52335. DMSL. Lot No. 31026 1987–88. Converted under Lot No. 31115 1991–92. –/72(+3) 1T 1W. (s –/72 1T 1W, t –/72(+2) 1T 1W), † –/56(+5) 1TD 2W, § –/24 1T + bike/luggage racks). 41.2 t.
57301–57335. DMSL. Lot No. 31027 1987–88. Converted under Lot No. 31115 1991–92. –/72(+3) 1T 1W (s –/72 1T 1W, † –/56(+5) 1TD 2W, § –/24 1T + bike/luggage racks). 41.2 t.

153 301	d	**NO**	A		EP	52301
153 303	tc	**TW**	TW	*TW*	CF	52303
153 304	ds	**NO**	A		EP	52304
153 305	§	**O**	A	*SR*	CK	52305
153 307	d	**NO**	A		EP	52307
153 308	c	**EM**	A		EP	52308
153 311	cn	**EM**	P	*CS*	ZA	52311
153 312	†	**TW**	TW	*TW*	CF	52312
153 315	ds	**NO**	A		EP	52315
153 316	c	**NO**	P		LM	52316	John "Longitude" Harrison / Inventor of the Marine Chronometer

153 317	ds	**NO**	A		EP	52317
153 319	c	**EM**	A		EP	52319
153 320	tc	**TW**	P	*TW*	CF	52320
153 323	tc	**TW**	P	*TW*	CF	52323
153 324	c	**NO**	P		LM	52324
153 325	tc	**TW**	P	*TW*	CF	52325
153 327	tc	**TW**	TW	*TW*	CF	52327
153 328	ds	**NO**	A		EP	52328
153 329	tc	**TW**	P	*TW*	CF	52329
153 330	cs	**NO**	P		LM	52330
153 331	d	**NO**	A		EP	52331
153 332	c	**NO**	P		LM	52332
153 333	tc	**TW**	P	*TW*	CF	52333
153 334	ct	**LM**	P		LM	52334
153 351	d	**NO**	A		EP	57351
153 352	ds	**NO**	A		EP	57352
153 353	tc	**TW**	TW	*TW*	CF	57353
153 354	c	**LM**	P		LM	57354
153 355	c	**EM**	A		EP	57355
153 356	c	**LM**	P		LM	57356
153 357	c	**EM**	A		EP	57357
153 358	c	**NO**	P		LM	57358
153 359	c	**NO**	P		LM	57359
153 360	c	**NO**	P		LM	57360
153 361	tc	**TW**	P	*TW*	CF	57361
153 362	tc	**TW**	TW	*TW*	CF	57362
153 363	cs	**NO**	P		LM	57363
153 364	c	**LM**	P		BU	57364

153 365	c	**LM**	P		LM	57365	
153 366	c	**LM**	P		BU	57366	
153 367	tc	**TW**	P	*TW*	CF	57367	
153 369	tc	**TW**	P	*TW*	CF	57369	
153 370	§	**0**	A	*SR*	CK	57370	
153 371	c	**LM**	P		LM	57371	
153 373	§	**0**	A	*SR*	CK	57373	
153 374	c	**EM**	TW		LE	57374	
153 375	c	**LM**	P		LM	57375	
153 376	cn	**EM**	P	*CS*	ZA	57376	
153 377	§	**0**	A	*SR*	CK	57377	
153 378	d	**NO**	A		EP	57378	
153 379	c	**EM**	P		LM	57379	
153 380	§	**0**	A	*SR*	CK	57380	
153 381	c	**EM**	P		LM	57381	
153 383	c	**EM**	P		LM	57383	Ecclesbourne Valley Railway 150 Years
153 384	c	**EM**	P		LM	57384	
153 385	cn	**EM**	P	*CS*	ZA	57385	

Class 153/9. Transport for Wales units that are not fully PRM compliant. Renumbered into the 1539xx series as they should operate with a PRM compliant unit. Toilets locked out of use.

153 906	(153306)	c	**TW**	P	*TW*	CF	52306
153 909	(153309)	c	**TW**	P	*TW*	CF	52309
153 910	(153310)	c	**TW**	P	*TW*	CF	52310
153 913	(153313)	cs	**TW**	P	*TW*	CF	52313
153 914	(153314)	c	**TW**	P	*TW*	CF	52314
153 918	(153318)	d	**EM**	TW	*TW*	CF	52318
153 921	(153321)	ct	**TW**	P	*TW*	CF	52321
153 922	(153322)	c	**TW**	P	*TW*	CF	52322
153 926	(153326)	c	**TW**	P	*TW*	CF	52326
153 935	(153335)	c	**TW**	P	*TW*	CF	52335
153 968	(153368)	d	**EM**	TW	*TW*	CF	57368
153 972	(153372)	d	**EM**	TW	*TW*	CF	57372
153 982	(153382)	d	**EM**	TW	*TW*	CF	57382

CLASS 155 SUPER SPRINTER LEYLAND BUS

DMSL–DMS. Fitted with a universal access toilet.

Construction: Steel underframe, rivetted steel body and roof. Built from Leyland National bus parts on Leyland Bus bogied underframes.
Engines: One Cummins NT855R5 of 213 kW (285 hp) at 2100 rpm.
Bogies: One P3-10 (powered) and one BT38 (non-powered).
Couplers: BSI.
Dimensions: 23.21 x 2.70 m.
Gangways: Throughout. **Wheel Arrangement:** 2-B + B-2.
Doors: Single-leaf sliding plug. **Maximum Speed:** 75 mph.
Seating Layout: 2+2 facing/unidirectional Chapman seating.
Multiple Working: Within class and with Classes 142, 143, 144, 150, 153, 156, 158, 159, 170 and 172.

DMSL. Lot No. 31057 1988. –/64 1TD 2W. 39.0 t.
DMS. Lot No. 31058 1988. –/76. 40.4 t.

155 341	**NR**	P	*NO*	NL	52341	57341
155 342	**NR**	P	*NO*	NL	52342	57342
155 343	**NR**	P	*NO*	NL	52343	57343
155 344	**NR**	P	*NO*	NL	52344	57344
155 345	**NR**	P	*NO*	NL	52345	57345
155 346	**NR**	P	*NO*	NL	52346	57346
155 347	**NR**	P	*NO*	NL	52347	57347

CLASS 156 SUPER SPRINTER   METRO-CAMMELL

DMSL–DMS.

Construction: Steel.
Engines: One Cummins NT855R5 of 213 kW (285 hp) at 2100 rpm.
Bogies: One P3-10 (powered) and one BT38 (non-powered).
Couplers: BSI.
Dimensions: 23.03 x 2.73 m.
Gangways: Throughout.   **Wheel Arrangement:** 2-B + B-2.
Doors: Single-leaf sliding.   **Maximum Speed:** 75 mph.
Seating Layout: 2+2 facing/unidirectional.
Multiple Working: Within class and with Classes 142, 143, 144, 150, 153, 155, 158, 159, 170 and 172.

† Former Greater Anglia units. Chapman seating.
* Angel-owned Northern units. Richmond seating.
§ Porterbrook-owned Northern units. Chapman seating.
b Refurbished by Brodies, Kilmarnock with Fainsa seating. Full details awaited.
m East Midlands Railway or Northern units. Chapman seating.
n Northern units refurbished with new Fainsa seating.
w ScotRail units refurbished with new Fainsa seating.

156403/404, 156413–415 and all remaining 156/9 units (renumbered in the 156/4 series) will transfer to Northern during 2022. 156402/412/419/422 were renumbered 156902/912/919/922 respectively for a time during 2019–21.

Non-standard livery: 156413 and 156414 All over blue with yellow doors.

Northern promotional vinyls: 156480 Royal Air Force (light blue & white)

DMSL. Lot No. 31028 1988–89. † –/62 1TD 2W, * –/64(+2) 1TD 2W, § –/62(+2) 1TD 2W, n –/66 1TD 2W, m –/62 (+2) 1TD 2W, u –/68, w –/66(+3) 1TD 2W. 38.6 t.
DMS. Lot No. 31029 1987–89. † and n –/74, *–/72(+4), u –/72, w –/76. 36.1 t.

156 401	m	**EM**	P	*NO*	NH	52401	57401
156 402	†	**NR**	P	*NO*	NH	52402	57402
156 403	m	**EM**	P	*EM*	DY	52403	57403
156 404	m	**EM**	P	*EM*	DY	52404	57404
156 405	m	**EI**	P	*EM*	DY	52405	57405
156 406	m	**EI**	P	*EM*	DY	52406	57406
156 407							
156 408	m	**EM**	P	*EM*	DY	52408	57408
156 409							

156 410	m	**EM**	P	*EM*	DY	52410	57410
156 411	m	**EM**	P	*EM*	DY	52411	57411
156 412	†	**NR**	P	*NO*	NH	52412	57412
156 413	m	**0**	P	*EM*	DY	52413	57413
156 414	m	**0**	P	*EM*	DY	52414	57414
156 415	m	**EM**	P	*NO*	NH	52415	57415
156 416							
156 417							
156 418							
156 419	†	**NR**	P	*NO*	NH	52419	57419
156 420	§	**NR**	P	*NO*	NH	52420	57420
156 421	§	**NR**	P	*NO*	HT	52421	57421
156 422	†	**NR**	P	*NO*	NH	52422	57422
156 423	§	**NR**	P	*NO*	NH	52423	57423
156 424	§	**NR**	P	*NO*	NH	52424	57424
156 425	§	**NR**	P	*NO*	NH	52425	57425
156 426	§	**NR**	P	*NO*	NH	52426	57426
156 427	§	**NR**	P	*NO*	NH	52427	57427
156 428	§	**NR**	P	*NO*	NH	52428	57428
156 429	§	**NR**	P	*NO*	NH	52429	57429
156 430	w	**SR**	A	*SR*	CK	52430	57430
156 431	w	**SR**	A	*SR*	CK	52431	57431
156 432	w	**SR**	A	*SR*	CK	52432	57432
156 433	w	**SR**	A	*SR*	CK	52433	57433
156 434	w	**SR**	A	*SR*	CK	52434	57434
156 435	w	**SR**	A	*SR*	CK	52435	57435
156 436	w	**SR**	A	*SR*	CK	52436	57436
156 437	w	**SR**	A	*SR*	CK	52437	57437
156 438	*	**NR**	A	*NO*	HT	52438	57438
156 439	w	**SR**	A	*SR*	CK	52439	57439
156 440	§	**NR**	P	*NO*	HT	52440	57440
156 441	§	**NR**	P	*NO*	NH	52441	57441
156 442	w	**SR**	A	*SR*	CK	52442	57442
156 443	*	**NR**	A	*NO*	HT	52443	57443
156 444	*	**NR**	A	*NO*	HT	52444	57444
156 445	rw	**SR**	A	*SR*	CK	52445	57445
156 446	rw	**SR**	A	*SR*	CK	52446	57446
156 447	n	**NR**	A	*NO*	HT	52447	57447
156 448	*	**NR**	A	*NO*	HT	52448	57448
156 449	n	**NR**	A	*NO*	HT	52449	57449
156 450	rw	**SR**	A	*SR*	CK	52450	57450
156 451	*	**NR**	A	*NO*	HT	52451	57451
156 452	§	**NR**	P	*NO*	NH	52452	57452
156 453	rw	**SR**	A	*SR*	CK	52453	57453
156 454	*	**NR**	A	*NO*	HT	52454	57454
156 455	§	**NR**	P	*NO*	NH	52455	57455
156 456	rw	**SR**	A	*SR*	CK	52456	57456
156 457	rw	**SR**	A	*SR*	CK	52457	57457
156 458	rw	**SR**	A	*SR*	CK	52458	57458
156 459	§	**NR**	P	*NO*	NH	52459	57459
156 460	§	**NR**	P	*NO*	NH	52460	57460

156 461	§	**NR**	P	*NO*	NH	52461	57461
156 462	w	**SR**	A	*SR*	CK	52462	57462
156 463	*	**NR**	A	*NO*	HT	52463	57463
156 464	§	**NR**	P	*NO*	NH	52464	57464
156 465	n	**NR**	A	*NO*	HT	52465	57465
156 466	§	**NR**	P	*NO*	NH	52466	57466
156 467	w	**SR**	A	*SR*	CK	52467	57467
156 468	*	**NR**	A	*NO*	HT	52468	57468
156 469	*	**NR**	A	*NO*	HT	52469	57469
156 470	m	**EM**	A	*EM*	DY	52470	57470
156 471	*	**NR**	A	*NO*	HT	52471	57471
156 472	*	**NR**	A	*NO*	HT	52472	57472
156 473	m	**EM**	A	*EM*	DY	52473	57473
156 474	rw	**SR**	A	*SR*	CK	52474	57474
156 475	*	**NR**	A	*NO*	HT	52475	57475
156 476	rw	**SR**	A	*SR*	CK	52476	57476
156 477	rw	**SR**	A	*SR*	CK	52477	57477
156 478	rb	**SR**	BR	*SR*	CK	52478	57478
156 479	*	**NR**	A	*NO*	HT	52479	57479
156 480	*	**NR**	A	*NO*	HT	52480	57480
156 481	*	**NR**	A	*NO*	HT	52481	57481
156 482	*	**NR**	A	*NO*	HT	52482	57482
156 483	*	**NR**	A	*NO*	HT	52483	57483
156 484	*	**NR**	A	*NO*	HT	52484	57484
156 485	n	**NR**	A	*NO*	HT	52485	57485
156 486	*	**NR**	A	*NO*	HT	52486	57486
156 487	*	**NR**	A	*NO*	HT	52487	57487
156 488	*	**NR**	A	*NO*	HT	52488	57488
156 489	*	**NR**	A	*NO*	HT	52489	57489
156 490	*	**NR**	A	*NO*	HT	52490	57490
156 491	*	**NR**	A	*NO*	HT	52491	57491
156 492	rw	**SR**	A	*SR*	CK	52492	57492
156 493	rw	**SR**	A	*SR*	CK	52493	57493
156 494	w	**SR**	A	*SR*	CK	52494	57494
156 495	w	**SR**	A	*SR*	CK	52495	57495
156 496	n	**NR**	A	*NO*	HT	52496	57496
156 497	m	**EM**	A	*EM*	DY	52497	57497
156 498	m	**EM**	A	*EM*	DY	52498	57498
156 499	rt	**SR**	A	*SR*	CK	52499	57499
156 500	rw	**SR**	A	*SR*	CK	52500	57500
156 501	w	**SR**	A	*SR*	CK	52501	57501
156 502	w	**SR**	A	*SR*	CK	52502	57502
156 503	w	**SR**	A	*SR*	CK	52503	57503
156 504	w	**SR**	A	*SR*	CK	52504	57504
156 505	w	**SR**	A	*SR*	CK	52505	57505
156 506	w	**SR**	A	*SR*	CK	52506	57506
156 507	w	**SR**	A	*SR*	CK	52507	57507
156 508	w	**SR**	A	*SR*	CK	52508	57508
156 509	w	**SR**	A	*SR*	CK	52509	57509
156 510	w	**SR**	A	*SR*	CK	52510	57510
156 511	w	**SR**	A	*SR*	CK	52511	57511

156 512	w	**SR**	A	*SR*	CK		52512	57512
156 513	w	**SR**	A	*SR*	CK		52513	57513
156 514	w	**SR**	A	*SR*	CK		52514	57514

Names:

156 469	The Royal Northumberland Fusiliers (The Fighting Fifth)
156 480	Spirit of The Royal Air Force
156 483	William George 'Billy' Hardy 14/01/1903 – 10/03/1950

Class 156/9. Former Greater Anglia units now operated by East Midlands Railway and renumbered in the 156/9 series. Due to be renumbered back into the 1564xx series and transfer to Northern during 2022.

156 907	(156 407)	†	**EI**	P	*EM*	DY	52407	57407
156 909	(156 409)	†	**EI**	P		BH	52409	57409
156 916	(156 416)	†	**EI**	P	*EM*	DY	52416	57416
156 917	(156 417)	†	**EI**	P		BH	52417	57417
156 918	(156 418)	†	**EI**	P	*EM*	DY	52418	57418

CLASS 158/0 BREL

DMSL(B)–DMSL(A) or DMCL–DMSL or DMSL–MSL–DMSL.

Construction: Welded aluminium.
Engines: 158 701–813/158 880–890/158 950–959: One Cummins NTA855R1 of 260 kW (350 hp) at 2100 rpm.
158 815–862: One Perkins 2006-TWH of 260 kW (350 hp) at 2100 rpm.
158 863–872: One Cummins NTA855R3 of 300 kW (400 hp) at 1900 rpm.
Bogies: One BREL P4 (powered) and one BREL T4 (non-powered) per car.
Couplers: BSI. **Dimensions:** 22.57 x 2.70 m.
Gangways: Throughout. **Wheel Arrangement:** 2-B + B-2.
Doors: Twin-leaf swing plug. **Maximum Speed:** 90 mph.
Seating Layout: 2+2 facing/unidirectional.
Multiple Working: Within class and with Classes 142, 143, 144, 150, 153, 155, 156, 159, 170 and 172.

ScotRail 158s 158701–736/738–741 are "fitted" for RETB. When a unit arrives at Inverness the cab display unit is clipped on and plugged in. Transport for Wales units have ETCS plugged in at Shrewsbury for working the Cambrian Lines.

*	Refurbished ScotRail units fitted with Grammer seating, additional luggage racks and cycle stowage areas. ScotRail units 158 726–736/738–741 are fitted with Richmond seating.
†	Refurbished East Midlands Railway units with Grammer seating.
§	Northern 3-car units (original seating).
n	Refurbished Northern units with new Fainsa seating.
p	Refurbished ScotRail units with Richmond seating.
s	Refurbished Transport for Wales units with Grammer seating.
z	Refurbished Great Western Railway units. Units 158745–749/751/762/767 (some formed into 3-car sets) have Richmond seating.

158 701–158 745 211

DMSL(B). Lot No. 31051 BREL Derby 1989–92. † 68(+3) 1TD 2W, § –/64(+3) 1TD 2W, n –/66 1TD 2W, s –/64(+4) 1TD 2W, z –/62 1TD 2W. 38.5 t.
MSL. Lot No. 31050 BREL Derby 1991. –/68 1T. 38.5 t.
DMSL(A). Lot No. 31052 BREL Derby 1989–92. –/70 1T († –/74, n –/72 1T, * & p –/64(+2) 1T, z –/68) plus cycle stowage area. 38.5 t.

The above details refer to the "as built" condition. The following DMSL(B) have now been converted to DMCL as follows:
52701–736/738–741 (ScotRail). 15/53 1TD 1W (* refurbished sets –/60(+6) 1TD 1W plus cycle stowage area).

158 701	*	**SR**	P	*SR*	IS	52701 57701
158 702	*	**SR**	P	*SR*	IS	52702 57702
158 703	*	**SR**	P	*SR*	IS	52703 57703
158 704	*	**SR**	P	*SR*	IS	52704 57704
158 705	*	**SR**	P	*SR*	IS	52705 57705
158 706	*	**SR**	P	*SR*	IS	52706 57706
158 707	*	**SR**	P	*SR*	IS	52707 57707
158 708	*	**SR**	P	*SR*	IS	52708 57708
158 709	*	**SR**	P	*SR*	IS	52709 57709
158 710	*	**SR**	P	*SR*	IS	52710 57710
158 711	*	**SR**	P	*SR*	IS	52711 57711
158 712	*	**SR**	P	*SR*	IS	52712 57712
158 713	*	**SR**	P	*SR*	IS	52713 57713
158 714	*	**SR**	P	*SR*	IS	52714 57714
158 715	*	**SR**	P	*SR*	IS	52715 57715
158 716	*	**SR**	P	*SR*	IS	52716 57716
158 717	*	**SR**	P	*SR*	IS	52717 57717
158 718	*	**SR**	P	*SR*	IS	52718 57718
158 719	*	**SR**	P	*SR*	IS	52719 57719
158 720	*	**SR**	P	*SR*	IS	52720 57720
158 721	*	**SR**	P	*SR*	IS	52721 57721
158 722	*	**SR**	P	*SR*	IS	52722 57722
158 723	*	**SR**	P	*SR*	IS	52723 57723
158 724	*	**SR**	P	*SR*	IS	52724 57724
158 725	*	**SR**	P	*SR*	IS	52725 57725
158 726	p	**SR**	P	*SR*	CK	52726 57726
158 727	p	**SR**	P	*SR*	CK	52727 57727
158 728	p	**SR**	P	*SR*	CK	52728 57728
158 729	p	**SR**	P	*SR*	CK	52729 57729
158 730	p	**SR**	P	*SR*	CK	52730 57730
158 731	p	**SR**	P	*SR*	CK	52731 57731
158 732	p	**SR**	P	*SR*	CK	52732 57732
158 733	p	**SR**	P	*SR*	CK	52733 57733
158 734	p	**SR**	P	*SR*	CK	52734 57734
158 735	p	**SR**	P	*SR*	CK	52735 57735
158 736	p	**SR**	P	*SR*	CK	52736 57736
158 738	p	**SR**	P	*SR*	CK	52738 57738
158 739	p	**SR**	P	*SR*	CK	52739 57739
158 740	p	**SR**	P	*SR*	CK	52740 57740
158 741	p	**SR**	P	*SR*	CK	52741 57741
158 745	z	**GW**	P	*GW*	PM	52745 57745

158 747	z	**GW**	P	*GW*	PM	52747	57747	
158 749	z	**GW**	P	*GW*	PM	52749	57749	
158 750	z	**GW**	P	*GW*	PM	52750	57750	
158 752	§	**NR**	P	*NO*	NL	52752	58716	57752
158 753	§	**NR**	P	*NO*	NL	52753	58710	57753
158 754	§	**NR**	P	*NO*	NL	52754	58708	57754
158 755	§	**NR**	P	*NO*	NL	52755	58702	57755
158 756	§	**NR**	P	*NO*	NL	52756	58712	57756
158 757	§	**NR**	P	*NO*	NL	52757	58706	57757
158 758	§	**NR**	P	*NO*	NL	52758	58714	57758
158 759	§	**NR**	P	*NO*	NL	52759	58713	57759
158 760	z	**GW**	P	*GW*	PM	52760	57760	
158 762	z	**GW**	P	*GW*	PM	52762	57762	
158 763	z	**GW**	P		LM	52763	57763	
158 765	z	**GW**	P	*GW*	PM	52765	57765	
158 766	z	**GW**	P	*GW*	PM	52766	57766	
158 767	z	**GW**	P	*GW*	PM	52767	57767	
158 769	z	**GW**	P	*GW*	PM	52769	57769	
158 770	†	**ST**	P	*EM*	NM	52770	57770	
158 773	†	**EI**	P	*EM*	NM	52773	57773	
158 774	†	**EI**	P	*EM*	NM	52774	57774	
158 777	†	**ST**	P	*EM*	NM	52777	57777	
158 780	†	**ST**	A	*EM*	NM	52780	57780	
158 782	n	**NR**	A	*NO*	NL	52782	57782	
158 783	†	**ST**	A	*EM*	NM	52783	57783	
158 784	n	**NR**	A	*NO*	NL	52784	57784	
158 785	†	**ST**	A	*EM*	NM	52785	57785	
158 786	n	**NR**	A	*NO*	NL	52786	57786	
158 787	n	**NR**	A	*NO*	NL	52787	57787	
158 788	†	**ST**	A	*EM*	NM	52788	57788	
158 789	n	**NR**	A	*NO*	NL	52789	57789	
158 790	n	**NR**	A	*NO*	NL	52790	57790	
158 791	n	**NR**	A	*NO*	NL	52791	57791	
158 792	n	**NR**	A	*NO*	HT	52792	57792	
158 793	n	**NR**	A	*NO*	NL	52793	57793	
158 794	n	**NR**	A	*NO*	NL	52794	57794	
158 795	n	**NR**	A	*NO*	NL	52795	57795	
158 796	n	**NR**	A	*NO*	NL	52796	57796	
158 797	n	**NR**	A	*NO*	NL	52797	57797	
158 798	z	**GW**	P	*GW*	EX	52798	58715	57798
158 799	†	**ST**	P	*EM*	NM	52799	57799	
158 806	†	**ST**	P	*EM*	NM	52806	57806	
158 810	†	**ST**	P	*EM*	NM	52810	57810	
158 812	†	**ST**	P	*EM*	NM	52812	57812	
158 813	†	**ST**	P	*EM*	NM	52813	57813	
158 815	n	**NR**	A	*NO*	HT	52815	57815	
158 816	n	**NR**	A	*NO*	HT	52816	57816	
158 817	n	**NR**	A	*NO*	HT	52817	57817	
158 818	es	**TW**	A	*TW*	MN	52818	57818	
158 819	es	**TW**	A	*TW*	MN	52819	57819	
158 820	es	**TW**	A	*TW*	MN	52820	57820	

158 821	es	**TW**	A	*TW*	MN	52821	57821
158 822	es	**TW**	A	*TW*	MN	52822	57822
158 823	es	**TW**	A	*TW*	MN	52823	57823
158 824	es	**TW**	A	*TW*	MN	52824	57824
158 825	es	**TW**	A	*TW*	MN	52825	57825
158 826	es	**TW**	A	*TW*	MN	52826	57826
158 827	es	**TW**	A	*TW*	MN	52827	57827
158 828	es	**TW**	A	*TW*	MN	52828	57828
158 829	es	**TW**	A	*TW*	MN	52829	57829
158 830	es	**TW**	A	*TW*	MN	52830	57830
158 831	es	**TW**	A	*TW*	MN	52831	57831
158 832	es	**TW**	A	*TW*	MN	52832	57832
158 833	es	**TW**	A	*TW*	MN	52833	57833
158 834	es	**TW**	A	*TW*	MN	52834	57834
158 835	es	**TW**	A	*TW*	MN	52835	57835
158 836	es	**TW**	A	*TW*	MN	52836	57836
158 837	es	**TW**	A	*TW*	MN	52837	57837
158 838	es	**TW**	A	*TW*	MN	52838	57838
158 839	es	**TW**	A	*TW*	MN	52839	57839
158 840	es	**TW**	A	*TW*	MN	52840	57840
158 841	es	**TW**	A	*TW*	MN	52841	57841
158 842	n	**NR**	A	*NO*	HT	52842	57842
158 843	n	**NR**	A	*NO*	HT	52843	57843
158 844	n	**NR**	A	*NO*	HT	52844	57844
158 845	n	**NR**	A	*NO*	HT	52845	57845
158 846	†	**ST**	A	*EM*	NM	52846	57846
158 847	†	**ST**	A	*EM*	NM	52847	57847
158 848	n	**NR**	A	*NO*	HT	52848	57848
158 849	n	**NR**	A	*NO*	HT	52849	57849
158 850	n	**NR**	A	*NO*	HT	52850	57850
158 851	n	**NR**	A	*NO*	HT	52851	57851
158 852	†	**ST**	A	*EM*	NM	52852	57852
158 853	n	**NR**	A	*NO*	HT	52853	57853
158 854	†	**ST**	A	*EM*	NM	52854	57854
158 855	n	**NR**	A	*NO*	HT	52855	57855
158 856	†	**ST**	A	*EM*	NM	52856	57856
158 857	†	**ST**	A	*EM*	NM	52857	57857
158 858	†	**ST**	A	*EM*	NM	52858	57858
158 859	n	**NR**	A	*NO*	HT	52859	57859
158 860	n	**NR**	A	*NO*	HT	52860	57860
158 861	n	**NR**	A	*NO*	HT	52861	57861
158 862	†	**ST**	A	*EM*	NM	52862	57862
158 863	†	**ST**	A	*EM*	NM	52863	57863
158 864	†	**ST**	A	*EM*	NM	52864	57864
158 865	†	**ST**	A	*EM*	NM	52865	57865
158 866	†	**ST**	A	*EM*	NM	52866	57866
158 867	n	**NR**	A	*NO*	NL	52867	57867
158 868	n	**NR**	A	*NO*	NL	52868	57868
158 869	n	**NR**	A	*NO*	NL	52869	57869
158 870	n	**NR**	A	*NO*	NL	52870	57870
158 871	n	**NR**	A	*NO*	NL	52871	57871

158 872		n	**NR**	A	*NO*	NL	52872	57872

Names:

158 847	Lincoln Castle Explorer
158 854	The Station Volunteer
158 864	ELR 50 VISIT LINCOLNSHIRE in 2020

Class 158/8. Refurbished South Western Railway and East Midlands Railway units. Converted from former TransPennine Express units at Wabtec, Doncaster in 2007. 2+1 seating in First Class.

Details as Class 158/0 except:

DMCL. Lot No. 31051 BREL Derby 1989–92. 13/40(+2) 1TD 1W. 38.5 t.
DMSL. Lot No. 31052 BREL Derby 1989–92. –/70 1T. 38.5 t.

158 880	(158 737)	**ST**	P	*SW*	SA	52737	57737
158 881	(158 742)	**ST**	P	*SW*	SA	52742	57742
158 882	(158 743)	**ST**	P	*SW*	SA	52743	57743
158 883	(158 744)	**ST**	P	*SW*	SA	52744	57744
158 884	(158 772)	**ST**	P	*SW*	SA	52772	57772
158 885	(158 775)	**ST**	P	*SW*	SA	52775	57775
158 886	(158 779)	**ST**	P	*SW*	SA	52779	57779
158 887	(158 781)	**SW**	P	*SW*	SA	52781	57781
158 888	(158 802)	**SW**	P	*SW*	SA	52802	57802
158 889	(158 808)	**ST**	P	*EM*	NM	52808	57808
158 890	(158 814)	**SW**	P	*SW*	SA	52814	57814

CLASS 158/9 BREL

DMSL–DMS. Units leased by West Yorkshire PTE but managed by Eversholt Rail. Refurbished with new Fainsa seating. Details as Class 158/0 except for seating and toilets.

DMSL. Lot No. 31051 BREL Derby 1990–92. –/66 1TD 2W. 38.5 t.
DMS. Lot No. 31052 BREL Derby 1990–92. –/72 and parcels area. 38.5 t.

158 901	**NR**	E	*NO*	NL	52901	57901
158 902	**NR**	E	*NO*	NL	52902	57902
158 903	**NR**	E	*NO*	NL	52903	57903
158 904	**NR**	E	*NO*	NL	52904	57904
158 905	**NR**	E	*NO*	NL	52905	57905
158 906	**NR**	E	*NO*	NL	52906	57906
158 907	**NR**	E	*NO*	NL	52907	57907
158 908	**NR**	E	*NO*	NL	52908	57908
158 909	**NR**	E	*NO*	NL	52909	57909
158 910	**NR**	E	*NO*	NL	52910	57910

CLASS 158/0 BREL

DMSL(A)–DMSL(B)–DMSL(A). Units reformed as 3-car hybrid sets for Great Western Railway. For vehicle details see above. Formations can be flexible depending on when unit exams become due.

158 950	**GW**	P	*GW*	EX	57751	52761	57761
158 951	**GW**	P	*GW*	EX	52751	52764	57764
158 956	**GW**	P	*GW*	EX	52748	52768	57768
158 957	**GW**	P	*GW*	EX	57748	52771	57771
158 958	**GW**	P	*GW*	EX	57746	52776	57776
158 959	**GW**	P	*GW*	EX	52746	52778	57778

CLASS 159/0   BREL

DMCL–MSL–DMSL. Built as Class 158. Converted before entering passenger service to Class 159 by Rosyth Dockyard.

Construction: Welded aluminium.
Engines: One Cummins NTA855R3 of 300 kW (400 hp) at 1900 rpm.
Bogies: One BREL P4 (powered) and one BREL T4 (non-powered) per car.
Couplers: BSI.   **Dimensions:** 22.57 x 2.70 m.
Gangways: Throughout.   **Wheel Arrangement:** 2-B + B-2 + B-2.
Doors: Twin-leaf swing plug.   **Maximum Speed:** 90 mph.
Seating Layout: 1: 2+1 facing, 2: 2+2 facing/unidirectional.
Multiple Working: Within class and with Classes 142, 143, 144, 150, 153, 155, 156, 158 and 170.

DMCL. Lot No. 31051 BREL Derby 1992–93. 23/24(+2) 1TD 2W. 38.5 t.
MSL. Lot No. 31050 BREL Derby 1992–93. –/70(+6) 1T. 38.5 t.
DMSL. Lot No. 31052 BREL Derby 1992–93. –/72 1T. 38.5 t.

159 001	**SW**	P	*SW*	SA	52873	58718	57873
159 002	**SW**	P	*SW*	SA	52874	58719	57874
159 003	**SW**	P	*SW*	SA	52875	58720	57875
159 004	**SW**	P	*SW*	SA	52876	58721	57876
159 005	**SW**	P	*SW*	SA	52877	58722	57877
159 006	**SW**	P	*SW*	SA	52878	58723	57878
159 007	**SW**	P	*SW*	SA	52879	58724	57879
159 008	**SW**	P	*SW*	SA	52880	58725	57880
159 009	**SW**	P	*SW*	SA	52881	58726	57881
159 010	**SW**	P	*SW*	SA	52882	58727	57882
159 011	**SW**	P	*SW*	SA	52883	58728	57883
159 012	**SW**	P	*SW*	SA	52884	58729	57884
159 013	**SW**	P	*SW*	SA	52885	58730	57885
159 014	**SW**	P	*SW*	SA	52886	58731	57886
159 015	**SW**	P	*SW*	SA	52887	58732	57887
159 016	**SW**	P	*SW*	SA	52888	58733	57888
159 017	**SW**	P	*SW*	SA	52889	58734	57889
159 018	**SW**	P	*SW*	SA	52890	58735	57890
159 019	**SW**	P	*SW*	SA	52891	58736	57891
159 020	**SW**	P	*SW*	SA	52892	58737	57892
159 021	**SW**	P	*SW*	SA	52893	58738	57893
159 022	**SW**	P	*SW*	SA	52894	58739	57894

CLASS 159/1 — BREL

DMCL–MSL–DMSL. Units converted from Class 158s at Wabtec, Doncaster in 2006–07 for South West Trains.

Details as Class 158/0 except:
Seating Layout: 1: 2+1 facing, 2: 2+2 facing/unidirectional.

DMCL. Lot No. 31051 BREL Derby 1989–92. 24/24(+2) 1TD 2W. 38.5 t.
MSL. Lot No. 31050 BREL Derby 1989–92. –/70 1T. 38.5 t.
DMSL. Lot No. 31052 BREL Derby 1989–92. –/72 1T. 38.5 t.

159 101	(158 800)	**ST**	P	*SW*	SA	52800	58717	57800
159 102	(158 803)	**ST**	P		LM	52803	58703	57803
159 103	(158 804)	**ST**	P	*SW*	SA	52804	58704	57804
159 104	(158 805)	**ST**	P	*SW*	SA	52805	58705	57805
159 105	(158 807)	**ST**	P	*SW*	SA	52807	58707	57807
159 106	(158 809)	**ST**	P	*SW*	SA	52809	58709	57809
159 107	(158 811)	**ST**	P	*SW*	SA	52811	58711	57811
159 108	(158 801)	**ST**	P	*SW*	SA	52801	58701	57801

CLASS 165/0 — NETWORK TURBO — BREL

DMSL–DMS and DMSL–MS–DMS. Chiltern Railways units. Refurbished 2003–05 with First Class seats removed and air conditioning fitted.

Construction: Welded aluminium.
Engines: One Perkins 2006-TWH of 260 kW (350 hp) at 2100 rpm.
Bogies: BREL P3-17 (powered), BREL T3-17 (non-powered).
Couplers: BSI.
Dimensions: 23.50/23.25 x 2.81 m.
Gangways: Within unit only.
Doors: Twin-leaf swing plug.
Wheel Arrangement: 2-B (+ B-2) + B-2.
Maximum Speed: 75 mph.
Seating Layout: 2+2/3+2 facing/unidirectional.
Multiple Working: Within class and with Classes 166, 168, 170 and 172.

Fitted with tripcocks for working over London Underground tracks between Harrow-on-the-Hill and Amersham.

58801–822/58873–878. DMSL. Lot No. 31087 BREL York 1990. –/77(+7) 1TD 2W. 42.1 t.
58823–833. DMSL. Lot No. 31089 BREL York 1991–92. –/77(+7) 1TD 2W. 40.1 t.
MS. Lot No. 31090 BREL York 1991–92. –/106. 37.0 t.
DMS. Lot No. 31088 BREL York 1991–92. –/94. 41.5 t.

165 001	**CR**	A	*CR*	AL	58801	58834
165 002	**CR**	A	*CR*	AL	58802	58835
165 003	**CR**	A	*CR*	AL	58803	58836
165 004	**CR**	A	*CR*	AL	58804	58837
165 005	**CR**	A	*CR*	AL	58805	58838
165 006	**CR**	A	*CR*	AL	58806	58839
165 007	**CR**	A	*CR*	AL	58807	58840
165 008	**CR**	A	*CR*	AL	58808	58841

165 009	**CR**	A	*CR*	AL	58809		58842
165 010	**CR**	A	*CR*	AL	58810		58843
165 011	**CR**	A	*CR*	AL	58811		58844
165 012	**CR**	A	*CR*	AL	58812		58845
165 013	**CR**	A	*CR*	AL	58813		58846
165 014	**CR**	A	*CR*	AL	58814		58847
165 015	**CR**	A	*CR*	AL	58815		58848
165 016	**CR**	A	*CR*	AL	58816		58849
165 017	**CR**	A	*CR*	AL	58817		58850
165 018	**CR**	A	*CR*	AL	58818		58851
165 019	**CR**	A	*CR*	AL	58819		58852
165 020	**CR**	A	*CR*	AL	58820		58853
165 021	**CR**	A	*CR*	AL	58821		58854
165 022	**CR**	A	*CR*	AL	58822		58855
165 023	**CR**	A	*CR*	AL	58873		58867
165 024	**CR**	A	*CR*	AL	58874		58868
165 025	**CR**	A	*CR*	AL	58875		58869
165 026	**CR**	A	*CR*	AL	58876		58870
165 027	**CR**	A	*CR*	AL	58877		58871
165 028	**CR**	A	*CR*	AL	58878		58872
165 029	**CR**	A	*CR*	AL	58823	55404	58856
165 030	**CR**	A	*CR*	AL	58824	55405	58857
165 031	**CR**	A	*CR*	AL	58825	55406	58858
165 032	**CR**	A	*CR*	AL	58826	55407	58859
165 033	**CR**	A	*CR*	AL	58827	55408	58860
165 034	**CR**	A	*CR*	AL	58828	55409	58861
165 035	**CR**	A	*CR*	AL	58829	55410	58862
165 036	**CR**	A	*CR*	AL	58830	55411	58863
165 037	**CR**	A	*CR*	AL	58831	55412	58864
165 038	**CR**	A	*CR*	AL	58832	55413	58865
165 039	**CR**	A	*CR*	AL	58833	55414	58866

CLASS 165/1   NETWORK TURBO   BREL

Great Western Railway units. DMSL–MS–DMS or DMSL–DMS. In 2015 GWR removed First Class from all its Class 165s, it was later reinstated on the 3-car units. Air cooling equipment fitted.

Construction: Welded aluminium.
Engines: One Perkins 2006-TWH of 260 kW (350 hp) at 2100 rpm.
Bogies: BREL P3-17 (powered), BREL T3-17 (non-powered).
Couplers: BSI.
Dimensions: 23.50/23.25 × 2.81 m.
Gangways: Within unit only.   **Wheel Arrangement:** 2-B (+ B-2) + B-2.
Doors: Twin-leaf swing plug.   **Maximum Speed:** 90 mph.
Seating Layout: 3+2/2+2 facing/unidirectional.
Multiple Working: Within class and with Classes 166, 168, 170 and 172.

58953–969. DMSL. Lot No. 31098 BREL York 1992. 16/51 1TD 2W. 40.8 t.
58879–898. DMSL. Lot No. 31096 BREL York 1992. –/73 1TD 2W. 40.8 t.
MS. Lot No. 31099 BREL 1992. –/106. 38.1 t.
DMS. Lot No. 31097 BREL 1992. –/84. 37.0 t.

165 101	**GW**	A	*GW*	RG	58953	55415	58916
165 102	**GW**	A	*GW*	RG	58954	55416	58917
165 103	**GW**	A	*GW*	RG	58955	55417	58918
165 104	**GW**	A	*GW*	RG	58956	55418	58919
165 105	**GW**	A	*GW*	RG	58957	55419	58920
165 106	**GW**	A	*GW*	RG	58958	55420	58921
165 107	**GW**	A	*GW*	RG	58959	55421	58922
165 108	**GW**	A	*GW*	RG	58960	55422	58923
165 109	**GW**	A	*GW*	RG	58961	55423	58924
165 110	**GW**	A	*GW*	RG	58962	55424	58925
165 111	**GW**	A	*GW*	RG	58963	55425	58926
165 112	**GW**	A	*GW*	RG	58964	55426	58927
165 113	**GW**	A	*GW*	RG	58965	55427	58928
165 114	**GW**	A	*GW*	RG	58966	55428	58929
165 116	**GW**	A	*GW*	RG	58968	55430	58931
165 117	**GW**	A	*GW*	RG	58969	55431	58932
165 118	**GW**	A	*GW*	RG	58879		58933
165 119	**GW**	A	*GW*	RG	58880		58934
165 120	**GW**	A	*GW*	RG	58881		58935
165 121	**GW**	A	*GW*	RG	58882		58936
165 122	**GW**	A	*GW*	RG	58883		58937
165 123	**GW**	A	*GW*	RG	58884		58938
165 124	**GW**	A	*GW*	RG	58885		58939
165 125	**GW**	A	*GW*	RG	58886		58940
165 126	**GW**	A	*GW*	RG	58887		58941
165 127	**GW**	A	*GW*	RG	58888		58942
165 128	**GW**	A	*GW*	PM	58889		58943
165 129	**GW**	A	*GW*	PM	58890		58944
165 130	**GW**	A	*GW*	PM	58891		58945
165 131	**GW**	A	*GW*	PM	58892		58946
165 132	**GW**	A	*GW*	PM	58893		58947
165 133	**GW**	A	*GW*	PM	58894		58948
165 134	**GW**	A	*GW*	PM	58895		58949
165 135	**GW**	A	*GW*	PM	58896		58950
165 136	**GW**	A	*GW*	PM	58897		58951
165 137	**GW**	A	*GW*	PM	58898		58952

CLASS 166　　NETWORK EXPRESS TURBO　　ABB

DMCL–MS–DMSL. Great Western Railway units, built for Paddington–Oxford/Newbury services. Air conditioned and with additional luggage space compared to the Class 165s. The DMSL vehicles have had their 16 First Class seats declassified.

Construction: Welded aluminium.
Engines: One Perkins 2006-TWH of 260 kW (350 hp) at 2100 rpm.
Bogies: BREL P3-17 (powered), BREL T3-17 (non-powered).
Couplers: BSI.
Dimensions: 23.50 x 2.81 m.
Gangways: Within unit only.
Doors: Twin-leaf swing plug.
Wheel Arrangement: 2-B + B-2 + B-2.
Maximum Speed: 90 mph.

Seating Layout: 1: 2+2 facing, 2: 2+2/3+2 facing/unidirectional.
Multiple Working: Within class and with Classes 165, 168, 170 and 172.

DMCL. Lot No. 31116 ABB York 1992-93. 16/53 1TD 2W. 41.2 t.
MS. Lot No. 31117 ABB York 1992-93. –/91. 39.9 t.
DMSL. Lot No. 31116 ABB York 1992-93. –/84 1T. 39.6 t.

166 201	**FB**	A	*GW*	PM	58101	58601	58122
166 202	**FB**	A	*GW*	PM	58102	58602	58123
166 203	**FB**	A	*GW*	PM	58103	58603	58124
166 204	**GW**	A	*GW*	PM	58104	58604	58125
166 205	**GW**	A	*GW*	PM	58105	58605	58126
166 206	**GW**	A	*GW*	PM	58106	58606	58127
166 207	**FB**	A	*GW*	PM	58107	58607	58128
166 208	**GW**	A	*GW*	PM	58108	58608	58129
166 209	**FB**	A	*GW*	PM	58109	58609	58130
166 210	**GW**	A	*GW*	PM	58110	58610	58131
166 211	**FB**	A	*GW*	PM	58111	58611	58132
166 212	**GW**	A	*GW*	PM	58112	58612	58133
166 213	**GW**	A	*GW*	PM	58113	58613	58134
166 214	**GW**	A	*GW*	PM	58114	58614	58135
166 215	**FB**	A	*GW*	PM	58115	58615	58136
166 216	**GW**	A	*GW*	PM	58116	58616	58137
166 217	**GW**	A	*GW*	PM	58117	58617	58138
166 218	**GW**	A	*GW*	PM	58118	58618	58139
166 219	**GW**	A	*GW*	PM	58119	58619	58140
166 220	**GW**	A	*GW*	PM	58120	58620	58141
166 221	**FB**	A	*GW*	PM	58121	58621	58142

Names:

166 204	Norman Topsom MBE
166 220	Roger Watkins THE GWR MASTER TRAIN PLANNER
166 221	Reading Train Care Depot/READING TRAIN CARE DEPOT *(alt sides)*

CLASS 168 CLUBMAN ADTRANZ/BOMBARDIER

Air conditioned.

Construction: Welded aluminium bodies with bolt-on steel ends.
Engines: One MTU 6R183TD13H of 315 kW (422 hp) at 1900 rpm (* MTU 6H 1800 + MTU EnergyPack battery system for hybrid operation).
Transmission: Hydraulic. Voith T211rzze to ZF final drive.
Bogies: One Adtranz P3-23 and one BREL T3-23 per car.
Couplers: BSI at outer ends, bar within unit.
Dimensions: Class 168/0: 24.10/23.61 x 2.69 m. Others: 23.62/23.61 x 2.69 m.
Gangways: Within unit only.   **Wheel Arrangement:** 2-B (+ B-2 + B-2) + B-2.
Doors: Twin-leaf swing plug.   **Maximum Speed:** 100 mph.
Seating Layout: 2+2 facing/unidirectional.
Multiple Working: Within class and with Classes 165 and 166.

Fitted with tripcocks for working over London Underground tracks between Harrow-on-the-Hill and Amersham.

Non-standard livery: 168 329 HybridFLEX (dark blue, green & grey).

Class 168/0. Original Design. DMSL(A)–MS–MSL–DMSL(B) or DMSL(A)–MSL–MS–DMSL(B).

58451–455 were numbered 58656–660 for a time when used in 168 106–110.

58151–155. DMSL(A). Adtranz Derby 1997–98. –/57 1TD 1W. 44.0 t.
58651–655. MSL. Adtranz Derby 1998. –/73 1T. 41.0 t.
58451–455. MS. Adtranz Derby 1998. –/77. 41.0 t.
58251–255. DMSL(B). Adtranz Derby 1998. –/68 1T. 43.6 t.

168 001	**CL**	P	*CR*	AL	58151	58651	58451	58251
168 002	**CL**	P	*CR*	AL	58152	58652	58452	58252
168 003	**CL**	P	*CR*	AL	58153	58653	58453	58253
168 004	**CL**	P	*CR*	AL	58154	58654	58454	58254
168 005	**CL**	P	*CR*	AL	58155	58655	58455	58255

Class 168/1. These units are effectively Class 170s. DMSL(A)–MSL–MS–DMSL(B) or DMSL(A)–MS–DMSL(B).

58461–463 have been renumbered from 58661–663.

58156–163. DMSL(A). Adtranz Derby 2000. –/57 1TD 2W. 45.2 t.
58456–460. MS. Bombardier Derby 2002. –/76. 41.8 t.
58756–757. MSL. Bombardier Derby 2002. –/73 1T. 42.9 t.
58461–463. MS. Adtranz Derby 2000. –/76. 42.4 t.
58256–263. DMSL(B). Adtranz Derby 2000. –/69 1T. 45.2 t.

168 106	**CL**	P	*CR*	AL	58156	58756	58456	58256
168 107	**CL**	P	*CR*	AL	58157	58757	58457	58257
168 108	**CL**	P	*CR*	AL	58158		58458	58258
168 109	**CL**	P	*CR*	AL	58159		58459	58259
168 110	**CL**	P	*CR*	AL	58160		58460	58260
168 111	**CL**	E	*CR*	AL	58161		58461	58261
168 112	**CL**	E	*CR*	AL	58162		58462	58262
168 113	**CL**	E	*CR*	AL	58163		58463	58263

Class 168/2. These units are effectively Class 170s. DMSL(A)–(MS)–MS–DMSL(B).

58164–169. DMSL(A). Bombardier Derby 2003–04. –/57 1TD 2W. 45.4 t.
58365–367. MS. Bombardier Derby 2006. –/76. 43.3 t.
58464/468/469. MS. Bombardier Derby 2003–04. –/76. 44.0 t.
58465–467. MS. Bombardier Derby 2006. –/76. 43.3 t.
58264–269. DMSL(B). Bombardier Derby 2003–04. –/69 1T. 45.5 t.

168 214	**CL**	P	*CR*	AL	58164		58464	58264
168 215	**CL**	P	*CR*	AL	58165	58365	58465	58265
168 216	**CL**	P	*CR*	AL	58166	58366	58466	58266
168 217	**CL**	P	*CR*	AL	58167	58367	58467	58267
168 218	**CL**	P	*CR*	AL	58168		58468	58268
168 219	**CL**	P	*CR*	AL	58169		58469	58269

Class 168/3. Former South West Trains/TransPennine Express Class 170s taken on by Chiltern Railways in 2015–16 and renumbered in the 168 3xx series. 170 309 was originally numbered 170 399. DMSL(A)–DMSL(B).

50301–308/399. DMCL. Adtranz Derby 2000–01. –/59 1TD 2W. 45.8 t.
79301–308/399. DMSL. Adtranz Derby 2000–01. –/69 1T. 45.8 t.

168 321	(170 301)		**CL**	P	*CR*	AL	50301 79301
168 322	(170 302)		**CL**	P	*CR*	AL	50302 79302
168 323	(170 303)		**CL**	P	*CR*	AL	50303 79303
168 324	(170 304)		**CL**	P	*CR*	AL	50304 79304
168 325	(170 305)		**CL**	P	*CR*	AL	50305 79305
168 326	(170 306)		**CL**	P	*CR*	AL	50306 79306
168 327	(170 307)		**CL**	P	*CR*	AL	50307 79307
168 328	(170 308)		**CL**	P	*CR*	AL	50308 79308
168 329	(170 309)	*	**CL**	P	*CR*	AL	50399 79399

CLASS 170 TURBOSTAR ADTRANZ/BOMBARDIER

Various formations. Air conditioned.

Construction: Welded aluminium bodies with bolt-on steel ends.
Engines: One MTU 6R183TD13H of 315 kW (422 hp) at 1900 rpm.
Transmission: Hydraulic. Voith T211rzze to ZF final drive.
Bogies: One Adtranz P3-23 and one BREL T3-23 per car.
Couplers: BSI at outer ends, bar within later build units.
Dimensions: 23.62/23.61 x 2.69 m.
Gangways: Within unit only. **Wheel Arrangement:** 2-B (+ B-2) + B-2.
Doors: Twin-leaf sliding plug. **Maximum Speed:** 100 mph.
Seating Layout: 1: 2+1 facing/unidirectional. 2: 2+2 unidirectional/facing.
Multiple Working: Within class and with Classes 150, 153, 155, 156, 158, 159 and 172.

Class 170/1. CrossCountry (former Midland Mainline) units. Lazareni seating. DMSL–MS–DMCL/DMSL–DMCL.

DMSL. Adtranz Derby 1998–99. –/59 1TD 2W. 45.0 t.
MS. Adtranz Derby 2001. –/80. 43.0 t.
DMCL. Adtranz Derby 1998–99. 9/52 1T. 44.8 t

170 101	**XC**	P	*XC*	TS	50101 55101	79101
170 102	**XC**	P	*XC*	TS	50102 55102	79102
170 103	**XC**	P	*XC*	TS	50103 55103	79103
170 104	**XC**	P	*XC*	TS	50104 55104	79104
170 105	**XC**	P	*XC*	TS	50105 55105	79105
170 106	**XC**	P	*XC*	TS	50106 55106	79106
170 107	**XC**	P	*XC*	TS	50107 55107	79107
170 108	**XC**	P	*XC*	TS	50108 55108	79108
170 109	**XC**	P	*XC*	TS	50109 55109	79109
170 110	**XC**	P	*XC*	TS	50110 55110	79110
170 111	**XC**	P	*XC*	TS	50111	79111
170 112	**XC**	P	*XC*	TS	50112	79112
170 113	**XC**	P	*XC*	TS	50113	79113
170 114	**XC**	P	*XC*	TS	50114	79114
170 115	**XC**	P	*XC*	TS	50115	79115
170 116	**XC**	P	*XC*	TS	50116	79116
170 117	**XC**	P	*XC*	TS	50117	79117

Class 170/2. Transport for Wales 3-car units. Previously operated by Greater Anglia. Chapman seating. DMCL–MSL–DMSL.

DMCL. Adtranz Derby 1999. 7/39 1TD 2W. 44.3 t.
MSL. Adtranz Derby 1999. –/74 1T. 42.8 t.
DMSL. Adtranz Derby 1999. –/66 1T. 44.8 t.

170 201	**GA**	P	*TW*	CF	50201	56201	79201
170 202	**GA**	P	*TW*	CF	50202	56202	79202
170 203	**GA**	P	*TW*	CF	50203	56203	79203
170 204	**GA**	P	*TW*	CF	50204	56204	79204
170 205	**GA**	P	*TW*	CF	50205	56205	79205
170 206	**GA**	P	*TW*	CF	50206	56206	79206
170 207	**GA**	P	*TW*	CF	50207	56207	79207
170 208	**GA**	P	*TW*	CF	50208	56208	79208

Class 170/2. Transport for Wales and East Midlands Railway 2-car units. Previously operated by Greater Anglia. Chapman seating. DMSL–DMCL.

DMSL. Bombardier Derby 2002. –/57 1TD 2W. 45.7 t.
DMCL. Bombardier Derby 2002. 9/53 1T. 45.7 t.

170 270	**GA**	P	*TW*	CF	50270	79270
170 271	**GA**	P	*TW*	CF	50271	79271
170 272	**GA**	P	*TW*	CF	50272	79272
170 273	**ER**	P	*EM*	DY	50273	79273

Class 170/3. Units built for Hull Trains, now used by ScotRail. Chapman seating. DMSL–MSL–DMSL.

DMSL(A). Bombardier Derby 2004. –/55 1TD 2W. 46.5 t.
MSL. Bombardier Derby 2004. –/71 1T. 44.7 t.
DMSL(B). Bombardier Derby 2004. –/67 1T. 47.0 t.

170 393	**SR**	P	*SR*	HA	50393	56393	79393
170 394	**SR**	P	*SR*	HA	50394	56394	79394
170 395	**SR**	P	*SR*	HA	50395	56395	79395
170 396	**SR**	P	*SR*	HA	50396	56396	79396

Class 170/3. CrossCountry units. Lazareni seating. DMSL–MS–DMCL.

DMSL. Bombardier Derby 2002. –/59 1TD 2W. 45.4 t.
MS. Bombardier Derby 2002. –/80. 43.0 t.
DMCL. Bombardier Derby 2002. 9/52 1T. 45.8 t.

170 397	**XC**	P	*XC*	TS	50397	56397	79397
170 398	**XC**	P	*XC*	TS	50398	56398	79398

Class 170/4. ScotRail and East Midlands Railway units. Chapman seating. DMCL–MS–DMCL.

Advertising livery: 170 407 BTP text number 61016 (blue).

DMCL(A). Adtranz Derby 1999–2001. 9/43 1TD 2W. 45.2 t.
MS. Adtranz Derby 1999–2001. –/76. 42.5 t.
DMCL(B). Adtranz Derby 1999–2001. 9/49 1T. 45.2 t.

170 401	**SR**	P	*SR*	HA	50401	56401	79401
170 402	**SR**	P	*SR*	HA	50402	56402	79402

170 403	**SR**	P	*SR*	HA	50403	56403	79403	
170 404	**SR**	P	*SR*	HA	50404	56404	79404	
170 405	**SR**	P	*SR*	HA	50405	56405	79405	
170 406	**SR**	P	*SR*	HA	50406	56406	79406	
170 407	**AL**	P	*SR*	HA	50407	56407	79407	
170 408	**SR**	P	*SR*	HA	50408	56408	79408	
170 409	**SR**	P	*SR*	HA	50409	56409	79409	
170 410	**SR**	P	*SR*	HA	50410	56410	79410	
170 411	**SR**	P	*SR*	HA	50411	56411	79411	
170 412	**SR**	P	*SR*	HA	50412	56412	79412	
170 413	**SR**	P	*SR*	HA	50413	56413	79413	
170 414	**SR**	P	*SR*	HA	50414	56414	79414	
170 415	**SR**	P	*SR*	HA	50415	56415	79415	
170 416	**ER**	E	*EM*	DY	50416	56416	79416	
170 417	**ER**	E	*EM*	DY	50417	56417	79417	The Key Worker
170 418	**ER**	E	*EM*	DY	50418	56418	79418	
170 419	**ER**	E	*EM*	DY	50419	56419	79419	
170 420	**ER**	E	*EM*	DY	50420	56420	79420	

Class 170/4. ScotRail units. Chapman seating. DMCL–MS–DMCL.

DMCL. Bombardier Derby 2003–05. 9/43 1TD 2W. 46.8 t.
MS. Bombardier Derby 2003–05. –/76. 43.7 t.
DMCL. Bombardier Derby 2003–05. 9/49 1T. 46.5 t.

170 425	**SR**	P	*SR*	HA	50425	56425	79425
170 426	**SR**	P	*SR*	HA	50426	56426	79426
170 427	**SR**	P	*SR*	HA	50427	56427	79427
170 428	**SR**	P	*SR*	HA	50428	56428	79428
170 429	**SR**	P	*SR*	HA	50429	56429	79429
170 430	**SR**	P	*SR*	HA	50430	56430	79430
170 431	**SR**	P	*SR*	HA	50431	56431	79431
170 432	**SR**	P	*SR*	HA	50432	56432	79432
170 433	**SR**	P	*SR*	HA	50433	56433	79433
170 434	**SR**	P	*SR*	HA	50434	56434	79434

Class 170/4. ScotRail and Northern units. Originally built as Standard Class only. 170450–457 were retro-fitted with First Class but those used by Northern are now Standard Class only. Chapman seating. DMSL–MS–DMSL or † DMCL–MS–DMCL.

DMSL/DMCL. Bombardier Derby 2004–05. –/55 1TD 2W († 9/47 1TD 2W). 46.3 t.
MS. Bombardier Derby 2004–05. –/76. 43.4 t.
DMSL/DMCL. Bombardier Derby 2004–05. –/67 1T († 9/49 1T 1W). 46.4 t.

170 450	†	**SR**	P	*SR*	HA	50450	56450	79450
170 451	†	**SR**	P	*SR*	HA	50451	56451	79451
170 452	†	**SR**	P	*SR*	HA	50452	56452	79452
170 453	†	**NR**	P	*NO*	NL	50453	56453	79453
170 454	†	**NR**	P	*NO*	NL	50454	56454	79454
170 455	†	**NR**	P	*NO*	NL	50455	56455	79455
170 456	†	**NR**	P	*NO*	NL	50456	56456	79456
170 457	†	**NR**	P	*NO*	NL	50457	56457	79457
170 458		**NR**	P	*NO*	NL	50458	56458	79458

170 459	**NR**	P	*NO*	NL	50459	56459	79459
170 460	**NR**	P	*NO*	NL	50460	56460	79460
170 461	**NR**	P	*NO*	NL	50461	56461	79461

Class 170/4. ScotRail and Northern units. Standard Class only units. Chapman seating. DMSL–MS–DMSL.

50470–471. DMSL(A). Adtranz Derby 2001. –/55 1TD 2W. 45.1 t.
50472–478. DMSL(A). Bombardier Derby 2004–05. –/57 1TD 2W. 45.8 t.
56470–471. MS. Adtranz Derby 2001. –/76. 42.4 t.
56472–478. MS. Bombardier Derby 2004–05. –/76. 43.0 t.
79470–471. DMSL(B). Adtranz Derby 2001. –/67 1T. 45.1 t.
79472–478. DMSL(B). Bombardier Derby 2004–05. –/67 1T. 45.8 t.

170 470	**SR**	P	*SR*	HA	50470	56470	79470
170 471	**SR**	P	*SR*	HA	50471	56471	79471
170 472	**NR**	P	*NO*	NL	50472	56472	79472
170 473	**NR**	P	*NO*	NL	50473	56473	79473
170 474	**NR**	P	*NO*	NL	50474	56474	79474
170 475	**NR**	P	*NO*	NL	50475	56475	79475
170 476	**NR**	P	*NO*	NL	50476	56476	79476
170 477	**NR**	P	*NO*	NL	50477	56477	79477
170 478	**NR**	P	*NO*	NL	50478	56478	79478

Class 170/5. West Midlands Trains and East Midlands Railway 2-car units. Lazareni seating. DMSL–DMSL.

170 530–535 were reduced from 3-car units to 2-car units in 2020 prior to their transfer (along with 170 501–517) to East Midlands Railway in 2021–22.

DMSL(A). Adtranz Derby 1999–2000. –/55 1TD 2W. 45.8 t.
DMSL(B). Adtranz Derby 1999–2000. –/67 1T. 45.9 t.

170 501	**ER**	P	*WM*	TS	50501	79501
170 502	**ER**	P	*WM*	TS	50502	79502
170 503	**ER**	P	*EM*	DY	50503	79503
170 504	**ER**	P	*WM*	TS	50504	79504
170 505	**WI**	P	*WM*	TS	50505	79505
170 506	**ER**	P	*WM*	TS	50506	79506
170 507	**ER**	P	*WM*	TS	50507	79507
170 508	**ER**	P	*WM*	TS	50508	79508
170 509	**ER**	P	*WM*	TS	50509	79509
170 510	**ER**	P	*WM*	TS	50510	79510
170 511	**ER**	P	*EM*	DY	50511	79511
170 512	**ER**	P	*WM*	TS	50512	79512
170 513	**ER**	P	*WM*	TS	50513	79513
170 514	**ER**	P	*WM*	TS	50514	79514
170 515	**ER**	P	*EM*	DY	50515	79515
170 516	**ER**	P	*WM*	TS	50516	79516
170 517	**ER**	P	*EM*	DY	50517	79517

170 530	(170 630)	**ER**	P	*EM*	DY	50630	79630
170 531	(170 631)	**ER**	P	*EM*	DY	50631	79631
170 532	(170 632)	**ER**	P	*EM*	DY	50632	79632
170 533	(170 633)	**ER**	P	*WM*	TS	50633	79633

▲ West Midlands Railway-liveried Parry People Mover 139 001 arrives at Stourbridge Junction with the 10.35 from Stourbridge Town on 13/06/21.
Jamie Squibbs

▼ A number of "Pacer" units are still extant and classed as in Industrial Service. Former Northern 144 002, with engines and transmission removed, was delivered to the Dales School in Blyth, Northumberland on 19/07/21 where it will become a learning unit and library. **Courtesy Railway Support Services**

▲ Northern now operates six 3-car 150/0s. On 02/06/21 150002 arrives at Mills Hill with the 15.18 Rochdale–Clitheroe. **Tony Christie**

▼ Transport for Wales-liveried 150236 leaves Penally with the 11.17 Pembroke Dock–Carmarthen on 18/08/21. **Alan Yearsley**

▲ Five Class 153s have been reliveried into a special active travel livery and are used on selected services to Oban with a 156. On 28/08/21 153305 and 156456 leave Tyndrum Lower with the 10.33 Glasgow Queen Street–Oban. **Ian Lothian**

▼ Northern-liveried 155346 stands at York with the 11.45 to Bridlington via Hull on 07/07/21. **Robert Pritchard**

▲ ScotRail-liveried 156450 arrives at Taynuilt with the 12.23 Glasgow Queen Street–Oban on a glorious 25/08/21. **Ian Lothian**

▼ In East Midlands Railway interim livery 158774 leads 158856 (still in Stagecoach livery) away from Sheffield at Millhouses with the 13.56 Norwich–Liverpool Lime Street on 08/07/21. **Robert Pritchard**

▲ South Western Railway-liveried 159010 and 159020 climb Honiton bank at Wilmington Lane with the 13.20 London Waterloo–Exeter St Davids on 18/09/20. **Tony Christie**

▼ Chiltern Railways-liveried 165001 leads 165023 and 165018 near Seer Green & Jordans with the 12.11 Oxford–London Marylebone on 05/04/21. **Jamie Squibbs**

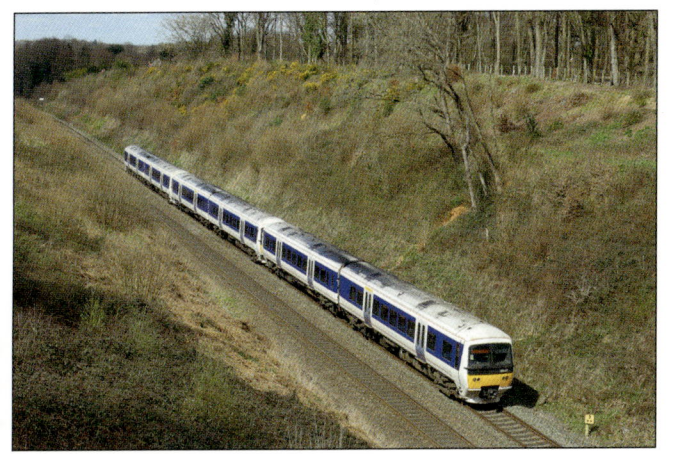

▲ Great Western Railway green-liveried 166 219 passes Powderham, near Starcross, with the 13.23 Exmouth–Paignton on 25/02/21. **Tony Christie**

▼ Chiltern Railways Mainline Class 168-liveried 168 111 leads 168 321 at Hatton North Junction with the 14.43 London Marylebone–Birmingham Moor Street on 13/09/20. **Jamie Squibbs**

▲ CrossCountry-liveried 170637 passes Beeston with the 18.45 Nottingham–Birmingham New Street on 12/08/21. **Robert Pritchard**

▼ Southern-liveried 171801 crosses Riddlesdown Viaduct with the 14.07 London Bridge–Uckfield on 04/08/18. **Robert Pritchard**

▲ West Midlands Railway operates the six former London Overground Class 172/0s. On 04/06/21 172006 leads 172007 into Stratford Parkway with the 14.15 Kidderminster–Stratford-upon-Avon. **John Stretton**

▼ Transport for Wales-liveried 175001 is seen at Carmarthen with the 16.55 to Manchester Piccadilly on 19/08/21. **Alan Yearsley**

▲ East Midlands Railway interim-liveried 180 109 calls at Leicester with the 07.35 London St Pancras–Nottingham on 11/05/21. **Tony Christie**

▼ TransPennine Express-liveried 185 149 and 185 144 arrive at Sheffield with the 16.26 Cleethorpes–Manchester Piccadilly on 06/07/21. **Robert Pritchard**

▲ Northern-liveried 195001 arrives at Saxilby with the 12.54 Sheffield–Lincoln on 29/05/21. **Robert Pritchard**

▼ New West Midlands Railway-liveried 196007 is seen on a Tyseley–Stratford-upon-Avon test run as it arrives into Stratford on 06/08/21. **Tom Blanpain**

▲ New CAF-built Transport for Wales 197002 arrives at Crewe with a test run from Chester on 23/06/21. **Cliff Beeton**

▼ Preserved "Hastings" DEMU 1001 leaves Canterbury East with the 15.32 Faversham–Hastings "Faversham Flyer" railtour on 12/09/21. **Robert Armstrong**

▲ CrossCountry-liveried 220006 and 220025 have just left Sheffield with the 07.01 Edinburgh–Plymouth on 09/09/20. **Robert Pritchard**

▼ Avanti West Coast interim-liveried 221102 and 221101 are seen near Auchengray on the line between Carstairs and Edinburgh with the 08.52 Edinburgh–London Euston on 15/07/21. **Stuart Fowler**

▲ East Midlands Railway interim-liveried 222014 leaves Sheffield with the 17.01 Sheffield–London St Pancras on 08/07/21. **Robert Pritchard**

▼ London Northwestern Railway-liveried 230004 is seen near Ridgmont with the 10.18 Bletchley–Bedford on 11/09/20. **Jamie Squibbs**

▲ Swietelsky Babcock Rail Plasser & Theurer 08-4x4/4S-RT Tamper DR73914 "Robert McAlpine" passes Kidsgrove on 18/08/21. **Cliff Beeton**

▼ VolkerRail Matisa B41 UE Tamper DR75402 passes Saxilby with 6J32 11.41 Milford Down Sidings–Lincoln Terrace Sidings on 14/09/20. **Robert Pritchard**

▲ Network Rail Consolidation Machine DR 76802 is seen near Saxilby making up part of the impressive High Output Ballast Cleaning (HOBC) train on 17/07/21. **Robert Pritchard**

▼ Network Rail Harsco Track Technologies Plan Line Stoneblower DR 80214 passes Saxilby with 6U34 10.37 Holbeck–Hitchin on 12/04/21. **Robert Pritchard**

▲ Network Rail Windhoff Multi Purpose Vehicle Master & Slave set DR 98953+DR 98903 passes Leasowe with 3Z56 09.58 Wigan–Wigan RHTT run via the Merseyrail Wirral Lines on 07/09/21. **Robert Pritchard**

▼ Network Rail Beihack Type PB600 Snowplough ADB 965576 and ADB 965577 pass Newton-on-Ayr running as 7Z98 15.24 Kilmarnock–Crewe on 10/08/21, powered by DRS 57002 and 57003. **Stuart Fowler**

| 170 534 | (170 634) | **ER** | P | *EM* | DY | 50634 | 79634 |
| 170 535 | (170 635) | **WI** | P | *WM* | TS | 50635 | 79635 |

Class 170/6. CrossCountry 3-car units. Lazareni seating. DMSL–MS–DMCL.

170 618–623 were augmented from 2-car to 3-car in 2020–21 using centre cars from 170 630–635, having been built as 2-car units 170 518–523.

DMSL. Adtranz Derby 2000. –/59 1TD 2W. 45.8 t.
MS. Adtranz Derby 2000. –/74. 42.5 t.
DMCL. Adtranz Derby 2000. 9/52 1T. 45.9 t.

170 618	(170 518)	**XC**	P	*XC*	TS	50518	56630	79518
170 619	(170 519)	**XC**	P	*XC*	TS	50519	56631	79519
170 620	(170 520)	**XC**	P	*XC*	TS	50520	56632	79520
170 621	(170 521)	**XC**	P	*XC*	TS	50521	56633	79521
170 622	(170 522)	**XC**	P	*XC*	TS	50522	56634	79522
170 623	(170 523)	**XC**	P	*XC*	TS	50523	56635	79523

170 636	**XC**	P	*XC*	TS	50636	56636	79636
170 637	**XC**	P	*XC*	TS	50637	56637	79637
170 638	**XC**	P	*XC*	TS	50638	56638	79638
170 639	**XC**	P	*XC*	TS	50639	56639	79639

Name: 170 622 PRIDE OF LEICESTER

CLASS 171   TURBOSTAR   BOMBARDIER

DMCL–DMSL or DMCL–MS–MS–DMCL. Southern units. Air conditioned. Chapman seating.

Construction: Welded aluminium bodies with bolt-on steel ends.
Engines: One MTU 6R183TD13H of 315 kW (422 hp) at 1900 rpm.
Transmission: Hydraulic. Voith T211rzze to ZF final drive.
Bogies: One Adtranz P3–23 and one BREL T3–23 per car.
Couplers: Dellner 12 at outer ends, bar within unit (Class 171/8).
Dimensions: 23.62/23.61 x 2.69 m.
Gangways: Within unit only. **Wheel Arrangement:** 2-B (+ B-2 + B-2) + B-2.
Doors: Twin-leaf swing plug. **Maximum Speed:** 100 mph.
Seating Layout: 1: 2+1 facing/unidirectional. 2: 2+2 facing/unidirectional.
Multiple Working: Within class and with EMU Classes 375 and 377 in an emergency.

Class 171/2. 2-car units rebuilt from ScotRail Class 170s. DMCL–DMSL.

Originally built as 3-car units 170 421/423, but renumbered as Class 171 when fitted with Dellner couplers.

DMCL. Adtranz Derby 1999–2001. 9/43 1TD 2W. 45.2 t.
DMSL. Adtranz Derby 1999–2001. 9/49 1T. 45.2 t.

| 171 201 | **SN** | E | *SN* | SU | 50421 | 79421 |
| 171 202 | **SN** | E | *SN* | SU | 50423 | 79423 |

Class 171/4. 4-car units rebuilt from ScotRail Class 170s. DMCL(A)–MS–MS–DMCL(B).

Reformed and renumbered Class 171s in 2016 using vehicles from ScotRail 3-car Class 170s 170421–424.

DMCL(A). Adtranz Derby 1999–2001. 9/43 1TD 2W. 45.2 t.
MS. Adtranz Derby 1999–2001. –/76. 42.5 t.
DMCL(B). Adtranz Derby 1999–2001. 9/49 1T. 45.2 t.

171 401	**SN**	E	*SN*	SU	50422	56421	56422	79422
171 402	**SN**	E	*SN*	SU	50424	56423	56424	79424

Class 171/7. 2-car units. DMCL–DMSL.

171 721–726 were built as Class 170s (170 721–726), but renumbered as Class 171 when fitted with Dellner couplers.

171 730 was formerly South West Trains unit 170 392, before transferring to Southern in 2007.

50721–726. DMCL. Bombardier Derby 2003. 9/43 1TD 2W. 47.6 t.
50727–729. DMCL. Bombardier Derby 2005. 9/43 1TD 2W. 46.3 t.
50392. DMCL. Bombardier Derby 2003. 9/43 1TD 2W. 46.6 t.
79721–726. DMSL. Bombardier Derby 2003. –/64 1T. 47.8 t.
79727–729. DMSL. Bombardier Derby 2005. –/64 1T. 46.2 t.
79392. DMSL. Bombardier Derby 2003. –/64 1T. 46.5 t.

171 721	**SN**	P	*SN*	SU	50721	79721
171 722	**SN**	P	*SN*	SU	50722	79722
171 723	**SN**	P	*SN*	SU	50723	79723
171 724	**SN**	P	*SN*	SU	50724	79724
171 725	**SN**	P	*SN*	SU	50725	79725
171 726	**SN**	P	*SN*	SU	50726	79726
171 727	**SN**	P	*SN*	SU	50727	79727
171 728	**SN**	P	*SN*	SU	50728	79728
171 729	**SN**	P	*SN*	SU	50729	79729
171 730	**SN**	P	*SN*	SU	50392	79392

Class 171/8. 4-car units. DMCL(A)–MS–MS–DMCL(B).

DMCL(A). Bombardier Derby 2004. 9/43 1TD 2W. 46.5 t.
MS. Bombardier Derby 2004. –/74. 43.7 t.
DMCL(B). Bombardier Derby 2004. 9/50 1T. 46.5 t.

171 801	**SN**	P	*SN*	SU	50801	54801	56801	79801
171 802	**SN**	P	*SN*	SU	50802	54802	56802	79802
171 803	**SN**	P	*SN*	SU	50803	54803	56803	79803
171 804	**SN**	P	*SN*	SU	50804	54804	56804	79804
171 805	**SN**	P	*SN*	SU	50805	54805	56805	79805
171 806	**SN**	P	*SN*	SU	50806	54806	56806	79806

CLASS 172 TURBOSTAR BOMBARDIER

New generation West Midlands Trains Turbostars. Air conditioned.

Construction: Welded aluminium bodies with bolt-on steel ends.
Engines: One MTU 6H1800R83 of 360 kW (483 hp) at 1800 rpm.
Transmission: Mechanical. Supplied by ZF, Germany.
Bogies: B5006 type "lightweight" bogies.
Couplers: BSI at outer ends, bar within unit.
Dimensions: 23.62/23.00 x 2.69 m.
Gangways: 172/0 & 172/1: Within unit only. 172/2: Throughout.
Wheel Arrangement: 2-B (+ B-2) + B-2.
Doors: Twin-leaf sliding plug.
Maximum Speed: 100 mph.
Seating Layout: 2+2 facing/unidirectional.
Multiple Working: Within class and with Classes 150, 153, 155, 156, 158, 159, 165, 166 and 170.

Class 172/0. West Midlands Trains units. Formerly operated by London Overground. DMSL–DMS.

59311–318. DMSL. Bombardier Derby 2009–10. –/57(+4) 1TD 2W. 41.6 t.
59411–418. DMS. Bombardier Derby 2009–10. –/64(+12). 41.5 t.

172 001	**WM** A	*WM*	TS	59311	59411
172 002	**WM** A	*WM*	TS	59312	59412
172 003	**WM** A	*WM*	TS	59313	59413
172 004	**WM** A	*WM*	TS	59314	59414
172 005	**WM** A	*WM*	TS	59315	59415
172 006	**WM** A	*WM*	TS	59316	59416
172 007	**WM** A	*WM*	TS	59317	59417
172 008	**WM** A	*WM*	TS	59318	59418

Class 172/1. West Midlands Trains units (on sub-lease from Chiltern Railways). DMSL–DMS.

59111–114. DMSL. Bombardier Derby 2009–10. –/60(+5) 1TD 2W. 42.4 t.
59211–214. DMS. Bombardier Derby 2009–10. –/80. 41.8 t.

172 101	**CR** A	*WM*	TS	59111	59211
172 102	**CR** A	*WM*	TS	59112	59212
172 103	**CR** A	*WM*	TS	59113	59213
172 104	**CR** A	*WM*	TS	59114	59214

Class 172/2. West Midlands Trains 2-car units. DMSL–DMS. Used on local services via Birmingham Snow Hill.

50211–222. DMSL. Bombardier Derby 2010–11. –/52(+11) 1TD 2W. 42.5 t.
79211–222. DMS. Bombardier Derby 2010–11. –/68(+8). 41.9 t.

172 211	**WM** P	*WM*	TS	50211	79211
172 212	**WM** P	*WM*	TS	50212	79212
172 213	**WM** P	*WM*	TS	50213	79213
172 214	**WM** P	*WM*	TS	50214	79214
172 215	**WM** P	*WM*	TS	50215	79215
172 216	**WM** P	*WM*	TS	50216	79216

172 217	**WM** P	*WM*	TS	50217	79217
172 218	**WM** P	*WM*	TS	50218	79218
172 219	**WM** P	*WM*	TS	50219	79219
172 220	**WM** P	*WM*	TS	50220	79220
172 221	**WM** P	*WM*	TS	50221	79221
172 222	**WM** P	*WM*	TS	50222	79222

Class 172/3. West Midlands Trains 3-car units. DMSL–MS–DMS. Used on local services via Birmingham Snow Hill.

At the time of writing 172333/338 are running with misformed formations, as shown.

50331–345. DMSL. Bombardier Derby 2010–11. –/52(+11) 1TD 2W. 42.5 t.
56331–345. MS. Bombardier Derby 2010–11. –/72(+8). 38.8 t.
79331–345. DMS. Bombardier Derby 2010–11. –/68(+8). 41.9 t.

172 331	**WM** P	*WM*	TS	50331	56331	79331
172 332	**WM** P	*WM*	TS	50332	56332	79332
172 333	**WM** P	*WM*	TS	50338	56333	79333
172 334	**WM** P	*WM*	TS	50334	56334	79334
172 335	**WM** P	*WM*	TS	50335	56335	79335
172 336	**WM** P	*WM*	TS	50336	56336	79336
172 337	**WM** P	*WM*	TS	50337	56337	79337
172 338	**WM** P	*WM*	TS	50333	56338	79338
172 339	**WM** P	*WM*	TS	50339	56339	79339
172 340	**WM** P	*WM*	TS	50340	56340	79340
172 341	**WM** P	*WM*	TS	50341	56341	79341
172 342	**WM** P	*WM*	TS	50342	56342	79342
172 343	**WM** P	*WM*	TS	50343	56343	79343
172 344	**WM** P	*WM*	TS	50344	56344	79344
172 345	**WM** P	*WM*	TS	50345	56345	79345

CLASS 175　　CORADIA 1000　　ALSTOM

Air conditioned.

Construction: Steel.
Engines: One Cummins N14 of 335 kW (450 hp).
Transmission: Hydraulic. Voith T211rzze to ZF Voith final drive.
Bogies: ACR (Alstom FBO) – LTB-MBS1, TB-MB1, MBS1-LTB.
Couplers: Scharfenberg outer ends and bar within unit (Class 175/1).
Dimensions: 23.70 x 2.73 m.
Gangways: Within unit only.　　**Wheel Arrangement:** 2-B (+ B-2) + B-2.
Doors: Single-leaf swing plug.　　**Maximum Speed:** 100 mph.
Seating Layout: 2+2 facing/unidirectional.
Multiple Working: Within class and with Class 180.

At the time of writing sets 175004/005/006/101/109/115 are running with misformed formations, as shown.

Class 175/0. DMSL–DMSL. 2-car units.

DMSL(A). Alstom Birmingham 1999–2000. –/54 1TD 2W. 48.8 t.
DMSL(B). Alstom Birmingham 1999–2000. –/64 1T. 50.7 t.

175 001–175 116 245

175 001	**TW**	A	*TW*	CH	50701	79701
175 002	**TW**	A	*TW*	CH	50702	79702
175 003	**TW**	A	*TW*	CH	50703	79703
175 004	**TW**	A	*TW*	CH	50759	79759
175 005	**TW**	A	*TW*	CH	50705	79751
175 006	**TW**	A	*TW*	CH	50706	79765
175 007	**TW**	A	*TW*	CH	50707	79707
175 008	**TW**	A	*TW*	CH	50708	79708
175 009	**TW**	A	*TW*	CH	50709	79709
175 010	**TW**	A	*TW*	CH	50710	79710
175 011	**TW**	A	*TW*	CH	50711	79711

Class 175/1. DMSL–MSL–DMSL. 3-car units.

DMSL(A). Alstom Birmingham 1999–2001. –/54 1TD 2W. 50.7 t.
MSL. Alstom Birmingham 1999–2001. –/68 1T. 47.5 t.
DMSL(B). Alstom Birmingham 1999–2001. –/64 1T. 49.5 t.

175 101	**TW**	A	*TW*	CH	50751	56751	79704
175 102	**TW**	A	*TW*	CH	50752	56752	79752
175 103	**TW**	A	*TW*	CH	50753	56753	79753
175 104	**TW**	A	*TW*	CH	50754	56754	79754
175 105	**TW**	A	*TW*	CH	50755	56755	79755
175 106	**TW**	A	*TW*	CH	50756	56756	79756
175 107	**TW**	A	*TW*	CH	50757	56757	79757
175 108	**TW**	A	*TW*	CH	50758	56758	79758
175 109	**TW**	A	*TW*	CH	50704	56759	79705
175 110	**TW**	A	*TW*	CH	50760	56760	79760
175 111	**TW**	A	*TW*	CH	50761	56761	79761
175 112	**TW**	A	*TW*	CH	50762	56762	79762
175 113	**TW**	A	*TW*	CH	50763	56763	79763
175 114	**TW**	A	*TW*	CH	50764	56764	79764
175 115	**TW**	A	*TW*	CH	50765	56765	79706
175 116	**TW**	A	*TW*	CH	50766	56766	79766

CLASS 180　　　CORADIA 1000　　　ALSTOM

Air conditioned.

Construction: Steel.
Engines: One Cummins QSK19 of 560 kW (750 hp) at 2100 rpm.
Transmission: Hydraulic. Voith T312br to Voith final drive.
Bogies: ACR (Alstom FBO): LTB1-MBS2, TB1-MB2, TB1-MB2, TB2-MB2, MBS2-LTB1.
Couplers: Scharfenberg outer ends, bar within unit.
Dimensions: 23.71/23.03 x 2.73 m.
Gangways: Within unit only.
Wheel Arrangement: 2-B + B-2 + B-2 + B-2 + B-2.
Doors: Single-leaf swing plug.　　**Maximum Speed:** 125 mph.
Seating Layout: 1: 2+1 facing/unidirectional, 2: 2+2 facing/unidirectional.
Multiple Working: Within class and with Class 175.

180 110 is currently operating as a 4-car set owing to excessive corrosion on vehicle 56910.

DMSL(A). Alstom Birmingham 2000–01. –/46 2W 1TD. 51.7 t.
MFL. Alstom Birmingham 2000–01. 42/– 1T 1W + catering point. 49.6 t.
MSL. Alstom Birmingham 2000–01. –/68 1T. 49.5 t.
MSLRB. Alstom Birmingham 2000–01. –/56 1T. 50.3 t.
DMSL(B). Alstom Birmingham 2000–01. –/56 1T. 51.4 t.

180 101	**GC**	A	*GC*	HT	50901	54901	55901	56901	59901
180 102	**GC**	A	*GC*	HT	50902	54902	55902	56902	59902
180 103	**GC**	A	*GC*	HT	50903	54903	55903	56903	59903
180 104	**GC**	A	*GC*	HT	50904	54904	55904	56904	59904
180 105	**GC**	A	*GC*	HT	50905	54905	55905	56905	59905
180 106	**GC**	A	*GC*	HT	50906	54906	55906	56906	59906
180 107	**GC**	A	*GC*	HT	50907	54907	55907	56907	59907
180 108	**GC**	A	*GC*	HT	50908	54908	55908	56908	59908
180 109	**EI**	A	*EM*	DY	50909	54909	55909	56909	59909
180 110	**EI**	A	*EM*	DY	50910	54910	55910		59910
180 111	**EI**	A	*EM*	DY	50911	54911	55911	56911	59911
180 112	**GC**	A	*GC*	HT	50912	54912	55912	56912	59912
180 113	**EI**	A	*EM*	DY	50913	54913	55913	56913	59913
180 114	**GC**	A	*GC*	HT	50914	54914	55914	56914	59914
Spare				ZB				56910	

Names (carried on DMSL(A):

180 105	THE YORKSHIRE ARTIST ASHLEY JACKSON
180 107	HART OF THE NORTH
180 108	WILLIAM SHAKESPEARE
180 112	JAMES HERRIOT
180 114	KIRKGATE CALLING

CLASS 185   DESIRO UK   SIEMENS

Air conditioned. Grammer seating in Standard Class and Fainsa in First Class.

Construction: Aluminium.
Engines: One Cummins QSK19 of 560 kW (750 hp) at 2100 rpm.
Transmission: Voith.   **Bogies:** Siemens.
Couplers: Dellner 12.
Gangways: Within unit only.   **Dimensions:** 23.76/23.75 × 2.66 m.
Doors: Double-leaf sliding plug.   **Wheel Arrangement:** 2-B + 2-B + B-2.
Maximum Speed: 100 mph.
Seating Layout: 1: 2+1 facing/unidirectional, 2: 2+2 facing/unidirectional.
Multiple Working: Within class only.

DMCL. Siemens Krefeld 2005–06. 15/18(+8) 2W 1TD + catering point. 55.4 t.
MSL. Siemens Krefeld 2005–06. –/72 1T. 52.7 t.
DMS. Siemens Krefeld 2005–06. –/64(+4). 54.9 t.

185 101	**TP**	E	*TP*	AK	51101	53101	54101
185 102	**TP**	E	*TP*	AK	51102	53102	54102
185 103	**TP**	E	*TP*	AK	51103	53103	54103

185 104	**TP**	E	*TP*	AK	51104	53104	54104
185 105	**TP**	E	*TP*	AK	51105	53105	54105
185 106	**TP**	E	*TP*	AK	51106	53106	54106
185 107	**TP**	E	*TP*	AK	51107	53107	54107
185 108	**TP**	E	*TP*	AK	51108	53108	54108
185 109	**TP**	E	*TP*	AK	51109	53109	54109
185 110	**TP**	E	*TP*	AK	51110	53110	54110
185 111	**TP**	E	*TP*	AK	51111	53111	54111
185 112	**TP**	E	*TP*	AK	51112	53112	54112
185 113	**TP**	E	*TP*	AK	51113	53113	54113
185 114	**TP**	E	*TP*	AK	51114	53114	54114
185 115	**TP**	E	*TP*	AK	51115	53115	54115
185 116	**TP**	E	*TP*	AK	51116	53116	54116
185 117	**TP**	E	*TP*	AK	51117	53117	54117
185 118	**TP**	E	*TP*	AK	51118	53118	54118
185 119	**TP**	E	*TP*	AK	51119	53119	54119
185 120	**TP**	E	*TP*	AK	51120	53120	54120
185 121	**TP**	E	*TP*	AK	51121	53121	54121
185 122	**TP**	E	*TP*	AK	51122	53122	54122
185 123	**TP**	E	*TP*	AK	51123	53123	54123
185 124	**TP**	E	*TP*	AK	51124	53124	54124
185 125	**TP**	E	*TP*	AK	51125	53125	54125
185 126	**TP**	E	*TP*	AK	51126	53126	54126
185 127	**TP**	E	*TP*	AK	51127	53127	54127
185 128	**TP**	E	*TP*	AK	51128	53128	54128
185 129	**TP**	E	*TP*	AK	51129	53129	54129
185 130	**TP**	E	*TP*	AK	51130	53130	54130
185 131	**TP**	E	*TP*	AK	51131	53131	54131
185 132	**TP**	E	*TP*	AK	51132	53132	54132
185 133	**TP**	E	*TP*	AK	51133	53133	54133
185 134	**TP**	E	*TP*	AK	51134	53134	54134
185 135	**TP**	E	*TP*	AK	51135	53135	54135
185 136	**TP**	E	*TP*	AK	51136	53136	54136
185 137	**TP**	E	*TP*	AK	51137	53137	54137
185 138	**TP**	E	*TP*	AK	51138	53138	54138
185 139	**TP**	E	*TP*	AK	51139	53139	54139
185 140	**TP**	E	*TP*	AK	51140	53140	54140
185 141	**TP**	E	*TP*	AK	51141	53141	54141
185 142	**TP**	E	*TP*	AK	51142	53142	54142
185 143	**TP**	E	*TP*	AK	51143	53143	54143
185 144	**TP**	E	*TP*	AK	51144	53144	54144
185 145	**TP**	E	*TP*	AK	51145	53145	54145
185 146	**TP**	E	*TP*	AK	51146	53146	54146
185 147	**TP**	E	*TP*	AK	51147	53147	54147
185 148	**TP**	E	*TP*	AK	51148	53148	54148
185 149	**TP**	E	*TP*	AK	51149	53149	54149
185 150	**TP**	E	*TP*	AK	51150	53150	54150
185 151	**TP**	E	*TP*	AK	51151	53151	54151

CLASS 195   CIVITY   CAF

DMS–DMS or DMS–MS–DMS. New Northern units. Air conditioned.

Construction: Aluminium.
Engines: One Rolls-Royce MTU 6H 1800 R85L of 390 kW (523 hp) per car.
Transmission: Mechanical, supplied by ZF, Germany.
Bogies: CAF.
Couplers: Dellner.   **Dimensions:** 24.03/23.35 x 2.71 m.
Gangways: Within unit only.   **Wheel Arrangement:**
Doors: Sliding plug.   **Maximum Speed:** 100 mph.
Seating Layout: 2+2 facing/unidirectional.
Multiple Working: Within class only.

Class 195/0. DMS–DMS. 2-car units.

DMS(A). CAF Zaragoza/Irun/Newport 2017–20. –/45(+8) 1TD 2W. 43.9 t.
DMS(B). CAF Zaragoza/Irun/Newport 2017–20. –/63(+7). 43.2 t.

195 001	**NR**	E	*NO*	NH	101001	103001
195 002	**NR**	E	*NO*	NH	101002	103002
195 003	**NR**	E	*NO*	NH	101003	103003
195 004	**NR**	E	*NO*	NH	101004	103004
195 005	**NR**	E	*NO*	NH	101005	103005
195 006	**NR**	E	*NO*	NH	101006	103006
195 007	**NR**	E	*NO*	NH	101007	103007
195 008	**NR**	E	*NO*	NH	101008	103008
195 009	**NR**	E	*NO*	NH	101009	103009
195 010	**NR**	E	*NO*	NH	101010	103010
195 011	**NR**	E	*NO*	NH	101011	103011
195 012	**NR**	E	*NO*	NH	101012	103012
195 013	**NR**	E	*NO*	NH	101013	103013
195 014	**NR**	E	*NO*	NH	101014	103014
195 015	**NR**	E	*NO*	NH	101015	103015
195 016	**NR**	E	*NO*	NH	101016	103016
195 017	**NR**	E	*NO*	NH	101017	103017
195 018	**NR**	E	*NO*	NH	101018	103018
195 019	**NR**	E	*NO*	NH	101019	103019
195 020	**NR**	E	*NO*	NH	101020	103020
195 021	**NR**	E	*NO*	NH	101021	103021
195 022	**NR**	E	*NO*	NH	101022	103022
195 023	**NR**	E	*NO*	NH	101023	103023
195 024	**NR**	E	*NO*	NH	101024	103024
195 025	**NR**	E	*NO*	NH	101025	103025

Class 195/1. DMS–MS–DMS. 3-car units.

DMS(A). CAF Zaragoza/Irun/Newport 2017–20. –/45(+8) 1TD 2W. 43.9 t.
MS. CAF Zaragoza/Irun/Newport 2017–20. –/76(+4).
DMS(B). CAF Zaragoza/Irun/Newport 2017–20. –/63(+7). 43.2 t.

195 101	**NR**	E	*NO*	NH	101101	102101	103101
195 102	**NR**	E	*NO*	NH	101102	102102	103102
195 103	**NR**	E	*NO*	NH	101103	102103	103103

195 104	**NR**	E	*NO*	NH	101104	102104	103104	Deva Victrix
195 105	**NR**	E	*NO*	NH	101105	102105	103105	
195 106	**NR**	E	*NO*	NH	101106	102106	103106	
195 107	**NR**	E	*NO*	NH	101107	102107	103107	
195 108	**NR**	E	*NO*	NH	101108	102108	103108	
195 109	**NR**	E	*NO*	NH	101109	102109	103109	Pride of Cumbria
195 110	**NR**	E	*NO*	NH	101110	102110	103110	
195 111	**NR**	E	*NO*	NH	101111	102111	103111	Key Worker
195 112	**NR**	E	*NO*	NH	101112	102112	103112	
195 113	**NR**	E	*NO*	NH	101113	102113	103113	
195 114	**NR**	E	*NO*	NH	101114	102114	103114	
195 115	**NR**	E	*NO*	NH	101115	102115	103115	
195 116	**NR**	E	*NO*	NH	101116	102116	103116	Proud to be Northern
195 117	**NR**	E	*NO*	NH	101117	102117	103117	
195 118	**NR**	E	*NO*	NH	101118	102118	103118	
195 119	**NR**	E	*NO*	NH	101119	102119	103119	
195 120	**NR**	E	*NO*	NH	101120	102120	103120	
195 121	**NR**	E	*NO*	NH	101121	102121	103121	
195 122	**NR**	E	*NO*	NH	101122	102122	103122	
195 123	**NR**	E	*NO*	NH	101123	102123	103123	
195 124	**NR**	E	*NO*	NH	101124	102124	103124	
195 125	**NR**	E	*NO*	NH	101125	102125	103125	
195 126	**NR**	E	*NO*	NH	101126	102126	103126	
195 127	**NR**	E	*NO*	NH	101127	102127	103127	
195 128	**NR**	E	*NO*	NH	101128	102128	103128	Calder Champion
195 129	**NR**	E	*NO*	NH	101129	102129	103129	
195 130	**NR**	E	*NO*	NH	101130	102130	103130	
195 131	**NR**	E	*NO*	NH	101131	102131	103131	
195 132	**NR**	E	*NO*	NH	101132	102132	103132	
195 133	**NR**	E	*NO*	NH	101133	102133	103133	

CLASS 196   CIVITY   CAF

DMS–DMS or DMS–MS–MS–DMS. New units currently being delivered to West Midlands Trains mainly for local services between Birmingham and Hereford and Birmingham and Shrewsbury. Air conditioned. Full details awaited.

Construction: Aluminium.
Engines: One Rolls-Royce MTU 6H 1800 R85L of 390 kW (523 hp) per car.
Transmission: Mechanical, supplied by ZF, Germany.
Bogies: CAF.
Couplers: Dellner. **Dimensions:**
Gangways: Throughout. **Wheel Arrangement:**
Doors: Sliding plug. **Maximum Speed:** 100 mph.
Seating Layout: 2+2 facing/unidirectional.
Multiple Working: Within class only.

Class 196/0. DMS–DMS. 2-car units.

DMS(A). CAF Zaragoza/Beasain/Newport 2019–21.
DMS(B). CAF Zaragoza/Beasain/Newport 2019–21.

196 001	**WM**	CO	121001	124001
196 002	**WM**	CO	121002	124002
196 003	**WM**	CO	121003	124003
196 004	**WM**	CO	121004	124004
196 005	**WM**	CO	121005	124005
196 006	**WM**	CO	121006	124006
196 007	**WM**	CO	121007	124007
196 008	**WM**	CO	121008	124008
196 009	**WM**	CO	121009	124009
196 010	**WM**	CO	121010	124010
196 011	**WM**	CO	121011	124011
196 012	**WM**	CO	121012	124012

Class 196/1. DMS–MS–MS–DMS. 4-car units.

DMS(A). CAF Zaragoza/Irun/Newport 2019–21.
MS(A). CAF Zaragoza/Irun/Newport 2019–21.
MS(B). CAF Zaragoza/Irun/Newport 2019–21.
DMS(B). CAF Zaragoza/Irun/Newport 2019–21.

196 101	**WM**	CO	121101	122101	123101	124101
196 102	**WM**	CO	121102	122102	123102	124102
196 103	**WM**	CO	121103	122103	123103	124103
196 104	**WM**	CO	121104	122104	123104	124104
196 105	**WM**	CO	121105	122105	123105	124105
196 106	**WM**	CO	121106	122106	123106	124106
196 107	**WM**	CO	121107	122107	123107	124107
196 108	**WM**	CO	121108	122108	123108	124108
196 109	**WM**	CO	121109	122109	123109	124109
196 110	**WM**	CO	121110	122110	123110	124110
196 111	**WM**	CO	121111	122111	123111	124111
196 112	**WM**	CO	121112	122112	123112	124112
196 113	**WM**	CO	121113	122113	123113	124113
196 114	**WM**	CO	121114	122114	123114	124114

CLASS 197　　　CIVITY　　　CAF

DMS–DMS or DMS–MS–DMS. New units currently being delivered to Transport for Wales. Air conditioned. Full details awaited. Due to enter service 2022–24. 21 2-car units will be fitted with ETCS signalling equipment for operating the Cambrian Lines and 14 3-car units will also have First Class seating.

Construction: Aluminium.
Engines: One Rolls-Royce MTU 6H 1800 R85L of 390 kW (523 hp) per car.
Transmission: Mechanical, supplied by ZF, Germany.
Bogies: CAF.

197 001–197 041

Couplers: Dellner.
Gangways: Throughout.
Doors: Sliding plug.
Seating Layout: 2+2 facing/unidirectional.
Multiple Working: Within class only.

Dimensions:
Wheel Arrangement:
Maximum Speed: 100 mph.

Class 197/0. DMS–DMS. 2-car units.

DMS(A). CAF Beasain/Newport 2020–23.
DMS(B). CAF Beasain/Newport 2020–23.

197 001	131001	133001
197 002	131002	133002
197 003	131003	133003
197 004	131004	133004
197 005	131005	133005
197 006	131006	133006
197 007	131007	133007
197 008	131008	133008
197 009	131009	133009
197 010	131010	133010
197 011	131011	133011
197 012	131012	133012
197 013	131013	133013
197 014	131014	133014
197 015	131015	133015
197 016	131016	133016
197 017	131017	133017
197 018	131018	133018
197 019	131019	133019
197 020	131020	133020
197 021	131021	133021
197 022	131022	133022
197 023	131023	133023
197 024	131024	133024
197 025	131025	133025
197 026	131026	133026
197 027	131027	133027
197 028	131028	133028
197 029	131029	133029
197 030	131030	133030
197 031	131031	133031
197 032	131032	133032
197 033	131033	133033
197 034	131034	133034
197 035	131035	133035
197 036	131036	133036
197 037	131037	133037
197 038	131038	133038
197 039	131039	133039
197 040	131040	133040
197 041	131041	133041

197 042	131042	133042	
197 043	131043	133043	
197 044	131044	133044	
197 045	131045	133045	
197 046	131046	133046	
197 047	131047	133047	
197 048	131048	133048	
197 049	131049	133049	
197 050	131050	133050	
197 051	131051	133051	

Class 197/1. DMS–MS–DMS. 3-car units.

DMS(A). CAF Beasain/Newport 2020–23.
MS. CAF Beasain/Newport 2020–23.
DMS(B). CAF Beasain/Newport 2020–23.

197 101	131101	132101	133101
197 102	131102	132102	133102
197 103	131103	132103	133103
197 104	131104	132104	133104
197 105	131105	132105	133105
197 106	131106	132106	133106
197 107	131107	132107	133107
197 108	131108	132108	133108
197 109	131109	132109	133109
197 110	131110	132110	133110
197 111	131111	132111	133111
197 112	131112	132112	133112
197 113	131113	132113	133113
197 114	131114	132114	133114
197 115	131115	132115	133115
197 116	131116	132116	133116
197 117	131117	132117	133117
197 118	131118	132118	133118
197 119	131119	132119	133119
197 120	131120	132120	133120
197 121	131121	132121	133121
197 122	131122	132122	133122
197 123	131123	132123	133123
197 124	131124	132124	133124
197 125	131125	132125	133125
197 126	131126	132126	133126

3.2. DIESEL ELECTRIC UNITS

CLASS 201/202　　PRESERVED "HASTINGS" UNIT　　BR

DMBS–TSL–TSL–TSRB–TSL–DMBS.

Preserved unit made up from two Class 201 short-frame cars and three Class 202 long-frame cars. The "Hastings" units were made with narrow body-profiles for use on the section between Tonbridge and Battle which had tunnels of restricted loading gauge. These tunnels were converted to single track operation in the 1980s thus allowing standard loading gauge stock to be used. The set also contains a Class 411 EMU trailer (not Hastings line gauge) and a Class 422 EMU buffet car.

Construction: Steel.
Engine: One English Electric 4SRKT Mk. 2 of 450 kW (600 hp) at 850 rpm.
Main Generator: English Electric EE824.
Traction Motors: Two English Electric EE507 mounted on the inner bogie.
Bogies: SR Mk 4. (Former EMU TSL vehicles have Commonwealth bogies).
Couplers: Drophead buckeye.
Dimensions: 18.40 x 2.50 m (60000), 20.35 x 2.50 m (60116/118/529), 18.36 x 2.50 m (60501), 20.35 x 2.82 (69337), 20.30 x 2.82 (70262).
Gangways: Within unit only.　　**Doors:** Manually operated slam.
Wheel arrangement: 2-Bo + 2-2 + 2-2 + 2-2- + 2-2- + Bo-2.
Brakes: Electro-pneumatic and automatic air.
Maximum Speed: 75 mph.　　**Seating Layout:** 2+2 facing.
Multiple Working: Other ex-BR Southern Region DEMU vehicles.

60000. DMBS. Lot No. 30329 Eastleigh 1957. –/22. 55.0 t.
60116. DMBS. Lot No. 30395 Eastleigh 1957. –/31. 56.0 t.
60118. DMBS. Lot No. 30395 Eastleigh 1957. –/30. 56.0 t.
60501. TSL. Lot No. 30331 Eastleigh 1957. –/52 2T. 29.5 t.
60529. TSL. Lot No. 30397 Eastleigh 1957. –/60 2T. 30.5 t.
69337. TSRB (ex-Class 422 EMU). Lot No. 30805 York 1970. –/40. 35.0 t.
70262. TSL (ex-Class 411/5 EMU). Lot No. 30455 Eastleigh 1958. –/64 2T. 31.5 t.

201 001	**G**	HD *HD* SE	60116 60529 70262 69337 60501 60118
Spare	**G**	HD *HD* SE	60000

Names:

60000	Hastings	60118	Tunbridge Wells
60116	Mountfield		

CLASS 220　　VOYAGER　　BOMBARDIER

DMS–MS–MS–DMF.

Construction: Steel.
Engine: Cummins QSK19 of 520 kW (700 hp) at 1800 rpm.
Transmission: Two Alstom Onix 800 three-phase traction motors of 275 kW.
Braking: Rheostatic and electro-pneumatic.
Bogies: Bombardier B5005.

Couplers: Dellner 12 at outer ends, bar within unit.
Dimensions: 23.85/23.00 x 2.73 m.
Gangways: Within unit only.
Wheel Arrangement: 1A-A1 + 1A-A1 + 1A-A1 + 1A-A1.
Doors: Single-leaf swing plug.
Maximum Speed: 125 m.p.h.
Seating Layout: 1: 2+1 facing/unidirectional, 2: 2+2 mainly unidirectional.
Multiple Working: Within class and with Classes 221 and 222 (in an emergency). Also can be controlled from Class 57/3 locomotives.

DMS. Bombardier Bruges/Wakefield 2000–01. –/42 1TD 1W. 51.1 t.
MS(A). Bombardier Bruges/Wakefield 2000–01. –/66. 45.9 t.
MS(B). Bombardier Bruges/Wakefield 2000–01. –/66 1TD. 46.7 t.
DMF. Bombardier Bruges/Wakefield 2000–01. 26/– 1TD 1W. 50.9 t.

220 001	**XC**	BN	*XC*	CZ	60301	60701	60201	60401
220 002	**XC**	BN	*XC*	CZ	60302	60702	60202	60402
220 003	**XC**	BN	*XC*	CZ	60303	60703	60203	60403
220 004	**XC**	BN	*XC*	CZ	60304	60704	60204	60404
220 005	**XC**	BN	*XC*	CZ	60305	60705	60205	60405
220 006	**XC**	BN	*XC*	CZ	60306	60706	60206	60406
220 007	**XC**	BN	*XC*	CZ	60307	60707	60207	60407
220 008	**XC**	BN	*XC*	CZ	60308	60708	60208	60408
220 009	**XC**	BN	*XC*	CZ	60309	60709	60209	60409
220 010	**XC**	BN	*XC*	CZ	60310	60710	60210	60410
220 011	**XC**	BN	*XC*	CZ	60311	60711	60211	60411
220 012	**XC**	BN	*XC*	CZ	60312	60712	60212	60412
220 013	**XC**	BN	*XC*	CZ	60313	60713	60213	60413
220 014	**XC**	BN	*XC*	CZ	60314	60714	60214	60414
220 015	**XC**	BN	*XC*	CZ	60315	60715	60215	60415
220 016	**XC**	BN	*XC*	CZ	60316	60716	60216	60416
220 017	**XC**	BN	*XC*	CZ	60317	60717	60217	60417
220 018	**XC**	BN	*XC*	CZ	60318	60718	60218	60418
220 019	**XC**	BN	*XC*	CZ	60319	60719	60219	60419
220 020	**XC**	BN	*XC*	CZ	60320	60720	60220	60420
220 021	**XC**	BN	*XC*	CZ	60321	60721	60221	60421
220 022	**XC**	BN	*XC*	CZ	60322	60722	60222	60422
220 023	**XC**	BN	*XC*	CZ	60323	60723	60223	60423
220 024	**XC**	BN	*XC*	CZ	60324	60724	60224	60424
220 025	**XC**	BN	*XC*	CZ	60325	60725	60225	60425
220 026	**XC**	BN	*XC*	CZ	60326	60726	60226	60426
220 027	**XC**	BN	*XC*	CZ	60327	60727	60227	60427
220 028	**XC**	BN	*XC*	CZ	60328	60728	60228	60428
220 029	**XC**	BN	*XC*	CZ	60329	60729	60229	60429
220 030	**XC**	BN	*XC*	CZ	60330	60730	60230	60430
220 031	**XC**	BN	*XC*	CZ	60331	60731	60231	60431
220 032	**XC**	BN	*XC*	CZ	60332	60732	60232	60432
220 033	**XC**	BN	*XC*	CZ	60333	60733	60233	60433
220 034	**XC**	BN	*XC*	CZ	60334	60734	60234	60434

Names:

220 009 Hixon January 6th 1968 | 220 016 VOYAGER20

CLASS 221   SUPER VOYAGER   BOMBARDIER

* DMS–MS–MS–MSRMB–DMF (Avanti West Coast units) or DMS–MS–(MS)–MS–DMF (CrossCountry units). Built as tilting units but tilt now isolated on CrossCountry sets.

Construction: Steel.
Engine: Cummins QSK19 of 520 kW (700 hp) at 1800 rpm.
Transmission: Two Alstom Onix 800 three-phase traction motors of 275 kW.
Braking: Rheostatic and electro-pneumatic.
Bogies: Bombardier HVP.
Couplers: Dellner 12 at outer ends, bar within unit.
Dimensions: 23.85/23.00 × 2.73 m.
Gangways: Within unit only.
Wheel Arrangement: 1A-A1 + 1A-A1 + 1A-A1 (+ 1A-A1) + 1A-A1.
Doors: Single-leaf swing plug.
Maximum Speed: 125 mph.
Seating Layout: 1: 2+1 facing/unidirectional, 2: 2+2 mainly unidirectional.
Multiple Working: Within class and with Classes 220 and 222 (in an emergency). Also can be controlled from Class 57/3 locomotives.

* Avanti West Coast units. MSRMB moved adjacent to the DMF. The seating in this vehicle (2+2 facing) can be used by First or Standard Class passengers depending on demand.

DMS. Bombardier Bruges/Wakefield 2001–02. –/42 1TD 1W. 58.5 t (* 58.9 t.)
60751–794 MS (* MSRMB). Bombardier Bruges/Wakefield 2001–02. –/66 (* –/52). 54.1 t (* 55.9 t.)
60951–994. MS. Bombardier Bruges/Wakefield 2001–02. –/66 1TD (* –/68 1TD). 54.3 t.
60851–890. MS. Bombardier Bruges/Wakefield 2001–02. –/62 1TD (* –/68 1TD). 54.4 t (* 55.0 t.)
DMF. Bombardier Bruges/Wakefield 2001–02. 26/– 1TD 1W. 58.9 t (* 59.1 t.)

221 101	*	**VW**	BN	*AW*	CZ	60351	60951	60851	60751	60451
221 102	*	**AM**	BN	*AW*	CZ	60352	60952	60852	60752	60452
221 103	*	**AM**	BN	*AW*	CZ	60353	60953	60853	60753	60453
221 104	*	**AM**	BN	*AW*	CZ	60354	60954	60854	60754	60454
221 105	*	**AM**	BN	*AW*	CZ	60355	60955	60855	60755	60455
221 106	*	**AM**	BN	*AW*	CZ	60356	60956	60856	60756	60456
221 107	*	**AM**	BN	*AW*	CZ	60357	60957	60857	60757	60457
221 108	*	**AM**	BN	*AW*	CZ	60358	60958	60858	60758	60458
221 109	*	**AM**	BN	*AW*	CZ	60359	60959	60859	60759	60459
221 110	*	**AM**	BN	*AW*	CZ	60360	60960	60860	60760	60460
221 111	*	**AM**	BN	*AW*	CZ	60361	60961	60861	60761	60461
221 112	*	**AM**	BN	*AW*	CZ	60362	60962	60862	60762	60462
221 113	*	**AM**	BN	*AW*	CZ	60363	60963	60863	60763	60463
221 114	*	**AM**	BN	*AW*	CZ	60364	60964	60864	60764	60464
221 115	*	**AM**	BN	*AW*	CZ	60365	60965	60865	60765	60465
221 116	*	**AM**	BN	*AW*	CZ	60366	60966	60866	60766	60466
221 117	*	**AM**	BN	*AW*	CZ	60367	60967	60867	60767	60467
221 118	*	**AM**	BN	*AW*	CZ	60368	60968	60868	60768	60468

221 119		**XC**	BN	*XC*	CZ	60369	60769	60969	60869	60469
221 120		**XC**	BN	*XC*	CZ	60370	60770	60970	60870	60470
221 121		**XC**	BN	*XC*	CZ	60371	60771	60971	60871	60471
221 122		**XC**	BN	*XC*	CZ	60372	60772	60972	60872	60472
221 123		**XC**	BN	*XC*	CZ	60373	60773	60973	60873	60473
221 124		**XC**	BN	*XC*	CZ	60374	60774	60974	60874	60474
221 125		**XC**	BN	*XC*	CZ	60375	60775	60975	60875	60475
221 126		**XC**	BN	*XC*	CZ	60376	60776	60976	60876	60476
221 127		**XC**	BN	*XC*	CZ	60377	60777	60977	60877	60477
221 128		**XC**	BN	*XC*	CZ	60378	60778	60978	60878	60478
221 129		**XC**	BN	*XC*	CZ	60379	60779	60979	60879	60479
221 130		**XC**	BN	*XC*	CZ	60380	60780	60980	60880	60480
221 131		**XC**	BN	*XC*	CZ	60381	60781	60981	60881	60481
221 132		**XC**	BN	*XC*	CZ	60382	60782	60982	60882	60482
221 133		**XC**	BN	*XC*	CZ	60383	60783	60983	60883	60483
221 134		**XC**	BN	*XC*	CZ	60384	60784	60984	60884	60484
221 135		**XC**	BN	*XC*	CZ	60385	60785	60985	60885	60485
221 136		**XC**	BN	*XC*	CZ	60386	60786		60886	60486
221 137		**XC**	BN	*XC*	CZ	60387	60787	60987	60887	60487
221 138		**XC**	BN	*XC*	CZ	60388	60788	60988	60888	60488
221 139		**XC**	BN	*XC*	CZ	60389	60789	60989	60889	60489
221 140		**XC**	BN	*XC*	CZ	60390	60790		60890	60490
221 141		**XC**	BN	*XC*	CZ	60391	60791	60991		60491
221 142	*	**AM**	BN	*AW*	CZ	60392	60992	60986	60792	60492
221 143	*	**AM**	BN	*AW*	CZ	60393	60993	60994	60793	60493
221 144		**XC**	BN	*XC*	CZ	60394	60794	60990		60494

Names (carried on MS No. 609xx):

221 101	101 SQUADRON
221 114	ROYAL AIR FORCE CENTENARY 1918–2018
221 116	City of Bangor/Dinas Bangor *(alt. sides)*

CLASS 222　　MERIDIAN　　BOMBARDIER

Construction: Steel.
Engine: Cummins QSK19 of 560 kW (750 hp) at 1800 rpm.
Transmission: Two Alstom Onix 800 three-phase traction motors of 275 kW.
Braking: Rheostatic and electro-pneumatic.
Bogies: Bombardier B5005.　　**Dimensions:** 23.85/23.00 x 2.73 m.
Couplers: Dellner at outer ends, bar within unit.
Gangways: Within unit only.　　**Wheel Arrangement:** All cars 1A-A1.
Doors: Single-leaf swing plug.　　**Maximum Speed:** 125 mph.
Seating Layout: 1: 2+1, 2: 2+2 facing/unidirectional.
Multiple Working: Within class and with Classes 220 and 221 (in an emergency).

222 001–006. 7-car units. DMF–MF–MF–MSRMB–MS–MS–DMS.

The 7-car units were built as 9-car units, before being reduced to 8-car sets and then later to 7-car sets to strengthen all 4-car units to 5-cars. 222007 was built as a 9-car unit but later reduced to a 5-car unit. A further reforming programme planned for 2022 will see two 7-car units reduced to 5-cars to enable 222 101–104 to be augmented from 4-cars to 5-cars.

222 001–222 023

DMRF. Bombardier Bruges 2004–05. 22/– 1TD 1W. 52.8 t.
MF. Bombardier Bruges 2004–05. 42/– 1T. 46.8 t.
MSRMB. Bombardier Bruges 2004–05. –/62. 48.0 t.
MS. Bombardier Bruges 2004–05. –/68 1T. 47.0 t.
DMS. Bombardier Bruges 2004–05. –/38 1TD 1W. 49.4 t.

222 001	**EI**	E	*EM*	DY	60241	60445	60341	60621
					60561	60551	60161	
222 002	**EI**	E	*EM*	DY	60242	60346	60342	60622
					60562	60544	60162	
222 003	**EI**	E	*EM*	DY	60243	60446	60343	60623
					60563	60553	60163	
222 004	**EI**	E	*EM*	DY	60244	60345	60344	60624
					60564	60554	60164	
222 005	**EI**	E	*EM*	DY	60245	60347	60443	60625
					60555	60565	60165	
222 006	**EI**	E	*EM*	DY	60246	60447	60441	60626
					60566	60556	60166	

Names (carried on MSRMB or DMS (222 003)):

222 001 THE ENTREPRENEUR EXPRESS
222 002 THE CUTLERS' COMPANY
222 004 CHILDREN'S HOSPITAL SHEFFIELD
222 006 THE CARBON CUTTER

222 007–023. 5-car units. DMF–MC–MSRMB–MS–DMS.

DMRF. Bombardier Bruges 2003–04. 22/– 1TD 1W. 52.8 t.
MC. Bombardier Bruges 2003–04. 28/22 1T. 48.6 t.
MSRMB. Bombardier Bruges 2003–04. –/62. 49.6 t.
MS. Bombardier Bruges 2003–04. –/68 1T. 47.0 t.
DMS. Bombardier Bruges 2003–04. –/40 1TD 1W. 51.0 t.

222 007	**EI**	E	*EM*	DY	60247	60442	60627	60567	60167
222 008	**EI**	E	*EM*	DY	60248	60918	60628	60545	60168
222 009	**EI**	E	*EM*	DY	60249	60919	60629	60557	60169
222 010	**EI**	E	*EM*	DY	60250	60920	60630	60546	60170
222 011	**EI**	E	*EM*	DY	60251	60921	60631	60531	60171
222 012	**EI**	E	*EM*	DY	60252	60922	60632	60532	60172
222 013	**EI**	E	*EM*	DY	60253	60923	60633	60533	60173
222 014	**EI**	E	*EM*	DY	60254	60924	60634	60534	60174
222 015	**EI**	E	*EM*	DY	60255	60925	60635	60535	60175
222 016	**EI**	E	*EM*	DY	60256	60926	60636	60536	60176
222 017	**EI**	E	*EM*	DY	60257	60927	60637	60537	60177
222 018	**EI**	E	*EM*	DY	60258	60928	60638	60444	60178
222 019	**EI**	E	*EM*	DY	60259	60929	60639	60547	60179
222 020	**EI**	E	*EM*	DY	60260	60930	60640	60543	60180
222 021	**EI**	E	*EM*	DY	60261	60931	60641	60552	60181
222 022	**EI**	E	*EM*	DY	60262	60932	60642	60542	60182
222 023	**EI**	E	*EM*	DY	60263	60933	60643	60541	60183

Names (carried on MSRMB or DMS):

222 008 Derby Etches Park
222 015 175 YEARS OF DERBY'S RAILWAYS 1839–2014
222 022 INVEST IN NOTTINGHAM

222 101–104. 4-car former Hull Trains units. DMF–MC–MSRMB–DMS.

DMRF. Bombardier Bruges 2005. 22/– 1TD 1W. 52.8 t.
MC. Bombardier Bruges 2005. 11/46 1T. 47.1 t.
MSRMB. Bombardier Bruges 2005. –/62. 48.0 t.
DMS. Bombardier Bruges 2005. –/40 1TD 1W. 49.4 t.

222 101	**EI**	E	*EM*	DY	60271	60571	60681	60191
222 102	**EI**	E	*EM*	DY	60272	60572	60682	60192
222 103	**EI**	E	*EM*	DY	60273	60573	60683	60193
222 104	**ER**	E	*EM*	DY	60274	60574	60684	60194

CLASS 230 D-TRAIN METRO-CAMMELL/VIVARAIL

The Class 230 D-Train is a DEMU, diesel-battery or battery unit rebuilt from former London Underground D78 Stock by Vivarail. The original D-Train used the bodyshells, bogies and electric traction motors of D78 Stock. Instead of being powered by electricity the motors are instead powered by new underfloor-mounted diesel engines: two per driving car. Modern IGBT electronic controls replaced the previous mechanical camshaft controllers, incorporating automotive stop-start technology and dynamic braking.

230001 was a prototype unit and was followed by 230002, a prototype diesel-battery hybrid that has since been exported to the USA. West Midlands Trains ordered three diesel sets (230003–005) for use on the Bedford–Bletchley Marston Vale Line from spring 2019. This was followed by an order by Transport for Wales for five 3-car diesel-battery hybrid sets (230006–010) which are due to enter service in 2022 on the Wrexham–Bidston line.

In 2021 original prototype diesel unit 230001 was rebuilt as a fast-charge battery demonstrator unit.

Vivarail acquired more than 200 redundant D78 Stock vehicles that are stored at Long Marston and it is hoped that orders for further conversions will be forthcoming. South Western Railway also has five straight electric sets that it uses on the Isle of Wight (Class 484).

Construction: Aluminium.
Engines/batteries: 230001: 3 x 70 kWh Hoppecke batteries in each driving car. 230003–005: 2 x Ford Duratorq 3.2 litre diesel engines of 150 kW (200 hp) per car. 230 006–010: 4 x Ford Duratorq 3.2 litre diesel engines in centre cars and 2 x 100 kWh Hoppecke batteries in each driving car.
Traction motors: TSA TMW 32-43-4 AC motors of 135 kW.
Control System: IGBT Inverter. **Braking:** Rheostatic & Dynamic.
Bogies: Bombardier FLEXX1000 flexible-frame.
Dimensions: 18.37/18.12 x 2.84 m.
Couplers: LUL automatic wedgelock. **Gangways:** Within unit only.
Wheel Arrangement: Bo-Bo + Bo-Bo or to be advised.

Doors: Sliding. **Maximum Speed:** 60 mph.
Seating Layout: Longitudinal or 2+2 facing.
Multiple Working: Within class.

Rebuilt from former London Underground D78 Stock 2016–20. Original D78 numbers are shown alongside the new running numbers.

Class 230/0. Prototype fast-charge battery unit. Currently fitted with a low density seating layout for demonstration purposes.
Non-standard livery: White & two-tone purple.

DMS(A). Metro-Cammell Birmingham 1979–83. –/28. 38.8 t.
TS. Metro-Cammell Birmingham 1979–83. –/34(+5) 1TD 2W. 20.7 t.
DMS(B). Metro-Cammell Birmingham 1979–83. –/32. 38.8 t.

| 230 001 | **0** | VI | | PO | 300001 (7058) | 300201 (17058) | 300101 (7511) |

Name: Viva Venturer

Class 230/0. West Midlands Trains diesel units.

DMS(A). Metro-Cammell Birmingham 1979–83. –/58(+2). 33.3 t.
DMS(B). Metro-Cammell Birmingham 1979–83. –/40(+7) 1TD 2W. 32.3 t.

230 003	**LN**	VI	*WM*	BY	300003 (7069)	300103 (7127)
230 004	**LN**	VI	*WM*	BY	300004 (7100)	300104 (7500)
230 005	**LN**	VI	*WM*	BY	300005 (7066)	300105 (7128)

Class 230/0. Transport for Wales diesel-battery units. Full details awaited.

DMS(A). Metro-Cammell Birmingham 1979–83. –/46(+2).
MS. Metro-Cammell Birmingham 1979–83. –/50(+2).
DMS(B). Metro-Cammell Birmingham 1979–83. –/37(+2) 1TD 2W.

230 006	**TW**	TW		BD	300006 (7098)	300206 (17066)	300106 (7510)
230 007	**TW**	TW		BD	300007 (7103)	300207 (17063)	300107 (7529)
230 008	**TW**	TW		BD	300008 (7120)	300208 (17050)	300108 (7065)
230 009	**TW**	TW		BD	300009 (7055)	300209 (17084)	300109 (7523)
230 010	**TW**	TW		BD	300010 (7090)	300210 (17071)	300110 (7017)

CLASS 231   FLIRT DMU   STADLER

DMS–TS–PP–TS–DMS. New articulated FLIRT DMUs for Transport for Wales featuring a centre power pack housing diesel engines (with no passenger accommodation in this vehicle) similar to the Greater Anglia Class 755. Air conditioned. Full details awaited. Due to enter service 2022 on the Cheltenham–Maesteg and Cardiff–Ebbw Vale lines.

Construction: Aluminium.
Engines: Four Deutz V8 of 480 kW (645 hp).
Bogies: Stadler/Jacobs.
Couplers: Dellner 10.   **Dimensions:**
Gangways: Within unit.   **Wheel Arrangement:** Bo-2-2-2-2-Bo.
Doors: Sliding plug.   **Maximum Speed:** 90 mph.
Seating Layout: 2+2 unidirectional/facing.
Multiple Working: Within class only.

231001–231011/DMUS IN INDUSTRIAL SERVICE

DMS(A). Stadler Bussnang 2021–22.
TS(A). Stadler Bussnang 2021–22.
PP. Stadler Bussnang 2021–22.
TS(B). Stadler Bussnang 2021–22.
DMS(B). Stadler Bussnang 2021–22.

231 001	381001	381201	381401	381301	381101
231 002	381002	381202	381402	381302	381102
231 003	381003	381203	381403	381303	381103
231 004	381004	381204	381404	381304	381104
231 005	381005	381205	381405	381305	381105
231 006	381006	381206	381406	381306	381106
231 007	381007	381207	381407	381307	381107
231 008	381008	381208	381408	381308	381108
231 009	381009	381209	381409	381309	381109
231 010	381010	381210	381410	381310	381110
231 011	381011	381211	381411	381311	381111

3.3. DMU VEHICLES IN INDUSTRIAL SERVICE

This list comprises DMU vehicles that have been withdrawn from active service but continue to be used in industrial service (such as for use in education establishments or for emergency training).

142 033	55574	55624	South Wales Police RFC Ground, Waterton Cross, Bridgend
142 043	55584	55634	Sussex Police Training Centre, Kingstanding, near Crowborough
142 045	55586	55636	Kirk Merrington Primary School, Co. Durham
144 002	55802	55825	The Dales School Blyth
144 009	55809	55832	East Lancashire Railway (reserved for Greater Manchester Fire & Rescue)

55801 (ex-144 001)	Airedale Hospital, Keighley
55808 (ex-144 008)	Fagley Primary School, Bradford
55824 (ex-144 001)	Platform 1, Huddersfield Station

PLATFORM 5 MAIL ORDER
www.platform5.com

KEEP YOUR BOOK UP TO DATE WITH...

TODAY'S RAILWAYS UK

The only magazine to carry official Platform 5 Stock Changes every month.

For the best coverage of rolling stock news, plus top features and articles every month.

Published on the SECOND MONDAY of EVERY MONTH

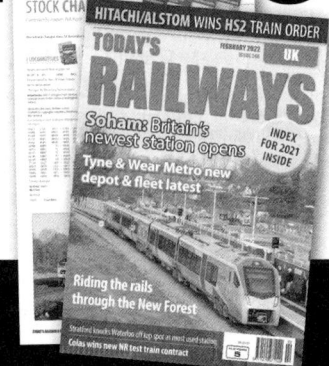

DON'T MISS YOUR COPY – SUBSCRIBE TODAY!
TEL: 0114 255 8000   FAX: 0114 255 2471

Subscribe online at: www.platform5.com

Order at www.platform5.com or the Platform 5 Mail Order Department.
Please see page 432 of this book for details.

4. ELECTRIC MULTIPLE UNITS

INTRODUCTION

This section contains details of all Electric Multiple Units, usually referred to as EMUs, which can run on Britain's national railway network.

The number of EMUs in operation has been steadily increasing in recent years as both more lines have been opened or have been electrified and as the number of passengers travelling on the network has increased. EMUs work a wide variety of services, from long distance Intercity (such as the Class 390 Pendolinos) to inter-urban and suburban duties.

LAYOUT OF INFORMATION

25 kV AC 50 Hz overhead EMUs and dual voltage EMUs are listed in numerical order of set numbers. Individual "loose" vehicles are listed in numerical order after vehicles formed into fixed formations.

750 V DC third rail EMUs are listed in numerical order of class number, then in numerical order of set number. Some of these use the former Southern Region four-digit set numbers. These are derived from theoretical six digit set numbers which are the four-digit set number prefixed by the first two numbers of the class.

Where sets or vehicles have been renumbered in recent years, former numbering detail is shown alongside current detail. Each entry is laid out as in the following example:

Set No.	Detail	Livery	Owner	Operator	Allocation	Formation
5912	*	**SS**	P	*SW*	WD	77835 62837 67400 77836

Codes: Codes are used to denote the livery, owner, operator and depot allocation of each Electric Multiple Unit. Details of these can be found in section 6 of this book. Where a unit or spare car is off-lease, the operator column is left blank.

Detail Differences: Detail differences which currently affect the areas and types of train which vehicles may work are shown, plus differences in interior layout. Where such differences occur within a class, these are shown either in the heading information or alongside the individual set or vehicle number.

Set Formations: Regular set formations are shown where these are normally maintained. Readers should note set formations might be temporarily varied from time to time to suit maintenance and/or operational requirements. Vehicles shown as "Spare" are not formed in any regular set formation.

Names: Only names carried with official sanction are listed. Names are shown in UPPER/lower case characters as actually shown on the name carried on the vehicle(s). Unless otherwise shown, complete units are regarded as named rather than just the individual car(s) which carry the name.

GENERAL INFORMATION

CLASSIFICATION AND NUMBERING

25 kV AC 50 Hz overhead and "Versatile" EMUs are classified in the series 300–399. 750 V DC third rail EMUs are classified in the series 400–599. More recently dual-voltage units have been numbered in the 700+ series and Hitachi IEP design units in the 800+ series. Most of the Class 8xx units are bi-mode units which can operate under both diesel or electric power.

Until 2014 EMU individual cars were numbered in the series 61000–78999, except for vehicles used on the Isle of Wight – which are numbered in a separate series, and the Class 378s, 380s and 395s, which took up the 38xxx and 39xxx series'.

For all new vehicles allocated by the Rolling Stock Library since 2014 6-digit vehicle numbers have been used.

Any vehicle constructed or converted to replace another vehicle following accident damage and carrying the same number as the original vehicle is denoted by the suffix[ll] in this publication

WHEEL ARRANGEMENT

A system whereby the number of powered axles on a bogie or frame is denoted by a letter (A = 1, B = 2, C= 3 etc) and the number of unpowered axles is denoted by a number is used in this publication. The letter "o" after a letter indicates that each axle is individually powered.

UNITS OF MEASUREMENT

Principal details and dimensions are quoted for each class in metric and/or imperial units as considered appropriate bearing in mind common UK usage.

All dimensions and weights are quoted for vehicles in an "as new" condition with all necessary supplies (eg oil, water, sand) on board. Dimensions are quoted in the order Length – Width. All lengths quoted are over buffers or couplers as appropriate. Where two lengths are quoted, the first refers to outer vehicles in a set and the second to inner vehicles. All width dimensions quoted are maxima. All weights are shown as metric tonnes (t = tonnes).

Bogie Types are quoted in the format motored/non-motored (eg BP20/BT13 denotes BP20 motored bogies and BT non-motored bogies).

Unless noted to the contrary, all vehicles listed have bar couplers at non-driving ends.

Unless stated, traction motors power details refer to each motored car per unit.

Vehicles ordered under the auspices of BR were allocated a Lot (batch) number when ordered and these are quoted in class headings and sub-headings. Vehicles ordered since 1995 have no Lot Numbers, but the manufacturer and location that they were built is given.

OPERATING CODES

These codes are used by train operating company staff to describe the various different types of vehicles and normally appear on data panels on the inner (ie non driving) ends of vehicles.

A "B" prefix indicates a battery vehicle.
A "P" prefix indicates a trailer vehicle on which is mounted the pantograph, instead of the default case where the pantograph is mounted on a motor vehicle.

The first part of the code describes whether or not the car has a motor or a driving cab as follows:

DM Driving motor   DT Driving trailer   M Motor   T Trailer

The next letter is a "B" for cars with a brake compartment.
This is followed by the saloon details:

F First   S Standard   C Composite   V Van

The next letter denotes the style of accommodation, which is "O" for Open for all EMU vehicles still in service.

Finally, vehicles with a buffet or kitchen area are suffixed RB or RMB for a miniature buffet counter.

Where two vehicles of the same type are formed within the same unit, the above codes may be suffixed by (A) and (B) to differentiate between vehicles.

A composite is a vehicle containing both First and Standard Class accommodation, whilst a brake vehicle is a vehicle containing separate specific accommodation for the conductor.

ACCOMMODATION

The information given in class headings and sub-headings is in the form F/S nT (or TD) nW. For example, 12/54 1T 1W denotes 12 First Class and 54 Standard Class seats, one toilet and one space for a wheelchair. A number in brackets (+2)) denotes tip-up seats (in addition to the fixed seats). The seating layout of open saloons is indicated as 2+1, 2+2 or 3+2. Where units have First Class accommodation as well as Standard Class and the layout is different for each class then these are shown separately prefixed by "1:" and "2:".

TD denotes a universal access toilet suitable for use by people with disabilities. By law all trains should have been fitted with such facilities by the start of 2020. All EMUs in service at the start of 2022 are now fitted, or have been retrofitted, with a universal access toilet (this is not applicable for those suburban units that do not have toilet facilities).

4.1. 25 kV AC 50 Hz OVERHEAD & DUAL VOLTAGE UNITS

Except where otherwise stated, all units in this section operate on 25 kV AC 50 Hz overhead only.

CLASS 313   BREL YORK

Inner suburban units.

Formation: DMS–TS–BDMS.
Systems: 25 kV AC overhead/750 V DC third rail (pantographs removed on 313/2).
Construction: Steel underframe, aluminium alloy body and roof.
Traction Motors: Four GEC G310AZ of 82.125 kW.
Wheel Arrangement: Bo-Bo + 2-2 + Bo-Bo.
Braking: Disc & rheostatic.   **Dimensions:** 20.33/20.18 x 2.82 m.
Bogies: BX1.   **Couplers:** Tightlock.
Gangways: Within unit + end doors. **Control System:** Camshaft.
Doors: Sliding.   **Maximum Speed:** 75 mph.
Seating Layout: 2+2 high back facing.
Multiple Working: Within class.

Class 313/1. Network Rail test unit. Used for ETCS signalling testing. Details as 313/2 below, although this unit has been heavily modified from its original condition and now includes a toilet.

313121   Y   BN *GB*   ZG   62549 71233 62613

Class 313/2. Southern units. Refurbished for Brighton Coastway services. 750 V DC only (pantographs removed).

DMS. Lot No. 30879 1976–77. –/64. 37.0 t.
TS. Lot No. 30880 1976–77. –/64(+2). 31.0 t.
BDMS. Lot No. 30885 1976–77. –/64. 37.0 t.

313201	(313101)	**BG**	BN	*SN*	BI	62529	71213	62593
313202	(313102)	**SN**	BN	*SN*	BI	62530	71214	62594
313203	(313103)	**SN**	BN	*SN*	BI	62531	71215	62595
313204	(313104)	**SN**	BN	*SN*	BI	62532	71216	62596
313205	(313105)	**SN**	BN	*SN*	BI	62533	71217	62597
313206	(313106)	**SN**	BN	*SN*	BI	62534	71218	62598
313207	(313107)	**SN**	BN	*SN*	BI	62535	71219	62599
313208	(313108)	**SN**	BN	*SN*	BI	62536	71220	62600
313209	(313109)	**SN**	BN	*SN*	BI	62537	71221	62601
313210	(313110)	**SN**	BN	*SN*	BI	62538	71222	62602
313211	(313111)	**SN**	BN	*SN*	BI	62539	71223	62603
313212	(313112)	**SN**	BN	*SN*	BI	62540	71224	62604
313213	(313113)	**SN**	BN	*SN*	BI	62541	71225	62605
313214	(313114)	**SN**	BN	*SN*	BI	62542	71226	62606
313215	(313115)	**SN**	BN	*SN*	BI	62543	71227	62607
313216	(313116)	**SN**	BN	*SN*	BI	62544	71228	62608
313217	(313117)	**SN**	BN	*SN*	BI	62545	71229	62609

313219	(313119)	**SN**	BN	*SN*	BI	62547	71231	62611
313220	(313120)	**SN**	BN	*SN*	BI	62548	71232	62612

CLASS 315   BREL YORK

Inner suburban units. The remaining units of this class are due to be withdrawn by spring 2022.

Formation: DMS–TS–PTS–DMS.
Construction: Steel underframe, aluminium alloy body and roof.
Traction Motors: Four Brush TM61-53 (* GEC G310AZ) of 82.125 kW.
Wheel Arrangement: Bo-Bo + 2-2 + 2-2 + Bo-Bo.
Braking: Disc & rheostatic.   **Dimensions:** 20.18 x 2.82 m.
Bogies: BX1.   **Couplers:** Tightlock.
Gangways: Within unit + end doors. **Control System:** Thyristor.
Doors: Sliding.   **Maximum Speed:** 75 mph.
Seating Layout: 3+2 low-back facing.
Multiple Working: Within class and with Class 314 and 317.

DMS. Lot No. 30902 1980–81. –/74. 38.2 t.
TS. Lot No. 30904 1980–81. –/86. 27.4 t.
PTS. Lot No. 30903 1980–81. –/75(+7) 2W. 33.8 t.
DMS. Lot No. 30902 1980–81. –/74. 38.2 t.

315837		**TF**	E	*XR*	IL	64533	71317	71425	64534
315838		**TF**	E	*XR*	IL	64535	71318	71426	64536
315839		**TF**	E	*XR*	IL	64537	71319	71427	64538
315847	*	**TF**	E	*XR*	IL	64553	71327	71435	64554
315848	*	**TF**	E	*XR*	IL	64540	71328	71436	64556
315853	*	**TF**	E	*XR*	IL	64565	71333	71441	64566
315856	*	**TF**	E	*XR*	IL	64571	71336	71444	64572
315857	*	**TF**	E	*XR*	IL	64573	71337	71445	64574

CLASS 317   BREL YORK/DERBY

Outer suburban units. The remaining units are due to be taken out of service during 2022.

Formation: Various, see sub-class headings.
Construction: Steel.
Traction Motors: Four GEC G315BZ of 247.5 kW.
Wheel Arrangement: 2-2 + Bo-Bo + 2-2 + 2-2.
Braking: Disc.   **Dimensions:** 19.83/20.18 x 2.82 m.
Bogies: BP20 (MS), BT13 (others). **Couplers:** Tightlock.
Gangways: Throughout   **Control System:** Thyristor.
Doors: Sliding.   **Maximum Speed:** 100 mph.
Seating Layout: Various, see sub-class headings.
Multiple Working: Within class & with Classes 315, 318, 319, 320, 321, 322 and 323.

Class 317/1. Pressure ventilated.

Formation: DTS–MS–TC–DTS.
Seating Layout: 1: 2+2 facing, 2: 3+2 facing.

DTS(A). Lot No. 30955 York 1981–82. –/74. 29.5 t.
MS. Lot No. 30958 York 1981–82. –/79. 49.0 t.
TC. Lot No. 30957 Derby 1981–82. 22/30(+2) 1TD 2W. 29.0 t.
DTS(B). Lot No. 30956 York 1981–82. –/71. 29.5 t.

317337	**TL**	A	*GA*	IL	77036	62671	71613	77084
317338	**TL**	A	*GA*	IL	77037	62698	71614	77085
317339	**TL**	A		Harwich	77038	62699	71615	77086
317340	**TL**	A		Harwich	77039	62700	71616	77087
317341	**TL**	A	*GA*	IL	77040	62701	71617	77088
317342	**TL**	A	*GA*	IL	77041	62702	71618	77089
317343	**TL**	A	*GA*	IL	77042	62703	71619	77090
317344	**GA**	A	*GA*	IL	77029	62690	71620	77091
317347	**GA**	A	*GA*	IL	77046	62707	71623	77094
317348	**TL**	A	*GA*	IL	77047	62708	71624	77095

Name (carried on TC): 317348 Richard A Jenner

Class 317/5. Pressure ventilated. Units renumbered from Class 317/1 in 2005 for West Anglia Metro services. Refurbished with new upholstery and Passenger Information Systems. Details as Class 317/1.

The original DTS 77048 was written off after the Cricklewood accident of 1983. A replacement vehicle was built at Wolverton in 1987 and given the same number.

317501	**GA**	A	*GA*	IL	77024	62661	71577	77048[II]
317502	**GA**	A	*GA*	IL	77001	62662	71578	77049
317504	**GA**	A	*GA*	IL	77003	62664	71580	77051
317506	**GA**	A	*GA*	IL	77005	62666	71582	77053
317507	**GA**	A	*GA*	IL	77006	62667	71583	77054
317508	**GA**	A	*GA*	IL	77010	62697	71587	77058
317510	**GA**	A		Harwich	77012	62673	71589	77060
317511	**GA**	A	*GA*	IL	77014	62675	71591	77062
317512	**GA**	A	*GA*	IL	77015	62676	71592	77050
317513	**GA**	A	*GA*	IL	77016	62677	71593	77064
317515	**GA**	A	*GA*	IL	77019	62680	71596	77067

Name (carried on TC): 317507 University of Cambridge 800 Years 1209–2009

Class 317/7. Units converted from Class 317/1 by Railcare, Wolverton 2000 for Stansted Express services between London Liverpool Street and Stansted. Air conditioning.

Formation: DTS–MS–TS–DTC.
Seating Layout: 1: 2+1 facing, 2: 2+2 facing.

DTS. Lot No. 30955 York 1981–82. –/52 + catering point. 31.4 t.
MS. Lot No. 30958 York 1981–82. –/62. 51.3 t.
TS. Lot No. 30957 Derby 1981–82. –/42(+5) 1TD 1T 1W. 30.2 t.
DTC. Lot No. 30956 York 1981–82. 22/16 + catering point. 31.6 t.

317708	**LO**	A		EP	77007	62668	71584	77055
317709	**LO**	A		EP	77008	62669	71585	77056
317710	**LO**	A		EP	77009	62670	71586	77057
317714	**LO**	A		EP	77013	62674	71590	77061
317719	**LO**	A		EP	77018	62679	71595	77066
317723	**LO**	A		EP	77022	62683	71599	77070
317729	**LO**	A		EP	77028	62689	71605	77076
317732	**LO**	A		EP	77031	62692	71608	77079

Class 317/8. Pressure Ventilated. Units refurbished and renumbered from Class 317/1 in 2005–06 at Wabtec, Doncaster for use on Stansted Express services. Displaced from Stansted services in 2011.

Formation: DTS–MS–TC–DTS.
Seating Layout: 1: 2+2 facing, 2: 3+2 facing.

DTS(A). Lot No. 30955 York 1981–82. –/66. 29.5 t.
MS. Lot No. 30958 York 1981–82. –/71. 49.0 t.
TC. Lot No. 30957 Derby 1981–82. 20/30(+2) 1TD 2W. 29.0 t.
DTS(B). Lot No. 30956 York 1981–82. –/66. 29.5 t.

317881	**GA**	A	*GA*	IL	77020	62681	71597	77068
317882	**GA**	A	*GA*	IL	77023	62684	71600	77071
317883	**GA**	A		Harwich	77000	62685	71601	77072
317884	**GA**	A	*GA*	IL	77025	62686	71602	77073
317885	**GA**	A	*GA*	IL	77026	62687	71603	77074
317886	**GA**	A	*GA*	IL	77027	62688	71604	77075

CLASS 318   BREL YORK

Outer suburban units.

Formation: DTS–MS–DTS.
Construction: Steel.
Traction Motors: Four Brush TM 2141 of 268 kW.
Wheel Arrangement: 2-2 + Bo-Bo + 2-2.
Braking: Disc.   **Dimensions:** 19.83/19.92 × 2.82 m.
Bogies: BP20 (MS), BT13 (others).   **Couplers:** Tightlock.
Gangways: Within unit.   **Control System:** Thyristor.
Doors: Sliding.   **Maximum Speed:** 90 mph.
Seating Layout: 3+2 facing.
Multiple Working: Within class & with Classes 317, 319, 320, 321, 322 and 323.

77240–259. DTS. Lot No. 30999 1985–86. –/55 1TD 2W. 32.0 t.
77288. DTS. Lot No. 31020 1987. –/55 1TD 2W. 32.0 t.
62866–885. MS. Lot No. 30998 1985–86. –/79. 53.0 t.
62890. MS. Lot No. 31019 1987. –/79. 53.0 t.
77260–279. DTS. Lot No. 31000 1985–86. –/69(+2). 31.6 t.
77289. DTS. Lot No. 31021 1987. –/69(+2). 31.6 t.

318250	**SR**	E	*SR*	GW	77240	62866	77260
318251	**SR**	E	*SR*	GW	77241	62867	77261
318252	**SR**	E	*SR*	GW	77242	62868	77262
318253	**SR**	E	*SR*	GW	77243	62869	77263

318254	**SR**	E	*SR*	GW	77244	62870	77264
318255	**SR**	E	*SR*	GW	77245	62871	77265
318256	**SR**	E	*SR*	GW	77246	62872	77266
318257	**SR**	E	*SR*	GW	77247	62873	77267
318258	**SR**	E	*SR*	GW	77248	62874	77268
318259	**SR**	E	*SR*	GW	77249	62875	77269
318260	**SR**	E	*SR*	GW	77250	62876	77270
318261	**SR**	E	*SR*	GW	77251	62877	77271
318262	**SR**	E	*SR*	GW	77252	62878	77272
318263	**SR**	E	*SR*	GW	77253	62879	77273
318264	**SR**	E	*SR*	GW	77254	62880	77274
318265	**SR**	E	*SR*	GW	77255	62881	77275
318266	**SR**	E	*SR*	GW	77256	62882	77276
318267	**SR**	E	*SR*	GW	77257	62883	77277
318268	**SR**	E	*SR*	GW	77258	62884	77278
318269	**SR**	E	*SR*	GW	77259	62885	77279
318270	**SR**	E	*SR*	GW	77288	62890	77289

CLASS 319 — BREL YORK

Express and outer suburban units. Units shown * or † have a universal access toilet. Some units are being rebuilt as bi-modes (see Class 769 and Class 799) or converted to parcels units for Orion (see Class 326 and 768). 319011/377/380/441 are additionally undergoing conversion for Orion.

Formation: Various, see sub-class headings.
Systems: 25 kV AC overhead/750 V DC third rail.
Construction: Steel.
Traction Motors: Four GEC G315BZ of 268 kW.
Wheel Arrangement: 2-2 + Bo-Bo + 2-2 + 2-2.
Braking: Disc. **Dimensions:** 20.17/20.16 x 2.82 m.
Bogies: P7-4 (MS), T3-7 (others). **Couplers:** Tightlock.
Gangways: Within unit + end doors. **Control System:** GTO chopper.
Doors: Sliding. **Maximum Speed:** 100 mph.
Seating Layout: Various, see sub-class headings.
Multiple Working: Within class & with Classes 317, 318, 320, 321, 322 and 323.

Class 319/0. DTS–MS–TS–DTS.

Seating Layout: 3+2 facing.

DTS(A). Lot No. 31022 (odd nos.) 1987–88. –/82 (* –/79). 28.2 t (* 30.7 t).
MS. Lot No. 31023 1987–88. –/82 (* –/81). 49.2 t (* 50.9 t).
TS. Lot No. 31024 1987–88. –/77 2T (* –/63 1TD 2W, † –/64 1TD 2W). 31.0 t (*† 32.5 t).
DTS(B). Lot No. 31025 (even nos.) 1987–88. –/78 (* –/79). 28.1 t (* 30.0 t).

319005	*	**TL**	P	*WM*	NN	77299	62895	71776	77298
319011		**TL**	P		ZG	77311	62901	71782	77310
319012	*	**TL**	P	*WM*	NN	77313	62902	71783	77312
319013	†	**LM**	P	*WM*	NN	77315	62903	71784	77314

Class 319/2. DTS–MS–TS–DTC. Units converted from Class 319/0.

Seating Layout: 1: 2+1 facing, 2: 2+2/3+2 facing.

DTS. Lot No. 31022 (odd nos.) 1987–88. –/64. 30.0 t.
MS. Lot No. 31023 1987–88. –/73. 51.0 t.
TS. Lot No. 31024 1987–88. –/52 1TD 1T. 31.0 t.
DTC. Lot No. 31025 (even nos.) 1987–88. 18/36. 30.0 t.

319214	*	**TL**	P	*WM*	NN	77317	62904	71785	77316
319215	*	**TL**	P	*WM*	NN	77319	62905	71786	77318
319216	*	**LM**	P	*WM*	NN	77321	62906	71787	77320
319217	*	**TL**	P	*WM*	NN	77323	62907	71788	77322
319218	*	**TL**	P	*WM*	NN	77325	62908	71789	77324
319219	*	**TL**	P	*WM*	NN	77327	62909	71790	77326
319220	*	**TL**	P	*WM*	NN	77329	62910	71791	77328

Class 319/3. DTS–MS–TS–DTS. Converted from Class 319/1.

Refurbished with a new universal access toilet except 319373, which has been converted for carrying parcels and roller-cages for Orion (due to be renumbered 326001).

Seating Layout: 3+2 facing.

DTS(A). Lot No. 31063 1990. –/79. 29.0 t.
MS. Lot No. 31064 1990. –/81. 50.6 t.
TS. Lot No. 31065 1990. –/64 1TD 2W. 31.0 t.
DTS(B). Lot No. 31066 1990. –/79. 29.7 t.

319361	*	**NR**	P	*NO*	AN	77459	63043	71929	77458
319362	*	**NR**	P		LM	77461	63044	71930	77460
319363	*	**NR**	P		LM	77463	63045	71931	77462
319364	*	**NR**	P		NN	77465	63046	71932	77464
319365	*	**NR**	P		LM	77467	63047	71933	77466
319366	*	**NR**	P	*NO*	AN	77469	63048	71934	77468
319367	*	**NR**	P	*NO*	AN	77471	63049	71935	77470
319368	*	**NR**	P	*NO*	AN	77473	63050	71936	77472
319369	*	**NR**	P	*NO*	AN	77475	63051	71937	77474
319370	*	**NR**	P	*NO*	AN	77477	63052	71938	77476
319371	*	**NR**	P		LM	77479	63053	71939	77478
319372	*	**TL**	P	*NO*	AN	77481	63054	71940	77480
319373		**ON**	P	*ON*	ZG	77483	63055	71941	77482
319374	*	**NR**	P		LM	77485	63056	71942	77484
319375	*	**NR**	P	*NO*	AN	77487	63057	71943	77486
319376	*	**NR**	P		LM	77489	63058	71944	77488
319377	*	**NR**	P		ZG	77491	63059	71945	77490
319378	*	**NR**	P	*NO*	AN	77493	63060	71946	77492
319379	*	**NR**	P	*NO*	AN	77495	63061	71947	77494
319380	*	**NR**	P		ZG	77497	63062	71948	77496
319381	*	**NR**	P	*NO*	AN	77973	63093	71979	77974
319383	*	**NR**	P	*NO*	AN	77977	63095	71981	77978
319384	*	**NR**	P	*NO*	AN	77979	63096	71982	77980
319385	*	**NR**	P	*NO*	AN	77981	63097	71983	77982
319386	*	**NR**	P	*NO*	AN	77983	63098	71984	77984

Class 319/4. DTC–MS–TS–DTS. Converted from Class 319/0. Refurbished with carpets. DTS(A) converted to composite.

319424/431/434/442/448/450/456/458 have been converted to Class 769 bi-mode units for Northern.

319421/426/445/452 have been converted to Class 769 bi-mode units for Transport for Wales.

319422/423/425/427/428/430/432/435–440/443/444/446/447/449/459 have been converted to Class 769 tri-mode units for Great Western Railway.

Non-standard livery: 319454 Porterbrook Innovation Hub (blue).

Seating Layout: 1: 2+1 facing 2: 2+2/3+2 facing.

77331–381. DTC. Lot No. 31022 (odd nos.) 1987–88. 12/51 (* 12/50). 30.0t (* 31.0 t).
77431–457. DTC. Lot No. 31038 (odd nos.) 1988. 12/51 (* 12/50). 30.0t (* 31.0 t).
62911–936. MS. Lot No. 31023 1987–88. –/74 (* –/75). 49.2t (* 52.4 t).
62961–974. MS. Lot No. 31039 1988. –/74 (* –/75). 49.2t (* 52.4 t).
71792–817. TS. Lot No. 31024 1987–88. –/67 2T (* –/58 1TD 2W). 31.0t (* 33.7 t).
71866–879. TS. Lot No. 31040 1988. –67 2T (* –/58 1TD 2W). 31.0t (* 33.7 t).
77330–380. DTS. Lot No. 31025 (even nos.) 1987–88. –/71 1W (* –/73). 28.1t (* 30.7 t).
77430–456. DTS. Lot No. 31041 (even nos.) 1988. –/71 1W (* –/73). 28.1t (* 30.7 t).

319429	*	**LM**	P	*WM*	NN	77347	62919	71800	77346
319433	*	**LM**	P	*WM*	NN	77355	62923	71804	77354
319441	*	**LM**	P		CN	77371	62931	71812	77370
319454		**O**	P		LM	77445	62968	71873	77444
319457	*	**LM**	P	*WM*	NN	77451	62971	71876	77450
319460	*	**LM**	P	*WM*	NN	77457	62974	71879	77456

CLASS 320   BREL YORK

Suburban units. In 2016–19 ScotRail received 320401/403/404/411–418/420 (ex-Class 321s) which were refurbished and reformed as 3-cars.

Formation: DTS–MS–DTS.
Construction: Steel
Traction Motors: Four Brush TM2141B of 268 kW.
Wheel Arrangement: 2-2 + Bo-Bo + 2-2.
Braking: Disc.
Bogies: P7-4 (MS), T3-7 (others).
Gangways: Within unit.
Doors: Sliding.
Seating Layout: 3+2 facing.
Dimensions: 19.95 x 2.82 m.
Couplers: Tightlock.
Control System: Thyristor.
Maximum Speed: 90 mph.
Multiple Working: Within class & with Classes 317, 318, 319, 321, 322 and 323.

Class 320/3. Original build.

DTS(A). Lot No. 31060 1990. –/51(+4) 1TD 2W. 31.7 t.
MS. Lot No. 31062 1990. –/78. 52.6 t.
DTS(B). Lot No. 31061 1990. –/73(+2). 31.6 t.

320301	**SR**	E	*SR*	GW	77899	63021	77921
320302	**SR**	E	*SR*	GW	77900	63022	77922
320303	**SR**	E	*SR*	GW	77901	63023	77923
320304	**SR**	E	*SR*	GW	77902	63024	77924
320305	**SR**	E	*SR*	GW	77903	63025	77925
320306	**SR**	E	*SR*	GW	77904	63026	77926
320307	**SR**	E	*SR*	GW	77905	63027	77927
320308	**SR**	E	*SR*	GW	77906	63028	77928
320309	**SR**	E	*SR*	GW	77907	63029	77929
320310	**SR**	E	*SR*	GW	77908	63030	77930
320311	**SR**	E	*SR*	GW	77909	63031	77931
320312	**SR**	E	*SR*	GW	77910	63032	77932
320313	**SR**	E	*SR*	GW	77911	63033	77933
320314	**SR**	E	*SR*	GW	77912	63034	77934
320315	**SR**	E	*SR*	GW	77913	63035	77935
320316	**SR**	E	*SR*	GW	77914	63036	77936
320317	**SR**	E	*SR*	GW	77915	63037	77937
320318	**SR**	E	*SR*	GW	77916	63038	77938
320319	**SR**	E	*SR*	GW	77917	63039	77939
320320	**SR**	E	*SR*	GW	77918	63040	77940
320321	**SR**	E	*SR*	GW	77919	63041	77941
320322	**SR**	E	*SR*	GW	77920	63042	77942

Class 320/4. Former London Midland Class 321s reduced to 3-car formation and refurbished as Class 320/4s by Wabtec Doncaster/Kilmarnock 2015–19.

The original vehicles 71966 and 77960 from 321418 (now 320418) were written off after the Watford Junction accident in 1996. The undamaged vehicles were formed together as 321418 whilst four new vehicles were built in 1997, taking the same numbers as the scrapped vehicles, and these became the second 321420.

DTS(A). Lot No. 31060 1990. –/54(+4) 1TD 2W. 32.0 t.
MS. Lot No. 31062 1990. –/79. 52.2 t.
DTS(B). Lot No. 31061 1990. –/74(+2). 32.0 t.

320401	(321401)	**SR**	E	*SR*	GW	78095	63063	77943
320403	(321403)	**SR**	E	*SR*	GW	78097	63065	77945
320404	(321404)	**SR**	E	*SR*	GW	78098	63066	77946
320411	(321411)	**SR**	E	*SR*	GW	78105	63073	77953
320412	(321412)	**SR**	E	*SR*	GW	78106	63075	77954
320413	(321413)	**SR**	E	*SR*	GW	78107	63075	77955
320414	(321414)	**SR**	E	*SR*	GW	78108	63076	77956
320415	(321415)	**SR**	E	*SR*	GW	78109	63077	77957
320416	(321416)	**SR**	E	*SR*	GW	78110	63078	77958
320417	(321417)	**SR**	E	*SR*	GW	78111	63079	77959
320418	(321418)	**SR**	E	*SR*	GW	78112	63080	77962
320420	(321420)	**SR**	E	*SR*	GW	78114[II]	63082[II]	77960[II]

CLASS 321   BREL YORK

Outer suburban units. The remaining Greater Anglia units are due to be taken out of service during 2022.

Formation: DTC (DTS on Class 321/9)–MS–TS–DTS.
Construction: Steel.
Traction Motors: Four Brush TM2141C of 268 kW (* Four TSA010163 AC motors of 300 kW).
Wheel Arrangement: 2-2 + Bo-Bo + 2-2 + 2-2.
Braking: Disc (* and regenerative).   **Dimensions:** 19.95 x 2.82 m.
Bogies: P7-4 (MS), T3-7 (others).   **Couplers:** Tightlock.
Gangways: Within unit.
Control System: Thyristor (* IGBT Inverter).
Doors: Sliding.   **Maximum Speed:** 100 mph.
Seating Layout: 1: 2+2 facing, 2: 3+2 facing.
Multiple Working: Within class & with Classes 317, 318, 319, 320, 322 and 323.

Class 321/3.

* "Renatus" rebuilt units with completely new interiors, air conditioning and Quantum seating, still arranged to a 3+2 layout in Standard Class. Fitted with new TSA AC traction motors.

† Converted to a freight carrying unit with all seats removed.

Non-standard livery: 321334 Swift Express Freight (dark blue).

DTC. Lot No. 31053 1988–90. 15/76 (* 16/31(+4) 1TD 2W. 29.7 t (* 34.1 t).
MS. Lot No. 31054 1988–90. –/82 (* –/80). 51.5 t (* 53.8 t).
TS. Lot No. 31055 1988–90. –/75 2T (* –/78 1T). 29.1 t (* 31.7 t).
DTS. Lot No. 31056 1988–90. –/78 (* –/76). 29.7 t (* 32.8 t.)

321301	*	**GR**	E	*GA*	IL	78049	62975	71880	77853
321302	*	**GR**	E	*GA*	IL	78050	62976	71881	77854
321303	*	**GR**	E	*GA*	IL	78051	62977	71882	77855
321304	*	**GR**	E	*GA*	IL	78052	62978	71883	77856
321305	*	**GR**	E	*GA*	IL	78053	62979	71884	77857
321306	*	**GR**	E	*GA*	IL	78054	62980	71885	77858
321307	*	**GR**	E	*GA*	IL	78055	62981	71886	77859
321308	*	**GR**	E	*GA*	IL	78056	62982	71887	77860
321309	*	**GR**	E	*GA*	IL	78057	62983	71888	77861
321310	*	**GR**	E	*GA*	IL	78058	62984	71889	77862
321311	*	**GR**	E	*GA*	IL	78059	62985	71890	77863
321312	*	**GR**	E	*GA*	IL	78060	62986	71891	77864
321313	*	**GR**	E	*GA*	IL	78061	62987	71892	77865
321314	*	**GR**	E	*GA*	IL	78062	62988	71893	77866
321315	*	**GR**	E	*GA*	IL	78063	62989	71894	77867
321316	*	**GR**	E	*GA*	IL	78064	62990	71895	77868
321317	*	**GR**	E	*GA*	IL	78065	62991	71896	77869
321318	*	**GR**	E	*GA*	IL	78066	62992	71897	77870
321319	*	**GR**	E	*GA*	IL	78067	62993	71898	77871
321320	*	**GR**	E	*GA*	IL	78068	62994	71899	77872
321321	*	**GR**	E	*GA*	IL	78069	62995	71900	77873

321322	*	**GR**	E	*GA*	IL	78070	62996	71901	77874
321323	*	**GR**	E	*GA*	IL	78071	62997	71902	77875
321324	*	**GR**	E	*GA*	IL	78072	62998	71903	77876
321325	*	**GR**	E	*GA*	IL	78073	62999	71904	77877
321326	*	**GR**	E	*GA*	IL	78074	63000	71905	77878
321327	*	**GR**	E	*GA*	IL	78075	63001	71906	77879
321328	*	**GR**	E	*GA*	IL	78076	63002	71907	77880
321329	*	**GR**	E	*GA*	IL	78077	63003	71908	77881
321330	*	**GR**	E	*GA*	IL	78078	63004	71909	77882
321331		**NC**	E		Clacton	78079	63005	71910	77883
321332		**NC**	E		ZN	78080	63006	71911	77884
321333		**NC**	E		Clacton	78081	63007	71912	77885
321334	†	**O**	E		ZB	78082	63008	71913	77886
321335		**NC**	E		Clacton	78083	63009	71914	77887
321336		**NC**	E		Clacton	78084	63010	71915	77888
321337		**NC**	E		WS	78085	63011	71916	77889
321338		**NC**	E		Colchester	78086	63012	71917	77890
321339		**NC**	E		Clacton	78087	63013	71918	77891
321340		**NC**	E		Clacton	78088	63014	71919	77892
321341		**NC**	E		Colchester	78089	63015	71920	77893
321342		**NC**	E		Colchester	78090	63016	71921	77894
321343		**NC**	E		Clacton	78091	63017	71922	77895

Name (carried on TS): 321342 R. Barnes

Class 321/4.

Units 321401/403/404/411–418/420 have been refurbished as Class 320/4 3-car units for ScotRail (their TS vehicles are stored or have been scrapped).

DTC. Lot No. 31067 1989–90. 28/40 (321 421–436 16/52, 321 439–447 16/56). 29.8 t.
MS. Lot No. 31068 1989–90. –/79 (321 439–447 –/82). 51.6 t.
TS. Lot No. 31069 1989–90. –/74 2T (321 439–447 –/75 2T). 29.2 t.
DTS. Lot No. 31070 1989–90. –/78. 29.8 t.

321402	**FB**	E	GA	78096	63064	71950	77944
321405	**FB**	E	GA	78099	63067	71953	77947
321406	**FB**	E	Southend	78100	63068	71954	77948
321407	**FB**	E	ZN	78101	63069	71955	77949
321408	**FB**	E	GA	78102	63070	71956	77950
321409	**FB**	E	Colchester	78103	63071	71957	77951
321410	**FB**	E	GA	78104	63072	71958	77952
321419	**FB**	E	ZN	78113	63081	71967	77961
321421	**NC**	E	WS	78115	63083	71969	77963
321423	**NC**	E	Southend	78117	63085	71971	77965
321424	**NX**	E	Southend	78118	63086	71972	77966
321426	**NX**	E	WS	78120	63088	71974	77968
321427	**NX**	E	Colchester	78121	63089	71975	77969
321428	**NX**	E	ZN	78122	63090	71976	77970
321429	**NX**	E	ZN	78123	63091	71977	77971
321430	**NX**	E	Southend	78124	63092	71978	77972
321431	**NX**	E	GA	78151	63125	72011	78300

321 432	**NC**	E		WS	78152	63126	72012	78301
321 433	**NC**	E		WS	78153	63127	72013	78302
321 434	**NC**	E		Southend	78154	63128	72014	78303
321 436	**NC**	E		Southend	78156	63130	72016	78305
321 439	**GA**	E		GA	78159	63133	72019	78308
321 440	**GA**	E		WS	78160	63134	72020	78309
321 441	**GA**	E		WS	78161	63135	72021	78310
321 443	**GA**	E		GA	78125	63099	71985	78274
321 444	**NC**	E		GA	78126	63100	71986	78275
321 445	**NC**	E		GA	78127	63101	71987	78276
321 447	**NC**	E		GA	78129	63103	71989	78278
Spare	**LM**	E		ZB (S)	71959			

Names (carried on TS):

321 409 Dame Alice Owen's School 400 Years of Learning
321 428 The Essex Commuter

Class 321/9. DTS(A)–MS–TS–DTS(B).

DTS(A). Lot No. 31108 1991. –/45(+6) 1TD 2W. 31.7 t.
MS. Lot No. 31109 1991. –/79. 52.1 t.
TS. Lot No. 31110 1991. –/78. 30.6 t.
DTS(B). Lot No. 31111 1991. –/79. 30.6 t.

321 901	**NB**	E	*GA*	IL	77990	63153	72128	77993
321 902	**NB**	E	*GA*	IL	77991	63154	72129	77994
321 903	**NB**	E	*GA*	IL	77992	63155	72130	77995

CLASS 322   BREL YORK

Units built for use on Stansted Airport services, used for a number of years with ScotRail before transfer to Northern and in 2020 to Greater Anglia.

Formation: DTS–MS–TS–DTS.
Construction: Steel.
Traction Motors: Four Brush TM2141C of 268 kW.
Wheel Arrangement: 2-2 + Bo-Bo + 2-2 + 2-2.
Braking: Disc.   **Dimensions:** 19.95/19.92 x 2.82 m.
Bogies: P7-4 (MS), T3-7 (others).   **Couplers:** Tightlock.
Gangways: Within unit.   **Control System:** Thyristor.
Doors: Sliding.   **Maximum Speed:** 100 mph.
Seating Layout: 3+2 facing.
Multiple Working: Within class & with Classes 317, 318, 319, 320, 321 and 323.

DTS(A). Lot No. 31094 1990. –/54(+4) 1TD 2W. 31.7 t.
MS. Lot No. 31092 1990. –/83. 52.1 t.
TS. Lot No. 31093 1990. –/80 1T. 30.6 t.
DTS(B). Lot No. 31091 1990. –/79. 30.6 t.

322 481	**NB**	E	*GA*	IL	78163	63137	72023	77985
322 482	**NB**	E	*GA*	IL	78164	63138	72024	77986
322 483	**NB**	E	*GA*	IL	78165	63139	72025	77987
322 484	**NB**	E	*GA*	IL	78166	63140	72026	77988
322 485	**NB**	E	*GA*	IL	78167	63141	72027	77989

CLASS 323 HUNSLET TRANSPORTATION PROJECTS

Suburban units.

Formation: DMS–PTS–DMS.
Construction: Welded aluminium alloy.
Traction Motors: Four Holec DMKT 52/24 asynchronous of 146 kW.
Wheel Arrangement: Bo-Bo + 2-2 + Bo-Bo.
Braking: Disc & regenerative.   **Dimensions:** 23.37/23.44 x 2.80 m.
Bogies: SRP BP62 (DMS), BT52 (PTS). **Couplers:** Tightlock.
Gangways: Within unit.   **Control System:** IGBT Inverter.
Doors: Sliding plug.   **Maximum Speed:** 90 mph.
Seating Layout: 3+2 facing/unidirectional.
Multiple Working: Within class & with Classes 317, 318, 319, 320, 321 and 322.

DMS(B) vehicles 65003 and 65005 in 323203/205 and 65019 and 65021 in 323219/221 switched between units following accident damage and were not returned to their original sets, instead swapping numbers.

DMS(A). Lot No. 31112 Hunslet 1992–93. –/97. 41.0 t.
TS. Lot No. 31113 Hunslet 1992–93. –/81(+3) 1TD 2W. 39.3t.
DMS(B). Lot No. 31114 Hunslet 1992–93. –/97. 41.0 t.

323201	**WI**	P	*WM*	SO	64001	72201	65001
323202	**WI**	P	*WM*	SO	64002	72202	65002
323203	**WI**	P	*WM*	SO	64003	72203	65003
323204	**WI**	P	*WM*	SO	64004	72204	65004
323205	**WI**	P	*WM*	SO	64005	72205	65005
323206	**WI**	P	*WM*	SO	64006	72206	65006
323207	**WI**	P	*WM*	SO	64007	72207	65007
323208	**WI**	P	*WM*	SO	64008	72208	65008
323209	**WI**	P	*WM*	SO	64009	72209	65009
323210	**WI**	P	*WM*	SO	64010	72210	65010
323211	**WI**	P	*WM*	SO	64011	72211	65011
323212	**WI**	P	*WM*	SO	64012	72212	65012
323213	**WI**	P	*WM*	SO	64013	72213	65013
323214	**WI**	P	*WM*	SO	64014	72214	65014
323215	**WI**	P	*WM*	SO	64015	72215	65015
323216	**WI**	P	*WM*	SO	64016	72216	65016
323217	**WI**	P	*WM*	SO	64017	72217	65017
323218	**WI**	P	*WM*	SO	64018	72218	65018
323219	**WI**	P	*WM*	SO	64019	72219	65019
323220	**WI**	P	*WM*	SO	64020	72220	65020
323221	**WI**	P	*WM*	SO	64021	72221	65021
323222	**WI**	P	*WM*	SO	64022	72222	65022
323223	**NR**	P	*NO*	AN	64023	72223	65023
323224	**NR**	P	*NO*	AN	64024	72224	65024
323225	**NR**	P	*NO*	AN	64025	72225	65025
323226	**NR**	P	*NO*	AN	64026	72226	65026
323227	**NR**	P	*NO*	AN	64027	72227	65027
323228	**NR**	P	*NO*	AN	64028	72228	65028
323229	**NR**	P	*NO*	AN	64029	72229	65029

323230	**NR**	P	*NO*	AN	64030	72230	65030
323231	**NR**	P	*NO*	AN	64031	72231	65031
323232	**NR**	P	*NO*	AN	64032	72232	65032
323233	**NR**	P	*NO*	AN	64033	72233	65033
323234	**NR**	P	*NO*	AN	64034	72234	65034
323235	**NR**	P	*NO*	AN	64035	72235	65035
323236	**NR**	P	*NO*	AN	64036	72236	65036
323237	**NR**	P	*NO*	AN	64037	72237	65037
323238	**NR**	P	*NO*	AN	64038	72238	65038
323239	**NR**	P	*NO*	AN	64039	72239	65039
323240	**WI**	P	*WM*	SO	64040	72340	65040
323241	**WI**	P	*WM*	SO	64041	72341	65041
323242	**WI**	P	*WM*	SO	64042	72342	65042
323243	**WI**	P	*WM*	SO	64043	72343	65043

Name (carried on TS):

323241 Dave Pomroy 323 Fleet Engineer 40 Years Service

CLASS 325 ABB DERBY

Postal units based on Class 319s. Compatible with diesel or electric locomotive haulage. Built for dual voltage use, but 750 V DC third rail shoe gear has been removed as it is not required on current duties.

Formation: DTPMV–MPMV–TPMV–DTPMV.
System: 25 kV AC overhead.
Construction: Steel.
Traction Motors: Four GEC G315BZ of 268 kW.
Wheel Arrangement: 2-2 + Bo-Bo + 2-2 + 2-2.
Braking: Disc.
Dimensions: 19.33 x 2.82 m.
Bogies: P7-4 (MPMV), T3-7 (others).
Couplers: Drop-head buckeye.
Gangways: None.
Control System: GTO Chopper.
Doors: Roller shutter.
Maximum Speed: 100 mph.
Multiple Working: Within class.

DTPMV. Lot No. 31144 1995. 29.1 t.
MPMV. Lot No. 31145 1995. 49.5 t.
TPMV. Lot No. 31146 1995. 30.7 t.

325001	**RM**	RM	*DB*	CE	68300	68340	68360	68301
325002	**RM**	RM	*DB*	CE	68302	68341	68361	68303
325003	**RM**	RM	*DB*	CE	68304	68342	68362	68305
325004	**RM**	RM	*DB*	CE	68306	68343	68363	68307
325005	**RM**	RM	*DB*	CE	68308	68344	68364	68309
325006	**RM**	RM	*DB*	CE	68310	68345	68365	68311
325007	**RM**	RM	*DB*	CE	68312	68346	68366	68313
325008	**RM**	RM	*DB*	CE	68314	68348	68367	68315
325009	**RM**	RM	*DB*	CE	68316	68349	68368	68317
325011	**RM**	RM	*DB*	CE	68320	68350	68370	68321
325012	**RM**	RM	*DB*	CE	68322	68351	68371	68323
325013	**RM**	RM	*DB*	CE	68324	68352	68372	68325
325014	**RM**	RM	*DB*	CE	68326	68353	68373	68327

325015	**RM**	RM *DB*	CE	68328	68354	68374	68329
325016	**RM**	RM *DB*	CE	68330	68355	68375	68331

Name (carried on one side of each DTPMV):

325008 Peter Howarth CBE

CLASS 326 BREL YORK

Nine Class 319/3 units for Rail Operations Group's subsidiary Orion are to be converted to parcels/freight units and renumbered in the Class 326 series. At the time of writing no renumberings had taken place. Full details awaited.

Formation: DTV–PMV–TV–DTV.
Systems: 25 kV AC overhead/750 V DC third rail.
Construction: Steel.
Traction Motors: Four GEC G315BZ of 268 kW.
Wheel Arrangement: 2-2 + Bo-Bo + 2-2 + 2-2.
Braking: Disc. **Dimensions:** 20.17/20.16 x 2.82 m.
Bogies: P7-4 (MS), T3-7 (others). **Couplers:** Tightlock.
Gangways: Within unit + end doors. **Control System:** GTO chopper.
Doors: Sliding. **Maximum Speed:** 100 mph.
Seating Layout: No seats (removed to allow space for parcels and freight).
Multiple Working: Within class & with Classes 317, 318, 320, 321, 322 and 323.

DTV(A). Lot No. 31063 1990.
PMV. Lot No. 31064 1990.
TV. Lot No. 31065 1990.
DTV(B). Lot No. 31066 1990.

326001 (319373)
326002 (319   )
326003 (319   )
326004 (319   )
326005 (319   )
326006 (319   )
326007 (319   )
326008 (319   )
326009 (319   )

CLASS 331 CIVITY CAF

New Northern outer suburban units.

Formation: DMS–PTS–DMS or DMS–PTS–TS–DMS.
Construction: Aluminium.
Traction Motors: Four TSA asynchronous of 220 kW.
Wheel Arrangement: Bo-Bo + 2-2 + Bo-Bo or Bo-Bo + 2-2 + 2-2 + Bo-Bo.
Braking: Disc & regenerative. **Dimensions:** 24.03/23.35 x 2.55 m.
Bogies: CAF. **Couplers:** Dellner.
Gangways: Within unit. **Control System:** IGBT Inverter.
Doors: Sliding plug. **Maximum Speed:** 100 mph.
Heating & ventilation: Air conditioning.

331001–331107

Seating: 2+2 facing/unidirectional. **Multiple Working:** Within class.

Class 331/0. DMS–PTS–DMS. 3-car units. Used in North-West England.

DMS. CAF Zaragoza/Newport 2017–20. –/45(+8) 1TD 2W. 40.8 t.
PTS. CAF Zaragoza/Newport 2017–20. –/76(+4). 34.9 t.
DMS. CAF Zaragoza/Newport 2017–20. –/63(+7). 39.8 t.

331001	**NR**	E	*NO*	AN	463001	464001	466001
331002	**NR**	E	*NO*	AN	463002	464002	466002
331003	**NR**	E	*NO*	AN	463003	464003	466003
331004	**NR**	E	*NO*	AN	463004	464004	466004
331005	**NR**	E	*NO*	AN	463005	464005	466005
331006	**NR**	E	*NO*	AN	463006	464006	466006
331007	**NR**	E	*NO*	AN	463007	464007	466007
331008	**NR**	E	*NO*	AN	463008	464008	466008
331009	**NR**	E	*NO*	AN	463009	464009	466009
331010	**NR**	E	*NO*	AN	463010	464010	466010
331011	**NR**	E	*NO*	AN	463011	464011	466011
331012	**NR**	E	*NO*	AN	463012	464012	466012
331013	**NR**	E	*NO*	AN	463013	464013	466013
331014	**NR**	E	*NO*	AN	463014	464014	466014
331015	**NR**	E	*NO*	AN	463015	464015	466015
331016	**NR**	E	*NO*	AN	463016	464016	466016
331017	**NR**	E	*NO*	AN	463017	464017	466017
331018	**NR**	E	*NO*	AN	463018	464018	466018
331019	**NR**	E	*NO*	AN	463019	464019	466019
331020	**NR**	E	*NO*	AN	463020	464020	466020
331021	**NR**	E	*NO*	AN	463021	464021	466021
331022	**NR**	E	*NO*	AN	463022	464022	466022
331023	**NR**	E	*NO*	AN	463023	464023	466023
331024	**NR**	E	*NO*	AN	463024	464024	466024
331025	**NR**	E	*NO*	AN	463025	464025	466025
331026	**NR**	E	*NO*	AN	463026	464026	466026
331027	**NR**	E	*NO*	AN	463027	464027	466027
331028	**NR**	E	*NO*	AN	463028	464028	466028
331029	**NR**	E	*NO*	AN	463029	464029	466029
331030	**NR**	E	*NO*	AN	463030	464030	466030
331031	**NR**	E	*NO*	AN	463031	464031	466031

Class 331/1. DMS–PTS–TS–DMS. 4-car units. Used in West Yorkshire.

DMS. CAF Zaragoza/Newport 2017–19. –/45(+8) 1TD 2W. 40.8 t.
PTS. CAF Zaragoza/Newport 2017–19. –/76(+4). 34.9 t.
TS. CAF Zaragoza/Newport 2017–19. –/76(+4). 30.1 t.
DMS. CAF Zaragoza/Newport 2017–19. –/63(+7). 39.8 t.

331101	**NR**	E	*NO*	NL	463101	464101	465101	466101
331102	**NR**	E	*NO*	NL	463102	464102	465102	466102
331103	**NR**	E	*NO*	NL	463103	464103	465103	466103
331104	**NR**	E	*NO*	NL	463104	464104	465104	466104
331105	**NR**	E	*NO*	NL	463105	464105	465105	466105
331106	**NR**	E	*NO*	NL	463106	464106	465106	466106
331107	**NR**	E	*NO*	NL	463107	464107	465107	466107

331108	**NR**	E	*NO*	NL	463108	464108	465108	466108
331109	**NR**	E	*NO*	NL	463109	464109	465109	466109
331110	**NR**	E	*NO*	NL	463110	464110	465110	466110
331111	**NR**	E	*NO*	NL	463111	464111	465111	466111
331112	**NR**	E	*NO*	NL	463112	464112	465112	466112

Names (carried on driving cars):

331106	Proud to be Northern		331110	Proud to be Northern

CLASS 333   CAF/SIEMENS

West Yorkshire area suburban units.

Formation: DMS–PTS–TS–DMS.
Construction: Steel.
Traction Motors: Two Siemens monomotors asynchronous of 350 kW.
Wheel Arrangement: B-B + 2-2 + 2-2 + B-B.
Braking: Disc.   **Dimensions:** 23.74/23.35 x 2.75 m.
Bogies: CAF.   **Couplers:** Dellner 10L.
Gangways: Within unit.   **Control System:** IGBT Inverter.
Doors: Sliding plug.   **Maximum Speed:** 100 mph.
Heating & ventilation: Air conditioning.**Multiple Working:** Within class.
Seating Layout: 3+2 facing/unidirectional.

333001–008 were made up to 4-car units from 3-car units in 2002.

333009–016 were made up to 4-car units from 3-car units in 2003.

DMS(A). (odd Nos.) CAF Zaragoza 2001. –/90. 50.0 t.
PTS. CAF Zaragoza 2001. –/73(+7) 1TD 2W. 46.0 t.
TS. CAF Zaragoza 2002–03. –/100. 38.5 t.
DMS(B). (even Nos.) CAF Zaragoza 2001. –/90. 50.0 t.

333001	**NR**	A	*NO*	NL	78451	74461	74477	78452
333002	**NR**	A	*NO*	NL	78453	74462	74478	78454
333003	**NR**	A	*NO*	NL	78455	74463	74479	78456
333004	**NR**	A	*NO*	NL	78457	74464	74480	78458
333005	**NR**	A	*NO*	NL	78459	74465	74481	78460
333006	**NR**	A	*NO*	NL	78461	74466	74482	78462
333007	**NR**	A	*NO*	NL	78463	74467	74483	78464
333008	**NR**	A	*NO*	NL	78465	74468	74484	78466
333009	**NR**	A	*NO*	NL	78467	74469	74485	78468
333010	**NR**	A	*NO*	NL	78469	74470	74486	78470
333011	**NR**	A	*NO*	NL	78471	74471	74487	78472
333012	**NR**	A	*NO*	NL	78473	74472	74488	78474
333013	**NR**	A	*NO*	NL	78475	74473	74489	78476
333014	**NR**	A	*NO*	NL	78477	74474	74490	78478
333015	**NR**	A	*NO*	NL	78479	74475	74491	78480
333016	**NR**	A	*NO*	NL	78481	74476	74492	78482

CLASS 334   JUNIPER   ALSTOM BIRMINGHAM

Outer suburban units.

Formation: DMS–PTS–DMS.
Construction: Steel.
Traction Motors: Two Alstom ONIX 800 asynchronous of 270 kW.
Wheel Arrangement: 2-Bo + 2-2 + Bo-2.
Braking: Disc.   **Dimensions:** 21.01/19.94 x 2.80 m.
Bogies: Alstom LTB3/TBP3.   **Couplers:** Dellner.
Gangways: Within unit.   **Control System:** IGBT Inverter.
Doors: Sliding plug.   **Maximum Speed:** 90 mph.
Heating & ventilation: Air conditioning.
Seating Layout: 2+2 facing/unidirectional (3+2 in PTS).
Multiple Working: Within class.

Non-standard livery: 334006 Pride celebration colours (vehicle 64106).

DMS(A). Alstom Birmingham 1999–2001. –/64. 42.6 t.
PTS. Alstom Birmingham 1999–2001. –/55 1TD 1W. 39.4 t.
DMS(B). Alstom Birmingham 1999–2001. –/59(+3). 42.6 t.

334001	**SR**	E	*SR*	GW	64101	74301	65101
334002	**SR**	E	*SR*	GW	64102	74302	65102
334003	**SR**	E	*SR*	GW	64103	74303	65103
334004	**SR**	E	*SR*	GW	64104	74304	65104
334005	**SR**	E	*SR*	GW	64105	74305	65105
334006	**0**	E	*SR*	GW	64106	74306	65106
334007	**SR**	E	*SR*	GW	64107	74307	65107
334008	**SR**	E	*SR*	GW	64108	74308	65108
334009	**SR**	E	*SR*	GW	64109	74309	65109
334010	**SR**	E	*SR*	GW	64110	74310	65110
334011	**SR**	E	*SR*	GW	64111	74311	65111
334012	**SR**	E	*SR*	GW	64112	74312	65112
334013	**SR**	E	*SR*	GW	64113	74313	65113
334014	**SR**	E	*SR*	GW	64114	74314	65114
334015	**SR**	E	*SR*	GW	64115	74315	65115
334016	**SR**	E	*SR*	GW	64116	74316	65116
334017	**SR**	E	*SR*	GW	64117	74317	65117
334018	**SR**	E	*SR*	GW	64118	74318	65118
334019	**SR**	E	*SR*	GW	64119	74319	65119
334020	**SR**	E	*SR*	GW	64120	74320	65120
334021	**SR**	E	*SR*	GW	64121	74321	65121
334022	**SR**	E	*SR*	GW	64122	74322	65122
334023	**SR**	E	*SR*	GW	64123	74323	65123
334024	**SR**	E	*SR*	GW	64124	74324	65124
334025	**SR**	E	*SR*	GW	64125	74325	65125
334026	**SR**	E	*SR*	GW	64126	74326	65126
334027	**SR**	E	*SR*	GW	64127	74327	65127
334028	**SR**	E	*SR*	GW	64128	74328	65128
334029	**SR**	E	*SR*	GW	64129	74329	65129
334030	**SR**	E	*SR*	GW	64130	74330	65130

334031	**SR**	E	*SR*	GW	64131	74331	65131
334032	**SR**	E	*SR*	GW	64132	74332	65132
334033	**SR**	E	*SR*	GW	64133	74333	65133
334034	**SR**	E	*SR*	GW	64134	74334	65134
334035	**SR**	E	*SR*	GW	64135	74335	65135
334036	**SR**	E	*SR*	GW	64136	74336	65136
334037	**SR**	E	*SR*	GW	64137	74337	65137
334038	**SR**	E	*SR*	GW	64138	74338	65138
334039	**SR**	E	*SR*	GW	64139	74339	65139
334040	**SR**	E	*SR*	GW	64140	74340	65140

CLASS 345   AVENTRA   BOMBARDIER DERBY

These 9-car units will be used on London's Crossrail/Elizabeth Line. Some units are still in service as 7-car units on services from Paddington, ahead of the heavily delayed opening of the full Elizabeth Line – expected during spring 2022.

The design is marketed as "Aventra" by Bombardier and is a development of the successful Electrostar design.

Formation: DMS–PMS–MS–MS*–TS–MS*–MS–PMS–DMS.
* Initially these MS vehicles are missing from some units. For units in traffic that are missing these vehicles, the missing vehicles are shown in *italics*.
System: 25 kV AC overhead.
Construction: Aluminium.
Traction Motors: Two Bombardier asynchronous of 265 kW.
Wheel Arrangement: 2-Bo + Bo-2 + Bo-Bo (+ Bo-2) + 2-2 (+ 2-Bo) + Bo-Bo + 2-Bo + Bo-2.
Braking: Disc & regenerative.   **Dimensions:** 23.62/22.50 m x 2.78 m.
Bogies: FLEXX B5000 inside-frame.   **Couplers:** Dellner.
Gangways: Within unit.   **Control System:** IGBT Inverter.
Doors: Sliding plug (three per vehicle). **Maximum Speed:** 90 mph.
Heating & ventilation: Air conditioning.
Seating Layout: Mostly longitudinal, with some 2+2 facing.
Multiple Working: Within class.

DMS(A). Bombardier Derby 2015–19. –/46. 39.0 t.
PMS(A). Bombardier Derby 2015–19. –/46(+6). 37.1 t.
MS(A). Bombardier Derby 2015–19. –/46(+6). 36.5 t.
MS(B). Bombardier Derby 2015–19. –/49(+3). 31.4 t.
TS. Bombardier Derby 2015–19. –/38(+12). 29.7 t.
MS(C). Bombardier Derby 2015–19. –/49(+3). 31.4 t.
MS(D). Bombardier Derby 2015–19. –/46(+6). 37.2 t.
PMS(B). Bombardier Derby 2015–19. –/46(+6). 37.1 t.
DMS(B). Bombardier Derby 2015–19. –/46. 39.0 t.

345001	**XR**	RF	*XR*	OC	340101	340201	340301	340401	340501
					340601	340701	340801	340901	
345002	**XR**	RF	*XR*	OC	340102	340202	340302	340402	340502
					340602	340702	340802	340902	

345 003	**XR**	RF	*XR*	OC	340103	340203	340303	340403	340503
					340603	340703	340803	340903	
345 004	**XR**	RF	*XR*	OC	340104	340204	340304	340404	340504
					340604	340704	340804	340904	
345 005	**XR**	RF	*XR*	OC	340105	340205	340305	340405	340505
					340605	340705	340805	340905	
345 006	**XR**	RF	*XR*	OC	340106	340206	340306	340406	340506
					340606	340706	340806	340906	
345 007	**XR**	RF	*XR*	OC	340107	340207	340307	340407	340507
					340607	340707	340807	340907	
345 008	**XR**	RF	*XR*	OC	340108	340208	340308	340408	340508
					340608	340708	340808	340908	
345 009	**XR**	RF	*XR*	OC	340109	340209	340309	340409	340509
					340609	340709	340809	340909	
345 010	**XR**	RF	*XR*	OC	340110	340210	340310	340410	340510
					340610	340710	340810	340910	
345 011	**XR**	RF	*XR*	OC	340111	340211	340311	*340411*	340511
					340611	340711	340811	340911	
345 012	**XR**	RF	*XR*	OC	340112	340212	340312	*340412*	340512
					340612	340712	340812	340912	
345 013	**XR**	RF	*XR*	OC	340113	340213	340313	*340413*	340513
					340613	340713	340813	340913	
345 014	**XR**	RF	*XR*	OC	340114	340214	340314	*340414*	340514
					340614	340714	340814	340914	
345 015	**XR**	RF	*XR*	OC	340115	340215	340315	*340415*	340515
					340615	340715	340815	340915	
345 016	**XR**	RF	*XR*	OC	340116	340216	340316	*340416*	340516
					340616	340716	340816	340916	
345 017	**XR**	RF	*XR*	OC	340117	340217	340317	*340417*	340517
					340617	340717	340817	340917	
345 018	**XR**	RF			340118	340218	340318	340418	340518
					340618	340718	340818	340918	
345 019	**XR**	RF			340119	340219	340319	340419	340519
					340619	340719	340819	340919	
345 020	**XR**	RF	*XR*	OC	340120	340220	340320	340420	340520
					340620	340720	340820	340920	
345 021	**XR**	RF	*XR*	OC	340121	340221	340321	340421	340521
					340621	340721	340821	340921	
345 022	**XR**	RF	*XR*	OC	340122	340222	340322	340422	340522
					340622	340722	340822	340922	
345 023	**XR**	RF	*XR*	OC	340123	340223	340323	340423	340523
					340623	340723	340823	340923	
345 024	**XR**	RF	*XR*	OC	340124	340224	340324	340424	340524
					340624	340724	340824	340924	
345 025	**XR**	RF	*XR*	OC	340125	340225	340325	340425	340525
					340625	340725	340825	340925	
345 026	**XR**	RF	*XR*	OC	340126	340226	340326	340426	340526
					340626	340726	340826	340926	
345 027	**XR**	RF	*XR*	OC	340127	340227	340327	340427	340527
					340627	340727	340827	340927	

345 028	**XR**	RF	*XR*	OC	340128	340228	340328	340428	340528
					340628	340728	340828	340928	
345 029	**XR**	RF	*XR*	OC	340129	340229	340329	340429	340529
					340629	340729	340829	340929	
345 030	**XR**	RF	*XR*	OC	340130	340230	340330	340430	340530
					340630	340730	340830	340930	
345 031	**XR**	RF	*XR*	OC	340131	340231	340331	340431	340531
					340631	340731	340831	340931	
345 032	**XR**	RF	*XR*	OC	340132	340232	340332	340432	340532
					340632	340732	340832	340932	
345 033	**XR**	RF	*XR*	OC	340133	340233	340333	340433	340533
					340633	340733	340833	340933	
345 034	**XR**	RF	*XR*	OC	340134	340234	340334	340434	340534
					340634	340734	340834	340934	
345 035	**XR**	RF	*XR*	OC	340135	340235	340335	340435	340535
					340635	340735	340835	340935	
345 036	**XR**	RF	*XR*	OC	340136	340236	340336	340436	340536
					340636	340736	340836	340936	
345 037	**XR**	RF	*XR*	OC	340137	340237	340337	340437	340537
					340637	340737	340837	340937	
345 038	**XR**	RF	*XR*	OC	340138	340238	340338	*340438*	340538
					340638	340738	340838	340938	
345 039	**XR**	RF	*XR*	OC	340139	340239	340339	340439	340539
					340639	340739	340839	340939	
345 040	**XR**	RF	*XR*	OC	340140	340240	340340	340440	340540
					340640	340740	340840	340940	
345 041	**XR**	RF	*XR*	OC	340141	340241	340341	340441	340541
					340641	340741	340841	340941	
345 042	**XR**	RF	*XR*	OC	340142	340242	340342	*340442*	340542
					340642	340742	340842	340942	
345 043	**XR**	RF	*XR*	OC	340143	340243	340343	340443	340543
					340643	340743	340843	340943	
345 044	**XR**	RF	*XR*	OC	340144	340244	340344	340444	340544
					340644	340744	340844	340944	
345 045	**XR**	RF	*XR*	OC	340145	340245	340345	340445	340545
					340645	340745	340845	340945	
345 046	**XR**	RF	*XR*	OC	340146	340246	340346	340446	340546
					340646	340746	340846	340946	
345 047	**XR**	RF	*XR*	OC	340147	340247	340347	340447	340547
					340647	340747	340847	340947	
345 048	**XR**	RF	*XR*	OC	340148	340248	340348	340448	340548
					340648	340748	340848	340948	
345 049	**XR**	RF	*XR*	OC	340149	340249	340349	340449	340549
					340649	340749	340849	340949	
345 050	**XR**	RF	*XR*	OC	340150	340250	340350	340450	340550
					340650	340750	340850	340950	
345 051	**XR**	RF	*XR*	OC	340151	340251	340351	340451	340551
					340651	340751	340851	340951	
345 052	**XR**	RF	*XR*	OC	340152	340252	340352	340452	340552
					340652	340752	340852	340952	

345053	**XR**	RF	*XR*	OC	340153	340253	340353	340453	340553
					340653	340753	340853	340953	
345054	**XR**	RF	*XR*	OC	340154	340254	340354	340454	340554
					340654	340754	340854	340954	
345055	**XR**	RF	*XR*	OC	340155	340255	340355	340455	340555
					340655	340755	340855	340955	
345056	**XR**	RF	*XR*	OC	340156	340256	340356	*340456*	340556
					340656	340756	340856	340956	
345057	**XR**	RF	*XR*	OC	340157	340257	340357	340457	340557
					340657	340757	340857	340957	
345058	**XR**	RF	*XR*	OC	340158	340258	340358	340458	340558
					340658	340758	340858	340958	
345059	**XR**	RF	*XR*	OC	340159	340259	340359	340459	340559
					340659	340759	340859	340959	
345060	**XR**	RF	*XR*	OC	340160	340260	340360	340460	340560
					340660	340760	340860	340960	
345061	**XR**	RF	*XR*	OC	340161	340261	340361	340461	340561
					340661	340761	340861	340961	
345062	**XR**	RF	*XR*	OC	340162	340262	340362	340462	340562
					340662	340762	340862	340962	
345063	**XR**	RF	*XR*	OC	340163	340263	340363	340463	340563
					340663	340763	340863	340963	
345064	**XR**	RF	*XR*	OC	340164	340264	340364	*340464*	340564
					340664	340764	340864	340964	
345065	**XR**	RF	*XR*	OC	340165	340265	340365	340465	340565
					340665	340765	340865	340965	
345066	**XR**	RF	*XR*	OC	340166	340266	340366	340466	340566
					340666	340766	340866	340966	
345067	**XR**	RF			340167	340267	340367	340467	340567
					340667	340767	340867	340967	
345068	**XR**	RF	*XR*	OC	340168	340268	340368	340468	340568
					340668	340768	340868	340968	
345069	**XR**	RF			340169	340269	340369	340469	340569
					340669	340769	340869	340969	
345070	**XR**	RF	*XR*	OC	340170	340270	340370	340470	340570
					340670	340770	340870	340970	

CLASS 350   DESIRO UK   SIEMENS

Outer suburban and long distance units.

Formation: DMC–TC–PTS–DMC.
Systems: 25 kV AC overhead (350/1s built with 750 V DC, but equipment currently decommissioned).
Construction: Welded aluminium.
Traction Motors: 4 Siemens 1TB2016-0GB02 asynchronous of 250 kW.
Wheel Arrangement: Bo-Bo + 2-2 + 2-2 + Bo-Bo.
Braking: Disc & regenerative.   **Dimensions:** 20.34 x 2.79 m.
Bogies: SGP SF5000.   **Couplers:** Dellner 12.
Gangways: Throughout.   **Control System:** IGBT Inverter.
Doors: Sliding plug.   **Maximum Speed:** 110 mph.

Heating & ventilation: Air conditioning.
Seating Layout: Various, see sub-class headings.
Multiple Working: Within class.

Class 350/1. Original-build units owned by Angel Trains. Formerly part of an aborted South West Trains 5-car Class 450/2 order. 2+2 seating.

Seating Layout: 1: 2+2 facing, 2: 2+2 facing/unidirectional.

Advertising livery: 350108 Anti-trespass rail safety (pink/blue – vehicle 63768).

DMS(A). Siemens Krefeld 2004–05. –/60. 48.7 t.
TC. Siemens Krefeld/Prague 2004–05. 24/32 1T. 36.2 t.
PTS. Siemens Krefeld/Prague 2004–05. –/50(+9) 1TD 2W. 45.2 t.
DMS(B). Siemens Krefeld 2004–05. –/60. 49.2 t.

350101	**LN**	A	*WM*	NN	63761	66811	66861	63711
350102	**LN**	A	*WM*	NN	63762	66812	66862	63712
350103	**LN**	A	*WM*	NN	63765	66813	66863	63713
350104	**LN**	A	*WM*	NN	63764	66814	66864	63714
350105	**LN**	A	*WM*	NN	63763	66815	66868	63715
350106	**LN**	A	*WM*	NN	63766	66816	66866	63716
350107	**LN**	A	*WM*	NN	63767	66817	66867	63717
350108	**AL**	A	*WM*	NN	63768	66818	66865	63718
350109	**LN**	A	*WM*	NN	63769	66819	66869	63719
350110	**LN**	A	*WM*	NN	63770	66820	66870	63720
350111	**LN**	A	*WM*	NN	63771	66821	66871	63721
350112	**LN**	A	*WM*	NN	63772	66822	66872	63722
350113	**LN**	A	*WM*	NN	63773	66823	66873	63723
350114	**LN**	A	*WM*	NN	63774	66824	66874	63724
350115	**LN**	A	*WM*	NN	63775	66825	66875	63725
350116	**LN**	A	*WM*	NN	63776	66826	66876	63726
350117	**LN**	A	*WM*	NN	63777	66827	66877	63727
350118	**LN**	A	*WM*	NN	63778	66828	66878	63728
350119	**LN**	A	*WM*	NN	63779	66829	66879	63729
350120	**LN**	A	*WM*	NN	63780	66830	66880	63730
350121	**LN**	A	*WM*	NN	63781	66831	66881	63731
350122	**LN**	A	*WM*	NN	63782	66832	66882	63732
350123	**LN**	A	*WM*	NN	63783	66833	66883	63733
350124	**LN**	A	*WM*	NN	63784	66834	66884	63734
350125	**LN**	A	*WM*	NN	63785	66835	66885	63735
350126	**LN**	A	*WM*	NN	63786	66836	66886	63736
350127	**LN**	A	*WM*	NN	63787	66837	66887	63737
350128	**LN**	A	*WM*	NN	63788	66838	66888	63738
350129	**LN**	A	*WM*	NN	63789	66839	66889	63739
350130	**LN**	A	*WM*	NN	63790	66840	66890	63740

350 231–350 267

Class 350/2. Owned by Porterbrook Leasing.

Seating Layout: 1: 2+2 facing, 2: 3+2 facing/unidirectional.

At the time of writing sets 350233/246/264 are running with misformed formations, as shown.

DMS(A). Siemens Krefeld 2008–09. –/70. 43.7 t.
TC. Siemens Prague 2008–09. 24/42 1T. 35.3 t.
PTS. Siemens Prague 2008–09. –/61(+9) 1TD 2W. 42.9 t.
DMS(B). Siemens Krefeld 2008–09. –/70. 44.2 t.

350 231	**LI**	P	*WM*	NN	61431	65231	67531	61531
350 232	**LI**	P	*WM*	NN	61432	65232	67532	61532
350 233	**LM**	P	*WM*	NN	61433	65233	67533	61546
350 234	**LI**	P	*WM*	NN	61434	65234	67534	61534
350 235	**LM**	P	*WM*	NN	61435	65235	67535	61535
350 236	**LM**	P	*WM*	NN	61436	65236	67536	61536
350 237	**LM**	P	*WM*	NN	61437	65237	67537	61537
350 238	**LM**	P	*WM*	NN	61438	65238	67538	61538
350 239	**LI**	P	*WM*	NN	61439	65239	67539	61539
350 240	**LI**	P	*WM*	NN	61440	65240	67540	61540
350 241	**LM**	P	*WM*	NN	61441	65241	67541	61541
350 242	**LM**	P	*WM*	NN	61442	65242	67542	61542
350 243	**LM**	P	*WM*	NN	61443	65243	67543	61543
350 244	**LI**	P	*WM*	NN	61444	65244	67544	61544
350 245	**LI**	P	*WM*	NN	61445	65245	67545	61545
350 246	**LM**	P	*WM*	NN	61446	65246	67546	61564
350 247	**LM**	P	*WM*	NN	61447	65247	67547	61547
350 248	**LM**	P	*WM*	NN	61448	65248	67548	61548
350 249	**LM**	P	*WM*	NN	61449	65249	67549	61549
350 250	**LM**	P	*WM*	NN	61450	65250	67550	61550
350 251	**LM**	P	*WM*	NN	61451	65251	67551	61551
350 252	**LI**	P	*WM*	NN	61452	65252	67552	61552
350 253	**LI**	P	*WM*	NN	61453	65253	67553	61553
350 254	**LI**	P	*WM*	NN	61454	65254	67554	61554
350 255	**LM**	P	*WM*	NN	61455	65255	67555	61555
350 256	**LM**	P	*WM*	NN	61456	65256	67556	61556
350 257	**LI**	P	*WM*	NN	61457	65257	67557	61557
350 258	**LI**	P	*WM*	NN	61458	65258	67558	61558
350 259	**LI**	P	*WM*	NN	61459	65259	67559	61559
350 260	**LM**	P	*WM*	NN	61460	65260	67560	61560
350 261	**LM**	P	*WM*	NN	61461	65261	67561	61561
350 262	**LI**	P	*WM*	NN	61462	65262	67562	61562
350 263	**LI**	P	*WM*	NN	61463	65263	67563	61563
350 264	**LM**	P	*WM*	NN	61464	65264	67564	61533
350 265	**LM**	P	*WM*	NN	61465	65265	67565	61565
350 266	**LM**	P	*WM*	NN	61466	65266	67566	61566
350 267	**LI**	P	*WM*	NN	61467	65267	67567	61567

Class 350/3. Owned by Angel Trains.

Seating Layout: 1: 2+2 facing, 2: 2+2 facing/unidirectional.

DMS(A). Siemens Krefeld 2014. –/60. 44.2 t.
TC. Siemens Krefeld 2014. 24/36 1T. 36.3 t.
PTS. Siemens Krefeld 2014. –/50(+9) 1TD 2W. 44.0 t.
DMS(B). Siemens Krefeld 2014. –/60. 45.0 t.

350368	**LN**	A	*WM*	NN	60141	60511	60651	60151
350369	**LN**	A	*WM*	NN	60142	60512	60652	60152
350370	**LN**	A	*WM*	NN	60143	60513	60653	60153
350371	**LN**	A	*WM*	NN	60144	60514	60654	60154
350372	**LN**	A	*WM*	NN	60145	60515	60655	60155
350373	**LN**	A	*WM*	NN	60146	60516	60656	60156
350374	**LN**	A	*WM*	NN	60147	60517	60657	60157
350375	**LN**	A	*WM*	NN	60148	60518	60658	60158
350376	**LN**	A	*WM*	NN	60149	60519	60659	60159
350377	**LN**	A	*WM*	NN	60150	60520	60660	60160

Names (carried on one side of PTS):

350375	Vic Hall		350377	Graham Taylor OBE

Class 350/4. Owned by Angel Trains. Previously operated by TransPennine Express before transfer to West Midlands Trains in 2019–20.

Seating Layout: 1: 2+1 facing, 2: 2+2 facing/unidirectional.

DMS(A). Siemens Krefeld 2013–14. –/56. 44.2 t.
TC. Siemens Krefeld 2013–14. 19/24 1T. 36.2 t.
PTS. Siemens Krefeld 2013–14. –/42 1TD 1T. 44.6 t.
DMS(B). Siemens Krefeld 2013–14. –/56. 45.0 t.

350401	**LN**	A	*WM*	NN	60691	60901	60941	60671
350402	**LN**	A	*WM*	NN	60692	60902	60942	60672
350403	**LN**	A	*WM*	NN	60693	60903	60943	60673
350404	**LN**	A	*WM*	NN	60694	60904	60944	60674
350405	**LN**	A	*WM*	NN	60695	60905	60945	60675
350406	**LN**	A	*WM*	NN	60696	60906	60946	60676
350407	**LN**	A	*WM*	NN	60697	60907	60947	60677
350408	**LN**	A	*WM*	NN	60698	60908	60948	60678
350409	**LN**	A	*WM*	NN	60699	60909	60949	60679
350410	**LN**	A	*WM*	NN	60700	60910	60950	60680

357 001–357 027

CLASS 357 ELECTROSTAR
ADTRANZ/BOMBARDIER DERBY

Provision for 750 V DC supply if required.

Formation: DMS–MS–PTS–DMS.
Construction: Welded aluminium alloy underframe, sides and roof with steel ends. All sections bolted together.
Traction Motors: Two Adtranz asynchronous of 250 kW.
Wheel Arrangement: 2-Bo + 2-Bo + 2-2 + Bo-2.
Braking: Disc & regenerative. **Dimensions:** 20.40/19.99 × 2.80 m.
Bogies: Adtranz P3-25/T3-25. **Couplers:** Tightlock.
Gangways: Within unit. **Control System:** IGBT Inverter.
Doors: Sliding plug. **Maximum Speed:** 100 mph.
Heating & ventilation: Air conditioning.
Seating Layout: 3+2 facing/unidirectional.
Multiple Working: Within class.
Class 357/0. Owned by Porterbrook Leasing.

DMS(A). Adtranz Derby 1999–2001. –/71. 40.7 t.
MS. Adtranz Derby 1999–2001. –/78. 36.7 t.
PTS. Adtranz Derby 1999–2001. –/58(+4) 1TD 2W. 39.5 t.
DMS(B). Adtranz Derby 1999–2001. –/71. 40.7 t.

357 001	**C2**	P	*C2*	EM	67651	74151	74051	67751
357 002	**C2**	P	*C2*	EM	67652	74152	74052	67752
357 003	**C2**	P	*C2*	EM	67653	74153	74053	67753
357 004	**C2**	P	*C2*	EM	67654	74154	74054	67754
357 005	**C2**	P	*C2*	EM	67655	74155	74055	67755
357 006	**C2**	P	*C2*	EM	67656	74156	74056	67756
357 007	**C2**	P	*C2*	EM	67657	74157	74057	67757
357 008	**C2**	P	*C2*	EM	67658	74158	74058	67758
357 009	**C2**	P	*C2*	EM	67659	74159	74059	67759
357 010	**C2**	P	*C2*	EM	67660	74160	74060	67760
357 011	**C2**	P	*C2*	EM	67661	74161	74061	67761
357 012	**C2**	P	*C2*	EM	67662	74162	74062	67762
357 013	**C2**	P	*C2*	EM	67663	74163	74063	67763
357 014	**C2**	P	*C2*	EM	67664	74164	74064	67764
357 015	**C2**	P	*C2*	EM	67665	74165	74065	67765
357 016	**C2**	P	*C2*	EM	67666	74166	74066	67766
357 017	**C2**	P	*C2*	EM	67667	74167	74067	67767
357 018	**C2**	P	*C2*	EM	67668	74168	74068	67768
357 019	**C2**	P	*C2*	EM	67669	74169	74069	67769
357 020	**C2**	P	*C2*	EM	67670	74170	74070	67770
357 021	**C2**	P	*C2*	EM	67671	74171	74071	67771
357 022	**C2**	P	*C2*	EM	67672	74172	74072	67772
357 023	**C2**	P	*C2*	EM	67673	74173	74073	67773
357 024	**C2**	P	*C2*	EM	67674	74174	74074	67774
357 025	**C2**	P	*C2*	EM	67675	74175	74075	67775
357 026	**C2**	P	*C2*	EM	67676	74176	74076	67776
357 027	**C2**	P	*C2*	EM	67677	74177	74077	67777

357 028	**C2**	P	*C2*	EM	67678	74178	74078	67778
357 029	**C2**	P	*C2*	EM	67679	74179	74079	67779
357 030	**C2**	P	*C2*	EM	67680	74180	74080	67780
357 031	**C2**	P	*C2*	EM	67681	74181	74081	67781
357 032	**C2**	P	*C2*	EM	67682	74182	74082	67782
357 033	**C2**	P	*C2*	EM	67683	74183	74083	67783
357 034	**C2**	P	*C2*	EM	67684	74184	74084	67784
357 035	**C2**	P	*C2*	EM	67685	74185	74085	67785
357 036	**C2**	P	*C2*	EM	67686	74186	74086	67786
357 037	**C2**	P	*C2*	EM	67687	74187	74087	67787
357 038	**C2**	P	*C2*	EM	67688	74188	74088	67788
357 039	**C2**	P	*C2*	EM	67689	74189	74089	67789
357 040	**C2**	P	*C2*	EM	67690	74190	74090	67790
357 041	**C2**	P	*C2*	EM	67691	74191	74091	67791
357 042	**C2**	P	*C2*	EM	67692	74192	74092	67792
357 043	**C2**	P	*C2*	EM	67693	74193	74093	67793
357 044	**C2**	P	*C2*	EM	67694	74194	74094	67794
357 045	**C2**	P	*C2*	EM	67695	74195	74095	67795
357 046	**C2**	P	*C2*	EM	67696	74196	74096	67796

Names (carried on DMS(A) and DMS(B) (one plate on each)):

357 001 BARRY FLAXMAN
357 002 ARTHUR LEWIS STRIDE 1841–1922
357 003 SOUTHEND city.on.sea
357 004 TONY AMOS
357 005 SOUTHEND: 2017 Alternative City of Culture
357 006 DIAMOND JUBILEE 1952–2012
357 007 Sir Andrew Foster
357 011 JOHN LOWING
357 018 Remembering our Fallen 88 1914–1918
357 028 London, Tilbury & Southend Railway 1854–2004
357 029 THOMAS WHITELEGG 1840–1922
357 030 ROBERT HARBEN WHITELEGG 1871–1957

Class 357/2. Owned by Angel Trains.

DMS(A). Bombardier Derby 2001–02. –/71. 40.7 t.
MS. Bombardier Derby 2001–02. –/78. 36.7 t.
PTS. Bombardier Derby 2001–02. –/58(+4) 1TD 2W. 39.5 t.
DMS(B). Bombardier Derby 2001–02. –/71. 40.7 t.

357 201	**C2**	A	*C2*	EM	68601	74701	74601	68701
357 202	**C2**	A	*C2*	EM	68602	74702	74602	68702
357 203	**C2**	A	*C2*	EM	68603	74703	74603	68703
357 204	**C2**	A	*C2*	EM	68604	74704	74604	68704
357 205	**C2**	A	*C2*	EM	68605	74705	74605	68705
357 206	**C2**	A	*C2*	EM	68606	74706	74606	68706
357 207	**C2**	A	*C2*	EM	68607	74707	74607	68707
357 208	**C2**	A	*C2*	EM	68608	74708	74608	68708
357 209	**C2**	A	*C2*	EM	68609	74709	74609	68709
357 210	**C2**	A	*C2*	EM	68610	74710	74610	68710
357 211	**C2**	A	*C2*	EM	68611	74711	74611	68711

Names (carried on DMS(A) and DMS(B) (one plate on each)):

357201 KEN BIRD	357206 MARTIN AUNGIER
357202 KENNY MITCHELL	357207 JOHN PAGE
357203 HENRY PUMFRETT	357208 DAVE DAVIS
357204 DEREK FOWERS	357209 JAMES SNELLING
357205 JOHN D'SILVA	

Class 357/3. Owned by Angel Trains. In 2015–16 17 Class 357/2s (357212–228) were reconfigured as "high density" units 357312–328 with fewer seats and more standing room for shorter distance workings.

Seating Layout: 2+2 facing/unidirectional.

DMS(A). Bombardier Derby 2001–02. –/56. 40.7 t.
MS. Bombardier Derby 2001–02. –/60. 36.7 t.
PTS. Bombardier Derby 2001–02. –/50 1TD 2W. 39.5 t.
DMS(B). Bombardier Derby 2001–02. –/56. 40.7 t.

357312	(357212)	**C2**	A	*C2*	EM	68612	74712	74612	68712
357313	(357213)	**C2**	A	*C2*	EM	68613	74713	74613	68713
357314	(357214)	**C2**	A	*C2*	EM	68614	74714	74614	68714
357315	(357215)	**C2**	A	*C2*	EM	68615	74715	74615	68715
357316	(357216)	**C2**	A	*C2*	EM	68616	74716	74616	68716
357317	(357217)	**C2**	A	*C2*	EM	68617	74717	74617	68717
357318	(357218)	**C2**	A	*C2*	EM	68618	74718	74618	68718
357319	(357219)	**C2**	A	*C2*	EM	68619	74719	74619	68719
357320	(357220)	**C2**	A	*C2*	EM	68620	74720	74620	68720
357321	(357221)	**C2**	A	*C2*	EM	68621	74721	74621	68721
357322	(357222)	**C2**	A	*C2*	EM	68622	74722	74622	68722
357323	(357223)	**C2**	A	*C2*	EM	68623	74723	74623	68723
357324	(357224)	**C2**	A	*C2*	EM	68624	74724	74624	68724
357325	(357225)	**C2**	A	*C2*	EM	68625	74725	74625	68725
357326	(357226)	**C2**	A	*C2*	EM	68626	74726	74626	68726
357327	(357227)	**C2**	A	*C2*	EM	68627	74727	74627	68727
357328	(357228)	**C2**	A	*C2*	EM	68628	74728	74628	68728

Names (carried on DMS(A) and DMS(B) (one plate on each)):

357313 UPMINSTER I.E.C.C.
357317 ALLAN BURNELL
357327 SOUTHEND UNITED

CLASS 360/0 DESIRO UK SIEMENS

Outer suburban/express units. Originally operated by Greater Anglia, then transferred to East Midlands Railway to operate services between London St Pancras and Corby from May 2021.

Formation: DMC–PTS–TS–DMC.
Construction: Welded aluminium.
Traction Motors: Four Siemens 1TB2016-0GB02 asynchronous of 250 kW.
Wheel Arrangement: Bo-Bo + 2-2 + 2-2 + Bo-Bo.
Braking: Disc & regenerative.   **Dimensions:** 20.34 × 2.80 m.

Bogies: SGP SF5000.
Gangways: Within unit.
Doors: Sliding plug.
Heating & ventilation: Air conditioning.
Seating Layout: 1: 2+2 facing, 2: 3+2 facing/unidirectional.
Multiple Working: Within class.

Couplers: Dellner 12.
Control System: IGBT Inverter.
Maximum Speed: 100 mph.

DMC(A). Siemens Krefeld 2002–03. 8/59. 45.0 t.
PTS. Siemens Vienna 2002–03. –/60(+9) 1TD 2W. 43.6 t.
TS. Siemens Vienna 2002–03. –/78. 34.3 t.
DMC(B). Siemens Krefeld 2002–03. 8/59. 44.1 t.

360101	**FB**	A	*EM*	BF	65551	72551	74551	68551
360102	**ER**	A	*EM*	BF	65552	72552	74552	68552
360103	**FB**	A	*EM*	BF	65553	72553	74553	68553
360104	**ER**	A	*EM*	BF	65554	72554	74554	68554
360105	**FB**	A	*EM*	BF	65555	72555	74555	68555
360106	**FB**	A	*EM*	BF	65556	72556	74556	68556
360107	**ER**	A	*EM*	BF	65557	72557	74557	68557
360108	**FB**	A	*EM*	BF	65558	72558	74558	68558
360109	**ER**	A	*EM*	BF	65559	72559	74559	68559
360110	**FB**	A	*EM*	BF	65560	72560	74560	68560
360111	**FB**	A	*EM*	BF	65561	72561	74561	68561
360112	**ER**	A	*EM*	BF	65562	72562	74562	68562
360113	**FB**	A	*EM*	BF	65563	72563	74563	68563
360114	**FB**	A	*EM*	BF	65564	72564	74564	68564
360115	**FB**	A	*EM*	BF	65565	72565	74565	68565
360116	**FB**	A	*EM*	BF	65566	72566	74566	68566
360117	**FB**	A	*EM*	BF	65567	72567	74567	68567
360118	**FB**	A	*EM*	BF	65568	72568	74568	68568
360119	**FB**	A	*EM*	BF	65569	72569	74569	68569
360120	**FB**	A	*EM*	BF	65570	72570	74570	68570
360121	**ER**	A	*EM*	BF	65571	72571	74571	68571

CLASS 360/2   DESIRO UK   SIEMENS

4-car Class 350 testbed units rebuilt for use by Heathrow Express on "Heathrow Connect" stopping services. The Class 360/2s were stored in 2020, their duties having been taken over by Class 345s.

Original 4-car sets 360201–204 were made up to 5-cars during 2007 using additional TSs. A fifth unit (360205) was delivered in late 2005 as a 5-car.

Formation: DMS–PTS–TS–TS–DMS.
Construction: Welded aluminium.
Traction Motors: Four Siemens 1TB2016-0GB02 asynchronous of 250 kW.
Wheel Arrangement: Bo-Bo + 2-2 + 2-2 + 2-2 + Bo-Bo.
Braking: Disc & regenerative.
Bogies: SGP SF5000.
Gangways: Within unit.
Doors: Sliding plug.

Dimensions: 20.34 × 2.80 m.
Couplers: Dellner 12.
Control System: IGBT Inverter.
Maximum Speed: 100 mph.

Heating & ventilation: Air conditioning.
Seating Layout: 3+2 (* 2+2) facing/unidirectional.
Multiple Working: Within class.

DMS(A). Siemens Krefeld 2002–06. –/63 (* –/54). 44.8 t.
PTS. Siemens Krefeld 2002–06. –/57(+9) 1TD 2W (* –/48(+9) 2W). 44.2 t.
TS(A). Siemens Krefeld 2005–06. –/74 (* –/62). 35.3 t.
TS(B). Siemens Krefeld 2002–06. –/74 (* –/62). 34.1 t.
DMS(B). Siemens Krefeld 2002–06. –/63 (* –/54). 44.4 t.

360 201		**HC**	RO	BR	78431	63421	72431	72421	78441
360 202		**HC**	RO	BR	78432	63422	72432	72422	78442
360 203		**HC**	RO	BR	78433	63423	72433	72423	78443
360 204		**HC**	RO	BR	78434	63424	72434	72424	78444
360 205	*	**HE**	RO	BR	78435	63425	72435	72425	78445

CLASS 365   NETWORKER EXPRESS   ABB YORK

Formation: DMC–TS–PTS–DMC.
Systems: 25 kV AC overhead but with 750 V DC third rail capability (units 365 501–516 were formerly used on DC lines in the South-East).
Construction: Welded aluminium alloy.
Traction Motors: Four GEC-Alsthom G354CX asynchronous of 157 kW.
Wheel Arrangement: Bo-Bo + 2-2 + 2-2 + Bo-Bo.
Braking: Disc & rheostatic. **Dimensions:** 20.89/20.06 × 2.81 m.
Bogies: ABB P3-16/T3-16. **Couplers:** Tightlock.
Gangways: Within unit. **Control System:** GTO Inverter.
Doors: Sliding plug. **Maximum Speed:** 100 mph.
Seating Layout: 1: 2+2 facing, 2: 2+2 facing.
Multiple Working: Within class only.

DMC(A). Lot No. 31133 1994–95. 12/56. 41.7 t.
TS. Lot No. 31134 1994–95. –/58 1TD 2W 32.9 t.
PTS. Lot No. 31135 1994–95. –/70 1T. 35.2 t.
DMC(B). Lot No. 31136 1994–95. 12/56. 41.7 t.

365 504	**TL**	E	DR	65897	72247	72246	65938
365 506	**TL**	E	DR	65899	72251	72250	65940
365 510	**TL**	E	DR	65903	72259	72258	65944
365 512	**TL**	E	DR	65905	72263	72262	65946
365 516	**TL**	E	DR	65909	72271	72270	65950
365 520	**TL**	E	DR	65913	72279	72278	65954
365 522	**TL**	E	DR	65915	72283	72282	65956
365 524	**TL**	E	DR	65917	72287	72286	65958
365 525	**TL**	E	BR	65918	72289	72288	65959
365 528	**TL**	E	DR	65921	72295	72294	65962
365 530	**TL**	E	DR	65923	72299	72298	65964
365 536	**TL**	E	DR	65929	72311	72310	65970
365 540	**TL**	E	DR	65933	72319	72318	65974

CLASS 375 ELECTROSTAR
ADTRANZ/BOMBARDIER DERBY

Express and outer suburban units.

Formation: Various, see sub-class headings.
Systems: 25 kV AC overhead/750 V DC third rail (some third rail only with provision for retro-fitting of AC equipment).
Construction: Welded aluminium alloy underframe, sides and roof with steel ends. All sections bolted together.
Traction Motors: Two Adtranz asynchronous of 250 kW.
Wheel Arrangement: 2-Bo (+ 2-Bo) + 2-2 + Bo-2.
Braking: Disc & regenerative.   **Dimensions:** 20.40/19.99 x 2.80 m.
Bogies: Adtranz P3-25/T3-25.   **Couplers:** Dellner 12.
Gangways: Throughout.   **Control System:** IGBT Inverter.
Doors: Sliding plug.   **Maximum Speed:** 100 mph.
Heating & ventilation: Air conditioning.
Seating Layout: 1: 2+2 facing/unidirectional. 2: 2+2 facing/unidirectional (except 375/9 – 3+2 facing/unidirectional).
Multiple Working: Within class and with Classes 376, 377, 378 and 379.

Class 375/3. Express units. 750 V DC only. DMS–TS–DMC.

DMS. Bombardier Derby 2001–02. –/60. 43.8 t.
TS. Bombardier Derby 2001–02. –/56 1TD 2W. 35.5 t.
DMC. Bombardier Derby 2001–02. 12/48. 43.8 t.

375301	**SB**	E	*SE*	RM	67921	74351	67931
375302	**SB**	E	*SE*	RM	67922	74352	67932
375303	**SB**	E	*SE*	RM	67923	74353	67933
375304	**SB**	E	*SE*	RM	67924	74354	67934
375305	**SB**	E	*SE*	RM	67925	74355	67935
375306	**SB**	E	*SE*	RM	67926	74356	67936
375307	**SB**	E	*SE*	RM	67927	74357	67937
375308	**SB**	E	*SE*	RM	67928	74358	67938
375309	**SB**	E	*SE*	RM	67929	74359	67939
375310	**SB**	E	*SE*	RM	67930	74360	67940

Class 375/6. Express units. 25 kV AC/750 V DC. DMS–MC–PTS–DMS.

DMS(A). Adtranz Derby 1999–2001. –/60. 46.2 t.
MC. Adtranz Derby 1999–2001. 16/50 1T. 40.5 t.
PTS. Adtranz Derby 1999–2001. –/56 1TD 2W. 40.7 t.
DMS(B). Adtranz Derby 1999–2001. –/60. 46.2 t.

375601	**SB**	E	*SE*	RM	67801	74251	74201	67851
375602	**SB**	E	*SE*	RM	67802	74252	74202	67852
375603	**SB**	E	*SE*	RM	67803	74253	74203	67853
375604	**SB**	E	*SE*	RM	67804	74254	74204	67854
375605	**SB**	E	*SE*	RM	67805	74255	74205	67855
375606	**SB**	E	*SE*	RM	67806	74256	74206	67856
375607	**SB**	E	*SE*	RM	67807	74257	74207	67857
375608	**SB**	E	*SE*	RM	67808	74258	74208	67858

375609	**SB**	E	*SE*	RM	67809	74259	74209	67859
375610	**SB**	E	*SE*	RM	67810	74260	74210	67860
375611	**SB**	E	*SE*	RM	67811	74261	74211	67861
375612	**SB**	E	*SE*	RM	67812	74262	74212	67862
375613	**SB**	E	*SE*	RM	67813	74263	74213	67863
375614	**SB**	E	*SE*	RM	67814	74264	74214	67864
375615	**SB**	E	*SE*	RM	67815	74265	74215	67865
375616	**SB**	E	*SE*	RM	67816	74266	74216	67866
375617	**SB**	E	*SE*	RM	67817	74267	74217	67867
375618	**SB**	E	*SE*	RM	67818	74268	74218	67868
375619	**SB**	E	*SE*	RM	67819	74269	74219	67869
375620	**SB**	E	*SE*	RM	67820	74270	74220	67870
375621	**SB**	E	*SE*	RM	67821	74271	74221	67871
375622	**SB**	E	*SE*	RM	67822	74272	74222	67872
375623	**SB**	E	*SE*	RM	67823	74273	74223	67873
375624	**SB**	E	*SE*	RM	67824	74274	74224	67874
375625	**SB**	E	*SE*	RM	67825	74275	74225	67875
375626	**SB**	E	*SE*	RM	67826	74276	74226	67876
375627	**SB**	E	*SE*	RM	67827	74277	74227	67877
375628	**SB**	E	*SE*	RM	67828	74278	74228	67878
375629	**SB**	E	*SE*	RM	67829	74279	74229	67879
375630	**SB**	E	*SE*	RM	67830	74280	74230	67880

Names (carried on one side of each MC or TS):

375619 Driver John Neve | 375623 Hospice in the Weald

Class 375/7. Express units. 750 V DC only. DMS–MC–TS–DMS.

DMS(A). Bombardier Derby 2001–02. –/60. 43.8 t.
MC. Bombardier Derby 2001–02. 16/50 1T. 36.4 t.
TS. Bombardier Derby 2001–02. –/56 1TD 2W. 34.1 t.
DMS(B). Bombardier Derby 2001–02. –/60. 43.8 t.

375701	**SB**	E	*SE*	RM	67831	74281	74231	67881
375702	**SB**	E	*SE*	RM	67832	74282	74232	67882
375703	**SB**	E	*SE*	RM	67833	74283	74233	67883
375704	**SB**	E	*SE*	RM	67834	74284	74234	67884
375705	**SB**	E	*SE*	RM	67835	74285	74235	67885
375706	**SB**	E	*SE*	RM	67836	74286	74236	67886
375707	**SB**	E	*SE*	RM	67837	74287	74237	67887
375708	**SB**	E	*SE*	RM	67838	74288	74238	67888
375709	**SB**	E	*SE*	RM	67839	74289	74239	67889
375710	**SB**	E	*SE*	RM	67840	74290	74240	67890
375711	**SB**	E	*SE*	RM	67841	74291	74241	67891
375712	**SB**	E	*SE*	RM	67842	74292	74242	67892
375713	**SB**	E	*SE*	RM	67843	74293	74243	67893
375714	**SB**	E	*SE*	RM	67844	74294	74244	67894
375715	**SB**	E	*SE*	RM	67845	74295	74245	67895

Names (carried on one side of each MC or TS):

375701 Kent Air Ambulance Explorer | 375714 Rochester Cathedral
375710 Rochester Castle |

Class 375/8. Express units. 750 V DC only. DMS–MC–TS–DMS.

375801–820 are fitted with de-icing equipment. TS weighs 36.5 t.

DMS(A). Bombardier Derby 2004. –/60. 43.3 t.
MC. Bombardier Derby 2004. 16/50 1T. 39.8 t.
TS. Bombardier Derby 2004. –/52 1TD 2W. 35.9 t.
DMS(B). Bombardier Derby 2004. –/64. 43.3 t.

375801	**SB**	E	*SE*	RM	73301	79001	78201	73701
375802	**SB**	E	*SE*	RM	73302	79002	78202	73702
375803	**SB**	E	*SE*	RM	73303	79003	78203	73703
375804	**SB**	E	*SE*	RM	73304	79004	78204	73704
375805	**SB**	E	*SE*	RM	73305	79005	78205	73705
375806	**SB**	E	*SE*	RM	73306	79006	78206	73706
375807	**SB**	E	*SE*	RM	73307	79007	78207	73707
375808	**SB**	E	*SE*	RM	73308	79008	78208	73708
375809	**SB**	E	*SE*	RM	73309	79009	78209	73709
375810	**SB**	E	*SE*	RM	73310	79010	78210	73710
375811	**SB**	E	*SE*	RM	73311	79011	78211	73711
375812	**SB**	E	*SE*	RM	73312	79012	78212	73712
375813	**SB**	E	*SE*	RM	73313	79013	78213	73713
375814	**SB**	E	*SE*	RM	73314	79014	78214	73714
375815	**SB**	E	*SE*	RM	73315	79015	78215	73715
375816	**SB**	E	*SE*	RM	73316	79016	78216	73716
375817	**SB**	E	*SE*	RM	73317	79017	78217	73717
375818	**SB**	E	*SE*	RM	73318	79018	78218	73718
375819	**SB**	E	*SE*	RM	73319	79019	78219	73719
375820	**SB**	E	*SE*	RM	73320	79020	78220	73720
375821	**SB**	E	*SE*	RM	73321	79021	78221	73721
375822	**SB**	E	*SE*	RM	73322	79022	78222	73722
375823	**SB**	E	*SE*	RM	73323	79023	78223	73723
375824	**SB**	E	*SE*	RM	73324	79024	78224	73724
375825	**SB**	E	*SE*	RM	73325	79025	78225	73725
375826	**SB**	E	*SE*	RM	73326	79026	78226	73726
375827	**SB**	E	*SE*	RM	73327	79027	78227	73727
375828	**SB**	E	*SE*	RM	73328	79028	78228	73728
375829	**SB**	E	*SE*	RM	73329	79029	78229	73729
375830	**SB**	E	*SE*	RM	73330	79030	78230	73730

Name (carried on one side of each MS or TS):

375823 Ashford Proudly Served by Rail for 175 years

Class 375/9. Outer suburban units. 750 V DC only. DMC–MS–TS–DMC.

DMC(A). Bombardier Derby 2003–04. 12/59. 43.4 t.
MS. Bombardier Derby 2003–04. –/73 1T. 39.3 t.
TS. Bombardier Derby 2003–04. –/62 1TD 2W. 35.6 t.
DMC(B). Bombardier Derby 2003–04. 12/59. 43.4 t.

375901	**SB**	E	*SE*	RM	73331	79031	79061	73731
375902	**SB**	E	*SE*	RM	73332	79032	79062	73732
375903	**SB**	E	*SE*	RM	73333	79033	79063	73733
375904	**SB**	E	*SE*	RM	73334	79034	79064	73734

375905	**SB**	E	*SE*	RM	73335	79035	79065	73735
375906	**SB**	E	*SE*	RM	73336	79036	79066	73736
375907	**SB**	E	*SE*	RM	73337	79037	79067	73737
375908	**SB**	E	*SE*	RM	73338	79038	79068	73738
375909	**SB**	E	*SE*	RM	73339	79039	79069	73739
375910	**SB**	E	*SE*	RM	73340	79040	79070	73740
375911	**SB**	E	*SE*	RM	73341	79041	79071	73741
375912	**SB**	E	*SE*	RM	73342	79042	79072	73742
375913	**SB**	E	*SE*	RM	73343	79043	79073	73743
375914	**SB**	E	*SE*	RM	73344	79044	79074	73744
375915	**SB**	E	*SE*	RM	73345	79045	79075	73745
375916	**SB**	E	*SE*	RM	73346	79046	79076	73746
375917	**SB**	E	*SE*	RM	73347	79047	79077	73747
375918	**SB**	E	*SE*	RM	73348	79048	79078	73748
375919	**SB**	E	*SE*	RM	73349	79049	79079	73749
375920	**SB**	E	*SE*	RM	73350	79050	79080	73750
375921	**SB**	E	*SE*	RM	73351	79051	79081	73751
375922	**SB**	E	*SE*	RM	73352	79052	79082	73752
375923	**SB**	E	*SE*	RM	73353	79053	79083	73753
375924	**SB**	E	*SE*	RM	73354	79054	79084	73754
375925	**SB**	E	*SE*	RM	73355	79055	79085	73755
375926	**SB**	E	*SE*	RM	73356	79056	79086	73756
375927	**SB**	E	*SE*	RM	73357	79057	79087	73757

CLASS 376 ELECTROSTAR BOMBARDIER DERBY

Inner suburban units.

Formation: DMS–MS–TS–MS–DMS.
System: 750 V DC third rail.
Construction: Welded aluminium alloy underframe, sides and roof with steel ends. All sections bolted together.
Traction Motors: Two Bombardier asynchronous of 200 kW.
Wheel Arrangement: 2-Bo + 2-Bo + 2-2 + Bo-2 + Bo-2.
Dimensions: 20.40/19.99 x 2.80 m.
Braking: Disc & regenerative.
Bogies: Bombardier P3-25/T3-25.
Couplers: Dellner 12.
Gangways: Within unit.
Control System: IGBT Inverter.
Doors: Sliding.
Maximum Speed: 75 mph.
Heating & ventilation: Pressure heating and ventilation.
Seating Layout: 2+2 low density facing.
Multiple Working: Within class and with Classes 375, 377, 378 and 379.

DMS(A). Bombardier Derby 2004–05. –/36(+6) 1W. 42.1 t.
MS. Bombardier Derby 2004–05. –/48. 36.2 t.
TS. Bombardier Derby 2004–05. –/48. 36.3 t.
DMS(B). Bombardier Derby 2004–05. –/36(+6) 1W. 42.1 t.

376001	**CN**	E	*SE*	SG	61101	63301	64301	63501	61601
376002	**CN**	E	*SE*	SG	61102	63302	64302	63502	61602
376003	**CN**	E	*SE*	SG	61103	63303	64303	63503	61603
376004	**CN**	E	*SE*	SG	61104	63304	64304	63504	61604
376005	**CN**	E	*SE*	SG	61105	63305	64305	63505	61605

376006	**CN**	E	*SE*	SG	61106	63306	64306	63506	61606
376007	**CN**	E	*SE*	SG	61107	63307	64307	63507	61607
376008	**CN**	E	*SE*	SG	61108	63308	64308	63508	61608
376009	**CN**	E	*SE*	SG	61109	63309	64309	63509	61609
376010	**CN**	E	*SE*	SG	61110	63310	64310	63510	61610
376011	**CN**	E	*SE*	SG	61111	63311	64311	63511	61611
376012	**CN**	E	*SE*	SG	61112	63312	64312	63512	61612
376013	**CN**	E	*SE*	SG	61113	63313	64313	63513	61613
376014	**CN**	E	*SE*	SG	61114	63314	64314	63514	61614
376015	**CN**	E	*SE*	SG	61115	63315	64315	63515	61615
376016	**CN**	E	*SE*	SG	61116	63316	64316	63516	61616
376017	**CN**	E	*SE*	SG	61117	63317	64317	63517	61617
376018	**CN**	E	*SE*	SG	61118	63318	64318	63518	61618
376019	**CN**	E	*SE*	SG	61119	63319	64319	63519	61619
376020	**CN**	E	*SE*	SG	61120	63320	64320	63520	61620
376021	**CN**	E	*SE*	SG	61121	63321	64321	63521	61621
376022	**CN**	E	*SE*	SG	61122	63322	64322	63522	61622
376023	**CN**	E	*SE*	SG	61123	63323	64323	63523	61623
376024	**CN**	E	*SE*	SG	61124	63324	64324	63524	61624
376025	**CN**	E	*SE*	SG	61125	63325	64325	63525	61625
376026	**CN**	E	*SE*	SG	61126	63326	64326	63526	61626
376027	**CN**	E	*SE*	SG	61127	63327	64327	63527	61627
376028	**CN**	E	*SE*	SG	61128	63328	64328	63528	61628
376029	**CN**	E	*SE*	SG	61129	63329	64329	63529	61629
376030	**CN**	E	*SE*	SG	61130	63330	64330	63530	61630
376031	**CN**	E	*SE*	SG	61131	63331	64331	63531	61631
376032	**CN**	E	*SE*	SG	61132	63332	64332	63532	61632
376033	**CN**	E	*SE*	SG	61133	63333	64333	63533	61633
376034	**CN**	E	*SE*	SG	61134	63334	64334	63534	61634
376035	**CN**	E	*SE*	SG	61135	63335	64335	63535	61635
376036	**CN**	E	*SE*	SG	61136	63336	64336	63536	61636

Name (carried on TSO): 376001 Alan Doggett

CLASS 377   ELECTROSTAR   BOMBARDIER DERBY

Express and outer suburban units.

Formation: Various, see sub-class headings.
Systems: 25 kV AC overhead/750 V DC third rail or third rail only with provision for retro-fitting of AC equipment.
Construction: Welded aluminium alloy underframe, sides and roof with steel ends. All sections bolted together.
Traction Motors: Two Bombardier asynchronous of 250 kW.
Wheel Arrangement: 2-Bo + 2-2 + Bo-2 or 2-Bo + 2-Bo + 2-2 + Bo-2 or 2-Bo + 2-Bo + 2-2 + Bo-2 + Bo-2.
Braking: Disc & regenerative.
Dimensions: 20.39/20.00 x 2.80 m.
Bogies: Bombardier P3-25/T3-25.
Couplers: Dellner 12.
Gangways: Throughout.
Control System: IGBT Inverter.
Doors: Sliding plug.
Maximum Speed: 100 mph.
Heating & ventilation: Air conditioning.

Seating Layout: Various, see sub-class headings.
Multiple Working: Within class and with Classes 375, 376, 378, 379 and 387.

Class 377/1. 750 V DC only. DMC–MS–TS–DMC.
Seating layout: 1: 2+2 facing/unidirectional, 2: 2+2 facing/unidirectional (377 101–119), 3+2/2+2 facing/unidirectional (377 120–139), 3+2 (middle cars and 2+2 (end cars) facing/unidirectional (377 140–164).

DMC(A). Bombardier Derby 2002–03. 12/48 (s 12/56). 44.8 t.
MS. Bombardier Derby 2002–03. –/62 (s –/70, t –/69). 1T. 39.0 t.
TS. Bombardier Derby 2002–03. –/52 (s –/60, t –/57). 1TD 2W. 35.4 t.
DMC(B). Bombardier Derby 2002–03. 12/48 (s 12/56). 43.4 t.

377 101		**SN**	P	*SN*	SU	78501	77101	78901	78701
377 102		**SN**	P	*SN*	SU	78502	77102	78902	78702
377 103		**SN**	P	*SN*	SU	78503	77103	78903	78703
377 104		**SN**	P	*SN*	SU	78504	77104	78904	78704
377 105		**SN**	P	*SN*	SU	78505	77105	78905	78705
377 106		**SN**	P	*SN*	SU	78506	77106	78906	78706
377 107		**SN**	P	*SN*	SU	78507	77107	78907	78707
377 108		**SN**	P	*SN*	SU	78508	77108	78908	78708
377 109		**SN**	P	*SN*	SU	78509	77109	78909	78709
377 110		**SN**	P	*SN*	SU	78510	77110	78910	78710
377 111		**SN**	P	*SN*	SU	78511	77111	78911	78711
377 112		**SN**	P	*SN*	SU	78512	77112	78912	78712
377 113		**SN**	P	*SN*	SU	78513	77113	78913	78713
377 114		**SN**	P	*SN*	SU	78514	77114	78914	78714
377 115		**SN**	P	*SN*	SU	78515	77115	78915	78715
377 116		**SN**	P	*SN*	SU	78516	77116	78916	78716
377 117		**SN**	P	*SN*	SU	78517	77117	78917	78717
377 118		**SN**	P	*SN*	SU	78518	77118	78918	78718
377 119		**SN**	P	*SN*	SU	78519	77119	78919	78719
377 120	s	**SN**	P	*SN*	SU	78520	77120	78920	78720
377 121	s	**SN**	P	*SN*	SU	78521	77121	78921	78721
377 122	s	**SN**	P	*SN*	SU	78522	77122	78922	78722
377 123	s	**SN**	P	*SN*	SU	78523	77123	78923	78723
377 124	s	**SN**	P	*SN*	SU	78524	77124	78924	78724
377 125	s	**SN**	P	*SN*	SU	78525	77125	78925	78725
377 126	s	**SN**	P	*SN*	SU	78526	77126	78926	78726
377 127	s	**SN**	P	*SN*	SU	78527	77127	78927	78727
377 128	s	**SN**	P	*SN*	SU	78528	77128	78928	78728
377 129	s	**SN**	P	*SN*	SU	78529	77129	78929	78729
377 130	s	**SN**	P	*SN*	SU	78530	77130	78930	78730
377 131	s	**SN**	P	*SN*	SU	78531	77131	78931	78731
377 132	s	**SN**	P	*SN*	SU	78532	77132	78932	78732
377 133	s	**SN**	P	*SN*	SU	78533	77133	78933	78733
377 134	s	**SN**	P	*SN*	SU	78534	77134	78934	78734
377 135	s	**SN**	P	*SN*	SU	78535	77135	78935	78735
377 136	s	**SN**	P	*SN*	SU	78536	77136	78936	78736
377 137	s	**SN**	P	*SN*	SU	78537	77137	78937	78737
377 138	s	**SN**	P	*SN*	SU	78538	77138	78938	78738
377 139	s	**SN**	P	*SN*	SU	78539	77139	78939	78739

377140	t	**SN**	P	*SN*	SU	78540	77140	78940	78740
377141	t	**SN**	P	*SN*	SU	78541	77141	78941	78741
377142	t	**SN**	P	*SN*	SU	78542	77142	78942	78742
377143	t	**SN**	P	*SN*	SU	78543	77143	78943	78743
377144	t	**SN**	P	*SN*	SU	78544	77144	78944	78744
377145	t	**SN**	P	*SN*	SU	78545	77145	78945	78745
377146	t	**SN**	P	*SN*	SU	78546	77146	78946	78746
377147	t	**SN**	P	*SN*	SU	78547	77147	78947	78747
377148	t	**SN**	P	*SN*	SU	78548	77148	78948	78748
377149	t	**SN**	P	*SN*	SU	78549	77149	78949	78749
377150	t	**SN**	P	*SE*	SU	78550	77150	78950	78750
377151	t	**SN**	P	*SN*	SU	78551	77151	78951	78751
377152	t	**SN**	P	*SN*	SU	78552	77152	78952	78752
377153	t	**SN**	P	*SN*	SU	78553	77153	78953	78753
377154	t	**SN**	P	*SN*	SU	78554	77154	78954	78754
377155	t	**SN**	P	*SN*	SU	78555	77155	78955	78755
377156	t	**SN**	P	*SN*	SU	78556	77156	78956	78756
377157	t	**SN**	P	*SN*	SU	78557	77157	78957	78757
377158	t	**SN**	P	*SN*	SU	78558	77158	78958	78758
377159	t	**SN**	P	*SN*	SU	78559	77159	78959	78759
377160	t	**SN**	P	*SN*	SU	78560	77160	78960	78760
377161	t	**SN**	P	*SN*	SU	78561	77161	78961	78761
377162	t	**SN**	P	*SN*	SU	78562	77162	78962	78762
377163	t	**SN**	P	*SE*	RM	78563	77163	78963	78763
377164	t	**SN**	P	*SE*	RM	78564	77164	78964	78764

Class 377/2. 25 kV AC/750 V DC. DMC–MS–PTS–DMC. Dual-voltage units.
Seating layout: 1: 2+2 facing/unidirectional, 2: 2+2 and 3+2 facing/unidirectional (3+2 seating in middle cars only).

DMC(A). Bombardier Derby 2003–04. 12/48. 44.2 t.
MS. Bombardier Derby 2003–04. –/69 1T. 39.8 t.
PTS. Bombardier Derby 2003–04. –/57 1TD 2W. 40.1 t.
DMC(B). Bombardier Derby 2003–04. 12/48. 44.2 t.

377201	**SN**	P	*SN*	SU	78571	77171	78971	78771
377202	**SN**	P	*SN*	SU	78572	77172	78972	78772
377203	**SN**	P	*SN*	SU	78573	77173	78973	78773
377204	**SN**	P	*SN*	SU	78574	77174	78974	78774
377205	**SN**	P	*SN*	SU	78575	77175	78975	78775
377206	**SN**	P	*SE*	SU	78576	77176	78976	78776
377207	**SN**	P	*SN*	SU	78577	77177	78977	78777
377208	**SN**	P	*SN*	SU	78578	77178	78978	78778
377209	**SN**	P	*SN*	SU	78579	77179	78979	78779
377210	**SN**	P	*SN*	SU	78580	77180	78980	78780
377211	**SN**	P	*SN*	SU	78581	77181	78981	78781
377212	**SN**	P	*SN*	SU	78582	77182	78982	78782
377213	**SN**	P	*SN*	SU	78583	77183	78983	78783
377214	**SN**	P	*SN*	SU	78584	77184	78984	78784
377215	**SN**	P	*SN*	SU	78585	77185	78985	78785

377301–377403

Class 377/3. 750 V DC only. DMC–TS–DMC.
Seating Layout: 1: 2+2 facing/unidirectional, 2: 2+2 facing/unidirectional.

Units built as Class 375, but renumbered in the Class 377/3 range when fitted with Dellner couplers.

DMC(A). Bombardier Derby 2001–02. 12/48. 43.5 t.
TS. Bombardier Derby 2001–02. –/56 1TD 2W. 35.4 t.
DMC(B). Bombardier Derby 2001–02. 12/48. 43.5 t.

377301	(375311)	**SN**	P	*SN*	SU	68201	74801	68401
377302	(375312)	**SN**	P	*SN*	SU	68202	74802	68402
377303	(375313)	**SN**	P	*SN*	SU	68203	74803	68403
377304	(375314)	**SN**	P	*SN*	SU	68204	74804	68404
377305	(375315)	**SN**	P	*SN*	SU	68205	74805	68405
377306	(375316)	**SN**	P	*SN*	SU	68206	74806	68406
377307	(375317)	**SN**	P	*SN*	SU	68207	74807	68407
377308	(375318)	**SN**	P	*SN*	SU	68208	74808	68408
377309	(375319)	**SN**	P	*SN*	SU	68209	74809	68409
377310	(375320)	**SN**	P	*SN*	SU	68210	74810	68410
377311	(375321)	**SN**	P	*SN*	SU	68211	74811	68411
377312	(375322)	**SN**	P	*SN*	SU	68212	74812	68412
377313	(375323)	**SN**	P	*SN*	SU	68213	74813	68413
377314	(375324)	**SN**	P	*SN*	SU	68214	74814	68414
377315	(375325)	**SN**	P	*SN*	SU	68215	74815	68415
377316	(375326)	**SN**	P	*SN*	SU	68216	74816	68416
377317	(375327)	**SN**	P	*SN*	SU	68217	74817	68417
377318	(375328)	**SN**	P	*SN*	SU	68218	74818	68418
377319	(375329)	**SN**	P	*SN*	SU	68219	74819	68419
377320	(375330)	**SN**	P	*SN*	SU	68220	74820	68420
377321	(375331)	**SN**	P	*SN*	SU	68221	74821	68421
377322	(375332)	**SN**	P	*SN*	SU	68222	74822	68422
377323	(375333)	**SN**	P	*SN*	SU	68223	74823	68423
377324	(375334)	**SN**	P	*SN*	SU	68224	74824	68424
377325	(375335)	**SN**	P	*SN*	SU	68225	74825	68425
377326	(375336)	**SN**	P	*SN*	SU	68226	74826	68426
377327	(375337)	**SN**	P	*SN*	SU	68227	74827	68427
377328	(375338)	**SN**	P	*SN*	SU	68228	74828	68428

Class 377/4. 750 V DC only. DMC–MS–TS–DMC.
Seating Layout: 1: 2+2 facing/two seats longitudinal, 2: 2+2 and 3+2 facing/unidirectional (3+2 seating in middle cars only).

377442 operated as 3-car 377342 between 2016 and 2021 after fire damage to MS vehicle 78842 in 2016.

DMC(A). Bombardier Derby 2004–05. 10/48. 43.1 t.
MS. Bombardier Derby 2004–05. –/69 1T. 39.3 t.
TS. Bombardier Derby 2004–05. –/56 1TD 2W. 35.3 t.
DMC(B). Bombardier Derby 2004–05. 10/48. 43.2 t.

377401	**SN**	P	*SN*	SU	73401	78801	78601	73801
377402	**SN**	P	*SN*	SU	73402	78802	78602	73802
377403	**SN**	P	*SN*	SU	73403	78803	78603	73803

377404	**SN**	P	*SN*	SU	73404	78804	78604	73804
377405	**SN**	P	*SN*	SU	73405	78805	78605	73805
377406	**SN**	P	*SN*	SU	73406	78806	78606	73806
377407	**SN**	P	*SN*	SU	73407	78807	78607	73807
377408	**SN**	P	*SN*	SU	73408	78808	78608	73808
377409	**SN**	P	*SN*	SU	73409	78809	78609	73809
377410	**SN**	P	*SN*	SU	73410	78810	78610	73810
377411	**SN**	P	*SN*	SU	73411	78811	78611	73811
377412	**SN**	P	*SN*	SU	73412	78812	78612	73812
377413	**SN**	P	*SN*	SU	73413	78813	78613	73813
377414	**SN**	P	*SN*	SU	73414	78814	78614	73814
377415	**SN**	P	*SN*	SU	73415	78815	78615	73815
377416	**SN**	P	*SN*	SU	73416	78816	78616	73816
377417	**SN**	P	*SN*	SU	73417	78817	78617	73817
377418	**SN**	P	*SN*	SU	73418	78818	78618	73818
377419	**SN**	P	*SN*	SU	73419	78819	78619	73819
377420	**SN**	P	*SN*	SU	73420	78820	78620	73820
377421	**SN**	P	*SN*	SU	73421	78821	78621	73821
377422	**SN**	P	*SN*	SU	73422	78822	78622	73822
377423	**SN**	P	*SN*	SU	73423	78823	78623	73823
377424	**SN**	P	*SN*	SU	73424	78824	78624	73824
377425	**SN**	P	*SN*	SU	73425	78825	78625	73825
377426	**SN**	P	*SN*	SU	73426	78826	78626	73826
377427	**SN**	P	*SN*	SU	73427	78827	78627	73827
377428	**SN**	P	*SN*	SU	73428	78828	78628	73828
377429	**SN**	P	*SN*	SU	73429	78829	78629	73829
377430	**SN**	P	*SN*	SU	73430	78830	78630	73830
377431	**SN**	P	*SN*	SU	73431	78831	78631	73831
377432	**SN**	P	*SN*	SU	73432	78832	78632	73832
377433	**SN**	P	*SN*	SU	73433	78833	78633	73833
377434	**SN**	P	*SN*	SU	73434	78834	78634	73834
377435	**SN**	P	*SN*	SU	73435	78835	78635	73835
377436	**SN**	P	*SN*	SU	73436	78836	78636	73836
377437	**SN**	P	*SN*	SU	73437	78837	78637	73837
377438	**SN**	P	*SN*	SU	73438	78838	78638	73838
377439	**SN**	P	*SN*	SU	73439	78839	78639	73839
377440	**SN**	P	*SN*	SU	73440	78840	78640	73840
377441	**SN**	P	*SN*	SU	73441	78841	78641	73841
377442	**SN**	P	*SN*	SU	73442	78842	78642	73842
377443	**SN**	P	*SN*	SU	73443	78843	78643	73843
377444	**SN**	P	*SN*	SU	73444	78844	78644	73844
377445	**SN**	P	*SN*	SU	73445	78845	78645	73845
377446	**SN**	P	*SN*	SU	73446	78846	78646	73846
377447	**SN**	P	*SN*	SU	73447	78847	78647	73847
377448	**SN**	P	*SN*	SU	73448	78848	78648	73848
377449	**SN**	P	*SN*	SU	73449	78849	78649	73849
377450	**SN**	P	*SN*	SU	73450	78850	78650	73850
377451	**SN**	P	*SN*	SU	73451	78851	78651	73851
377452	**SN**	P	*SN*	SU	73452	78852	78652	73852
377453	**SN**	P	*SN*	SU	73453	78853	78653	73853
377454	**SN**	P	*SN*	SU	73454	78854	78654	73854

377455	**SN**	P	*SN*	SU	73455	78855	78655	73855
377456	**SN**	P	*SN*	SU	73456	78856	78656	73856
377457	**SN**	P	*SN*	SU	73457	78857	78657	73857
377458	**SN**	P	*SN*	SU	73458	78858	78658	73858
377459	**SN**	P	*SN*	SU	73459	78859	78659	73859
377460	**SN**	P	*SN*	SU	73460	78860	78660	73860
377461	**SN**	P	*SN*	SU	73461	78861	78661	73861
377462	**SN**	P	*SN*	SU	73462	78862	78662	73862
377463	**SN**	P	*SN*	SU	73463	78863	78663	73863
377464	**SN**	P	*SN*	SU	73464	78864	78664	73864
377465	**SN**	P	*SN*	SU	73465	78865	78665	73865
377466	**SN**	P	*SN*	SU	73466	78866	78666	73866
377467	**SN**	P	*SN*	SU	73467	78867	78667	73867
377468	**SN**	P	*SN*	SU	73468	78868	78668	73868
377469	**SN**	P	*SN*	SU	73469	78869	78669	73869
377470	**SN**	P	*SN*	SU	73470	78870	78670	73870
377471	**SN**	P	*SN*	SU	73471	78871	78671	73871
377472	**SN**	P	*SN*	SU	73472	78872	78672	73872
377473	**SN**	P	*SN*	SU	73473	78873	78673	73873
377474	**SN**	P	*SN*	SU	73474	78874	78674	73874
377475	**SN**	P	*SN*	SU	73475	78875	78675	73875

Class 377/5. 25 kV AC/750 V DC. DMC–MS–PTS–DMS. Dual-voltage units. Details as Class 377/2 unless stated.

DMC. Bombardier Derby 2008–09. 10/48. 43.1 t.
MS. Bombardier Derby 2008–09. –/69 1T. 40.3 t.
PTS. Bombardier Derby 2008–09. –/56 1TD 2W. 40.6 t.
DMS. Bombardier Derby 2008–09. –/58. 44.9 t.

377501	**FB**	P	*SE*	RM	73501	75901	74901	73601
377502	**FB**	P	*SE*	RM	73502	75902	74902	73602
377503	**FB**	P	*SE*	RM	73503	75903	74903	73603
377504	**FB**	P	*SE*	RM	73504	75904	74904	73604
377505	**FB**	P	*SE*	RM	73505	75905	74905	73605
377506	**FB**	P	*SE*	RM	73506	75906	74906	73606
377507	**FB**	P	*SE*	RM	73507	75907	74907	73607
377508	**FB**	P	*SE*	RM	73508	75908	74908	73608
377509	**FB**	P	*SE*	RM	73509	75909	74909	73609
377510	**FB**	P	*SE*	RM	73510	75910	74910	73610
377511	**FB**	P	*SE*	RM	73511	75911	74911	73611
377512	**FB**	P	*SE*	RM	73512	75912	74912	73612
377513	**FB**	P	*SE*	RM	73513	75913	74913	73613
377514	**FB**	P	*SE*	RM	73514	75914	74914	73614
377515	**FB**	P	*SE*	RM	73515	75915	74915	73615
377516	**FB**	P	*SE*	RM	73516	75916	74916	73616
377517	**FB**	P	*SE*	RM	73517	75917	74917	73617
377518	**FB**	P	*SE*	RM	73518	75918	74918	73618
377519	**FB**	P	*SE*	RM	73519	75919	74919	73619
377520	**FB**	P	*SE*	RM	73520	75920	74920	73620
377521	**FB**	P	*SE*	RM	73521	75921	74921	73621
377522	**FB**	P	*SE*	RM	73522	75922	74922	73622
377523	**FB**	P	*SE*	RM	73523	75923	74923	73623

Class 377/6. 750V DC. DMS–MS–TS–MS–DMS. 5-car suburban units fitted with Fainsa seating. Technically the same as the 377/5s but using the slightly modified Class 379-style bodyshell.

Seating Layout: 2+2 facing/unidirectional.

DMS. Bombardier Derby 2012–13. 24/36. 44.7 t.
MS. Bombardier Derby 2012–13. –/64 1T. 38.8 t.
TS. Bombardier Derby 2012–13. –/46(+2) 1TD 2W. 37.8 t.
MS. Bombardier Derby 2012–13. –/66. 38.3 t.
DMS. Bombardier Derby 2012–13. –/62. 44.7 t.

377601	**SN**	P	*SN*	SU	70101	70201	70301	70401	70501
377602	**SN**	P	*SN*	SU	70102	70202	70302	70402	70502
377603	**SN**	P	*SN*	SU	70103	70203	70303	70403	70503
377604	**SN**	P	*SN*	SU	70104	70204	70304	70404	70504
377605	**SN**	P	*SN*	SU	70105	70205	70305	70405	70505
377606	**SN**	P	*SN*	SU	70106	70206	70306	70406	70506
377607	**SN**	P	*SN*	SU	70107	70207	70307	70407	70507
377608	**SN**	P	*SN*	SU	70108	70208	70308	70408	70508
377609	**SN**	P	*SN*	SU	70109	70209	70309	70409	70509
377610	**SN**	P	*SN*	SU	70110	70210	70310	70410	70510
377611	**SN**	P	*SN*	SU	70111	70211	70311	70411	70511
377612	**SN**	P	*SN*	SU	70112	70212	70312	70412	70512
377613	**SN**	P	*SN*	SU	70113	70213	70313	70413	70513
377614	**SN**	P	*SN*	SU	70114	70214	70314	70414	70514
377615	**SN**	P	*SN*	SU	70115	70215	70315	70415	70515
377616	**SN**	P	*SN*	SU	70116	70216	70316	70416	70516
377617	**SN**	P	*SN*	SU	70117	70217	70317	70417	70517
377618	**SN**	P	*SN*	SU	70118	70218	70318	70418	70518
377619	**SN**	P	*SN*	SU	70119	70219	70319	70419	70519
377620	**SN**	P	*SN*	SU	70120	70220	70320	70420	70520
377621	**SN**	P	*SN*	SU	70121	70221	70321	70421	70521
377622	**SN**	P	*SN*	SU	70122	70222	70322	70422	70522
377623	**SN**	P	*SN*	SU	70123	70223	70323	70423	70523
377624	**SN**	P	*SN*	SU	70124	70224	70324	70424	70524
377625	**SN**	P	*SN*	SU	70125	70225	70325	70425	70525
377626	**SN**	P	*SN*	SU	70126	70226	70326	70426	70526

Class 377/7. 25 kV AC/750 V DC. DMS–MS–TS–MS–DMS. Dual-voltage units, used on both the South Croydon–Milton Keynes cross-London services and on suburban services alongside the Class 377/6s.

DMS. Bombardier Derby 2013–14. 24/36. 45.6 t.
MS. Bombardier Derby 2013–14. –/64 1T. 41.0 t.
PTS. Bombardier Derby 2013–14. –/46(+2) 1TD 2W. 40.9 t.
MS. Bombardier Derby 2013–14. –/66. 39.6 t.
DMS. Bombardier Derby 2013–14. –/62. 45.2 t.

377701	**SN**	P	*SN*	SU	65201	70601	65601	70701	65401
377702	**SN**	P	*SN*	SU	65202	70602	65602	70702	65402
377703	**SN**	P	*SN*	SU	65203	70603	65603	70703	65403
377704	**SN**	P	*SN*	SU	65204	70604	65604	70704	65404
377705	**SN**	P	*SN*	SU	65205	70605	65605	70705	65405

377 706	**SN**	P	*SN*	SU	65206	70606	65606	70706	65406
377 707	**SN**	P	*SN*	SU	65207	70607	65607	70707	65407
377 708	**SN**	P	*SN*	SU	65208	70608	65608	70708	65408

CLASS 378 CAPITALSTAR BOMBARDIER DERBY

These suburban Electrostars are designated "Capitalstars" by TfL.

Formation: DMS–MS–TS–MS–DMS or DMS–MS–PTS–MS–DMS.
System: Class 378/1 750 V DC third rail only. Class 378/2 25 kV AC overhead and 750 V DC third rail.
Construction: Welded aluminium alloy underframe, sides and roof with steel ends. All sections bolted together.
Traction Motors: Three Bombardier asynchronous of 200 kW.
Wheel Arrangement: 1A-Bo + 1A-Bo + 2-2 + Bo-1A + Bo-1A.
Braking: Disc & regenerative. **Dimensions:** 20.46/20.14 x 2.80 m.
Bogies: Bombardier P3-25/T3-25. **Couplers:** Dellner 12.
Gangways: Within unit + end doors. **Control System:** IGBT Inverter.
Doors: Sliding. **Maximum Speed:** 75 mph.
Heating & ventilation: Air conditioning.
Seating Layout: Longitudinal ("tube style") low density.
Multiple Working: Within class and with Classes 375, 376, 377 and 379.

57 extra MSs (in the 384xx number series) were delivered 2014–15 to make all units up to 5-cars.

Class 378/1. 750 V DC. DMS–MS–TS–MS–DMS. Third rail only units used on the East London Line. Provision for retro-fitting as dual voltage.

378 150–154 are fitted with de-icing equipment.

DMS(A). Bombardier Derby 2009–10. –/36. 43.1 t.
MS(A). Bombardier Derby 2009–10. –/40. 39.3 t.
TS. Bombardier Derby 2009–10. –/34(+6) 2W. 34.3t.
MS(B). Bombardier Derby 2014–15. –/40. 40.2 t.
DMS(B). Bombardier Derby 2009–10. –/36. 42.7 t.

378 135	**LD**	QW	*LO*	NG	38035	38235	38335	38435	38135
378 136	**LD**	QW	*LO*	NG	38036	38236	38336	38436	38136
378 137	**LO**	QW	*LO*	NG	38037	38237	38337	38437	38137
378 138	**LO**	QW	*LO*	NG	38038	38238	38338	38438	38138
378 139	**LO**	QW	*LO*	NG	38039	38239	38339	38439	38139
378 140	**LO**	QW	*LO*	NG	38040	38240	38340	38440	38140
378 141	**LO**	QW	*LO*	NG	38041	38241	38341	38441	38141
378 142	**LO**	QW	*LO*	NG	38042	38242	38342	38442	38142
378 143	**LO**	QW	*LO*	NG	38043	38243	38343	38443	38143
378 144	**LO**	QW	*LO*	NG	38044	38244	38344	38444	38144
378 145	**LO**	QW	*LO*	NG	38045	38245	38345	38445	38145
378 146	**LO**	QW	*LO*	NG	38046	38246	38346	38446	38146
378 147	**LO**	QW	*LO*	NG	38047	38247	38347	38447	38147
378 148	**LO**	QW	*LO*	NG	38048	38248	38348	38448	38148
378 149	**LO**	QW	*LO*	NG	38049	38249	38349	38449	38149
378 150	**LD**	QW	*LO*	NG	38050	38250	38350	38450	38150
378 151	**LO**	QW	*LO*	NG	38051	38251	38351	38451	38151

378 152	**LO**	QW *LO*	NG	38052 38252 38352 38452 38152
378 153	**LO**	QW *LO*	NG	38053 38253 38353 38453 38153
378 154	**LO**	QW *LO*	NG	38054 38254 38354 38454 38154

Name (carried on DMS(A)): 378 135 Daks Hamilton

Class 378/2. 25 kV AC/750 V DC. DMS–MS–PTS–MS–DMS or DMS–MS–PTS–DMS. Dual-voltage units mainly used on North London Railway services. 378 201–224 were built as 3-car units 378 001–024 and extended to 4-car units in 2010.

Fitted with tripcocks for operation on the tracks shared with London Underground between Queens Park and Harrow & Wealdstone.

378 216–220 are fitted with de-icing equipment.

DMS(A). Bombardier Derby 2008–11. –/36. 43.4 t.
MS(A). Bombardier Derby 2008–11. –/40. 39.6 t.
PTS. Bombardier Derby 2008–11. –/34(+6) 2W. 39.2 t.
MS(B). Bombardier Derby 2014–15. –/40. 40.4 t.
DMS(B). Bombardier Derby 2008–11. –/36. 43.1 t.

378 201	**LO**	QW *LO*	NG	38001 38201 38301 38401 38101
378 202	**LO**	QW *LO*	NG	38002 38202 38302 38402 38102
378 203	**LO**	QW *LO*	NG	38003 38203 38303 38403 38103
378 204	**LD**	QW *LO*	NG	38004 38204 38304 38404 38104
378 205	**LO**	QW *LO*	NG	38005 38205 38305 38405 38105
378 206	**LO**	QW *LO*	NG	38006 38206 38306 38406 38106
378 207	**LO**	QW *LO*	NG	38007 38207 38307 38407 38107
378 208	**LO**	QW *LO*	NG	38008 38208 38308 38408 38108
378 209	**LO**	QW *LO*	NG	38009 38209 38309 38409 38109
378 210	**LO**	QW *LO*	NG	38010 38210 38310 38410 38110
378 211	**LD**	QW *LO*	NG	38011 38211 38311 38411 38111
378 212	**LO**	QW *LO*	NG	38012 38212 38312 38412 38112
378 213	**LO**	QW *LO*	NG	38013 38213 38313 38413 38113
378 214	**LO**	QW *LO*	NG	38014 38214 38314 38414 38114
378 215	**LO**	QW *LO*	NG	38015 38215 38315 38415 38115
378 216	**LO**	QW *LO*	NG	38016 38216 38316 38416 38116
378 217	**LO**	QW *LO*	NG	38017 38217 38317 38417 38117
378 218	**LO**	QW *LO*	NG	38018 38218 38318 38418 38118
378 219	**LO**	QW *LO*	NG	38019 38219 38319 38419 38119
378 220	**LO**	QW *LO*	NG	38020 38220 38320 38420 38120
378 221	**LO**	QW *LO*	NG	38021 38221 38321 38421 38121
378 222	**LO**	QW *LO*	NG	38022 38222 38322 38422 38122
378 223	**LO**	QW *LO*	NG	38023 38223 38323 38423 38123
378 224	**LO**	QW *LO*	NG	38024 38224 38324 38424 38124
378 225	**LO**	QW *LO*	NG	38025 38225 38325 38425 38125
378 226	**LO**	QW *LO*	NG	38026 38226 38326 38426 38126
378 227	**LO**	QW *LO*	NG	38027 38227 38327 38427 38127
378 228	**LO**	QW *LO*	NG	38028 38228 38328 38428 38128
378 229	**LO**	QW *LO*	NG	38029 38229 38329 38429 38129
378 230	**LO**	QW *LO*	NG	38030 38230 38330 38430 38130
378 231	**LO**	QW *LO*	NG	38031 38231 38331 38431 38131
378 232	**LD**	QW *LO*	NG	38032 38232 38332 38432 38132

378233	**LO**	QW	*LO*	NG	38033	38233	38333	38433	38133
378234	**LO**	QW	*LO*	NG	38034	38234	38334	38434	38134
378255	**LO**	QW	*LO*	NG	38055	38255	38355	38455	38155
378256	**LO**	QW	*LO*	NG	38056	38256	38356	38456	38156
378257	**LO**	QW	*LO*	NG	38057	38257	38357	38457	38157

Names (carried on DMS(A)):

378204 Professor Sir Peter Hall
378232 Jeff Langston
378233 Ian Brown CBE

CLASS 379　ELECTROSTAR　BOMBARDIER DERBY

Express Electrostars built for Liverpool Street–Stansted Airport and Liverpool Street–Cambridge services.

Formation: DMS–MS–PTS–DMC.
System: 25 kV AC overhead.
Construction: Welded aluminium alloy underframe, sides and roof with steel ends. All sections bolted together.
Traction Motors: Two Bombardier asynchronous of 200 kW.
Wheel Arrangement: 2-Bo + 2-Bo + 2-2 + Bo-2.
Dimensions: 20.00 x 2.80 m.
Braking: Disc & regenerative.
Bogies: Bombardier P3-25/T3-25.
Couplers: Dellner 12.
Gangways: Throughout.
Control System: IGBT Inverter.
Doors: Sliding plug.
Maximum Speed: 100 mph.
Heating & ventilation: Air conditioning.
Seating Layout: 1: 2+1 facing. 2: 2+2 facing/unidirectional.
Multiple Working: Within class and with Classes 375, 376, 377 and 378.

DMS. Bombardier Derby 2010–11. –/60. 42.1 t.
MS. Bombardier Derby 2010–11. –/62 1T. 38.6 t.
PTS. Bombardier Derby 2010–11. –/43(+2) 1TD 2W. 40.9 t.
DMC. Bombardier Derby 2010–11. 20/24. 42.3 t.

379001	**NC**	AK	*GA*	IL	61201	61701	61901	62101
379002	**NC**	AK	*GA*	IL	61202	61702	61902	62102
379003	**NC**	AK	*GA*	IL	61203	61703	61903	62103
379004	**NC**	AK	*GA*	IL	61204	61704	61904	62104
379005	**NC**	AK	*GA*	IL	61205	61705	61905	62105
379006	**NC**	AK	*GA*	IL	61206	61706	61906	62106
379007	**NC**	AK	*GA*	IL	61207	61707	61907	62107
379008	**NC**	AK	*GA*	IL	61208	61708	61908	62108
379009	**NC**	AK	*GA*	IL	61209	61709	61909	62109
379010	**NC**	AK	*GA*	IL	61210	61710	61910	62110
379011	**NC**	AK	*GA*	IL	61211	61711	61911	62111
379012	**NC**	AK	*GA*	IL	61212	61712	61912	62112
379013	**NC**	AK	*GA*	IL	61213	61713	61913	62113
379014	**NC**	AK	*GA*	IL	61214	61714	61914	62114
379015	**NC**	AK	*GA*	IL	61215	61715	61915	62115
379016	**NC**	AK	*GA*	IL	61216	61716	61916	62116
379017	**NC**	AK	*GA*	IL	61217	61717	61917	62117

379018	**NC**	AK	*GA*	IL	61218	61718	61918	62118
379019	**NC**	AK	*GA*	IL	61219	61719	61919	62119
379020	**NC**	AK	*GA*	IL	61220	61720	61920	62120
379021	**NC**	AK	*GA*	IL	61221	61721	61921	62121
379022	**NC**	AK	*GA*	IL	61222	61722	61922	62122
379023	**NC**	AK	*GA*	IL	61223	61723	61923	62123
379024	**NC**	AK	*GA*	IL	61224	61724	61924	62124
379025	**NC**	AK	*GA*	IL	61225	61725	61925	62125
379026	**NC**	AK	*GA*	IL	61226	61726	61926	62126
379027	**NC**	AK	*GA*	IL	61227	61727	61927	62127
379028	**NC**	AK	*GA*	IL	61228	61728	61928	62128
379029	**NC**	AK	*GA*	IL	61229	61729	61929	62129
379030	**NC**	AK	*GA*	IL	61230	61730	61930	62130

Names (carried on end cars):

379005	Stansted Express	379015	City of Cambridge
379011	Ely Cathedral	379025	Go Discover
379012	The West Anglian		

CLASS 380   DESIRO UK   SIEMENS

ScotRail units mainly used on Strathclyde area services.

Formation: DMS–PTS–DMS or DMS–PTS–TS–DMS.
System: 25 kV AC overhead.
Construction: Welded aluminium with steel ends.
Traction Motors: Four Siemens ITB2016-0GB02 asynchronous of 250 kW.
Wheel Arrangement: Bo-Bo + 2-2 (+2-2) + Bo-Bo
Braking: Disc & regenerative. **Dimensions:** 23.78/23.57 x 2.80 m.
Bogies: SGP SF5000. **Couplers:** Voith.
Gangways: Throughout. **Control System:** IGBT Inverter.
Doors: Sliding plug. **Maximum Speed:** 100 mph.
Heating & ventilation: Air conditioning. **Seating Layout:** 2+2 facing/unidirectional.
Multiple Working: Within class.

DMS(A). Siemens Krefeld 2009–10. –/70. 45.0 t.
PTS. Siemens Krefeld 2009–10. –/57(+12) 1TD 2W. 42.7 t.
TS. Siemens Krefeld 2009–10. –/74 1T. 34.8 t.
DMS(B). Siemens Krefeld 2009–10. –/64(+5). 44.9 t.

Class 380/0. 3-car units. **Formation:** DMS–PTS–DMS.

380001	**SR**	E	*SR*	GW	38501	38601	38701
380002	**SR**	E	*SR*	GW	38502	38602	38702
380003	**SR**	E	*SR*	GW	38503	38603	38703
380004	**SR**	E	*SR*	GW	38504	38604	38704
380005	**SR**	E	*SR*	GW	38505	38605	38705
380006	**SR**	E	*SR*	GW	38506	38606	38706
380007	**SR**	E	*SR*	GW	38507	38607	38707
380008	**SR**	E	*SR*	GW	38508	38608	38708
380009	**SR**	E	*SR*	GW	38509	38609	38709
380010	**SR**	E	*SR*	GW	38510	38610	38710

380011	**SR**	E	*SR*	GW	38511	38611		38711
380012	**SR**	E	*SR*	GW	38512	38612		38712
380013	**SR**	E	*SR*	GW	38513	38613		38713
380014	**SR**	E	*SR*	GW	38514	38614		38714
380015	**SR**	E	*SR*	GW	38515	38615		38715
380016	**SR**	E	*SR*	GW	38516	38616		38716
380017	**SR**	E	*SR*	GW	38517	38617		38717
380018	**SR**	E	*SR*	GW	38518	38618		38718
380019	**SR**	E	*SR*	GW	38519	38619		38719
380020	**SR**	E	*SR*	GW	38520	38620		38720
380021	**SR**	E	*SR*	GW	38521	38621		38721
380022	**SR**	E	*SR*	GW	38522	38622		38722

Class 380/1. 4-car units. **Formation:** DMS–PTS–TS–DMS.

380101	**SR**	E	*SR*	GW	38551	38651	38851	38751
380102	**SR**	E	*SR*	GW	38552	38652	38852	38752
380103	**SR**	E	*SR*	GW	38553	38653	38853	38753
380104	**SR**	E	*SR*	GW	38554	38654	38854	38754
380105	**SR**	E	*SR*	GW	38555	38655	38855	38755
380106	**SR**	E	*SR*	GW	38556	38656	38856	38756
380107	**SR**	E	*SR*	GW	38557	38657	38857	38757
380108	**SR**	E	*SR*	GW	38558	38658	38858	38758
380109	**SR**	E	*SR*	GW	38559	38659	38859	38759
380110	**SR**	E	*SR*	GW	38560	38660	38860	38760
380111	**SR**	E	*SR*	GW	38561	38661	38861	38761
380112	**SR**	E	*SR*	GW	38562	38662	38862	38762
380113	**SR**	E	*SR*	GW	38563	38663	38863	38763
380114	**SR**	E	*SR*	GW	38564	38664	38864	38764
380115	**SR**	E	*SR*	GW	38565	38665	38865	38765
380116	**SR**	E	*SR*	GW	38566	38666	38866	38766

CLASS 385 AT200 HITACHI

New 3- and 4-car ScotRail units, financed by Caledonian Rail Leasing.

Formation: DMS–PTS–DMS or DMC–PTS–TS–DMS.
System: 25 kV AC overhead.
Construction: Aluminium.
Traction Motors: Four Hitachi asynchronous of 250 kW.
Wheel Arrangement: Bo-Bo + 2-2 + Bo-2 or Bo-Bo + 2-2 + 2-2 + Bo-Bo.
Braking: Disc & regenerative.
Dimensions: 23.18/22.08 × 2.74 m. **Couplers:** Dellner.
Bogies: Hitachi. **Control System:** IGBT Inverter.
Gangways: Throughout. **Maximum Speed:** 100 mph.
Doors: Sliding plug. **Multiple Working:** Within class only.
Heating & ventilation: Air conditioning.
Seating Layout: 1: 2+1 facing. 2: 2+2 facing/unidirectional.

385 001–380 046

Class 385/0. 3-car units. Standard Class only. **Formation:** DMS–PTS–DMS.

DMS(A): Hitachi Newton Aycliffe/Kasado 2016–18. –/48(+9) 1TD 2W. 44.6 t.
PTS: Hitachi Newton Aycliffe/Kasado 2016–18. –/80. 38.4 t.
DMS(B): Hitachi Newton Aycliffe/Kasado 2016–18. –62(+5) 1T. 42.0 t.

385001	**SR**	CL	*SR*	EC	441001	442001	444001
385002	**SR**	CL	*SR*	EC	441002	442002	444002
385003	**SR**	CL	*SR*	EC	441003	442003	444003
385004	**SR**	CL	*SR*	EC	441004	442004	444004
385005	**SR**	CL	*SR*	EC	441005	442005	444005
385006	**SR**	CL	*SR*	EC	441006	442006	444006
385007	**SR**	CL	*SR*	EC	441007	442007	444007
385008	**SR**	CL	*SR*	EC	441008	442008	444008
385009	**SR**	CL	*SR*	EC	441009	442009	444009
385010	**SR**	CL	*SR*	EC	441010	442010	444010
385011	**SR**	CL	*SR*	EC	441011	442011	444011
385012	**SR**	CL	*SR*	EC	441012	442012	444012
385013	**SR**	CL	*SR*	EC	441013	442013	444013
385014	**SR**	CL	*SR*	EC	441014	442014	444014
385015	**SR**	CL	*SR*	EC	441015	442015	444015
385016	**SR**	CL	*SR*	EC	441016	442016	444016
385017	**SR**	CL	*SR*	EC	441017	442017	444017
385018	**SR**	CL	*SR*	EC	441018	442018	444018
385019	**SR**	CL	*SR*	EC	441019	442019	444019
385020	**SR**	CL	*SR*	EC	441020	442020	444020
385021	**SR**	CL	*SR*	EC	441021	442021	444021
385022	**SR**	CL	*SR*	EC	441022	442022	444022
385023	**SR**	CL	*SR*	EC	441023	442023	444023
385024	**SR**	CL	*SR*	EC	441024	442024	444024
385025	**SR**	CL	*SR*	EC	441025	442025	444025
385026	**SR**	CL	*SR*	EC	441026	442026	444026
385027	**SR**	CL	*SR*	EC	441027	442027	444027
385028	**SR**	CL	*SR*	EC	441028	442028	444028
385029	**SR**	CL	*SR*	EC	441029	442029	444029
385030	**SR**	CL	*SR*	EC	441030	442030	444030
385031	**SR**	CL	*SR*	EC	441031	442031	444031
385032	**SR**	CL	*SR*	EC	441032	442032	444032
385033	**SR**	CL	*SR*	EC	441033	442033	444033
385034	**SR**	CL	*SR*	EC	441034	442034	444034
385035	**SR**	CL	*SR*	EC	441035	442035	444035
385036	**SR**	CL	*SR*	EC	441036	442036	444036
385037	**SR**	CL	*SR*	EC	441037	442037	444037
385038	**SR**	CL	*SR*	EC	441038	442038	444038
385039	**SR**	CL	*SR*	EC	441039	442039	444039
385040	**SR**	CL	*SR*	EC	441040	442040	444040
385041	**SR**	CL	*SR*	EC	441041	442041	444041
385042	**SR**	CL	*SR*	EC	441042	442042	444042
385043	**SR**	CL	*SR*	EC	441043	442043	444043
385044	**SR**	CL	*SR*	EC	441044	442044	444044
385045	**SR**	CL	*SR*	EC	441045	442045	444045
385046	**SR**	CL	*SR*	EC	441046	442046	444046

385 101–385 124 311

Class 385/1. 4-car units. Standard Class and First Class seating.
Formation: DMC–PTS–TS–DMS.

DMC: Hitachi Newton Aycliffe/Kasado 2016–18. 20/15(+9) 1TD 2W. 44.7 t.
PTS: Hitachi Newton Aycliffe/Kasado 2016–18. –/80. 38.4 t.
TS: Hitachi Newton Aycliffe/Kasado 2016–18. –/80. 31.5 t.
DMS: Hitachi Newton Aycliffe/Kasado 2016–18. –62(+5) 1T. 44.5 t.

385 101	**SR**	CL	*SR*	EC	441101	442101	443101	444101
385 102	**SR**	CL	*SR*	EC	441102	442102	443102	444102
385 103	**SR**	CL	*SR*	EC	441103	442103	443103	444103
385 104	**SR**	CL	*SR*	EC	441104	442104	443104	444104
385 105	**SR**	CL	*SR*	EC	441105	442105	443105	444105
385 106	**SR**	CL	*SR*	EC	441106	442106	443106	444106
385 107	**SR**	CL	*SR*	EC	441107	442107	443107	444107
385 108	**SR**	CL	*SR*	EC	441108	442108	443108	444108
385 109	**SR**	CL	*SR*	EC	441109	442109	443109	444109
385 110	**SR**	CL	*SR*	EC	441110	442110	443110	444110
385 111	**SR**	CL	*SR*	EC	441111	442111	443111	444111
385 112	**SR**	CL	*SR*	EC	441112	442112	443112	444112
385 113	**SR**	CL	*SR*	EC	441113	442113	443113	444113
385 114	**SR**	CL	*SR*	EC	441114	442114	443114	444114
385 115	**SR**	CL	*SR*	EC	441115	442115	443115	444115
385 116	**SR**	CL	*SR*	EC	441116	442116	443116	444116
385 117	**SR**	CL	*SR*	EC	441117	442117	443117	444117
385 118	**SR**	CL	*SR*	EC	441118	442118	443118	444118
385 119	**SR**	CL	*SR*	EC	441119	442119	443119	444119
385 120	**SR**	CL	*SR*	EC	441120	442120	443120	444120
385 121	**SR**	CL	*SR*	EC	441121	442121	443121	444121
385 122	**SR**	CL	*SR*	EC	441122	442122	443122	444122
385 123	**SR**	CL	*SR*	EC	441123	442123	443123	444123
385 124	**SR**	CL	*SR*	EC	441124	442124	443124	444124

CLASS 387   ELECTROSTAR   BOMBARDIER DERBY

The first 29 110 mph Class 387/1s were delivered in 2014–15 for Thameslink. In 2016–17 these transferred to Great Northern for services from King's Cross to Cambridge/King's Lynn and Peterborough.

A further 27 Class 387/2 units were delivered to Southern for Gatwick Express services in 2016 but some are now used by Great Northern.

Great Western Railway took 45 Class 387/1s for services between London Paddington and Reading, Didcot Parkway and Newbury and these now also operate a small number of services to Cardiff Central. 387 130–141 have been fitted with ETCS and are dedicated to the Heathrow Express service.

Part of a speculative order by Porterbrook Leasing, c2c had six Class 387/3s on lease but three have subsequently been sub-leased to Great Western Railway.

Formation: DMC–MS–PTS–DMS.
System: 25 kV AC overhead and 750 V DC third rail.
Construction: Welded aluminium alloy underframe, sides and roof with steel ends. All sections bolted together.
Traction Motors: Two Bombardier asynchronous of 250 kW.
Wheel Arrangement: 2-Bo + 2-Bo + 2-2 + Bo-2.
Braking: Disc & regenerative. **Dimensions:** 20.39/20.00 x 2.80 m.
Bogies: Bombardier P3-25/T3-25. **Couplers:** Dellner 12.
Gangways: Throughout. **Control System:** IGBT Inverter.
Doors: Sliding plug. **Maximum Speed:** 110 mph.
Heating & ventilation: Air conditioning.
Seating Layout: 2+2 facing/unidirectional.
Multiple Working: Within class and with Class 377.

Class 387/1. Units built for Thameslink, now used by Great Northern.

DMC. Bombardier Derby 2014–15. 22/34. 46.0 t.
MS. Bombardier Derby 2014–15. –/62 1T. 41.3 t.
PTS. Bombardier Derby 2014–15. –/45(+2) 1TD 2W. 41.6 t.
DMS. Bombardier Derby 2014–15. –/60. 45.9 t.

387101	**TG**	P	*GN*	HE	421101	422101	423101	424101
387102	**TG**	P	*GN*	HE	421102	422102	423102	424102
387103	**TG**	P	*GN*	HE	421103	422103	423103	424103
387104	**TG**	P	*GN*	HE	421104	422104	423104	424104
387105	**TG**	P	*GN*	HE	421105	422105	423105	424105
387106	**TG**	P	*GN*	HE	421106	422106	423106	424106
387107	**TG**	P	*GN*	HE	421107	422107	423107	424107
387108	**TG**	P	*GN*	HE	421108	422108	423108	424108
387109	**TG**	P	*GN*	HE	421109	422109	423109	424109
387110	**TG**	P	*GN*	HE	421110	422110	423110	424110
387111	**TG**	P	*GN*	HE	421111	422111	423111	424111
387112	**TG**	P	*GN*	HE	421112	422112	423112	424112
387113	**TG**	P	*GN*	HE	421113	422113	423113	424113
387114	**TG**	P	*GN*	HE	421114	422114	423114	424114
387115	**TG**	P	*GN*	HE	421115	422115	423115	424115
387116	**TG**	P	*GN*	HE	421116	422116	423116	424116
387117	**TG**	P	*GN*	HE	421117	422117	423117	424117
387118	**TG**	P	*GN*	HE	421118	422118	423118	424118
387119	**TG**	P	*GN*	HE	421119	422119	423119	424119
387120	**TG**	P	*GN*	HE	421120	422120	423120	424120
387121	**TG**	P	*GN*	HE	421121	422121	423121	424121
387122	**TG**	P	*GN*	HE	421122	422122	423122	424122
387123	**TG**	P	*GN*	HE	421123	422123	423123	424123
387124	**TG**	P	*GN*	HE	421124	422124	423124	424124
387125	**TG**	P	*GN*	HE	421125	422125	423125	424125
387126	**TG**	P	*GN*	HE	421126	422126	423126	424126
387127	**TG**	P	*GN*	HE	421127	422127	423127	424127
387128	**TG**	P	*GN*	HE	421128	422128	423128	424128
387129	**TG**	P	*GN*	HE	421129	422129	423129	424129

Name (carried on DMC): 387124 Paul McCann

Class 387/1. Heathrow Express units. Fitted with First Class and a modified seating layout with more luggage space and fewer seats for use on Paddington–Heathrow Airport Heathrow Express services. ETCS fitted.

DMS(A). Bombardier Derby 2016–17. 22/20. 46.0 t.
MS. Bombardier Derby 2016–17. –/54 1T. 41.3 t.
PTS. Bombardier Derby 2016–17. –/39(+2) 1TD 2W. 41.6 t.
DMS(B). Bombardier Derby 2016–17. –/52. 45.9 t.

387130	**HX**	P	*HE*	RG	421130	422130	423130	424130
387131	**HX**	P	*HE*	RG	421131	422131	423131	424131
387132	**HX**	P	*HE*	RG	421132	422132	423132	424132
387133	**HX**	P	*HE*	RG	421133	422133	423133	424133
387134	**HX**	P	*HE*	RG	421134	422134	423134	424134
387135	**HX**	P	*HE*	RG	421135	422135	423135	424135
387136	**HX**	P	*HE*	RG	421136	422136	423136	424136
387137	**HX**	P	*HE*	RG	421137	422137	423137	424137
387138	**HX**	P	*HE*	RG	421138	422138	423138	424138
387139	**HX**	P	*HE*	RG	421139	422139	423139	424139
387140	**HX**	P	*HE*	RG	421140	422140	423140	424140
387141	**HX**	P	*HE*	RG	421141	422141	423141	424141

Class 387/1. Great Western Railway units.

DMS(A). Bombardier Derby 2016–17. –/56. 46.0 t.
MS. Bombardier Derby 2016–17. –/62 1T. 41.3 t.
PTS. Bombardier Derby 2016–17. –/45(+2) 1TD 2W. 41.6 t.
DMS(B). Bombardier Derby 2016–17. –/60. 45.9 t.

387142	**GW**	P	*GW*	RG	421142	422142	423142	424142
387143	**GW**	P	*GW*	RG	421143	422143	423143	424143
387144	**GW**	P	*GW*	RG	421144	422144	423144	424144
387145	**GW**	P	*GW*	RG	421145	422145	423145	424145
387146	**GW**	P	*GW*	RG	421146	422146	423146	424146
387147	**GW**	P	*GW*	RG	421147	422147	423147	424147
387148	**GW**	P	*GW*	RG	421148	422148	423148	424148
387149	**GW**	P	*GW*	RG	421149	422149	423149	424149
387150	**GW**	P	*GW*	RG	421150	422150	423150	424150
387151	**GW**	P	*GW*	RG	421151	422151	423151	424151
387152	**GW**	P	*GW*	RG	421152	422152	423152	424152
387153	**GW**	P	*GW*	RG	421153	422153	423153	424153
387154	**GW**	P	*GW*	RG	421154	422154	423154	424154
387155	**GW**	P	*GW*	RG	421155	422155	423155	424155
387156	**GW**	P	*GW*	RG	421156	422156	423156	424156
387157	**GW**	P	*GW*	RG	421157	422157	423157	424157
387158	**GW**	P	*GW*	RG	421158	422158	423158	424158
387159	**GW**	P	*GW*	RG	421159	422159	423159	424159
387160	**GW**	P	*GW*	RG	421160	422160	423160	424160
387161	**GW**	P	*GW*	RG	421161	422161	423161	424161
387162	**GW**	P	*GW*	RG	421162	422162	423162	424162
387163	**GW**	P	*GW*	RG	421163	422163	423163	424163
387164	**GW**	P	*GW*	RG	421164	422164	423164	424164
387165	**GW**	P	*GW*	RG	421165	422165	423165	424165

387 166	**GW**	P	*GW*	RG	421166	422166	423166	424166
387 167	**GW**	P	*GW*	RG	421167	422167	423167	424167
387 168	**GW**	P	*GW*	RG	421168	422168	423168	424168
387 169	**GW**	P	*GW*	RG	421169	422169	423169	424169
387 170	**GW**	P	*GW*	RG	421170	422170	423170	424170
387 171	**GW**	P	*GW*	RG	421171	422171	423171	424171
387 172	**GW**	P	*GW*	RG	421172	422172	423172	424172
387 173	**GW**	P	*GW*	RG	421173	422173	423173	424173
387 174	**GW**	P	*GW*	RG	421174	422174	423174	424174

Class 387/2. Southern units built for use Gatwick Express-branded services on the London Victoria–Gatwick Airport–Brighton route, but also used on other Southern routes.

DMC. Bombardier Derby 2015–16. 22/34. 46.0 t.
MS. Bombardier Derby 2015–16. –/60 1T. 41.3 t.
PTS. Bombardier Derby 2015–16. –/45(+2) 1TD 2W. 41.6 t.
DMS. Bombardier Derby 2015–16. –/60. 45.9 t.

387 201	**GX**	P	*GN*	HE	421201	422201	423201	424201
387 202	**GX**	P	*GN*	HE	421202	422202	423202	424202
387 203	**GX**	P	*GN*	HE	421203	422203	423203	424203
387 204	**GX**	P	*GN*	HE	421204	422204	423204	424204
387 205	**GX**	P	*GN*	HE	421205	422205	423205	424205
387 206	**GX**	P	*GN*	HE	421206	422206	423206	424206
387 207	**GX**	P	*GN*	HE	421207	422207	423207	424207
387 208	**GX**	P	*GN*	HE	421208	422208	423208	424208
387 209	**GX**	P	*SN*	SL	421209	422209	423209	424209
387 210	**GX**	P	*SN*	SL	421210	422210	423210	424210
387 211	**GX**	P	*SN*	SL	421211	422211	423211	424211
387 212	**GX**	P	*SN*	SL	421212	422212	423212	424212
387 213	**GX**	P	*SN*	SL	421213	422213	423213	424213
387 214	**GX**	P	*SN*	SL	421214	422214	423214	424214
387 215	**GX**	P	*SN*	SL	421215	422215	423215	424215
387 216	**GX**	P	*SN*	SL	421216	422216	423216	424216
387 217	**GX**	P	*SN*	SL	421217	422217	423217	424217
387 218	**GX**	P	*SN*	SL	421218	422218	423218	424218
387 219	**GX**	P	*SN*	SL	421219	422219	423219	424219
387 220	**GX**	P	*SN*	SL	421220	422220	423220	424220
387 221	**GX**	P	*SN*	SL	421221	422221	423221	424221
387 222	**GX**	P	*SN*	SL	421222	422222	423222	424222
387 223	**GX**	P	*SN*	SL	421223	422223	423223	424223
387 224	**GX**	P	*SN*	SL	421224	422224	423224	424224
387 225	**GX**	P	*SN*	SL	421225	422225	423225	424225
387 226	**GX**	P	*SN*	SL	421226	422226	423226	424226
387 227	**GX**	P	*SN*	SL	421227	422227	423227	424227

Class 387/3. c2c units.

DMS(A). Bombardier Derby 2016. –/56. 46.0 t.
MS. Bombardier Derby 2016. –/62 1T. 41.3 t.
PTS. Bombardier Derby 2016. –/45(+2) 1TD 2W. 41.6 t.
DMS(B). Bombardier Derby 2016. –/60. 45.9 t.

387301	**C2**	P	*GW*	RG	421301	422301	423301	424301
387302	**C2**	P	*GW*	RG	421302	422302	423302	424302
387303	**C2**	P	*C2*	EM	421303	422303	423303	424303
387304	**C2**	P	*C2*	EM	421304	422304	423304	424304
387305	**C2**	P	*C2*	EM	421305	422305	423305	424305
387306	**C2**	P	*GW*	RG	421306	422306	423306	424306

CLASS 390   PENDOLINO   ALSTOM

Tilting units used on the West Coast Main Line.

Formation: As listed below.   **Construction:** Welded aluminium alloy.
Traction Motors: Two Alstom ONIX 800 of 425 kW.
Wheel Arrangement: 1A-A1 + 1A-A1 + 2-2 + 1A-A1 (+ 2-2 + 1A-A1) + 2-2 + 1A-A1 + 2-2 + 1A-A1 + 1A-A1.   **Braking:** Disc, rheostatic & regenerative.
Dimensions: 24.80/23.90 x 2.73 m.   **Couplers:** Dellner 12.
Bogies: Fiat-SIG.   **Control System:** IGBT Inverter.
Gangways: Within unit.   **Maximum Speed:** 125 mph.
Doors: Sliding plug.   **Heating & ventilation:** Air conditioning.
Seating Layout: 1: 2+1 facing/unidirectional, 2: 2+2 facing/unidirectional.
Multiple Working: Within class. Can also be controlled from Class 57/3 locos.

Units up to 390034 were delivered as 8-car sets, without the TS (688xx). During 2004–05 these units were increased to 9-cars.

62 extra vehicles were built 2010–12 to lengthen 31 sets to 11-cars. On renumbering units were renumbered by adding 100 to the set number. Four new complete 11-car units were also delivered. All these extra vehicles were built at Savigliano, Italy (all original Pendolino vehicles were built at Birmingham).

The 9-car units had their MF(B) converted to an MS in 2015 to give them a better balance of Standard to First Class seating.

390033 was written off in the Lambrigg accident of February 2007.

Non-standard liveries:

390 119 PRIDE (various colours).
390 121 Race Against Climate Change (various colours).

DMRBF: Alstom Birmingham/Savigliano 2001–05/2010–12. 18/–. 56.3 t.
MF(A): Alstom Birmingham/Savigliano 2001–05/2010–12. 37/–(+2) 1TD 1W. 52.3 t.
PTF: Alstom Birmingham/Savigliano 2001–05/2010–12. 44/– 1T. 51.2 t.
MF(B: 11-car): Alstom Birmingham/Savigliano 2001–05/2010–12. 46/– 1T. 52.3 t.
MS(C: 9-car): Alstom Birmingham/Savigliano 2001–05/2010–12. –/76 1T. 52.3 t.
(TS: Alstom Savigliano 2010–12. –/74 1T. 49.2 t.)
(MS: Alstom Savigliano 2010–12. –/76 1T. 52.2 t.)
TS: Alstom Birmingham/Savigliano 2001–05/2010–12. –/76 1T. 45.5 t.
MS(A): Alstom Birmingham/Savigliano 2001–05/2010–12. –/62(+4) 1TD 1W. 52.0 t.
PTSRMB: Alstom Birmingham/Savigliano 2001–05/2010–12. –/48. 52.2 t.
MS(B): Alstom Birmingham/Savigliano 2001–05/2010–12. –/62(+4) 1TD 1W. 52.5 t.
DMS: Alstom Birmingham/Savigliano 2001–05/2010–12. –/46 1T. 54.5 t.

Class 390/0. Original build 9-car units.

Formation: DMRF–MF–PTF–MS–TS–MS–PTSRMB–MS–DMS.

390001	**AT**	A	*AW* MA	69101 69401 69501 69601 68801	
				69701 69801 69901 69201	
390002	**AT**	A	*AW* MA	69102 69402 69502 69602 68802	
				69702 69802 69902 69202	
390005	**AT**	A	*AW* MA	69105 69405 69505 69605 68805	
				69705 69805 69905 69205	
390006	**AT**	A	*AW* MA	69106 69406 69506 69606 68806	
				69706 69806 69906 69206	
390008	**AT**	A	*AW* MA	69108 69408 69508 69608 68808	
				69708 69808 69908 69208	
390009	**AT**	A	*AW* MA	69109 69409 69509 69609 68809	
				69709 69809 69909 69209	
390010	**AT**	A	*AW* MA	69110 69410 69510 69610 68810	
				69710 69810 69910 69210	
390011	**AT**	A	*AW* MA	69111 69411 69511 69611 68811	
				69711 69811 69911 69211	
390013	**AT**	A	*AW* MA	69113 69413 69513 69613 68813	
				69713 69813 69913 69213	
390016	**AT**	A	*AW* MA	69116 69416 69516 69616 68816	
				69716 69816 69916 69216	
390020	**AT**	A	*AW* MA	69120 69420 69520 69620 68820	
				69720 69820 69920 69220	
390039	**AT**	A	*AW* MA	69139 69439 69539 69639 68839	
				69739 69839 69939 69239	
390040	**AT**	A	*AW* MA	69140 69440 69540 69640 68840	
				69740 69840 69940 69240	
390042	**AT**	A	*AW* MA	69142 69442 69542 69642 68842	
				69742 69842 69942 69242	
390043	**AT**	A	*AW* MA	69143 69443 69543 69643 68843	
				69743 69843 69943 69243	
390044	**AT**	A	*AW* MA	69144 69444 69544 69644 68844	
				69744 69844 69944 69244	
390045	**AT**	A	*AW* MA	69145 69445 69545 69645 68845	
				69745 69845 69945 69245	
390046	**AT**	A	*AW* MA	69146 69446 69546 69646 68846	
				69746 69846 69946 69246	
390047	**AT**	A	*AW* MA	69147 69447 69547 69647 68847	
				69747 69847 69947 69247	
390049	**AT**	A	*AW* MA	69149 69449 69549 69649 68849	
				69749 69849 69949 69249	
390050	**AT**	A	*AW* MA	69150 69450 69550 69650 68850	
				69750 69850 69950 69250	

Class 390/1. Original build 9-car units later extended to 11-cars, except 390154–157 which were built new (in Italy) as 11-cars.
Formation: DMRF–MF–PTF–MF–TS–MS–TS–MS–PTSRMB–MS–DMS.

390103	**AT**	A	*AW* MA	69103 69403 69503 69603 65303 68903	
				68803 69703 69803 69903 69203	

390 104	**AT**	A	*AW* MA	69104 69404 69504 69604 65304 68904	
				68804 69704 69804 69904 69204	
390 107	**AT**	A	*AW* MA	69107 69407 69507 69607 65307 68907	
				68807 69707 69807 69907 69207	
390 112	**AT**	A	*AW* MA	69112 69412 69512 69612 65312 68912	
				68812 69712 69812 69912 69212	
390 114	**AT**	A	*AW* MA	69114 69414 69514 69614 65314 68914	
				68814 69714 69814 69914 69214	
390 115	**AT**	A	*AW* MA	69115 69415 69515 69615 65315 68915	
				68815 69715 69815 69915 69215	
390 117	**AT**	A	*AW* MA	69117 69417 69517 69617 65317 68917	
				68817 69717 69817 69917 69217	
390 118	**AT**	A	*AW* MA	69118 69418 69518 69618 65318 68918	
				68818 69718 69818 69918 69218	
390 119	**0**	A	*AW* MA	69119 69419 69519 69619 65319 68919	
				68819 69719 69819 69919 69219	
390 121	**0**	A	*AW* MA	69121 69421 69521 69621 65321 68921	
				68821 69721 69821 69921 69221	
390 122	**AT**	A	*VW* MA	69122 69422 69522 69622 65322 68922	
				68822 69722 69822 69922 69222	
390 123	**AT**	A	*AW* MA	69123 69423 69523 69623 65323 68923	
				68823 69723 69823 69923 69223	
390 124	**AT**	A	*AW* MA	69124 69424 69524 69624 65324 68924	
				68824 69724 69824 69924 69224	
390 125	**AT**	A	*AW* MA	69125 69425 69525 69625 65325 68925	
				68825 69725 69825 69925 69225	
390 126	**AT**	A	*AW* MA	69126 69426 69526 69626 65326 68926	
				68826 69726 69826 69926 69226	
390 127	**AT**	A	*AW* MA	69127 69427 69527 69627 65327 68927	
				68827 69727 69827 69927 69227	
390 128	**AT**	A	*AW* MA	69128 69428 69528 69628 65328 68928	
				68828 69728 69828 69928 69228	
390 129	**AT**	A	*AW* MA	69129 69429 69529 69629 65329 68929	
				68829 69729 69829 69929 69229	
390 130	**AT**	A	*AW* MA	69130 69430 69530 69630 65330 68930	
				68830 69730 69830 69930 69230	
390 131	**AT**	A	*AW* MA	69131 69431 69531 69631 65331 68931	
				68831 69731 69831 69931 69231	
390 132	**AT**	A	*AW* MA	69132 69432 69532 69632 65332 68932	
				68832 69732 69832 69932 69232	
390 134	**AT**	A	*AW* MA	69134 69434 69534 69634 65334 68934	
				68834 69734 69834 69934 69234	
390 135	**AT**	A	*AW* MA	69135 69435 69535 69635 65335 68935	
				68835 69735 69835 69935 69235	
390 136	**AT**	A	*AW* MA	69136 69436 69536 69636 65336 68936	
				68836 69736 69836 69936 69236	
390 137	**AT**	A	*VW* MA	69137 69437 69537 69637 65337 68937	
				68837 69737 69837 69937 69237	
390 138	**AT**	A	*AW* MA	69138 69438 69538 69638 65338 68938	
				68838 69738 69838 69938 69238	

390 141	**AT**	A	*AW* MA	69141	69441	69541	69641	65341	68941
				68841	69741	69841	69941	69241	
390 148	**AT**	A	*AW* MA	69148	69448	69548	69648	65348	68948
				68848	69748	69848	69948	69248	
390 151	**AT**	A	*VW* MA	69151	69451	69551	69651	65351	68951
				68851	69751	69851	69951	69251	
390 152	**AT**	A	*VW* MA	69152	69452	69552	69652	65352	68952
				68852	69752	69852	69952	69252	
390 153	**AT**	A	*AW* MA	69153	69453	69553	69653	65353	68953
				68853	69753	69853	69953	69253	
390 154	**AT**	A	*AW* MA	69154	69454	69554	69654	65354	68954
				68854	69754	69854	69954	69254	
390 155	**AT**	A	*AW* MA	69155	69455	69555	69655	65355	68955
				68855	69755	69855	69955	69255	
390 156	**AT**	A	*AW* MA	69156	69456	69556	69656	65356	68956
				68856	69756	69856	69956	69256	
390 157	**AT**	A	*AW* MA	69157	69457	69557	69657	65357	68957
				68857	69757	69857	69957	69257	

Names (carried on MF No. 696xx):

390001	Bee Together	390122	Penny the Pendolino
390002	Stephen Sutton	390125	Virgin Stagecoach
390005	City of Wolverhampton	390128	City of Preston
390006	Rethink Mental Illness	390129	City of Stoke-on-Trent
390008	CHARLES RENNIE MACKINTOSH	390130	City of Edinburgh
390009	Treaty of Union	390131	City of Liverpool
390010	Cumbrian Spirit	390132	City of Birmingham
390011	City of Lichfield	390134	City of Carlisle
390013	Blackpool Belle	390135	City of Lancaster
390039	Lady Godiva	390136	City of Coventry
390044	Royal Scot	390138	City of London
390047	CLIC Sargent	390148	Flying Scouseman
390104	Alstom Pendolino	390151	Unknown Soldier
390114	City of Manchester	390154	Matthew Flinders
390115	Crewe – All Change	390155	RAILWAY BENEFIT FUND
390117	Blue Peter	390156	Pride and Prosperity
390119	PROGRESS	390157	Chad Varah

CLASS 395   JAVELIN   HITACHI JAPAN

6-car dual-voltage units used on Southeastern High Speed trains from London St Pancras.

Formation: PDTS–MS–MS–MS–MS–PDTS.
Systems: 25 kV AC overhead/750 V DC third rail.
Construction: Aluminium.
Traction Motors: Four Hitachi asynchronous of 210 kW.
Wheel Arrangement: 2-2 + Bo-Bo + Bo-Bo + Bo-Bo + Bo-Bo + 2-2.
Braking: Disc, rheostatic & regenerative.
Dimensions: 20.88/20.0 × 2.81 m.   **Couplers:** Scharfenberg.
Bogies: Hitachi.   **Control System:** IGBT Inverter.
Gangways: Within unit.   **Maximum Speed:** 140 mph.

Doors: Single-leaf sliding. **Multiple Working:** Within class only.
Heating & ventilation: Air conditioning.
Seating Layout: 2+2 facing/unidirectional (mainly unidirectional).

PDTS(A): Hitachi Kasado, Japan 2006–09. –/28(+12) 1TD 2W. 46.7 t.
MS: Hitachi Kasado, Japan 2006–09. –/66. 45.0t–45.7 t.
PDTS(B): Hitachi Kasado, Japan 2006–09. –/48 1T. 46.7 t.

395001	**SB**	E	*SE*	AD	39011	39012	39013	39014	39015	39016
395002	**SB**	E	*SE*	AD	39021	39022	39023	39024	39025	39026
395003	**SB**	E	*SE*	AD	39031	39032	39033	39034	39035	39036
395004	**SB**	E	*SE*	AD	39041	39042	39043	39044	39045	39046
395005	**SB**	E	*SE*	AD	39051	39052	39053	39054	39055	39056
395006	**SB**	E	*SE*	AD	39061	39062	39063	39064	39065	39066
395007	**SB**	E	*SE*	AD	39071	39072	39073	39074	39075	39076
395008	**SB**	E	*SE*	AD	39081	39082	39083	39084	39085	39086
395009	**SB**	E	*SE*	AD	39091	39092	39093	39094	39095	39096
395010	**SB**	E	*SE*	AD	39101	39102	39103	39104	39105	39106
395011	**SB**	E	*SE*	AD	39111	39112	39113	39114	39115	39116
395012	**SB**	E	*SE*	AD	39121	39122	39123	39124	39125	39126
395013	**SB**	E	*SE*	AD	39131	39132	39133	39134	39135	39136
395014	**SB**	E	*SE*	AD	39141	39142	39143	39144	39145	39146
395015	**SB**	E	*SE*	AD	39151	39152	39153	39154	39155	39156
395016	**SB**	E	*SE*	AD	39161	39162	39163	39164	39165	39166
395017	**SB**	E	*SE*	AD	39171	39172	39173	39174	39175	39176
395018	**SB**	E	*SE*	AD	39181	39182	39183	39184	39185	39186
395019	**SB**	E	*SE*	AD	39191	39192	39193	39194	39195	39196
395020	**SB**	E	*SE*	AD	39201	39202	39203	39204	39205	39206
395021	**SB**	E	*SE*	AD	39211	39212	39213	39214	39215	39216
395022	**SB**	E	*SE*	AD	39221	39222	39223	39224	39225	39226
395023	**SB**	E	*SE*	AD	39231	39232	39233	39234	39235	39236
395024	**SB**	E	*SE*	AD	39241	39242	39243	39244	39245	39246
395025	**SB**	E	*SE*	AD	39251	39252	39253	39254	39255	39256
395026	**SB**	E	*SE*	AD	39261	39262	39263	39264	39265	39266
395027	**SB**	E	*SE*	AD	39271	39272	39273	39274	39275	39276
395028	**SB**	E	*SE*	AD	39281	39282	39283	39284	39285	39286
395029	**SB**	E	*SE*	AD	39291	39292	39293	39294	39295	39296

Names (carried on end cars):

395001 Dame Kelly Holmes	395018 THE VICTORY Javelin
395002 Sebastian Coe	395019 Jessica Ennis
395003 Sir Steve Redgrave	395020 Jason Kenny
395004 Sir Chris Hoy	395021 Ed Clancy MBE
395005 Dame Tanni Grey-Thompson	395022 Alistair Brownlee
395006 Daley Thompson	395023 Ellie Simmonds
395007 Steve Backley	395024 Jonnie Peacock
395008 Ben Ainslie	395025 Victoria Pendleton
395009 Rebecca Adlington	395026 Marc Woods
395010 Duncan Goodhew	395027 Hannah Cockcroft
395011 Katherine Grainger	395028 Laura Trott
395013 HORNBY Visitor Centre Margate, Kent	395029 David Weir
395014 Dina Asher-Smith	

CLASS 397   CIVITY   CAF

New TransPennine Express units mainly used on the West Coast Main Line Manchester Airport–Edinburgh/Glasgow services.

Formation: DMF–PTS–MS–PTS–DMS.
Construction: Aluminium.
Traction Motors: Four TSA of 220 kW.
Wheel Arrangement:
Braking: Disc and regenerative.   **Dimensions:** 24.03/23.35 x 2.71 m.
Bogies: CAF.   **Couplers:** Dellner.
Gangways: Within unit.   **Control System:** IGBT Inverter.
Doors: Sliding plug.   **Maximum Speed:** 125 mph.
Heating & ventilation: Air conditioning.
Seating: 1: 2+1 facing/unidirectional; 2: 2+2 facing/unidirectional.
Multiple Working: Within class.

DMF. CAF Beasain 2017–19. 24/– 1TD 2W. 41.4 t.
PTS(A). CAF Beasain 2017–19. –/76. 34.5 t.
MS. CAF Beasain 2017–19. –/68 2T. 36.6 t.
PTS(B). CAF Beasain 2017–19. –/76. 34.9 t.
DMS. CAF Beasain 2017–19. –/44(+8) 1T. 39.2 t.

397001	**TP**	E	*TP*	MA	471001	472001	473001	474001	475001
397002	**TP**	E	*TP*	MA	471002	472002	473002	474002	475002
397003	**TP**	E	*TP*	MA	471003	472003	473003	474003	475003
397004	**TP**	E	*TP*	MA	471004	472004	473004	474004	475004
397005	**TP**	E	*TP*	MA	471005	472005	473005	474005	475005
397006	**TP**	E	*TP*	MA	471006	472006	473006	474006	475006
397007	**TP**	E	*TP*	MA	471007	472007	473007	474007	475007
397008	**TP**	E	*TP*	MA	471008	472008	473008	474008	475008
397009	**TP**	E	*TP*	MA	471009	472009	473009	474009	475009
397010	**TP**	E	*TP*	MA	471010	472010	473010	474010	475010
397011	**TP**	E	*TP*	MA	471011	472011	473011	474011	475011
397012	**TP**	E	*TP*	MA	471012	472012	473012	474012	475012

CLASS 398   CITYLINK   STADLER

New 3-car Citylink bi-mode electric/battery metro tram-train units under construction for Transport for Wales for use on the Cardiff Valley Lines (Aberdare, Merthyr Tydfil, Treherbert and Cardiff City Line). They will also be capable as operating on-street as tramway vehicles on a new line from Cardiff Bay to a new station at Flourish. Full details awaited.

Formation: DMS–TS–DMS.
Systems: 25 kV AC overhead/battery.
Construction: Steel.
Traction Motors: 4 x 140 kW (per unit).
Wheel Arrangement: Bo-2-2-Bo.
Braking: Disc, regenerative & emergency track.

398 001–398 036

Dimensions: 40.00 x 2.65 m (full set).
Bogies:
Gangways: Within unit.
Doors: Sliding plug.
Seating Layout: 2+2 unidirectional/facing.
Couplers:
Control System: IGBT Inverter.
Maximum Speed: 62 mph.
Multiple Working: Within class only.

DMS(A): Stadler, Valencia 2020–22.
MS: Stadler, Valencia 2020–22.
DMS(B): Stadler, Valencia 2020–22.

398 001	999051	999151	999251
398 002	999052	999152	999252
398 003	999053	999153	999253
398 004	999054	999154	999254
398 005	999055	999155	999255
398 006	999056	999156	999256
398 007	999057	999157	999257
398 008	999058	999158	999258
398 009	999059	999159	999259
398 010	999060	999160	999260
398 011	999061	999161	999261
398 012	999062	999162	999262
398 013	999063	999163	999263
398 014	999064	999164	999264
398 015	999065	999165	999265
398 016	999066	999166	999266
398 017	999067	999167	999267
398 018	999068	999168	999268
398 019	999069	999169	999269
398 020	999070	999170	999270
398 021	999071	999171	999271
398 022	999072	999172	999272
398 023	999073	999173	999273
398 024	999074	999174	999274
398 025	999075	999175	999275
398 026	999076	999176	999276
398 027	999077	999177	999277
398 028	999078	999178	999278
398 029	999079	999179	999279
398 030	999080	999180	999280
398 031	999081	999181	999281
398 032	999082	999182	999282
398 033	999083	999183	999283
398 034	999084	999184	999284
398 035	999085	999185	999285
398 036	999086	999186	999286

CLASS 399   CITYLINK   VOSSLOH/STADLER

The Class 399s are tram-trains used on the pilot Sheffield–Rotherham Parkgate tram-train service, operated by Stagecoach Supertram. Dual-voltage 750 V DC/25 kV AC (although currently only operating on 750 V DC). For operation on Network Rail lines EMU running numbers 399201–207 are carried (as well as vehicle numbers in the 999xxx series), in addition to the Stagecoach Supertram fleet numbers 201–207.

The 399s entered service on the Supertram network in autumn 2017 and on the national railway network as tram-trains from October 2018.

Following two accidents in autumn 2018 units 399202 and 399204 are operating in mixed formations, as shown.

At the time of writing units 399201–204 have tram-train wheel profiles for operating on the National Rail network to Rotherham Parkgate. 399205–207 can only operate on the tramway network, but could be modified to operate to Rotherham if required, 399206 having been modified to operate to Rotherham in 2018–20 to cover for the accident damaged 399204.

Formation: DMS–MS–DMS.
Systems: 750 V DC/25 kV AC overhead.
Construction: Steel.
Traction Motors: Six VEM of 145 kW (per unit).
Wheel Arrangement: Bo-2-Bo-Bo.
Braking: Disc, regenerative & emergency track.
Dimensions: 37.20 x 2.65 m (full set). **Couplers:** Albert (emergency use).
Bogies: Vossloh.   **Control System:** IGBT Inverter.
Gangways: Within unit.   **Maximum Speed:** 60 mph.
Doors: Sliding plug.   **Multiple Working:** Within class only.
Seating Layout: 2+2 facing/unidirectional.
Weight: 64 t.

DMS(A): Vossloh, Valencia 2014–15. –/22(+4) 1W.
MS: Vossloh, Valencia 2014–15. –/44.
DMS(B): Vossloh, Valencia 2014–15. –/22(+4) 1W.

399201	**SD**	SY	*SY*	NU	999001	999101	999201
399202	**SD**	SY	*SY*	NU	999002	999102	999204
399203	**SD**	SY	*SY*	NU	999003	999103	999203
399204	**SD**	SY	*SY*	NU	999004	999104	999202
399205	**SD**	SY	*SY*	NU	999005	999105	999205
399206	**SD**	SY	*SY*	NU	999006	999106	999206
399207	**SD**	SY	*SY*	NU	999007	999107	999207

Name (carried on cars 999002 and 999204):

399202   Theo – The Children's Hospital Charity

PLATFORM 5 MAIL ORDER
www.platform5.com

The RAILWAYS OF MANCHESTER

A new history of the railway network that has grown up to serve the great industrial city of Manchester. This comprehensive volume traces the development of every 19th century railway company that served the city and describes the evolution that gave rise to today's modern railway network. The book examines the innovation and upheaval of the Victorian era, the Grouping years and post-war austerity. Finally the book turns to the present day railways, looking at operators, trams and heritage railways. Includes information on the railways, trains, tramways, stations, depots and railway builders of the region. Hardback. 272 pages, including over 350 photographs.

Cover Price £40.00. Mail Order Price £35.00 plus P&P.

Please add postage: 10% UK, 20% Europe, 30% Rest of World.

Order at www.platform5.com or the Platform 5 Mail Order Department.
Please see page 432 of this book for details.

4.2. 750 V DC THIRD RAIL EMUs

These classes use the third rail system at 750 V DC (unless stated). Outer couplers are buckeyes on units built before 1982 with bar couplers within the units. Newer units generally have Dellner outer couplers.

CLASS 444   DESIRO UK   SIEMENS

Express units.

Formation: DMS–TS–TS–TS–DMC.
Construction: Aluminium.
Traction Motors: Four Siemens 1TB2016-0GB02 asynchronous of 250 kW.
Wheel Arrangement: Bo-Bo + 2-2 + 2-2 + 2-2 + Bo-Bo.
Braking: Disc, rheostatic & regenerative. **Dimensions:** 23.57 x 2.69 m.
Bogies: SGP SF5000.   **Couplers:** Dellner 12.
Gangways: Throughout.   **Control System:** IGBT Inverter.
Doors: Single-leaf sliding plug.   **Maximum Speed:** 100 mph.
Heating & Ventilation: Air conditioning.
Seating Layout: 1: 2+2 facing/unidirectional, 2: 2+2 facing/unidirectional.
Multiple Working: Within class and with Class 450.

DMS. Siemens Vienna/Krefeld 2003–04. –/76. 51.0t.
TS 67101–145. Siemens Vienna/Krefeld 2003–04. –/76 1T. 40.3t.
TS 67151–195. Siemens Vienna/Krefeld 2003–04. –/76 1T. 36.8t.
TS. Siemens Vienna/Krefeld 2003–04. –59 1TD 1T 2W. 42.1t.
DMC. Siemens Vienna/Krefeld 2003–04. 32/40. 51.3t.

444001	**ST**	A	*SW*	NT	63801	67101	67151	67201	63851
444002	**SW**	A	*SW*	NT	63802	67102	67152	67202	63852
444003	**SW**	A	*SW*	NT	63803	67103	67153	67203	63853
444004	**ST**	A	*SW*	NT	63804	67104	67154	67204	63854
444005	**SW**	A	*SW*	NT	63805	67105	67155	67205	63855
444006	**SW**	A	*SW*	NT	63806	67106	67156	67206	63856
444007	**SW**	A	*SW*	NT	63807	67107	67157	67207	63857
444008	**ST**	A	*SW*	NT	63808	67108	67158	67208	63858
444009	**ST**	A	*SW*	NT	63809	67109	67159	67209	63859
444010	**ST**	A	*SW*	NT	63810	67110	67160	67210	63860
444011	**SW**	A	*SW*	NT	63811	67111	67161	67211	63861
444012	**SW**	A	*SW*	NT	63812	67112	67162	67212	63862
444013	**ST**	A	*SW*	NT	63813	67113	67163	67213	63863
444014	**SW**	A	*SW*	NT	63814	67114	67164	67214	63864
444015	**SW**	A	*SW*	NT	63815	67115	67165	67215	63865
444016	**SW**	A	*SW*	NT	63816	67116	67166	67216	63866
444017	**SW**	A	*SW*	NT	63817	67117	67167	67217	63867
444018	**SW**	A	*SW*	NT	63818	67118	67168	67218	63868
444019	**SW**	A	*SW*	NT	63819	67119	67169	67219	63869
444020	**SW**	A	*SW*	NT	63820	67120	67170	67220	63870
444021	**SW**	A	*SW*	NT	63821	67121	67171	67221	63871
444022	**ST**	A	*SW*	NT	63822	67122	67172	67222	63872
444023	**SW**	A	*SW*	NT	63823	67123	67173	67223	63873

444 024	**SW**	A	*SW*	NT	63824	67124	67174	67224	63874
444 025	**SW**	A	*SW*	NT	63825	67125	67175	67225	63875
444 026	**ST**	A	*SW*	NT	63826	67126	67176	67226	63876
444 027	**SW**	A	*SW*	NT	63827	67127	67177	67227	63877
444 028	**ST**	A	*SW*	NT	63828	67128	67178	67228	63878
444 029	**SW**	A	*SW*	NT	63829	67129	67179	67229	63879
444 030	**SW**	A	*SW*	NT	63830	67130	67180	67230	63880
444 031	**SW**	A	*SW*	NT	63831	67131	67181	67231	63881
444 032	**SW**	A	*SW*	NT	63832	67132	67182	67232	63882
444 033	**ST**	A	*SW*	NT	63833	67133	67183	67233	63883
444 034	**ST**	A	*SW*	NT	63834	67134	67184	67234	63884
444 035	**ST**	A	*SW*	NT	63835	67135	67185	67235	63885
444 036	**ST**	A	*SW*	NT	63836	67136	67186	67236	63886
444 037	**SW**	A	*SW*	NT	63837	67137	67187	67237	63887
444 038	**SW**	A	*SW*	NT	63838	67138	67188	67238	63888
444 039	**ST**	A	*SW*	NT	63839	67139	67189	67239	63889
444 040	**SW**	A	*SW*	NT	63840	67140	67190	67240	63890
444 041	**ST**	A	*SW*	NT	63841	67141	67191	67241	63891
444 042	**SW**	A	*SW*	NT	63842	67142	67192	67242	63892
444 043	**SW**	A	*SW*	NT	63843	67143	67193	67243	63893
444 044	**ST**	A	*SW*	NT	63844	67144	67194	67244	63894
444 045	**ST**	A	*SW*	NT	63845	67145	67195	67245	63895

Names (carried on TSRMB):

444 001	NAOMI HOUSE	444 038	SOUTH WESTERN RAILWAY
444 012	DESTINATION WEYMOUTH	444 040	THE D-DAY STORY PORTSMOUTH
444 018	THE FAB 444		

CLASS 450   DESIRO UK   SIEMENS

Outer suburban units.

Formation: DMC–TS–TS–DMC.
Construction: Aluminium.
Traction Motors: Four Siemens 1TB2016-0GB02 asynchronous of 250 kW.
Wheel Arrangement: Bo-Bo + 2-2 + 2-2 + Bo-Bo.
Braking: Disc, rheostatic & regenerative.   **Dimensions:** 20.34 x 2.79 m.
Bogies: SGP SF5000.   **Couplers:** Dellner 12.
Gangways: Throughout.   **Control System:** IGBT Inverter.
Doors: Sliding plug.   **Maximum Speed:** 100 mph.
Heating & Ventilation: Air conditioning.
Seating Layout: 1: 2+2 facing/unidirectional, 2: 3+2 facing/unidirectional.
Multiple Working: Within class and with Class 444.

Advertising livery: 450067 Keyworkers (blue on driving cars).

450043–070 were numbered 450543–570 between 2007/08 and 2019. They were renumbered back into the 450/0 series in 2019.

DMC(A). Siemens Krefeld/Vienna 2002–06. 8/62. 48.0 t.
TS(A). Siemens Krefeld/Vienna 2002–06. –/70(+4) 1T. 35.8 t.
TS(B). Siemens Krefeld/Vienna 2002–06. –/61(+9) 1TD 2W. 39.8 t.
DMC(B). Siemens Krefeld/Vienna 2002–06. 8/62. 48.6 t.

450001	**SD**	A	*SW*	NT	63201	64201	68101	63601
450002	**SD**	A	*SW*	NT	63202	64202	68102	63602
450003	**SD**	A	*SW*	NT	63203	64203	68103	63603
450004	**SD**	A	*SW*	NT	63204	64204	68104	63604
450005	**SW**	A	*SW*	NT	63205	64205	68105	63605
450006	**SW**	A	*SW*	NT	63206	64206	68106	63606
450007	**SD**	A	*SW*	NT	63207	64207	68107	63607
450008	**SD**	A	*SW*	NT	63208	64208	68108	63608
450009	**SW**	A	*SW*	NT	63209	64209	68109	63609
450010	**SD**	A	*SW*	NT	63210	64210	68110	63610
450011	**SD**	A	*SW*	NT	63211	64211	68111	63611
450012	**SD**	A	*SW*	NT	63212	64212	68112	63612
450013	**SW**	A	*SW*	NT	63213	64213	68113	63613
450014	**SW**	A	*SW*	NT	63214	64214	68114	63614
450015	**SW**	A	*SW*	NT	63215	64215	68115	63615
450016	**SW**	A	*SW*	NT	63216	64216	68116	63616
450017	**SW**	A	*SW*	NT	63217	64217	68117	63617
450018	**SW**	A	*SW*	NT	63218	64218	68118	63618
450019	**SD**	A	*SW*	NT	63219	64219	68119	63619
450020	**SW**	A	*SW*	NT	63220	64220	68120	63620
450021	**SW**	A	*SW*	NT	63221	64221	68121	63621
450022	**SW**	A	*SW*	NT	63222	64222	68122	63622
450023	**SW**	A	*SW*	NT	63223	64223	68123	63623
450024	**SW**	A	*SW*	NT	63224	64224	68124	63624
450025	**SW**	A	*SW*	NT	63225	64225	68125	63625
450026	**SW**	A	*SW*	NT	63226	64226	68126	63626
450027	**SW**	A	*SW*	NT	63227	64227	68127	63627
450028	**SD**	A	*SW*	NT	63228	64228	68128	63628
450029	**SW**	A	*SW*	NT	63229	64229	68129	63629
450030	**SW**	A	*SW*	NT	63230	64230	68130	63630
450031	**SW**	A	*SW*	NT	63231	64231	68131	63631
450032	**SD**	A	*SW*	NT	63232	64232	68132	63632
450033	**SW**	A	*SW*	NT	63233	64233	68133	63633
450034	**SW**	A	*SW*	NT	63234	64234	68134	63634
450035	**SD**	A	*SW*	NT	63235	64235	68135	63635
450036	**SW**	A	*SW*	NT	63236	64236	68136	63636
450037	**SD**	A	*SW*	NT	63237	64237	68137	63637
450038	**SW**	A	*SW*	NT	63238	64238	68138	63638
450039	**SW**	A	*SW*	NT	63239	64239	68139	63639
450040	**SD**	A	*SW*	NT	63240	64240	68140	63640
450041	**SW**	A	*SW*	NT	63241	64241	68141	63641
450042	**SW**	A	*SW*	NT	63242	64242	68142	63642
450043	**SW**	A	*SW*	NT	63243	64243	68143	63643
450044	**SD**	A	*SW*	NT	63244	64244	68144	63644
450045	**SD**	A	*SW*	NT	63245	64245	68145	63645
450046	**SD**	A	*SW*	NT	63246	64246	68146	63646
450047	**SD**	A	*SW*	NT	63247	64247	68147	63647
450048	**SW**	A	*SW*	NT	63248	64248	68148	63648
450049	**SD**	A	*SW*	NT	63249	64249	68149	63649
450050	**SD**	A	*SW*	NT	63250	64250	68150	63650
450051	**SD**	A	*SW*	NT	63251	64251	68151	63651

450 052	**SW**	A	*SW*	NT	63252	64252	68152	63652
450 053	**SW**	A	*SW*	NT	63253	64253	68153	63653
450 054	**SD**	A	*SW*	NT	63254	64254	68154	63654
450 055	**SW**	A	*SW*	NT	63255	64255	68155	63655
450 056	**SW**	A	*SW*	NT	63256	64256	68156	63656
450 057	**SW**	A	*SW*	NT	63257	64257	68157	63657
450 058	**SD**	A	*SW*	NT	63258	64258	68158	63658
450 059	**SD**	A	*SW*	NT	63259	64259	68159	63659
450 060	**SD**	A	*SW*	NT	63260	64260	68160	63660
450 061	**SW**	A	*SW*	NT	63261	64261	68161	63661
450 062	**SD**	A	*SW*	NT	63262	64262	68162	63662
450 063	**SW**	A	*SW*	NT	63263	64263	68163	63663
450 064	**SD**	A	*SW*	NT	63264	64264	68164	63664
450 065	**SD**	A	*SW*	NT	63265	64265	68165	63665
450 066	**SW**	A	*SW*	NT	63266	64266	68166	63666
450 067	**AL**	A	*SW*	NT	63267	64267	68167	63667
450 068	**SD**	A	*SW*	NT	63268	64268	68168	63668
450 069	**SD**	A	*SW*	NT	63269	64269	68169	63669
450 070	**SD**	A	*SW*	NT	63270	64270	68170	63670
450 071	**SD**	A	*SW*	NT	63271	64271	68171	63671
450 072	**SD**	A	*SW*	NT	63272	64272	68172	63672
450 073	**SD**	A	*SW*	NT	63273	64273	68173	63673
450 074	**SD**	A	*SW*	NT	63274	64274	68174	63674
450 075	**SD**	A	*SW*	NT	63275	64275	68175	63675
450 076	**SD**	A	*SW*	NT	63276	64276	68176	63676
450 077	**SD**	A	*SW*	NT	63277	64277	68177	63677
450 078	**SD**	A	*SW*	NT	63278	64278	68178	63678
450 079	**SD**	A	*SW*	NT	63279	64279	68179	63679
450 080	**SD**	A	*SW*	NT	63280	64280	68180	63680
450 081	**SW**	A	*SW*	NT	63281	64281	68181	63681
450 082	**SD**	A	*SW*	NT	63282	64282	68182	63682
450 083	**SD**	A	*SW*	NT	63283	64283	68183	63683
450 084	**SD**	A	*SW*	NT	63284	64284	68184	63684
450 085	**SD**	A	*SW*	NT	63285	64285	68185	63685
450 086	**SD**	A	*SW*	NT	63286	64286	68186	63686
450 087	**SD**	A	*SW*	NT	63287	64287	68187	63687
450 088	**SD**	A	*SW*	NT	63288	64288	68188	63688
450 089	**SW**	A	*SW*	NT	63289	64289	68189	63689
450 090	**SD**	A	*SW*	NT	63290	64290	68190	63690
450 091	**SD**	A	*SW*	NT	63291	64291	68191	63691
450 092	**SD**	A	*SW*	NT	63292	64292	68192	63692
450 093	**SD**	A	*SW*	NT	63293	64293	68193	63693
450 094	**SD**	A	*SW*	NT	63294	64294	68194	63694
450 095	**SD**	A	*SW*	NT	63295	64295	68195	63695
450 096	**SW**	A	*SW*	NT	63296	64296	68196	63696
450 097	**SD**	A	*SW*	NT	63297	64297	68197	63697
450 098	**SD**	A	*SW*	NT	63298	64298	68198	63698
450 099	**SD**	A	*SW*	NT	63299	64299	68199	63699
450 100	**SD**	A	*SW*	NT	63300	64300	68200	63700
450 101	**SW**	A	*SW*	NT	63701	66851	66801	63751
450 102	**SD**	A	*SW*	NT	63702	66852	66802	63752

450 103	**SD**	A	*SW*	NT	63703	66853	66803	63753
450 104	**SD**	A	*SW*	NT	63704	66854	66804	63754
450 105	**SD**	A	*SW*	NT	63705	66855	66805	63755
450 106	**SW**	A	*SW*	NT	63706	66856	66806	63756
450 107	**SW**	A	*SW*	NT	63707	66857	66807	63757
450 108	**SW**	A	*SW*	NT	63708	66858	66808	63758
450 109	**SD**	A	*SW*	NT	63709	66859	66809	63759
450 110	**SD**	A	*SW*	NT	63710	66860	66810	63760
450 111	**SW**	A	*SW*	NT	63921	66901	66921	63901
450 112	**SD**	A	*SW*	NT	63922	66902	66922	63902
450 113	**SW**	A	*SW*	NT	63923	66903	66923	63903
450 114	**SD**	A	*SW*	NT	63924	66904	66924	63904
450 115	**SD**	A	*SW*	NT	63925	66905	66925	63905
450 116	**SD**	A	*SW*	NT	63926	66906	66926	63906
450 117	**SD**	A	*SW*	NT	63927	66907	66927	63907
450 118	**SD**	A	*SW*	NT	63928	66908	66928	63908
450 119	**SW**	A	*SW*	NT	63929	66909	66929	63909
450 120	**SD**	A	*SW*	NT	63930	66910	66930	63910
450 121	**SD**	A	*SW*	NT	63931	66911	66931	63911
450 122	**SW**	A	*SW*	NT	63932	66912	66932	63912
450 123	**SW**	A	*SW*	NT	63933	66913	66933	63913
450 124	**SD**	A	*SW*	NT	63934	66914	66934	63914
450 125	**SD**	A	*SW*	NT	63935	66915	66935	63915
450 126	**SW**	A	*SW*	NT	63936	66916	66936	63916
450 127	**SW**	A	*SW*	NT	63937	66917	66937	63917

Names (carried on DMSO(B)):

450 015 DESIRO
450 042 TRELOAR COLLEGE
450 114 FAIRBRIDGE investing in the future
450 127 DAVE GUNSON

CLASS 455 BREL YORK

Inner suburban units. During 2016–17 the South Western Railway fleet was fitted with new AC traction motors by Vossloh Kiepe.

Formation: DTS–MS–TS–DTS.
Construction: Steel. Class 455/7 TS have a steel underframe and an aluminium alloy body and roof.
Traction Motors: Four GEC507-20J of 185 kW, some recovered from Class 405s (* Four TSA010163 AC motors of 240 kW).
Wheel Arrangement: 2-2 + Bo-Bo + 2-2 + 2-2.
Braking: Disc (* and regenerative). **Dimensions:** 19.92/19.83 x 2.82 m.
Bogies: P7 (motor) and T3 (455/8 & 455/9) BX1 (455/7) trailer.
Gangways: Within unit + end doors (sealed on Southern units).
Couplers: Tightlock. **Maximum Speed:** 75 mph.
Control System: 1982-type, camshaft (* IGBT Inverter).
Doors: Sliding. **Heating & Ventilation:** Various.
Seating Layout: All units refurbished. SWR units: 2+2 high-back unidirectional/facing seating. Southern units: 3+2 high back mainly facing seating.
Multiple Working: Within class and with Class 456.

5701–5750

Class 455/7. South Western Railway units. Second series with TSs originally in Class 508s. Pressure heating & ventilation.

DTS. Lot No. 30976 1984–85. –/50(+4) 1W. 30.8t.
MS. Lot No. 30975 1984–85. –/68. 45.7t.
TS. Lot No. 30944 1979–80. –/68. 26.1t.

5701	*	**SS**	P	*SW*	WD	77727	62783	71545	77728
5702	*	**SS**	P	*SW*	WD	77729	62784	71547	77730
5703	*	**SS**	P	*SW*	WD	77731	62785	71540	77732
5704	*	**SS**	P		WD	77733	62786	71548	77734
5705	*	**SS**	P	*SW*	WD	77735	62787	71565	77736
5706	*	**SS**	P	*SW*	WD	77737	62788	71534	77738
5707	*	**SS**	P	*SW*	WD	77739	62789	71536	77740
5708	*	**SS**	P	*SW*	WD	77741	62790	71560	77742
5709	*	**SS**	P	*SW*	WD	77743	62791	71532	77744
5710	*	**SS**	P	*SW*	WD	77745	62792	71566	77746
5711	*	**SS**	P	*SW*	WD	77747	62793	71542	77748
5712	*	**SS**	P	*SW*	WD	77749	62794	71546	77750
5713	*	**SS**	P	*SW*	WD	77751	62795	71567	77752
5714	*	**SS**	P	*SW*	WD	77753	62796	71539	77754
5715	*	**SS**	P	*SW*	WD	77755	62797	71535	77756
5716	*	**SS**	P	*SW*	WD	77757	62798	71564	77758
5717	*	**SS**	P	*SW*	WD	77759	62799	71528	77760
5718	*	**SS**	P	*SW*	WD	77761	62800	71557	77762
5719	*	**SS**	P	*SW*	WD	77763	62801	71558	77764
5720	*	**SS**	P	*SW*	WD	77765	62802	71568	77766
5721	*	**SS**	P	*SW*	WD	77767	62803	71553	77768
5722	*	**SS**	P	*SW*	WD	77769	62804	71533	77770
5723	*	**SS**	P	*SW*	WD	77771	62805	71526	77772
5724	*	**SS**	P	*SW*	WD	77773	62806	71561	77774
5725	*	**SS**	P	*SW*	WD	77775	62807	71541	77776
5726	*	**SS**	P		LM	77777	62808	71556	77778
5727	*	**SS**	P	*SW*	WD	77779	62809	71562	77780
5728	*	**SS**	P	*SW*	WD	77781	62810	71527	77782
5729	*	**SS**	P	*SW*	WD	77783	62811	71550	77784
5730	*	**SS**	P	*SW*	WD	77785	62812	71551	77786
5731	*	**SS**	P	*SW*	WD	77787	62813	71555	77788
5732	*	**SS**	P	*SW*	WD	77789	62814	71552	77790
5733	*	**SS**	P	*SW*	WD	77791	62815	71549	77792
5734	*	**SS**	P	*SW*	WD	77793	62816	71531	77794
5735	*	**SS**	P	*SW*	WD	77795	62817	71563	77796
5736	*	**SS**	P		WD	77797	62818	71554	77798
5737	*	**SS**	P	*SW*	WD	77799	62819	71544	77800
5738	*	**SS**	P	*SW*	WD	77801	62820	71529	77802
5739	*	**SS**	P	*SW*	WD	77803	62821	71537	77804
5740	*	**SS**	P	*SW*	WD	77805	62822	71530	77806
5741	*	**SS**	P	*SW*	WD	77807	62823	71559	77808
5742	*	**SS**	P	*SW*	WD	77809	62824	71543	77810
5750	*	**SS**	P	*SW*	WD	77811	62825	71538	77812

330 455801–455844

Class 455/8. Southern units. First series. Pressure heating & ventilation. Fitted with in-cab air conditioning systems meaning that the end door has been sealed.

DTS. Lot No. 30972 York 1982–84. –/74. 33.6 t.
MS. Lot No. 30973 York 1982–84. –/84. 45.6 t.
TS. Lot No. 30974 York 1982–84. –/75(+3) 2W. 34.0 t.

455801	**SN**	E	*SN*	SL	77627	62709	71657	77580
455802	**SN**	E	*SN*	SL	77581	62710	71664	77582
455803	**SN**	E	*SN*	SL	77583	62711	71639	77584
455804	**SN**	E	*SN*	SL	77585	62712	71640	77586
455805	**SN**	E	*SN*	SL	77587	62713	71641	77588
455806	**SN**	E	*SN*	SL	77589	62714	71642	77590
455807	**SN**	E	*SN*	SL	77591	62715	71643	77592
455808	**SN**	E	*SN*	SL	77637	62716	71644	77594
455809	**SN**	E	*SN*	SL	77623	62717	71648	77602
455810	**SN**	E	*SN*	SL	77597	62718	71646	77598
455811	**SN**	E	*SN*	SL	77599	62719	71647	77600
455812	**SN**	E	*SN*	SL	77595	62720	71645	77626
455813	**SN**	E	*SN*	SL	77603	62721	71649	77604
455814	**SN**	E	*SN*	SL	77605	62722	71650	77606
455815	**SN**	E	*SN*	SL	77607	62723	71651	77608
455816	**SN**	E	*SN*	SL	77609	62724	71652	77633
455817	**SN**	E	*SN*	SL	77611	62725	71653	77612
455818	**SN**	E	*SN*	SL	77613	62726	71654	77632
455819	**SN**	E	*SN*	SL	77615	62727	71637	77616
455820	**SN**	E	*SN*	SL	77617	62728	71656	77618
455821	**SN**	E	*SN*	SL	77619	62729	71655	77620
455822	**SN**	E	*SN*	SL	77621	62730	71658	77622
455823	**SN**	E	*SN*	SL	77601	62731	71659	77596
455824	**SN**	E	*SN*	SL	77593	62732	71660	77624
455825	**SN**	E	*SN*	SL	77579	62733	71661	77628
455826	**SN**	E	*SN*	SL	77630	62734	71662	77629
455827	**SN**	E	*SN*	SL	77610	62735	71663	77614
455828	**SN**	E	*SN*	SL	77631	62736	71638	77634
455829	**SN**	E	*SN*	SL	77635	62737	71665	77636
455830	**SN**	E	*SN*	SL	77625	62743	71666	77638
455831	**SN**	E	*SN*	SL	77639	62739	71667	77640
455832	**SN**	E	*SN*	SL	77641	62740	71668	77642
455833	**SN**	E	*SN*	SL	77643	62741	71669	77644
455834	**SN**	E	*SN*	SL	77645	62742	71670	77646
455835	**SN**	E	*SN*	SL	77647	62738	71671	77648
455836	**SN**	E	*SN*	SL	77649	62744	71672	77650
455837	**SN**	E	*SN*	SL	77651	62745	71673	77652
455838	**SN**	E	*SN*	SL	77653	62746	71674	77654
455839	**SN**	E	*SN*	SL	77655	62747	71675	77656
455840	**SN**	E	*SN*	SL	77657	62748	71676	77658
455841	**SN**	E	*SN*	SL	77659	62749	71677	77660
455842	**SN**	E	*SN*	SL	77661	62750	71678	77662
455843	**SN**	E	*SN*	SL	77663	62751	71679	77664
455844	**SN**	E	*SN*	SL	77665	62752	71680	77666

455 845	**SN**	E	*SN*	SL	77667	62753	71681	77668
455 846	**SN**	E	*SN*	SL	77669	62754	71682	77670

Class 455/8. South Western Railway units. First series. Pressure heating & ventilation.

DTS. Lot No. 30972 York 1982–84. –50(+4) 1W. 29.5 t.
MS. Lot No. 30973 York 1982–84. –/68. 45.6 t.
TS. Lot No. 30974 York 1982–84. –/68. 27.1 t.

5847	*	**SS**	P		LM	77671	62755	71683	77672
5848	*	**SS**	P	*SW*	WD	77673	62756	71684	77674
5849	*	**SS**	P	*SW*	WD	77675	62757	71685	77676
5850	*	**SS**	P	*SW*	WD	77677	62758	71686	77678
5851	*	**SS**	P	*SW*	WD	77679	62759	71687	77680
5852	*	**SS**	P	*SW*	WD	77681	62760	71688	77682
5853	*	**SS**	P	*SW*	WD	77683	62761	71689	77684
5854	*	**SS**	P	*SW*	WD	77685	62762	71690	77686
5855	*	**SS**	P		WD	77687	62763	71691	77688
5856	*	**SS**	P	*SW*	WD	77689	62764	71692	77690
5857	*	**SS**	P	*SW*	WD	77691	62765	71693	77692
5858	*	**SS**	P	*SW*	WD	77693	62766	71694	77694
5859	*	**SS**	P	*SW*	WD	77695	62767	71695	77696
5860	*	**SS**	P	*SW*	WD	77697	62768	71696	77698
5861	*	**SS**	P	*SW*	WD	77699	62769	71697	77700
5862	*	**SS**	P	*SW*	WD	77701	62770	71698	77702
5863	*	**SS**	P	*SW*	WD	77703	62771	71699	77704
5864	*	**SS**	P	*SW*	WD	77705	62772	71700	77706
5865	*	**SS**	P	*SW*	WD	77707	62773	71701	77708
5866	*	**SS**	P	*SW*	WD	77709	62774	71702	77710
5867	*	**SS**	P	*SW*	WD	77711	62775	71703	77712
5868	*	**SS**	P	*SW*	WD	77713	62776	71704	77714
5869	*	**SS**	P	*SW*	WD	77715	62777	71705	77716
5870	*	**SS**	P	*SW*	WD	77717	62778	71706	77718
5871	*	**SS**	P	*SW*	WD	77719	62779	71707	77720
5872	*	**SS**	P	*SW*	WD	77721	62780	71708	77722
5873	*	**SS**	P	*SW*	WD	77723	62781	71709	77724
5874	*	**SS**	P	*SW*	WD	77725	62782	71710	77726

Class 455/9. South Western Railway units. Third series. Convection heating.
Dimensions: 19.96/20.18 × 2.82 m.

67301 and 67400 were converted from Class 210 DEMU vehicles to replace accident damaged cars.

DTS. Lot No. 30991 York 1985. –/50(+4) 1W. 30.7 t.
MS. Lot No. 30992 York 1985. –/68. 46.3 t.
MS 67301. Lot No. 30932 Derby 1981. –/68.   t.
TS. Lot No. 30993 York 1985. –/68. 28.3 t.
TS 67400. Lot No. 30932 Derby 1981. –/68. 26.5 t.

5901	*	**SS**	P	*SW*	WD	77813	62826	71714	77814
5902	*	**SS**	P	*SW*	WD	77815	62827	71715	77816
5903	*	**SS**	P	*SW*	WD	77817	62828	71716	77818
5904	*	**SS**	P	*SW*	WD	77819	62829	71717	77820

5905	*	**SS**	P	*SW*	WD	77821	62830	71725	77822
5906	*	**SS**	P	*SW*	WD	77823	62831	71719	77824
5907	*	**SS**	P	*SW*	WD	77825	62832	71720	77826
5908	*	**SS**	P	*SW*	WD	77827	62833	71721	77828
5909	*	**SS**	P	*SW*	WD	77829	62834	71722	77830
5910	*	**SS**	P	*SW*	WD	77831	62835	71723	77832
5911	*	**SS**	P	*SW*	WD	77833	62836	71724	77834
5912	*	**SS**	P	*SW*	WD	77835	62837	67400	77836
5913	*	**SS**	P	*SW*	WD	77837	67301	71726	77838
5914	*	**SS**	P	*SW*	WD	77839	62839	71727	77840
5915	*	**SS**	P	*SW*	WD	77841	62840	71728	77842
5916	*	**SS**	P	*SW*	WD	77843	62841	71729	77844
5917	*	**SS**	P	*SW*	WD	77845	62842	71730	77846
5918	*	**SS**	P	*SW*	WD	77847	62843	71732	77848
5919	*	**SS**	P	*SW*	WD	77849	62844	71718	77850
5920	*	**SS**	P	*SW*	WD	77851	62845	71733	77852

CLASS 456 BREL YORK

Inner suburban units previously operated by Southern, but now operated by South Western Railway. Due for withdrawal during early 2022.

Formation: DMS–DTS.
Construction: Steel underframe, aluminium alloy body & roof.
Traction Motors: Two GEC507-21J of 185 kW, some recovered from Class 405s.
Wheel Arrangement: 2-Bo + 2-2. **Dimensions:** 20.61 x 2.82 m.
Braking: Disc. **Couplers:** Tightlock.
Bogies: P7 (motor) and T3 (trailer). **Control System:** GTO Chopper.
Gangways: Within unit. **Maximum Speed:** 75 mph.
Doors: Sliding.
Seating Layout: 2+2 facing/unidirectional.
Heating & Ventilation: Convection heating.
Multiple Working: Within class and with Class 455.

DMS. Lot No. 31073 1990–91. –/60. 43.3 t.
DTS. Lot No. 31074 1990–91. –/54(+5) 2W. 32.3 t.

456 001		**SS**	P	*SW*	WD	64735 78250
456 002		**SS**	P	*SW*	WD	64736 78251
456 003		**SS**	P	*SW*	WD	64737 78252
456 004		**SS**	P	*SW*	WD	64738 78253
456 005		**SS**	P	*SW*	WD	64739 78254
456 006		**SS**	P	*SW*	WD	64740 78255
456 007		**SS**	P	*SW*	WD	64741 78256
456 008		**SS**	P	*SW*	WD	64742 78257
456 009		**SS**	P	*SW*	WD	64743 78258
456 010		**SS**	P	*SW*	WD	64744 78259
456 011		**SS**	P	*SW*	WD	64745 78260
456 012		**SS**	P	*SW*	WD	64746 78261
456 013		**SS**	P	*SW*	WD	64747 78262
456 014		**SS**	P	*SW*	WD	64748 78263
456 015		**SS**	P	*SW*	WD	64749 78264

456016	**SS**	P	*SW*	WD	64750	78265
456017	**SS**	P	*SW*	WD	64751	78266
456018	**SS**	P	*SW*	WD	64752	78267
456019	**SS**	P	*SW*	WD	64753	78268
456020	**SS**	P	*SW*	WD	64754	78269
456021	**SS**	P	*SW*	WD	64755	78270
456022	**SS**	P	*SW*	WD	64756	78271
456023	**SS**	P	*SW*	WD	64757	78272
456024	**SS**	P	*SW*	WD	64758	78273

CLASS 458   JUNIPER   ALSTOM BIRMINGHAM

Outer suburban units. In 2013–16 the fleet of 30 4-car Class 458 units and the former Gatwick Express eight 8-car Class 460 units was combined to form a fleet of 36 5-car Standard Class only Class 458/5s. Former Class 460 driving cars 67901/903/907/908 were not included in this programme and were scrapped. After lengthening each unit was renumbered into the 458 5xx series. All individual vehicles retained their original numbers.

Longer-term South Western Railway intends to retain 28 units (458 501–528) which will be reformed back as 4-car sets.

Formation: DMC–TS*–TS–MS–DMC (* ex-Class 460 in 458 501–530).
Construction: Steel. **Dimensions:** 21.16 or 21.06 x 2.80 m.
Traction Motors: Two Alstom ONIX 800 asynchronous of 270 kW.
Wheel Arrangement: 2-Bo + 2-2 + 2-2 + Bo-2 + Bo-2.
Braking: Disc & regenerative. **Control System:** IGBT Inverter.
Bogies: ACR. **Doors:** Sliding plug.
Gangways: Throughout. **Couplers:** Voith 136.
Maximum Speed: 75 mph.
Heating & Ventilation: Air conditioning. **Multiple Working:** Within class.
Seating Layout: 2+2 facing/unidirectional.

DMC(A). Alstom 1998–2000. –/60. 45.7 t.
TS. Alstom 1998–99. 458 501–530 –/56; 458 531–536 –/52 1T. 34.4 t.
TS. Alstom 1998–2000. –/42 1TD 2W. 34.1 t.
MS. Alstom 1998–2000. 458 501–530 –56 1T; 458 531–536 –/56. 40.1 t.
DMC(B). Alstom 1998–2000. –/60. 44.9 t.

458501	**SD**	P	*SW*	WD	67601	74431	74001	74101	67701
458502	**SD**	P	*SW*	WD	67602	74421	74002	74102	67702
458503	**SD**	P	*SW*	WD	67603	74441	74003	74103	67703
458504	**SD**	P	*SW*	WD	67604	74451	74004	74104	67704
458505	**SD**	P	*SW*	WD	67605	74425	74005	74105	67705
458506	**SD**	P	*SW*	WD	67606	74436	74006	74106	67706
458507	**SD**	P	*SW*	WD	67607	74428	74007	74107	67707
458508	**SD**	P	*SW*	WD	67608	74433	74008	74108	67708
458509	**SD**	P	*SW*	WD	67609	74452	74009	74109	67709
458510	**SD**	P	*SW*	WD	67610	74405	74010	74110	67710
458511	**SD**	P	*SW*	WD	67611	74435	74011	74111	67711
458512	**SD**	P	*SW*	WD	67612	74427	74012	74112	67712
458513	**SD**	P	*SW*	WD	67613	74437	74013	74113	67713

458514	**SD**	P	*SW*	WD	67614	74407	74014	74114	67714
458515	**SD**	P	*SW*	WD	67615	74404	74015	74115	67715
458516	**SD**	P	*SW*	WD	67616	74406	74016	74116	67716
458517	**SD**	P	*SW*	WD	67617	74426	74017	74117	67717
458518	**SD**	P	*SW*	WD	67618	74432	74018	74118	67718
458519	**SD**	P	*SW*	WD	67619	74403	74019	74119	67719
458520	**SD**	P	*SW*	WD	67620	74401	74020	74120	67720
458521	**SD**	P	*SW*	WD	67621	74438	74021	74121	67721
458522	**SD**	P	*SW*	WD	67622	74424	74022	74122	67722
458523	**SD**	P	*SW*	WD	67623	74434	74023	74123	67723
458524	**SD**	P	*SW*	WD	67624	74402	74024	74124	67724
458525	**SD**	P	*SW*	WD	67625	74422	74025	74125	67725
458526	**SD**	P	*SW*	WD	67626	74442	74026	74126	67726
458527	**SD**	P	*SW*	WD	67627	74412	74027	74127	67727
458528	**SD**	P	*SW*	WD	67628	74408	74028	74128	67728
458529	**SD**	P	*SW*	WD	67629	74423	74029	74129	67729
458530	**SD**	P	*SW*	WD	67630	74411	74030	74130	67730

The following units were converted entirely from Class 460s.

458531	**SD**	P	*SW*	WD	67913	74418	74446	74458	67912
458532	**SD**	P	*SW*	WD	67904	74417	74447	74457	67905
458533	**SD**	P	*SW*	WD	67917	74413	74443	74453	67916
458534	**SD**	P	*SW*	WD	67914	74414	74444	74454	67918
458535	**SD**	P	*SW*	WD	67915	74415	74445	74455	67911
458536	**SD**	P	*SW*	WD	67906	74416	74448	74456	67902

CLASS 465 NETWORKER

Inner and outer suburban units.

Formation: DMS–TS–TS–DMS.
Construction: Welded aluminium alloy.
Traction Motors: Four Hitachi asynchronous of 280 kW (Classes 465/0 and 465/1) or Four GEC-Alsthom G352BY of 280 kW (Classes 465/2 and 465/9).
Wheel Arrangement: Bo-Bo + 2-2 + 2-2 + Bo-Bo.
Braking: Disc & rheostatic and regenerative (Classes 465/0 and 465/1 only).
Bogies: BREL P3/T3 (465/0 and 465/1), SRP BP62/BT52 (465/2 and 465/9).
Dimensions: 20.89/20.06 x 2.81 m.
Control System: IGBT Inverter (465/1 and 465/1) or 1992-type GTO Inverter.
Gangways: Within unit. **Couplers:** Tightlock.
Doors: Sliding plug. **Maximum Speed:** 75 mph.
Seating Layout: 3+2 facing/unidirectional.
Multiple Working: Within class and with Class 466.

64759–808. DMS(A). Lot No. 31100 BREL York 1991–93. –/86. 39.2 t.
64809–858. DMS(B). Lot No. 31100 BREL York 1991–93. –/86. 39.2 t.
65734–749. DMS(A). Lot No. 31103 Metro-Cammell 1991–93. –/86. 39.2 t.
65784–799. DMS(B). Lot No. 31103 Metro-Cammell 1991–93. –/86. 39.2 t.
65800–846. DMS(A). Lot No. 31130 ABB York 1993–94. –/86. 39.2 t.
65847–893. DMS(B). Lot No. 31130 ABB York 1993–94. –/86. 39.2 t.
72028–126 (even nos.) TS. Lot No. 31102 BREL York 1991–93. –/90. 27.2 t.
72029–127 (odd nos.) TS. Lot No. 31101 BREL York 1991–93. –/65(+7) 1TD 2W. 29.6 t.

72787–817 (odd nos.) TS. Lot No. 31104 Metro-Cammell 1991–92. –/65(+7) 1TD 2W. 30.2 t.
72788–818 (even nos.) TS. Lot No. 31105 Metro-Cammell 1991–92. –/90. 29.4 t.
72900–992 (even nos.) TS. Lot No. 31102 ABB York 1993–94. –/90. 27.2 t.
72901–993 (odd nos.) TS. Lot No. 31101 ABB York 1993–94. –/65(+7) 1TD 2W. 29.6 t.

Class 465/0. Built by BREL/ABB.

465 001	**SE**	E	*SE*	SG	64759	72028	72029	64809
465 002	**SE**	E	*SE*	SG	64760	72030	72031	64810
465 003	**SE**	E	*SE*	SG	64761	72032	72033	64811
465 004	**SE**	E	*SE*	SG	64762	72034	72035	64812
465 005	**SE**	E	*SE*	SG	64763	72036	72037	64813
465 006	**SE**	E	*SE*	SG	64764	72038	72039	64814
465 007	**SE**	E	*SE*	SG	64765	72040	72041	64815
465 008	**SE**	E	*SE*	SG	64766	72042	72043	64816
465 009	**SE**	E	*SE*	SG	64767	72044	72045	64817
465 010	**SE**	E	*SE*	SG	64768	72046	72047	64818
465 011	**SE**	E	*SE*	SG	64769	72048	72049	64819
465 012	**SE**	E	*SE*	SG	64770	72050	72051	64820
465 013	**SE**	E	*SE*	SG	64771	72052	72053	64821
465 014	**SE**	E	*SE*	SG	64772	72054	72055	64822
465 015	**SE**	E	*SE*	SG	64773	72056	72057	64823
465 016	**SE**	E	*SE*	SG	64774	72058	72059	64824
465 017	**SE**	E	*SE*	SG	64775	72060	72061	64825
465 018	**SE**	E	*SE*	SG	64776	72062	72063	64826
465 019	**SE**	E	*SE*	SG	64777	72064	72065	64827
465 020	**SE**	E	*SE*	SG	64778	72066	72067	64828
465 021	**SE**	E	*SE*	SG	64779	72068	72069	64829
465 022	**SE**	E	*SE*	SG	64780	72070	72071	64830
465 023	**SE**	E	*SE*	SG	64781	72072	72073	64831
465 024	**SE**	E	*SE*	SG	64782	72074	72075	64832
465 025	**SE**	E	*SE*	SG	64783	72076	72077	64833
465 026	**SE**	E	*SE*	SG	64784	72078	72079	64834
465 027	**SE**	E	*SE*	SG	64785	72080	72081	64835
465 028	**SE**	E	*SE*	SG	64786	72082	72083	64836
465 029	**SE**	E	*SE*	SG	64787	72084	72085	64837
465 030	**SE**	E	*SE*	SG	64788	72086	72087	64838
465 031	**SE**	E	*SE*	SG	64789	72088	72089	64839
465 032	**SE**	E	*SE*	SG	64790	72090	72091	64840
465 033	**SE**	E	*SE*	SG	64791	72092	72093	64841
465 034	**SE**	E	*SE*	SG	64792	72094	72095	64842
465 035	**SE**	E	*SE*	SG	64793	72096	72097	64843
465 036	**SE**	E	*SE*	SG	64794	72098	72099	64844
465 037	**SE**	E	*SE*	SG	64795	72100	72101	64845
465 038	**SE**	E	*SE*	SG	64796	72102	72103	64846
465 039	**SE**	E	*SE*	SG	64797	72104	72105	64847
465 040	**SE**	E	*SE*	SG	64798	72106	72107	64848
465 041	**SE**	E	*SE*	SG	64799	72108	72109	64849
465 042	**SE**	E	*SE*	SG	64800	72110	72111	64850
465 043	**SE**	E	*SE*	SG	64801	72112	72113	64851
465 044	**SE**	E	*SE*	SG	64802	72114	72115	64852

465 045	**SE**	E	*SE*	SG	64803	72116	72117	64853
465 046	**SE**	E	*SE*	SG	64804	72118	72119	64854
465 047	**SE**	E	*SE*	SG	64805	72120	72121	64855
465 048	**SE**	E	*SE*	SG	64806	72122	72123	64856
465 049	**SE**	E	*SE*	SG	64807	72124	72125	64857
465 050	**SE**	E	*SE*	SG	64808	72126	72127	64858

Class 465/1. Built by BREL/ABB. Similar to Class 465/0 but with detail differences.

465 151	**SE**	E	*SE*	SG	65800	72900	72901	65847
465 152	**SE**	E	*SE*	SG	65801	72902	72903	65848
465 153	**SE**	E	*SE*	SG	65802	72904	72905	65849
465 154	**SE**	E	*SE*	SG	65803	72906	72907	65850
465 155	**SE**	E	*SE*	SG	65804	72908	72909	65851
465 156	**SE**	E	*SE*	SG	65805	72910	72911	65852
465 157	**SE**	E	*SE*	SG	65806	72912	72913	65853
465 158	**SE**	E	*SE*	SG	65807	72914	72915	65854
465 159	**SE**	E	*SE*	SG	65808	72916	72917	65855
465 160	**SE**	E	*SE*	SG	65809	72918	72919	65856
465 161	**SE**	E	*SE*	SG	65810	72920	72921	65857
465 162	**SE**	E	*SE*	SG	65811	72922	72923	65858
465 163	**SE**	E	*SE*	SG	65812	72924	72925	65859
465 164	**SE**	E	*SE*	SG	65813	72926	72927	65860
465 165	**SE**	E	*SE*	SG	65814	72928	72929	65861
465 166	**SE**	E	*SE*	SG	65815	72930	72931	65862
465 167	**SE**	E	*SE*	SG	65816	72932	72933	65863
465 168	**SE**	E	*SE*	SG	65817	72934	72935	65864
465 169	**SE**	E	*SE*	SG	65818	72936	72937	65865
465 170	**SE**	E	*SE*	SG	65819	72938	72939	65866
465 171	**SE**	E	*SE*	SG	65820	72940	72941	65867
465 172	**SE**	E	*SE*	SG	65821	72942	72943	65868
465 173	**SE**	E	*SE*	SG	65822	72944	72945	65869
465 174	**SE**	E	*SE*	SG	65823	72946	72947	65870
465 175	**SE**	E	*SE*	SG	65824	72948	72949	65871
465 176	**SE**	E	*SE*	SG	65825	72950	72951	65872
465 177	**SE**	E	*SE*	SG	65826	72952	72953	65873
465 178	**SE**	E	*SE*	SG	65827	72954	72955	65874
465 179	**SE**	E	*SE*	SG	65828	72956	72957	65875
465 180	**SE**	E	*SE*	SG	65829	72958	72959	65876
465 181	**SE**	E	*SE*	SG	65830	72960	72961	65877
465 182	**SE**	E	*SE*	SG	65831	72962	72963	65878
465 183	**SE**	E	*SE*	SG	65832	72964	72965	65879
465 184	**SE**	E	*SE*	SG	65833	72966	72967	65880
465 185	**SE**	E	*SE*	SG	65834	72968	72969	65881
465 186	**SE**	E	*SE*	SG	65835	72970	72971	65882
465 187	**SE**	E	*SE*	SG	65836	72972	72973	65883
465 188	**SE**	E	*SE*	SG	65837	72974	72975	65884
465 189	**SE**	E	*SE*	SG	65838	72976	72977	65885
465 190	**SE**	E	*SE*	SG	65839	72978	72979	65886
465 191	**SE**	E	*SE*	SG	65840	72980	72981	65887
465 192	**SE**	E	*SE*	SG	65841	72982	72983	65888
465 193	**SE**	E	*SE*	SG	65842	72984	72985	65889

▲ Southern-liveried 313208 leaves Seaford with the 15.28 to Brighton on 14/08/21. **Jamie Squibbs**

▼ ScotRail-liveried 318266 and 318250 arrive at Coatbridge Central with the 17.17 Cumbernauld–Dalmuir on 21/04/21. **Ian Lothian**

▲ New Greater Anglia-liveried 321 317 and 321 426 arrive into Chelmsford with the 17.44 Braintree–London Liverpool Street on 06/08/19. **Robert Pritchard**

▼ Northern-liveried 323 230 leaves Kidsgrove with the 08.57 Stoke-on-Trent–Manchester Piccadilly on 27/05/21. **Cliff Beeton**

▲ Royal Mail-liveried 325 001 leads a 12-car formation south at Abington with 1M44 16.20 Shieldmuir–Warrington mail on 10/08/21. **Andrew Mason**

▼ Northern-liveried 331 008 leaves Wigan North Western with the 11.03 Blackpool North–Liverpool Lime Street on 29/10/19. **Tom McAtee**

▲ Recently augmented from 7-cars to 9-cars, Elizabeth Line unit 345 010 passes Acton Main Line with a London Paddington–Hayes & Harlington service on 15/06/21. **Joul Coulson**

▼ London Northwestern Railway interim-liveried 350 262 and 350 232 pass Slindon, Staffordshire with the 14.46 London Euston–Crewe on 14/09/20.
Andy Chard

▲ Southeastern blue-liveried 375621 passes Redhill with a Tonbridge–London Bridge empty stock working on 27/05/21. **Alex Dasi-Sutton**

▼ ScotRail-liveried 380107 calls at Drem with the 11.41 Edinburgh Waverley–North Berwick on 19/04/21. **Ian Lothian**

▲ ScotRail-liveried 385031+385007 pass Cleghorn with the 12.20 Glasgow Central–Lanark on 24/01/21. **Robin Ralston**

▼ Heathrow Express-liveried 387 133 and 387 131 await departure from London Paddington with the 19.40 to Heathrow Terminal 5 on 21/08/21. **Alan Yearsley**

▲ Avanti West Coast-liveried 390112 arrives at Crewe with the 10.38 Glasgow Central–London Euston on 18/07/21. **Cliff Beeton**

▼ Southeastern blue-liveried 395014 arrives at Westenhanger with the 12.42 London St Pancras–Dover Priory on 05/08/18. **Robert Pritchard**

▲ TransPennine Express 397009 passes Cartland, between Carluke and Craigenhill Summit, with the 12.03 Glasgow Central–Liverpool Lime Street on 18/09/20. **Ian Lothian**

▼ South Western Railway-liveried 450020 brings up the rear of the 09.24 Basingstoke–London Waterloo at Clapham Junction on 18/05/21. **Tony Christie**

▲ In the old South West Trains red livery, 456018, 456023 and 455861 approach Wimbledon with the 09.32 Dorking–London Waterloo on 09/06/21. **Alex Dasi-Sutton**

▼ Southeastern suburban-liveried 465194 leads the 16.32 Dartford–London Victoria into Peckham Rye on 18/05/21. **Tony Christie**

▲ Merseyrail-liveried 508 130 arrives at Birkenhead North with the 11.59 West Kirby–Liverpool Central on 07/09/21. **Robert Pritchard**

▼ Thameslink-liveried 700 152 passes Hendon with the 13.19 Bedford–Brighton on 18/05/21. **Tony Christie**

▲ South Western Railway-liveried 701014 passes Raynes Park with a 5Q50 Southampton Central–London Waterloo test run on 21/04/21. **Joul Coulson**

▼ London Overground-liveried 710265 passes Walthamstow Wetlands with the 11.05 Gospel Oak–Barking on 18/09/19. **Jamie Squibbs**

▲ Great Northern's 717018 is seen at Welham Green with the 14.28 Welwyn Garden City–Moorgate on 17/07/20. **Jamie Squibbs**

▼ Greater Anglia-liveried 720517 and 720537 run down Belstead Bank with the 08.02 London Liverpool Street–Ipswich on 24/05/21. **Keith Partlow**

▲ West Midlands Railway Aventra 730002 is seen on test at Heamies Farn, near Stafford, with 5Q72 Crewe–Walsall on 02/04/21. **Brad Joyce**

▼ Greater Anglia-liveried 745002 passes Darmsden, south of Needham Market, with the 15.00 Norwich–London Liverpool Street on 16/09/21. **Tony Christie**

▲ Northern-liveried bi-mode unit 769 434 (converted from a Class 319 EMU) arrives at Southport with the 15.51 from Alderley Edge on 07/09/21. **Robert Pritchard**

▼ Due into service in 2022 are the new Merseyrail Class 777s. On 21/07/21 777 010 is seen south of Ainsdale with the 5U06 16.22 Southport–Sandhills mileage accumulation run. **David Jackman**

▲ Great Western Railway-liveried 800 319 passes South Marston, near Swindon, with the 12.30 Bristol Temple Meads–London Paddington on 24/04/21.
Andrew Mist

▼ LNER-liveried Azuma 801 216 passes Eaton Lane, south of Retford, with the 11.01 Edinburgh–London King's Cross on 06/11/20. **Robert Pritchard**

▲ Hull Trains-liveried 802301 passes Creeton, on the ECML between Peterborough and Grantham, with the 17.48 King's Cross–Beverley on 28/08/21. **Ian Beardsley**

▼ Siemens e320 Eurostar 4016/15 passes Westenhanger with the 13.31 London St Pancras–Paris on 05/08/18. **Robert Pritchard**

465 194–465 918

465 194	**SE**	E	*SE*	SG	65843	72986	72987	65890
465 195	**SE**	E	*SE*	SG	65844	72988	72989	65891
465 196	**SE**	E	*SE*	SG	65845	72990	72991	65892
465 197	**SE**	E	*SE*	SG	65846	72992	72993	65893

Class 465/2. Built by Metro-Cammell. **Dimensions:** 20.80/20.15 x 2.81 m.

465 235	**SE**	A		WS	65734	72787	72788	65784
465 236	**SE**	A		WS	65735	72789	72790	65785
465 237	**SE**	A		WS	65736	72791	72792	65786
465 238	**SE**	A		EP	65737	72793	72794	65787
465 239	**SE**	A		WS	65738	72795	72796	65788
465 240	**SE**	A		WS	65739	72797	72798	65789
465 241	**SE**	A		WS	65740	72799	72800	65790
465 242	**SE**	A		WS	65741	72801	72802	65791
465 243	**SE**	A		WS	65742	72803	72804	65792
465 244	**SE**	A		WS	65743	72805	72806	65793
465 245	**SE**	A		WS	65744	72807	72808	65794
465 246	**SE**	A		WS	65745	72809	72810	65795
465 247	**SE**	A		WS	65746	72811	72812	65796
465 248	**SE**	A		WS	65747	72813	72814	65797
465 249	**SE**	A		EP	65748	72815	72816	65798
465 250	**SE**	A		WS	65749	72817	72818	65799

Class 465/9. Built by Metro-Cammell. Refurbished 2005 for longer distance services, with the addition of First Class. Details as Class 465/0 unless stated.

Formation: DMC–TS–TS–DMC.
Seating Layout: 1: 2+2 facing/unidirectional, 2: 3+2 facing/unidirectional.

65700–733. DMC(A). Lot No. 31103 Metro-Cammell 1991–93. 12/68. 39.2t.
72719–785 (odd nos.) TS(A). Lot No. 31104 Metro-Cammell 1991–92. –/65(+7) 1TD 2W. 30.3t.
72720–786 (even nos.) TS(B). Lot No. 31105 Metro-Cammell 1991–92. –/90. 29.5t.
65750–783. DMC(B). Lot No. 31103 Metro-Cammell 1991–93. 12/68. 39.2t.

465 901	(465 201)	**SE**	A	*SE*	SG	65700	72719	72720	65750
465 902	(465 202)	**SE**	A	*SE*	SG	65701	72721	72722	65751
465 903	(465 203)	**SE**	A	*SE*	SG	65702	72723	72724	65752
465 904	(465 204)	**SE**	A	*SE*	SG	65703	72725	72726	65753
465 905	(465 205)	**SE**	A	*SE*	SG	65704	72727	72728	65754
465 906	(465 206)	**SE**	A	*SE*	SG	65705	72729	72730	65755
465 907	(465 207)	**SE**	A	*SE*	SG	65706	72731	72732	65756
465 908	(465 208)	**SE**	A	*SE*	SG	65707	72733	72734	65757
465 909	(465 209)	**SE**	A	*SE*	SG	65708	72735	72736	65758
465 910	(465 210)	**SE**	A	*SE*	SG	65709	72737	72738	65759
465 911	(465 211)	**SE**	A	*SE*	SG	65710	72739	72740	65760
465 912	(465 212)	**SE**	A	*SE*	SG	65711	72741	72742	65761
465 913	(465 213)	**SE**	A	*SE*	SG	65712	72743	72744	65762
465 914	(465 214)	**SE**	A	*SE*	SG	65713	72745	72746	65763
465 915	(465 215)	**SE**	A	*SE*	SG	65714	72747	72748	65764
465 916	(465 216)	**SE**	A	*SE*	SG	65715	72749	72750	65765
465 917	(465 217)	**SE**	A	*SE*	SG	65716	72751	72752	65766
465 918	(465 218)	**SE**	A	*SE*	SG	65717	72753	72754	65767

465919	(465219)	**SE**	A	*SE*	SG	65718	72755	72756	65768
465920	(465220)	**SE**	A	*SE*	SG	65719	72757	72758	65769
465921	(465221)	**SE**	A	*SE*	SG	65720	72759	72760	65770
465922	(465222)	**SE**	A	*SE*	SG	65721	72761	72762	65771
465923	(465223)	**SE**	A	*SE*	SG	65722	72763	72764	65772
465924	(465224)	**SE**	A	*SE*	SG	65723	72765	72766	65773
465925	(465225)	**SE**	A	*SE*	SG	65724	72767	72768	65774
465926	(465226)	**SE**	A	*SE*	SG	65725	72769	72770	65775
465927	(465227)	**SE**	A	*SE*	SG	65726	72771	72772	65776
465928	(465228)	**SE**	A	*SE*	SG	65727	72773	72774	65777
465929	(465229)	**SE**	A	*SE*	SG	65728	72775	72776	65778
465930	(465230)	**SE**	A	*SE*	SG	65729	72777	72778	65779
465931	(465231)	**SE**	A	*SE*	SG	65730	72779	72780	65780
465932	(465232)	**SE**	A	*SE*	SG	65731	72781	72782	65781
465933	(465233)	**SE**	A	*SE*	SG	65732	72783	72784	65782
465934	(465234)	**SE**	A	*SE*	SG	65733	72785	72786	65783

CLASS 466   NETWORKER   GEC-ALSTHOM

Inner and outer suburban units.

Formation: DMS–DTS.
Construction: Welded aluminium alloy.
Traction Motors: Two GEC-Alsthom G352AY asynchronous of 280 kW.
Wheel Arrangement: Bo-Bo + 2-2.   **Couplers:** Tightlock.
Braking: Disc, rheostatic & regen.   **Control System:** 1992-type GTO Inverter.
Dimensions: 20.80 x 2.80 m.   **Maximum Speed:** 75 mph.
Bogies: BREL P3/T3.   **Doors:** Sliding plug.
Gangways: Within unit.
Seating Layout: 3+2 facing/unidirectional.
Multiple Working: Within class and with Class 465.

DMS. Lot No. 31128 Birmingham 1993–94. –/86. 40.6t.
DTS. Lot No. 31129 Birmingham 1993–94. –/82 1T. 31.4t.

466001	**SE**	A	*SE*	SG	64860	78312
466002	**SE**	A	*SE*	SG	64861	78313
466003	**SE**	A	*SE*	SG	64862	78314
466004	**SE**	A		WS	64863	78315
466005	**SE**	A	*SE*	SG	64864	78316
466006	**SE**	A	*SE*	SG	64865	78317
466007	**SE**	A	*SE*	SG	64866	78318
466008	**SE**	A	*SE*	SG	64867	78319
466009	**SE**	A	*SE*	SG	64868	78320
466010	**SE**	A		WS	64869	78321
466011	**SE**	A	*SE*	SG	64870	78322
466012	**SE**	A	*SE*	SG	64871	78323
466013	**SE**	A	*SE*	SG	64872	78324
466014	**SE**	A	*SE*	SG	64873	78325
466015	**SE**	A	*SE*	SG	64874	78326
466016	**SE**	A		WS	64875	78327
466017	**SE**	A	*SE*	SG	64876	78328

466018	**SE**	A	*SE*	SG	64877	78329
466019	**SE**	A	*SE*	SG	64878	78330
466020	**SE**	A	*SE*	SG	64879	78331
466021	**SE**	A	*SE*	SG	64880	78332
466022	**SE**	A	*SE*	SG	64881	78333
466023	**SE**	A	*SE*	SG	64882	78334
466024	**SE**	A		WS	64883	78335
466025	**SE**	A	*SE*	SG	64884	78336
466026	**SE**	A	*SE*	SG	64885	78337
466027	**SE**	A	*SE*	SG	64886	78338
466028	**SE**	A	*SE*	SG	64887	78339
466029	**SE**	A	*SE*	SG	64888	78340
466030	**SE**	A	*SE*	SG	64889	78341
466031	**SE**	A	*SE*	SG	64890	78342
466032	**SE**	A	*SE*	SG	64891	78343
466033	**SE**	A	*SE*	SG	64892	78344
466034	**SE**	A	*SE*	SG	64893	78345
466035	**SE**	A	*SE*	SG	64894	78346
466036	**SE**	A	*SE*	SG	64895	78347
466037	**SE**	A	*SE*	SG	64896	78348
466038	**SE**	A	*SE*	SG	64897	78349
466039	**SE**	A	*SE*	SG	64898	78350
466040	**SE**	A	*SE*	SG	64899	78351
466041	**SE**	A	*SE*	SG	64900	78352
466042	**SE**	A	*SE*	SG	64901	78353
466043	**SE**	A		WS	64902	78354

CLASS 484 D-TRAIN METRO-CAMMELL/VIVARAIL

Rebuilt from former London Underground D78 stock for use by South Western Railway on the Isle of Wight "Island Line". Similar to the converted Class 230 DMUs or diesel-battery units, the Class 484s are straight third-rail EMUs.

Formation: DMS–DMS.
Construction: Aluminium.
Traction motors: TSA AC motors.
Braking: Rheostatic & Dynamic.
Bogies: Bombardier FLEXX1000 flexible-frame.
Gangways: Within unit only.
Doors: Sliding.
Seating Layout: Longitudinal or 2+2 facing.
Multiple Working: Within class.

System: 750 V DC third rail.
Wheel Arrangement:
Couplers: LUL automatic wedgelock.
Dimensions: 18.37 x 2.84 m.
Control System: IGBT Inverter.
Maximum Speed: 60 mph.

DMS(A). Metro-Cammell Birmingham 1979–83. –/40(+2). 32.5 t.
DMS(B). Metro-Cammell Birmingham 1979–83. –/40(+2). 30.4 t.

484001	**SW**	LF	*SW*	RY	131	(7086)	231	(7011)
484002	**SW**	LF	*SW*	RY	132	(7068)	232	(7002)
484003	**SW**	LF	*SW*	RY	133	(7051)	233	(7083)
484004	**SW**	LF	*SW*	RY	134	(7074)	234	(7111)
484005	**SW**	LF	*SW*	RY	135	(7124)	235	(7093)

CLASS 507 — BREL YORK

Formation: BDMS–TS–DMS.
Construction: Steel underframe, aluminium alloy body and roof.
Traction Motors: Four GEC G310AZ of 82.125 kW.
Wheel Arrangement: Bo-Bo + 2-2 + Bo-Bo.
Braking: Disc & rheostatic. **Dimensions:** 20.18 x 2.82 m.
Bogies: BX1. **Couplers:** Tightlock.
Gangways: Within unit + end doors. **Control System:** Camshaft.
Doors: Sliding. **Maximum Speed:** 75 mph.
Seating Layout: All refurbished with 2+2 high-back facing seating.
Multiple Working: Within class and with Class 508.

Fitted with tripcocks for operating on the Merseyrail Wirral Lines.

Advertising livery: 507 002 Liverpool Hope University (white).

BDMS. Lot No. 30906 1978–80. –/56(+3) 1W. 37.0 t.
TS. Lot No. 30907 1978–80. –/74. 25.5 t.
DMS. Lot No. 30908 1978–80. –/56(+3) 1W. 35.5 t.

507 001	**MY**	A	*ME*	BD	64367	71342	64405
507 002	**AL**	A	*ME*	BD	64368	71343	64406
507 003	**MY**	A	*ME*	BD	64369	71344	64407
507 004	**MY**	A	*ME*	BD	64388	71345	64408
507 005	**MY**	A	*ME*	BD	64371	71346	64409
507 007	**MY**	A	*ME*	BD	64373	71348	64411
507 008	**MY**	A	*ME*	BD	64374	71349	64412
507 009	**MY**	A	*ME*	BD	64375	71350	64413
507 010	**MY**	A	*ME*	BD	64376	71351	64414
507 011	**MY**	A	*ME*	BD	64377	71352	64415
507 012	**MY**	A	*ME*	BD	64378	71353	64416
507 013	**MY**	A	*ME*	BD	64379	71354	64417
507 014	**MY**	A	*ME*	BD	64380	71355	64418
507 015	**MY**	A	*ME*	BD	64381	71356	64419
507 016	**MY**	A	*ME*	BD	64382	71357	64420
507 017	**MY**	A	*ME*	BD	64383	71358	64421
507 018	**MY**	A	*ME*	BD	64384	71359	64422
507 019	**MY**	A	*ME*	BD	64385	71360	64423
507 020	**MY**	A	*ME*	BD	64386	71361	64424
507 021	**MY**	A	*ME*	BD	64387	71362	64425
507 023	**MY**	A	*ME*	BD	64389	71364	64427
507 024	**MY**	A	*ME*	BD	64390	71365	64428
507 025	**MY**	A	*ME*	BD	64391	71366	64429
507 026	**MY**	A	*ME*	BD	64392	71367	64430
507 027	**MY**	A	*ME*	BD	64393	71368	64431
507 028	**MY**	A	*ME*	BD	64394	71369	64432
507 029	**MY**	A	*ME*	BD	64395	71370	64433
507 030	**MY**	A	*ME*	BD	64396	71371	64434
507 031	**MY**	A	*ME*	BD	64397	71372	64435
507 032	**MY**	A	*ME*	BD	64398	71373	64436
507 033	**MY**	A	*ME*	BD	64399	71374	64437

Names:

507004	Bob Paisley	507020	John Peel
507008	Harold Wilson	507021	Red Rum
507009	Dixie Dean	507023	Operations Inspector Stuart Mason
507016	Merseyrail – celebrating the first ten years (2003–2013)	507026	Councillor George Howard
		507033	Councillor Jack Spriggs

CLASS 508 BREL YORK

Formation: DMS–TS–BDMS.
Construction: Steel underframe, aluminium alloy body and roof.
Traction Motors: Four GEC G310AZ of 82.125 kW.
Wheel Arrangement: Bo-Bo + 2-2 + Bo-Bo.
Braking: Disc & rheostatic. **Dimensions:** 20.18 x 2.82 m.
Bogies: BX1. **Couplers:** Tightlock.
Gangways: Within unit + end doors. **Control System:** Camshaft.
Doors: Sliding. **Maximum Speed:** 75 mph.
Seating Layout: All refurbished with 2+2 high-back facing seating.
Multiple Working: Within class and with Class 507.

Fitted with tripcocks for operating on the Merseyrail Wirral Lines.

Advertising livery: 508 111 Beatles Story (blue).

DMS. Lot No. 30979 1979–80. –/56(+3) 1W. 36.0 t.
TS. Lot No. 30980 1979–80. –/74. 26.5 t.
BDMS. Lot No. 30981 1979–80. –/56(+3) 1W. 36.5 t.

508 103	**MY**	A	*ME*	BD	64651	71485	64694
508 104	**MY**	A	*ME*	BD	64652	71486	64695
508 108	**MY**	A	*ME*	BD	64656	71490	64699
508 111	**AL**	A	*ME*	BD	64659	71493	64702
508 112	**MY**	A	*ME*	BD	64660	71494	64703
508 114	**MY**	A	*ME*	BD	64662	71496	64705
508 115	**MY**	A	*ME*	BD	64663	71497	64706
508 117	**MY**	A	*ME*	BD	64665	71499	64708
508 120	**MY**	A	*ME*	BD	64668	71502	64711
508 122	**MY**	A	*ME*	BD	64670	71504	64713
508 123	**MY**	A	*ME*	BD	64671	71505	64714
508 124	**MY**	A	*ME*	BD	64672	71506	64715
508 125	**MY**	A	*ME*	BD	64673	71507	64716
508 126	**MY**	A	*ME*	BD	64674	71508	64717
508 127	**MY**	A	*ME*	BD	64675	71509	64718
508 128	**MY**	A	*ME*	BD	64676	71510	64719
508 130	**MY**	A	*ME*	BD	64678	71512	64721
508 131	**MY**	A	*ME*	BD	64679	71513	64722
508 136	**MY**	A	*ME*	BD	64684	71518	64727
508 137	**MY**	A	*ME*	BD	64685	71519	64728
508 138	**MY**	A	*ME*	BD	64686	71520	64729

508 139	**MY**	A	*ME*	BD	64687	71521	64730
508 140	**MY**	A	*ME*	BD	64688	71522	64731
508 141	**MY**	A	*ME*	BD	64689	71523	64732
508 143	**MY**	A	*ME*	BD	64691	71525	64734

Names:

508 111 The Beatles
508 123 William Roscoe

508 136 Wilfred Owen MC

4.3. HYDROGEN EMU

During 2021–22 Arcola Energy is converting the sole remaining former ScotRail Class 314 EMU into a testbed hydrogen train at Bo'ness on the Bo'ness & Kinneil Railway, as part of the Scottish Hydrogen Train Project sponsored by the Scottish Government to demonstrate how existing trains can be converted to operate using hydrogen power. Work on the project is due to be completed by May 2022. To reflect its new identity the unit has been renumbered in the Class 614 series.

All hydrogen equipment has been fitted to the vehicle underframes rather than taking up room in the passenger areas. A fuel cell raft is located in each driving car, comprising a 70 kW Ballard fuel cell and hydrogen cylinders. The DC traction motors have be replaced by magnet motors powered by three-phase AC. The centre car houses Toshiba lithium-titanate batteries. The interior of the centre car has also been refurbished, with former Pendolino seats.

CLASS 614   BREL YORK

Formation: DMS–PTS–DMS.
Construction: Steel underframe, aluminium alloy body and roof.
Traction Motors: Dana AC traction motors.
Wheel Arrangement: Bo-Bo + 2-2 + Bo-Bo.
Braking: Disc & rheostatic. **Dimensions:** 20.33/20.18 x 2.82 m.
Bogies: BX1. **Couplers:** Tightlock.
Gangways: Within unit + end doors. **Control System:**
Doors: Sliding. **Maximum Speed:** 70 mph.
Seating Layout: Originally 3+2 low-back facing, PTS reseated as 2+2 facing.
Multiple Working: Within class.

DMS. Lot No. 30912 1979. –/68.
PTS. Lot No. 30913 1979. –/76.
DMS. Lot No. 30912 1979. –/68.

614 209	(314 209)	**SR**	SR		BO	64599	71458	64600

4.4. DUAL VOLTAGE OR 25 kV AC OVERHEAD UNITS

The Class 7xx series is being used for some new-build EMUs built from 2014 onwards as freight wagons take up many of the remaining potential Class 3xx series'. Rebuilt Class 319s as either Class 768, 769 or 799 also take up this number series.

CLASS 700   DESIRO CITY   SIEMENS

The Class 700s are the large new fleet of EMUs for Govia Thameslink, entering service between 2016 and 2018. The units are financed by Cross London Trains (a consortium of Siemens Project Ventures, Innisfree Ltd and 3i Infrastructure Ltd).

Formation (8-car): DMC–PTS–MS–TS–TS–MS–PTS–DMC or
(12-car): DMC–PTS–MS–MS–TS–TS–TS–TS–MS–MS–PTS–DMC.
Systems: 25 kV AC overhead/750 V DC third rail.
Construction: Aluminium.
Traction Motors: Four Siemens asynchronous of 200 kW.
Wheel Arrangement (8-car): Bo-Bo + 2-2 + Bo-Bo + 2-2 + 2-2 + Bo-Bo + 2-2 + Bo-Bo. **(12-car):** Bo-Bo + 2-2 + Bo-Bo + Bo-Bo + 2-2 + 2-2 + 2-2 + 2-2 + Bo-Bo + Bo-Bo + 2-2 + Bo-Bo.
Braking: Disc, tread & regenerative.   **Dimensions:** 20.52/20.16 m x 2.80 m.
Bogies: Siemens SF7000 inside-frame.   **Couplers:** Dellner 12.
Gangways: Within unit.   **Control System:** IGBT Inverter.
Doors: Sliding plug.   **Maximum Speed:** 100 mph.
Heating & ventilation: Air conditioning.
Seating Layout: 2+2 facing/unidirectional.
Multiple Working: Within class and with Classes 707 and 717.

Class 700/0. 8-car units.

DMC(A). Siemens Krefeld 2014–18. 26/16(+3). 38.5 t.
PTS. Siemens Krefeld 2014–18. –/54 1T. 33.1 t.
MS. Siemens Krefeld 2014–18. –/64. 36.2 t.
TS. Siemens Krefeld 2014–18. –/56(+3). 28.7 t.
TS(W). Siemens Krefeld 2014–18. –/40(+8) 1TD 2W. 29.1 t.
MS. Siemens Krefeld 2014–18. –/64. 36.2 t.
PTS. Siemens Krefeld 2014–18. –/54 1T. 33.2 t.
DMC(B). Siemens Krefeld 2014–18. 26/16(+3). 38.5 t.

700001	**TL** CT	*TL*	TB	401001	402001	403001	406001
				407001	410001	411001	412001
700002	**TL** CT	*TL*	TB	401002	402002	403002	406002
				407002	410002	411002	412002
700003	**TL** CT	*TL*	TB	401003	402003	403003	406003
				407003	410003	411003	412003
700004	**TL** CT	*TL*	TB	401004	402004	403004	406004
				407004	410004	411004	412004

700005	**TL**	CT	*TL*	TB	401005	402005	403005	406005
					407005	410005	411005	412005
700006	**TL**	CT	*TL*	TB	401006	402006	403006	406006
					407006	410006	411006	412006
700007	**TL**	CT	*TL*	TB	401007	402007	403007	406007
					407007	410007	411007	412007
700008	**TL**	CT	*TL*	TB	401008	402008	403008	406008
					407008	410008	411008	412008
700009	**TL**	CT	*TL*	TB	401009	402009	403009	406009
					407009	410009	411009	412009
700010	**TL**	CT	*TL*	TB	401010	402010	403010	406010
					407010	410010	411010	412010
700011	**TL**	CT	*TL*	TB	401011	402011	403011	406011
					407011	410011	411011	412011
700012	**TL**	CT	*TL*	TB	401012	402012	403012	406012
					407012	410012	411012	412012
700013	**TL**	CT	*TL*	TB	401013	402013	403013	406013
					407013	410013	411013	412013
700014	**TL**	CT	*TL*	TB	401014	402014	403014	406014
					407014	410014	411014	412014
700015	**TL**	CT	*TL*	TB	401015	402015	403015	406015
					407015	410015	411015	412015
700016	**TL**	CT	*TL*	TB	401016	402016	403016	406016
					407016	410016	411016	412016
700017	**TL**	CT	*TL*	TB	401017	402017	403017	406017
					407017	410017	411017	412017
700018	**TL**	CT	*TL*	TB	401018	402018	403018	406018
					407018	410018	411018	412018
700019	**TL**	CT	*TL*	TB	401019	402019	403019	406019
					407019	410019	411019	412019
700020	**TL**	CT	*TL*	TB	401020	402020	403020	406020
					407020	410020	411020	412020
700021	**TL**	CT	*TL*	TB	401021	402021	403021	406021
					407021	410021	411021	412021
700022	**TL**	CT	*TL*	TB	401022	402022	403022	406022
					407022	410022	411022	412022
700023	**TL**	CT	*TL*	TB	401023	402023	403023	406023
					407023	410023	411023	412023
700024	**TL**	CT	*TL*	TB	401024	402024	403024	406024
					407024	410024	411024	412024
700025	**TL**	CT	*TL*	TB	401025	402025	403025	406025
					407025	410025	411025	412025
700026	**TL**	CT	*TL*	TB	401026	402026	403026	406026
					407026	410026	411026	412026
700027	**TL**	CT	*TL*	TB	401027	402027	403027	406027
					407027	410027	411027	412027
700028	**TL**	CT	*TL*	TB	401028	402028	403028	406028
					407028	410028	411028	412028
700029	**TL**	CT	*TL*	TB	401029	402029	403029	406029
					407029	410029	411029	412029

700030	**TL**	CT	*TL*	TB	401030	402030	403030	406030
					407030	410030	411030	412030
700031	**TL**	CT	*TL*	TB	401031	402031	403031	406031
					407031	410031	411031	412031
700032	**TL**	CT	*TL*	TB	401032	402032	403032	406032
					407032	410032	411032	412032
700033	**TL**	CT	*TL*	TB	401033	402033	403033	406033
					407033	410033	411033	412033
700034	**TL**	CT	*TL*	TB	401034	402034	403034	406034
					407034	410034	411034	412034
700035	**TL**	CT	*TL*	TB	401035	402035	403035	406035
					407035	410035	411035	412035
700036	**TL**	CT	*TL*	TB	401036	402036	403036	406036
					407036	410036	411036	412036
700037	**TL**	CT	*TL*	TB	401037	402037	403037	406037
					407037	410037	411037	412037
700038	**TL**	CT	*TL*	TB	401038	402038	403038	406038
					407038	410038	411038	412038
700039	**TL**	CT	*TL*	TB	401039	402039	403039	406039
					407039	410039	411039	412039
700040	**TL**	CT	*TL*	TB	401040	402040	403040	406040
					407040	410040	411040	412040
700041	**TL**	CT	*TL*	TB	401041	402041	403041	406041
					407041	410041	411041	412041
700042	**TL**	CT	*TL*	TB	401042	402042	403042	406042
					407042	410042	411042	412042
700043	**TL**	CT	*TL*	TB	401043	402043	403043	406043
					407043	410043	411043	412043
700044	**TL**	CT	*TL*	TB	401044	402044	403044	406044
					407044	410044	411044	412044
700045	**TL**	CT	*TL*	TB	401045	402045	403045	406045
					407045	410045	411045	412045
700046	**TL**	CT	*TL*	TB	401046	402046	403046	406046
					407046	410046	411046	412046
700047	**TL**	CT	*TL*	TB	401047	402047	403047	406047
					407047	410047	411047	412047
700048	**TL**	CT	*TL*	TB	401048	402048	403048	406048
					407048	410048	411048	412048
700049	**TL**	CT	*TL*	TB	401049	402049	403049	406049
					407049	410049	411049	412049
700050	**TL**	CT	*TL*	TB	401050	402050	403050	406050
					407050	410050	411050	412050
700051	**TL**	CT	*TL*	TB	401051	402051	403051	406051
					407051	410051	411051	412051
700052	**TL**	CT	*TL*	TB	401052	402052	403052	406052
					407052	410052	411052	412052
700053	**TL**	CT	*TL*	TB	401053	402053	403053	406053
					407053	410053	411053	412053
700054	**TL**	CT	*TL*	TB	401054	402054	403054	406054
					407054	410054	411054	412054

700055	**TL** CT *TL*	TB	401055	402055	403055	406055		
			407055	410055	411055	412055		
700056	**TL** CT *TL*	TB	401056	402056	403056	406056		
			407056	410056	411056	412056		
700057	**TL** CT *TL*	TB	401057	402057	403057	406057		
			407057	410057	411057	412057		
700058	**TL** CT *TL*	TB	401058	402058	403058	406058		
			407058	410058	411058	412058		
700059	**TL** CT *TL*	TB	401059	402059	403059	406059		
			407059	410059	411059	412059		
700060	**TL** CT *TL*	TB	401060	402060	403060	406060		
			407060	410060	411060	412060		

Class 700/1. 12-car units.

DMC(A). Siemens Krefeld 2013–18. 26/20. 38.2 t.
PTS. Siemens Krefeld 2013–18. –/54 1T. 34.4 t.
MS. Siemens Krefeld 2013–18. –/60(+3). 36.0 t.
MS. Siemens Krefeld 2013–18. –/56 1T. 35.8 t.
TS. Siemens Krefeld 2013–18. –/64. 26.8 t.
TS. Siemens Krefeld 2013–18. –/56(+3). 28.3 t.
TS(W). Siemens Krefeld 2013–18. –/38(+9) 1TD 2W. 28.7 t.
TS. Siemens Krefeld 2013–18. –/64. 27.9 t.
MS. Siemens Krefeld 2013–18. –/56 1T. 35.6 t.
MS. Siemens Krefeld 2013–18. –/60(+3). 35.3 t.
PTS. Siemens Krefeld 2013–18. –/54 1T. 34.4 t.
DMC(B). Siemens Krefeld 2013–18. 26/20. 38.2 t.

700101	**TL** CT *TL*	TB	401101	402101	403101	404101	405101	406101
			407101	408101	409101	410101	411101	412101
700102	**TL** CT *TL*	TB	401102	402102	403102	404102	405102	406102
			407102	408102	409102	410102	411102	412102
700103	**TL** CT *TL*	TB	401103	402103	403103	404103	405103	406103
			407103	408103	409103	410103	411103	412103
700104	**TL** CT *TL*	TB	401104	402104	403104	404104	405104	406104
			407104	408104	409104	410104	411104	412104
700105	**TL** CT *TL*	TB	401105	402105	403105	404105	405105	406105
			407105	408105	409105	410105	411105	412105
700106	**TL** CT *TL*	TB	401106	402106	403106	404106	405106	406106
			407106	408106	409106	410106	411106	412106
700107	**TL** CT *TL*	TB	401107	402107	403107	404107	405107	406107
			407107	408107	409107	410107	411107	412107
700108	**TL** CT *TL*	TB	401108	402108	403108	404108	405108	406108
			407108	408108	409108	410108	411108	412108
700109	**TL** CT *TL*	TB	401109	402109	403109	404109	405109	406109
			407109	408109	409109	410109	411109	412109
700110	**TL** CT *TL*	TB	401110	402110	403110	404110	405110	406110
			407110	408110	409110	410110	411110	412110
700111	**TL** CT *TL*	TB	401111	402111	403111	404111	405111	406111
			407111	408111	409111	410111	411111	412111
700112	**TL** CT *TL*	TB	401112	402112	403112	404112	405112	406112
			407112	408112	409112	410112	411112	412112

700 113	**TL** CT *TL*	TB	401113 402113 403113 404113 405113 406113 407113 408113 409113 410113 411113 412113
700 114	**TL** CT *TL*	TB	401114 402114 403114 404114 405114 406114 407114 408114 409114 410114 411114 412114
700 115	**TL** CT *TL*	TB	401115 402115 403115 404115 405115 406115 407115 408115 409115 410115 411115 412115
700 116	**TL** CT *TL*	TB	401116 402116 403116 404116 405116 406116 407116 408116 409116 410116 411116 412116
700 117	**TL** CT *TL*	TB	401117 402117 403117 404117 405117 406117 407117 408117 409117 410117 411117 412117
700 118	**TL** CT *TL*	TB	401118 402118 403118 404118 405118 406118 407118 408118 409118 410118 411118 412118
700 119	**TL** CT *TL*	TB	401119 402119 403119 404119 405119 406119 407119 408119 409119 410119 411119 412119
700 120	**TL** CT *TL*	TB	401120 402120 403120 404120 405120 406120 407120 408120 409120 410120 411120 412120
700 121	**TL** CT *TL*	TB	401121 402121 403121 404121 405121 406121 407121 408121 409121 410121 411121 412121
700 122	**TL** CT *TL*	TB	401122 402122 403122 404122 405122 406122 407122 408122 409122 410122 411122 412122
700 123	**TL** CT *TL*	TB	401123 402123 403123 404123 405123 406123 407123 408123 409123 410123 411123 412123
700 124	**TL** CT *TL*	TB	401124 402124 403124 404124 405124 406124 407124 408124 409124 410124 411124 412124
700 125	**TL** CT *TL*	TB	401125 402125 403125 404125 405125 406125 407125 408125 409125 410125 411125 412125
700 126	**TL** CT *TL*	TB	401126 402126 403126 404126 405126 406126 407126 408126 409126 410126 411126 412126
700 127	**TL** CT *TL*	TB	401127 402127 403127 404127 405127 406127 407127 408127 409127 410127 411127 412127
700 128	**TL** CT *TL*	TB	401128 402128 403128 404128 405128 406128 407128 408128 409128 410128 411128 412128
700 129	**TL** CT *TL*	TB	401129 402129 403129 404129 405129 406129 407129 408129 409129 410129 411129 412129
700 130	**TL** CT *TL*	TB	401130 402130 403130 404130 405130 406130 407130 408130 409130 410130 411130 412130
700 131	**TL** CT *TL*	TB	401131 402131 403131 404131 405131 406131 407131 408131 409131 410131 411131 412131
700 132	**TL** CT *TL*	TB	401132 402132 403132 404132 405132 406132 407132 408132 409132 410132 411132 412132
700 133	**TL** CT *TL*	TB	401133 402133 403133 404133 405133 406133 407133 408133 409133 410133 411133 412133
700 134	**TL** CT *TL*	TB	401134 402134 403134 404134 405134 406134 407134 408134 409134 410134 411134 412134
700 135	**TL** CT *TL*	TB	401135 402135 403135 404135 405135 406135 407135 408135 409135 410135 411135 412135
700 136	**TL** CT *TL*	TB	401136 402136 403136 404136 405136 406136 407136 408136 409136 410136 411136 412136
700 137	**TL** CT *TL*	TB	401137 402137 403137 404137 405137 406137 407137 408137 409137 410137 411137 412137

700 138	**TL**	CT	*TL*	TB	401138	402138	403138	404138	405138	406138
					407138	408138	409138	410138	411138	412138
700 139	**TL**	CT	*TL*	TB	401139	402139	403139	404139	405139	406139
					407139	408139	409139	410139	411139	412139
700 140	**TL**	CT	*TL*	TB	401140	402140	403140	404140	405140	406140
					407140	408140	409140	410140	411140	412140
700 141	**TL**	CT	*TL*	TB	401141	402141	403141	404141	405141	406141
					407141	408141	409141	410141	411141	412141
700 142	**TL**	CT	*TL*	TB	401142	402142	403142	404142	405142	406142
					407142	408142	409142	410142	411142	412142
700 143	**TL**	CT	*TL*	TB	401143	402143	403143	404143	405143	406143
					407143	408143	409143	410143	411143	412143
700 144	**TL**	CT	*TL*	TB	401144	402144	403144	404144	405144	406144
					407144	408144	409144	410144	411144	412144
700 145	**TL**	CT	*TL*	TB	401145	402145	403145	404145	405145	406145
					407145	408145	409145	410145	411145	412145
700 146	**TL**	CT	*TL*	TB	401146	402146	403146	404146	405146	406146
					407146	408146	409146	410146	411146	412146
700 147	**TL**	CT	*TL*	TB	401147	402147	403147	404147	405147	406147
					407147	408147	409147	410147	411147	412147
700 148	**TL**	CT	*TL*	TB	401148	402148	403148	404148	405148	406148
					407148	408148	409148	410148	411148	412148
700 149	**TL**	CT	*TL*	TB	401149	402149	403149	404149	405149	406149
					407149	408149	409149	410149	411149	412149
700 150	**TL**	CT	*TL*	TB	401150	402150	403150	404150	405150	406150
					407150	408150	409150	410150	411150	412150
700 151	**TL**	CT	*TL*	TB	401151	402151	403151	404151	405151	406151
					407151	408151	409151	410151	411151	412151
700 152	**TL**	CT	*TL*	TB	401152	402152	403152	404152	405152	406152
					407152	408152	409152	410152	411152	412152
700 153	**TL**	CT	*TL*	TB	401153	402153	403153	404153	405153	406153
					407153	408153	409153	410153	411153	412153
700 154	**TL**	CT	*TL*	TB	401154	402154	403154	404154	405154	406154
					407154	408154	409154	410154	411154	412154
700 155	**TL**	CT	*TL*	TB	401155	402155	403155	404155	405155	406155
					407155	408155	409155	410155	411155	412155

CLASS 701 AVENTRA BOMBARDIER/ALSTOM DERBY

South Western Railway has 60 10-car and 30 5-car Aventra EMUs on order from Alstom (previously Bombardier), financed by Rock Rail. The first units have been delivered for testing but a number of design problems is delaying service introduction which is not now expected until the second half of 2022. The units have been branded "Arterio" by SWR and will be used mainly on inner and outer suburban duties, replacing Classes 455, 456 and 707.

Formation (10-car): DMS–MS–TS–MS–MS–MS–MS–TS–MS–DMS or
(5-car): DMS–MS–TS–MS–DMS.
Systems: 750 V DC third rail.
Construction: Aluminium.
Traction Motors: Two Bombardier asynchronous of 250 kW.

701 001–701 014

Wheel Arrangement (10-car): 2-Bo + Bo-2 + 2-2 + 2-Bo + Bo-2 + 2-Bo + Bo-2 + 2-2 + 2-Bo + Bo-2 or (5-car): 2-Bo + Bo-2 + 2-2 + 2-Bo + Bo-2.
Braking: Disc, rheostatic & regenerative.
Dimensions: 20.88/19.90 m x 2.78 m.
Bogies: FLEXX B5000 inside-frame. **Couplers:** Dellner 12.
Gangways: Within unit. **Control System:** IGBT Inverter.
Doors: Sliding plug. **Maximum Speed:** 100 mph.
Heating & ventilation: Air conditioning.
Seating Layout: 2+2 unidirectional/facing.
Multiple Working: Within class.

Class 701/0. 10-car units.

DMS(A). Alstom Derby 2020–21. –/56.   t.
MS. Alstom Derby 2020–21. –/60.   t.
TS. Alstom Derby 2020–21. –/34(+10) 1TD 2W.   t.
MS. Alstom Derby 2020–21. –/60.   t.
MS. Alstom Derby 2020–21. –/60.   t.
MS. Alstom Derby 2020–21. –/60.   t.
MS. Alstom Derby 2020–21. –/60.   t.
TS. Alstom Derby 2020–21. –/34(+10) 1TD 2W.   t.
MS. Alstom Derby 2020–21. –/60.   t.
DMS(B). Alstom Derby 2020–21. –/56.   t.

701 001	**SW** RR	480001	481001	482001	483001	484001	
		485001	486001	487001	488001	489001	
701 002	**SW** RR	480002	481002	482002	483002	484002	
		485002	486002	487002	488002	489002	
701 003	**SW** RR	480003	481003	482003	483003	484003	
		485003	486003	487003	488003	489003	
701 004	**SW** RR	480004	481004	482004	483004	484004	
		485004	486004	487004	488004	489004	
701 005	**SW** RR	480005	481005	482005	483005	484005	
		485005	486005	487005	488005	489005	
701 006	**SW** RR	480006	481006	482006	483006	484006	
		485006	486006	487006	488006	489006	
701 007	**SW** RR	480007	481007	482007	483007	484007	
		485007	486007	487007	488007	489007	
701 008	**SW** RR	480008	481008	482008	483008	484008	
		485008	486008	487008	488008	489008	
701 009	**SW** RR	480009	481009	482009	483009	484009	
		485009	486009	487009	488009	489009	
701 010	**SW** RR	480010	481010	482010	483010	484010	
		485010	486010	487010	488010	489010	
701 011	**SW** RR	480011	481011	482011	483011	484011	
		485011	486011	487011	488011	489011	
701 012	**SW** RR	480012	481012	482012	483012	484012	
		485012	486012	487012	488012	489012	
701 013	**SW** RR	480013	481013	482013	483013	484013	
		485013	486013	487013	488013	489013	
701 014	**SW** RR	480014	481014	482014	483014	484014	
		485014	486014	487014	488014	489014	

701015	SW RR	480015	481015	482015	483015	484015
		485015	486015	487015	488015	489015
701016	SW RR	480016	481016	482016	483016	484016
		485016	486016	487016	488016	489016
701017	SW RR	480017	481017	482017	483017	484017
		485017	486017	487017	488017	489017
701018	SW RR	480018	481018	482018	483018	484018
		485018	486018	487018	488018	489018
701019	SW RR	480019	481019	482019	483019	484019
		485019	486019	487019	488019	489019
701020	SW RR	480020	481020	482020	483020	484020
		485020	486020	487020	488020	489020
701021	SW RR	480021	481021	482021	483021	484021
		485021	486021	487021	488021	489021
701022	SW RR	480022	481022	482022	483022	484022
		485022	486022	487022	488022	489022
701023	SW RR	480023	481023	482023	483023	484023
		485023	486023	487023	488023	489023
701024	SW RR	480024	481024	482024	483024	484024
		485024	486024	487024	488024	489024
701025	SW RR	480025	481025	482025	483025	484025
		485025	486025	487025	488025	489025
701026	SW RR	480026	481026	482026	483026	484026
		485026	486026	487026	488026	489026
701027	SW RR	480027	481027	482027	483027	484027
		485027	486027	487027	488027	489027
701028	SW RR	480028	481028	482028	483028	484028
		485028	486028	487028	488028	489028
701029	SW RR	480029	481029	482029	483029	484029
		485029	486029	487029	488029	489029
701030	SW RR	480030	481030	482030	483030	484030
		485030	486030	487030	488030	489030
701031	SW RR	480031	481031	482031	483031	484031
		485031	486031	487031	488031	489031
701032	SW RR	480032	481032	482032	483032	484032
		485032	486032	487032	488032	489032
701033	SW RR	480033	481033	482033	483033	484033
		485033	486033	487033	488033	489033
701034	SW RR	480034	481034	482034	483034	484034
		485034	486034	487034	488034	489034
701035	SW RR	480035	481035	482035	483035	484035
		485035	486035	487035	488035	489035
701036	SW RR	480036	481036	482036	483036	484036
		485036	486036	487036	488036	489036
701037	SW RR	480037	481037	482037	483037	484037
		485037	486037	487037	488037	489037
701038	SW RR	480038	481038	482038	483038	484038
		485038	486038	487038	488038	489038
701039	SW RR	480039	481039	482039	483039	484039
		485039	486039	487039	488039	489039

701040	**SW** RR	480040	481040	482040	483040	484040
		485040	486040	487040	488040	489040
701041	**SW** RR	480041	481041	482041	483041	484041
		485041	486041	487041	488041	489041
701042	**SW** RR	480042	481042	482042	483042	484042
		485042	486042	487042	488042	489042
701043	**SW** RR	480043	481043	482043	483043	484043
		485043	486043	487043	488043	489043
701044	**SW** RR	480044	481044	482044	483044	484044
		485044	486044	487044	488044	489044
701045	**SW** RR	480045	481045	482045	483045	484045
		485045	486045	487045	488045	489045
701046	**SW** RR	480046	481046	482046	483046	484046
		485046	486046	487046	488046	489046
701047	**SW** RR	480047	481047	482047	483047	484047
		485047	486047	487047	488047	489047
701048	**SW** RR	480048	481048	482048	483048	484048
		485048	486048	487048	488048	489048
701049	**SW** RR	480049	481049	482049	483049	484049
		485049	486049	487049	488049	489049
701050	**SW** RR	480050	481050	482050	483050	484050
		485050	486050	487050	488050	489050
701051	**SW** RR	480051	481051	482051	483051	484051
		485051	486051	487051	488051	489051
701052	**SW** RR	480052	481052	482052	483052	484052
		485052	486052	487052	488052	489052
701053	**SW** RR	480053	481053	482053	483053	484053
		485053	486053	487053	488053	489053
701054	**SW** RR	480054	481054	482054	483054	484054
		485054	486054	487054	488054	489054
701055	**SW** RR	480055	481055	482055	483055	484055
		485055	486055	487055	488055	489055
701056	**SW** RR	480056	481056	482056	483056	484056
		485056	486056	487056	488056	489056
701057	**SW** RR	480057	481057	482057	483057	484057
		485057	486057	487057	488057	489057
701058	**SW** RR	480058	481058	482058	483058	484058
		485058	486058	487058	488058	489058
701059	**SW** RR	480059	481059	482059	483059	484059
		485059	486059	487059	488059	489059
701060	**SW** RR	480060	481060	482060	483060	484060
		485060	486060	487060	488060	489060

Class 701/5. 5-car units.

DMS(A). Alstom Derby 2020–21. –/56. t.
MS. Alstom Derby 2020–21. –/60. t.
TS. Alstom Derby 2020–21. –/34(+10) 1TD 2W. t.
MS. Alstom Derby 2020–21. –/60. t.
DMS(B). Alstom Derby 2020–21. –/56. t.

701501	SW	RR	480101	481101	482101	483101	484101
701502	SW	RR	480102	481102	482102	483102	484102
701503	SW	RR	480103	481103	482103	483103	484103
701504	SW	RR	480104	481104	482104	483104	484104
701505	SW	RR	480105	481105	482105	483105	484105
701506	SW	RR	480106	481106	482106	483106	484106
701507	SW	RR	480107	481107	482107	483107	484107
701508	SW	RR	480108	481108	482108	483108	484108
701509	SW	RR	480109	481109	482109	483109	484109
701510	SW	RR	480110	481110	482110	483110	484110
701511	SW	RR	480111	481111	482111	483111	484111
701512	SW	RR	480112	481112	482112	483112	484112
701513	SW	RR	480113	481113	482113	483113	484113
701514	SW	RR	480114	481114	482114	483114	484114
701515	SW	RR	480115	481115	482115	483115	484115
701516	SW	RR	480116	481116	482116	483116	484116
701517	SW	RR	480117	481117	482117	483117	484117
701518	SW	RR	480118	481118	482118	483118	484118
701519	SW	RR	480119	481119	482119	483119	484119
701520	SW	RR	480120	481120	482120	483120	484120
701521	SW	RR	480121	481121	482121	483121	484121
701522	SW	RR	480122	481122	482122	483122	484122
701523	SW	RR	480123	481123	482123	483123	484123
701524	SW	RR	480124	481124	482124	483124	484124
701525	SW	RR	480125	481125	482125	483125	484125
701526	SW	RR	480126	481126	482126	483126	484126
701527	SW	RR	480127	481127	482127	483127	484127
701528	SW	RR	480128	481128	482128	483128	484128
701529	SW	RR	480129	481129	482129	483129	484129
701530	SW	RR	480130	481130	482130	483130	484130

CLASS 707   DESIRO CITY   SIEMENS

Suburban units. Built with the capability to be easily converted to dual-voltage units. Currently transferring to Southeastern (on sub-lease from South Western Railway), with the remaining units due off-lease from SWR in August 2022.

Formation: DMS–TS–TS–TS–DMS.
Systems: 750 V DC third rail but with 25 kV AC overhead capability.
Construction: Aluminium.
Traction Motors: Four Siemens asynchronous of 200 kW.
Wheel Arrangement: Bo-Bo + 2-2 + 2-2 + 2-2 + Bo-Bo.
Braking: Disc, tread & regenerative. **Dimensions:** 20.00/20.16 m x 2.80 m.
Bogies: Siemens SF7000 inside-frame. **Couplers:** Dellner 12.
Gangways: Within unit. **Control System:** IGBT Inverter.
Doors: Sliding plug. **Maximum Speed:** 100 mph.
Heating & ventilation: Air conditioning.
Seating Layout: 2+2/2+1 facing/unidirectional.
Multiple Working: Within class and with Classes 700 and 717.

707 001–707 030 369

DMS(A). Siemens Krefeld 2015–17. –/46. 37.9 t.
TS. Siemens Krefeld 2015–17. –/64. 28.3 t.
TS. Siemens Krefeld 2015–17. –/53(+4) 2W. 28.5 t.
TS. Siemens Krefeld 2015–17. –/62. 27.7 t.
DMS(B). Siemens Krefeld 2015–17. –/46. 37.9 t.

707 001	**SB**	A	*SE*	SG	421001	422001	423001	424001	425001
707 002	**SS**	A	*SE*	SG	421002	422002	423002	424002	425002
707 003	**SS**	A	*SE*	SG	421003	422003	423003	424003	425003
707 004	**SS**	A	*SE*	SG	421004	422004	423004	424004	425004
707 005	**SB**	A	*SE*	SG	421005	422005	423005	424005	425005
707 006	**SB**	A	*SE*	SG	421006	422006	423006	424006	425006
707 007	**SB**	A	*SE*	SG	421007	422007	423007	424007	425007
707 008	**SB**	A	*SE*	SG	421008	422008	423008	424008	425008
707 009	**SB**	A	*SE*	SG	421009	422009	423009	424009	425009
707 010	**SB**	A	*SE*	SG	421010	422010	423010	424010	425010
707 011	**SB**	A	*SE*	SG	421011	422011	423011	424011	425011
707 012	**SB**	A	*SE*	SG	421012	422012	423012	424012	425012
707 013	**SB**	A	*SE*	SG	421013	422013	423013	424013	425013
707 014	**SS**	A	*SW*	WD	421014	422014	423014	424014	425014
707 015	**SS**	A	*SW*	WD	421015	422015	423015	424015	425015
707 016	**SS**	A	*SW*	WD	421016	422016	423016	424016	425016
707 017	**SS**	A	*SW*	WD	421017	422017	423017	424017	425017
707 018	**SS**	A	*SW*	WD	421018	422018	423018	424018	425018
707 019	**SS**	A	*SW*	WD	421019	422019	423019	424019	425019
707 020	**SS**	A	*SW*	WD	421020	422020	423020	424020	425020
707 021	**SS**	A	*SW*	WD	421021	422021	423021	424021	425021
707 022	**SS**	A	*SW*	WD	421022	422022	423022	424022	425022
707 023	**SS**	A	*SW*	WD	421023	422023	423023	424023	425023
707 024	**SS**	A	*SW*	WD	421024	422024	423024	424024	425024
707 025	**SB**	A	*SE*	SG	421025	422025	423025	424025	425025
707 026	**SB**	A	*SE*	SG	421026	422026	423026	424026	425026
707 027	**SB**	A	*SE*	SG	421027	422027	423027	424027	425027
707 028	**SB**	A	*SE*	SG	421028	422028	423028	424028	425028
707 029	**SB**	A	*SE*	SG	421029	422029	423029	424029	425029
707 030	**SS**	A	*SW*	WD	421030	422030	423030	424030	425030

CLASS 710 AVENTRA BOMBARDIER/ALSTOM DERBY

These suburban 4-car Aventras are being used by London Overground on Gospel Oak–Barking, London Euston–Watford Junction and Liverpool Street local services. There are a mix of AC only and dual-voltage units.

Originally 45 4-car units were ordered. In 2018 an extra three 4-cars and six 5-cars were ordered.

Formation: DMS–MS–PMS–DMS or DMS–MS–PMS–MS–DMS.
Systems: Class 710/1 25 kV AC overhead only. Class 710/2 and 710/3 25 kV AC overhead and 750 V DC third rail.
Construction: Aluminium.
Traction Motors: Two Bombardier asynchronous of 265 kW.
Wheel Arrangement: Bo-2 + 2-Bo + Bo-2 (+ 2-Bo) + 2-Bo.

710 101–710 256

Braking: Disc & regenerative.
Bogies: FLEXX B5000 inside-frame.
Gangways: Within unit.
Doors: Sliding plug.
Heating & ventilation: Air conditioning.
Seating Layout: Longitudinal ("tube style") low density.
Multiple Working: Within class.
Dimensions: 21.45/19.99 m × 2.78 m.
Couplers: Dellner 12.
Control System: IGBT Inverter.
Maximum Speed: 75 mph.

Class 710/1. 25 kV AC only 4-car units.

DMS(A). Alstom Derby 2017–19. –/40(+6). 41.1 t.
MS. Alstom Derby 2017–19. –/52. 32.2 t.
PMS. Alstom Derby 2017–19. –/45(+6) 2W. 38.5 t.
DMS(B). Alstom Derby 2017–19. –/40(+6). 41.1 t.

710 101	**LD**	RF	*LO*	WN	431101	431201	431301	431501
710 102	**LD**	RF	*LO*	WN	431102	431202	431302	431502
710 103	**LD**	RF	*LO*	WN	431103	431203	431303	431503
710 104	**LD**	RF	*LO*	WN	431104	431204	431304	431504
710 105	**LD**	RF	*LO*	WN	431105	431205	431305	431505
710 106	**LD**	RF	*LO*	WN	431106	431206	431306	431506
710 107	**LD**	RF	*LO*	WN	431107	431207	431307	431507
710 108	**LD**	RF	*LO*	WN	431108	431208	431308	431508
710 109	**LD**	RF	*LO*	WN	431109	431209	431309	431509
710 110	**LD**	RF	*LO*	WN	431110	431210	431310	431510
710 111	**LD**	RF	*LO*	WN	431111	431211	431311	431511
710 112	**LD**	RF	*LO*	WN	431112	431212	431312	431512
710 113	**LD**	RF	*LO*	WN	431113	431213	431313	431513
710 114	**LD**	RF	*LO*	WN	431114	431214	431314	431514
710 115	**LD**	RF	*LO*	WN	431115	431215	431315	431515
710 116	**LD**	RF	*LO*	WN	431116	431216	431316	431516
710 117	**LD**	RF	*LO*	WN	431117	431217	431317	431517
710 118	**LD**	RF	*LO*	WN	431118	431218	431318	431518
710 119	**LD**	RF	*LO*	WN	431119	431219	431319	431519
710 120	**LD**	RF	*LO*	WN	431120	431220	431320	431520
710 121	**LD**	RF	*LO*	WN	431121	431221	431321	431521
710 122	**LD**	RF	*LO*	WN	431122	431222	431322	431522
710 123	**LD**	RF	*LO*	WN	431123	431223	431323	431523
710 124	**LD**	RF	*LO*	WN	431124	431224	431324	431524
710 125	**LD**	RF	*LO*	WN	431125	431225	431325	431525
710 126	**LD**	RF	*LO*	WN	431126	431226	431326	431526
710 127	**LD**	RF	*LO*	WN	431127	431227	431327	431527
710 128	**LD**	RF	*LO*	WN	431128	431228	431328	431528
710 129	**LD**	RF	*LO*	WN	431129	431229	431329	431529
710 130	**LD**	RF	*LO*	WN	431130	431230	431330	431530

Class 710/2. 25 kV AC/750 V DC 4-car units.

DMS(A). Alstom Derby 2017–19. –/40(+6). 43.5 t.
MS. Alstom Derby 2017–19. –/52. 32.3 t.
PMS. Alstom Derby 2017–19. –/45(+6) 2W. 38.5 t.
DMS(B). Alstom Derby 2017–19. –/40(+6). 43.5 t.

710 256	**LD**	RF	*LO*	WN	432156	432256	432356	432556

710257	**LD**	RF	*LO*	WN	432157	432257	432357	432557
710258	**LD**	RF	*LO*	WN	432158	432258	432358	432558
710259	**LD**	RF	*LO*	WN	432159	432259	432359	432559
710260	**LD**	RF	*LO*	WN	432160	432260	432360	432560
710261	**LD**	RF	*LO*	WN	432161	432261	432361	432561
710262	**LD**	RF	*LO*	WN	432162	432262	432362	432562
710263	**LD**	RF	*LO*	WN	432163	432263	432363	432563
710264	**LD**	RF	*LO*	WN	432164	432264	432364	432564
710265	**LD**	RF	*LO*	WN	432165	432265	432365	432565
710266	**LD**	RF	*LO*	WN	432166	432266	432366	432566
710267	**LD**	RF	*LO*	WN	432167	432267	432367	432567
710268	**LD**	RF	*LO*	WN	432168	432268	432368	432568
710269	**LD**	RF	*LO*	WN	432169	432269	432369	432569
710270	**LD**	RF			432170	432270	432370	432570
710271	**LD**	RF	*LO*	WN	432171	432271	432371	432571
710272	**LD**	RF	*LO*	WN	432172	432272	432372	432572
710273	**LD**	RF	*LO*	WN	432173	432273	432373	432573

Class 710/3. 25 kV AC/750 V DC 5-car units. Originally numbered 710 274–279 as-built, but renumbered in the 710 3xx series before entering service.

DMS(A). Alstom Derby 2019–20. –/40(+6). 43.5 t.
MS. Alstom Derby 2019–20. –/52. 32.3 t.
PMS. Alstom Derby 2019–20. –/45(+6) 2W. 38.5 t.
MS. Alstom Derby 2019–20. –/52. 33.1 t.
DMS(B). Alstom Derby 2019–20. –/40(+6). 43.5 t.

710374	**LD**	RF			432174	432274	432374	432474	432574
710375	**LD**	RF			432175	432275	432375	432475	432575
710376	**LD**	RF	*LO*	WN	432176	432276	432376	432476	432576
710377	**LD**	RF	*LO*	WN	432177	432277	432377	432477	432577
710378	**LD**	RF	*LO*	WN	432178	432278	432378	432478	432578
710379	**LD**	RF			432179	432279	432379	432479	432579

CLASS 717 DESIRO CITY SIEMENS

New dual-voltage 6-car units used on Great Northern services from London Moorgate. The design is based on Classes 700/707, but has emergency end doors for tunnel operation. Fitted with tripcocks for operation between Moorgate and Drayton Park.

Formation: DMS–TS–TS–MS–PTS–DMS.
Systems: 25 kV AC overhead and 750 V DC third rail.
Construction: Aluminium.
Traction Motors: Four Siemens asynchronous of 200 kW.
Wheel Arrangement: Bo-Bo + 2-2 + 2-2 + Bo-Bo + 2-2 + Bo-Bo.
Braking: Disc, tread & regenerative. **Dimensions:** 20.00 x 2.80 m.
Bogies: Siemens SF7000 inside-frame. **Couplers:** Dellner 12.
Gangways: Within unit + end doors. **Control System:** IGBT Inverter.
Doors: Sliding plug. **Maximum Speed:** 85 mph.
Heating & ventilation: Air conditioning.
Seating Layout: 2+2 facing/unidirectional.
Multiple Working: Within class and with Classes 700 and 707.

DMS(A). Siemens Krefeld 2017–18. –/52(+4). 38.8 t.
TS. Siemens Krefeld 2017–18. –/68. 28.8 t.
TS. Siemens Krefeld 2017–18. –/61(+4) 2W. 28.7 t.
MS. Siemens Krefeld 2017–18. –/68. 35.5 t.
PTS. Siemens Krefeld 2017–18. –/61(+3). 33.9 t.
DMS(B). Siemens Krefeld 2017–18. –/52(+4). 38.8 t.

717001	**TL**	RR	*GN*	HE	451001	452001	453001	454001	455001	456001
717002	**TL**	RR	*GN*	HE	451002	452002	453002	454002	455002	456002
717003	**TL**	RR	*GN*	HE	451003	452003	453003	454003	455003	456003
717004	**TL**	RR	*GN*	HE	451004	452004	453004	454004	455004	456004
717005	**TL**	RR	*GN*	HE	451005	452005	453005	454005	455005	456005
717006	**TL**	RR	*GN*	HE	451006	452006	453006	454006	455006	456006
717007	**TL**	RR	*GN*	HE	451007	452007	453007	454007	455007	456007
717008	**TL**	RR	*GN*	HE	451008	452008	453008	454008	455008	456008
717009	**TL**	RR	*GN*	HE	451009	452009	453009	454009	455009	456009
717010	**TL**	RR	*GN*	HE	451010	452010	453010	454010	455010	456010
717011	**TL**	RR	*GN*	HE	451011	452011	453011	454011	455011	456011
717012	**TL**	RR	*GN*	HE	451012	452012	453012	454012	455012	456012
717013	**TL**	RR	*GN*	HE	451013	452013	453013	454013	455013	456013
717014	**TL**	RR	*GN*	HE	451014	452014	453014	454014	455014	456014
717015	**TL**	RR	*GN*	HE	451015	452015	453015	454015	455015	456015
717016	**TL**	RR	*GN*	HE	451016	452016	453016	454016	455016	456016
717017	**TL**	RR	*GN*	HE	451017	452017	453017	454017	455017	456017
717018	**TL**	RR	*GN*	HE	451018	452018	453018	454018	455018	456018
717019	**TL**	RR	*GN*	HE	451019	452019	453019	454019	455019	456019
717020	**TL**	RR	*GN*	HE	451020	452020	453020	454020	455020	456020
717021	**TL**	RR	*GN*	HE	451021	452021	453021	454021	455021	456021
717022	**TL**	RR	*GN*	HE	451022	452022	453022	454022	455022	456022
717023	**TL**	RR	*GN*	HE	451023	452023	453023	454023	455023	456023
717024	**TL**	RR	*GN*	HE	451024	452024	453024	454024	455024	456024
717025	**TL**	RR	*GN*	HE	451025	452025	453025	454025	455025	456025

CLASS 720 AVENTRA BOMBARDIER/ALSTOM DERBY

This large fleet of Standard Class only Aventra EMUs was ordered by Greater Anglia in 2016 to replace its entire Class 317, 321, 360 and 379 fleets on outer suburban and medium-distance services. In 2020 the order was amended – originally it was to be for 89 5-car units and 22 10-car units, but it was changed so that the whole order consists of 5-car units (133 5-cars in total). The additional 5-car units will still be numbered in the 720/1 series.

The units were more than a year late entering service owing to Bombardier Aventra software issues, finally being launched in autumn 2020. All are expected to be in service by spring 2023.

The Class 720/6 units are 5-car sets on order for c2c (originally these were also to be formed as six 10-car units but the order was later amended to 12 5-car units).

Formation: DMS–PMS–MS–MS–DTS.
Systems: 25 kV AC overhead.

720101–720133

Construction: Aluminium.
Traction Motors: Two Bombardier asynchronous of 265 kW.
Wheel Arrangement:
Braking: Disc & regenerative
Bogies: FLEXX B5000 inside-frame.
Gangways: Within unit.
Doors: Sliding plug.
Heating & ventilation: Air conditioning.
Seating Layout: 3+2 facing/unidirectional.
Multiple Working: Within class.

Dimensions: 24.54/24.21 × 2.77 m.
Couplers: Dellner 12.
Control System: IGBT Inverter.
Maximum Speed: 100 mph.

Class 720/1. Greater Anglia units.

DMS. Alstom Derby 2018–22. –/95(+10). 42.5 t.
PMS. Alstom Derby 2018–22. –/97(+16) 1T. 39.8 t.
MS(A). Alstom Derby 2018–22. –/113(+10). 39.6 t.
MS(B). Alstom Derby 2018–22. –/113(+10). 34.1 t.
DTS. Alstom Derby 2018–22. –/61(+21) 1TD 2W. 37.7 t.

720101	GR	A	450101	451101	452101	453101	454101
720102	GR	A	450102	451102	452102	453102	454102
720103	GR	A	450103	451103	452103	453103	454103
720104	GR	A	450104	451104	452104	453104	454104
720105	GR	A	450105	451105	452105	453105	454105
720106	GR	A	450106	451106	452106	453106	454106
720107	GR	A	450107	451107	452107	453107	454107
720108	GR	A	450108	451108	452108	453108	454108
720109	GR	A	450109	451109	452109	453109	454109
720110	GR	A	450110	451110	452110	453110	454110
720111	GR	A	450111	451111	452111	453111	454111
720112	GR	A	450112	451112	452112	453112	454112
720113	GR	A	450113	451113	452113	453113	454113
720114	GR	A	450114	451114	452114	453114	454114
720115	GR	A	450115	451115	452115	453115	454115
720116	GR	A	450116	451116	452116	453116	454116
720117	GR	A	450117	451117	452117	453117	454117
720118	GR	A	450118	451118	452118	453118	454118
720119	GR	A	450119	451119	452119	453119	454119
720120	GR	A	450120	451120	452120	453120	454120
720121	GR	A	450121	451121	452121	453121	454121
720122	GR	A	450122	451122	452122	453122	454122
720123	GR	A	450123	451123	452123	453123	454123
720124	GR	A	450124	451124	452124	453124	454124
720125	GR	A	450125	451125	452125	453125	454125
720126	GR	A	450126	451126	452126	453126	454126
720127	GR	A	450127	451127	452127	453127	454127
720128	GR	A	450128	451128	452128	453128	454128
720129	GR	A	450129	451129	452129	453129	454129
720130	GR	A	450130	451130	452130	453130	454130
720131	GR	A	450131	451131	452131	453131	454131
720132	GR	A	450132	451132	452132	453132	454132
720133	GR	A	450133	451133	452133	453133	454133

720 134	**GR**	A			450 134	451 134	452 134	453 134	454 134
720 135	**GR**	A			450 135	451 135	452 135	453 135	454 135
720 136	**GR**	A			450 136	451 136	452 136	453 136	454 136
720 137	**GR**	A			450 137	451 137	452 137	453 137	454 137
720 138	**GR**	A			450 138	451 138	452 138	453 138	454 138
720 139	**GR**	A			450 139	451 139	452 139	453 139	454 139
720 140	**GR**	A			450 140	451 140	452 140	453 140	454 140
720 141	**GR**	A			450 141	451 141	452 141	453 141	454 141
720 142	**GR**	A			450 142	451 142	452 142	453 142	454 142
720 143	**GR**	A			450 143	451 143	452 143	453 143	454 143
720 144	**GR**	A			450 144	451 144	452 144	453 144	454 144
720 501	**GR**	A			450 501	451 501	452 501	453 501	459 501
720 502	**GR**	A			450 502	451 502	452 502	453 502	459 502
720 503	**GR**	A			450 503	451 503	452 503	453 503	459 503
720 504	**GR**	A			450 504	451 504	452 504	453 504	459 504
720 505	**GR**	A			450 505	451 505	452 505	453 505	459 505
720 506	**GR**	A			450 506	451 506	452 506	453 506	459 506
720 507	**GR**	A			450 507	451 507	452 507	453 507	459 507
720 508	**GR**	A			450 508	451 508	452 508	453 508	459 508
720 509	**GR**	A			450 509	451 509	452 509	453 509	459 509
720 510	**GR**	A			450 510	451 510	452 510	453 510	459 510
720 511	**GR**	A	*GA*	IL	450 511	451 511	452 511	453 511	459 511
720 512	**GR**	A			450 512	451 512	452 512	453 512	459 512
720 513	**GR**	A			450 513	451 513	452 513	453 513	459 513
720 514	**GR**	A			450 514	451 514	452 514	453 514	459 514
720 515	**GR**	A	*GA*	IL	450 515	451 515	452 515	453 515	459 515
720 516	**GR**	A			450 516	451 516	452 516	453 516	459 516
720 517	**GR**	A	*GA*	IL	450 517	451 517	452 517	453 517	459 517
720 518	**GR**	A			450 518	451 518	452 518	453 518	459 518
720 519	**GR**	A			450 519	451 519	452 519	453 519	459 519
720 520	**GR**	A			450 520	451 520	452 520	453 520	459 520
720 521	**GR**	A	*GA*	IL	450 521	451 521	452 521	453 521	459 521
720 522	**GR**	A	*GA*	IL	450 522	451 522	452 522	453 522	459 522
720 523	**GR**	A			450 523	451 523	452 523	453 523	459 523
720 524	**GR**	A			450 524	451 524	452 524	453 524	459 524
720 525	**GR**	A			450 525	451 525	452 525	453 525	459 525
720 526	**GR**	A			450 526	451 526	452 526	453 526	459 526
720 527	**GR**	A			450 527	451 527	452 527	453 527	459 527
720 528	**GR**	A			450 528	451 528	452 528	453 528	459 528
720 529	**GR**	A			450 529	451 529	452 529	453 529	459 529
720 530	**GR**	A			450 530	451 530	452 530	453 530	459 530
720 531	**GR**	A			450 531	451 531	452 531	453 531	459 531
720 532	**GR**	A			450 532	451 532	452 532	453 532	459 532
720 533	**GR**	A			450 533	451 533	452 533	453 533	459 533
720 534	**GR**	A			450 534	451 534	452 534	453 534	459 534
720 535	**GR**	A	*GA*	IL	450 535	451 535	452 535	453 535	459 535
720 536	**GR**	A	*GA*	IL	450 536	451 536	452 536	453 536	459 536
720 537	**GR**	A	*GA*	IL	450 537	451 537	452 537	453 537	459 537
720 538	**GR**	A	*GA*	IL	450 538	451 538	452 538	453 538	459 538
720 539	**GR**	A	*GA*	IL	450 539	451 539	452 539	453 539	459 539

720540	**GR**	A	*GA*	IL	450540	451540	452540	453540	459540
720541	**GR**	A			450541	451541	452541	453541	459541
720542	**GR**	A	*GA*	IL	450542	451542	452542	453542	459542
720543	**GR**	A	*GA*	IL	450543	451543	452543	453543	459543
720544	**GR**	A			450544	451544	452544	453544	459544
720545	**GR**	A	*GA*	IL	450545	451545	452545	453545	459545
720546	**GR**	A	*GA*	IL	450546	451546	452546	453546	459546
720547	**GR**	A	*GA*	IL	450547	451547	452547	453547	459547
720548	**GR**	A	*GA*	IL	450548	451548	452548	453548	459548
720549	**GR**	A	*GA*	IL	450549	451549	452549	453549	459549
720550	**GR**	A	*GA*	IL	450550	451550	452550	453550	459550
720551	**GR**	A	*GA*	IL	450551	451551	452551	453551	459551
720552	**GR**	A	*GA*	IL	450552	451552	452552	453552	459552
720553	**GR**	A	*GA*	IL	450553	451553	452553	453553	459553
720554	**GR**	A	*GA*	IL	450554	451554	452554	453554	459554
720555	**GR**	A			450555	451555	452555	453555	459555
720556	**GR**	A	*GA*	IL	450556	451556	452556	453556	459556
720557	**GR**	A	*GA*	IL	450557	451557	452557	453557	459557
720558	**GR**	A	*GA*	IL	450558	451558	452558	453558	459558
720559	**GR**	A	*GA*	IL	450559	451559	452559	453559	459559
720560	**GR**	A	*GA*	IL	450560	451560	452560	453560	459560
720561	**GR**	A	*GA*	IL	450561	451561	452561	453561	459561
720562	**GR**	A	*GA*	IL	450562	451562	452562	453562	459562
720563	**GR**	A	*GA*	IL	450563	451563	452563	453563	459563
720564	**GR**	A	*GA*	IL	450564	451564	452564	453564	459564
720565	**GR**	A	*GA*	IL	450565	451565	452565	453565	459565
720566	**GR**	A	*GA*	IL	450566	451566	452566	453566	459566
720567	**GR**	A	*GA*	IL	450567	451567	452567	453567	459567
720568	**GR**	A	*GA*	IL	450568	451568	452568	453568	459568
720569	**GR**	A	*GA*	IL	450569	451569	452569	453569	459569
720570	**GR**	A	*GA*	IL	450570	451570	452570	453570	459570
720571	**GR**	A	*GA*	IL	450571	451571	452571	453571	459571
720572	**GR**	A			450572	451572	452572	453572	459572
720573	**GR**	A	*GA*	IL	450573	451573	452573	453573	459573
720574	**GR**	A	*GA*	IL	450574	451574	452574	453574	459574
720575	**GR**	A			450575	451575	452575	453575	459575
720576	**GR**	A			450576	451576	452576	453576	459576
720577	**GR**	A	*GA*	IL	450577	451577	452577	453577	459577
720578	**GR**	A	*GA*	IL	450578	451578	452578	453578	459578
720579	**GR**	A			450579	451579	452579	453579	459579
720580	**GR**	A	*GA*	IL	450580	451580	452580	453580	459580
720581	**GR**	A	*GA*	IL	450581	451581	452581	453581	459581
720582	**GR**	A			450582	451582	452582	453582	459582
720583	**GR**	A			450583	451583	452583	453583	459583
720584	**GR**	A			450584	451584	452584	453584	459584
720585	**GR**	A			450585	451585	452585	453585	459585
720586	**GR**	A			450586	451586	452586	453586	459586
720587	**GR**	A			450587	451587	452587	453587	459587
720588	**GR**	A			450588	451588	452588	453588	459588
720589	**GR**	A			450589	451589	452589	453589	459589

Class 720/6. c2c units. Full details awaited.

DMS. Alstom Derby 2021–22.
PMS. Alstom Derby 2021–22.
MS(A). Alstom Derby 2021–22.
MS(B). Alstom Derby 2021–22.
DTS. Alstom Derby 2021–22.

720601	P	450601	451601	452601	453601	454601
720602	P	450602	451602	452602	453602	454602
720603	P	450603	451603	452603	453603	454603
720604	P	450604	451604	452604	453604	454604
720605	P	450605	451605	452605	453605	454605
720606	P	450606	451606	452606	453606	454606
720607	P	450607	451607	452607	453607	454607
720608	P	450608	451608	452608	453608	454608
720609	P	450609	451609	452609	453609	454609
720610	P	450610	451610	452610	453610	454610
720611	P	450611	451611	452611	453611	454611
720612	P	450612	451612	452612	453612	454612

CLASS 730 AVENTRA BOMBARDIER/ALSTOM DERBY

West Midlands Trains has a mixed fleet of 3- and 5-car Aventra EMUs on order from Alstom (previously Bombardier). The 3-car units will be used on suburban services around Birmingham, mainly on the Cross City line, while the 5-car units will be used on outer suburban and inter urban services from London Euston and in the West Midlands. Both types are due to enter service during 2022–23. Full details awaited.

Formation: DMS–PMS–DMS or DMC–MS–PMS–MS–DMS.
Systems: 25 kV AC overhead.
Construction: Aluminium.
Traction Motors: Two Bombardier asynchronous of 250 kW.
Wheel Arrangement:
Braking: Disc & regenerative. **Dimensions:** 24.47/24.21 x 2.78 m.
Bogies: FLEXX B5000 inside-frame. **Couplers:** Dellner 12.
Gangways: End gangways. **Control System:** IGBT Inverter.
Doors: Sliding plug.
Maximum Speed: 730/0: 90 mph; 730/1 and 730/2: 110 mph.
Heating & ventilation: Air conditioning.
Seating Layout:
Multiple Working: Within class.

Class 730/0. 3-car West Midlands area suburban units.

DMS(A). Alstom Derby 2020–22. t.
PMS. Alstom Derby 2020–22. t.
DMS(B). Alstom Derby 2020–22. t.

730001	**WM**	CO	490001	492001	494001
730002	**WM**	CO	490002	492002	494002
730003	**WM**	CO	490003	492003	494003

730 004	**WM** CO	490004	492004	494004		
730 005	**WM** CO	490005	492005	494005		
730 006	**WM** CO	490006	492006	494006		
730 007	**WM** CO	490007	492007	494007		
730 008	**WM** CO	490008	492008	494008		
730 009	**WM** CO	490009	492009	494009		
730 010	**WM** CO	490010	492010	494010		
730 011	**WM** CO	490011	492011	494011		
730 012	**WM** CO	490012	492012	494012		
730 013	**WM** CO	490013	492013	494013		
730 014	**WM** CO	490014	492014	494014		
730 015	**WM** CO	490015	492015	494015		
730 016	**WM** CO	490016	492016	494016		
730 017	**WM** CO	490017	492017	494017		
730 018	**WM** CO	490018	492018	494018		
730 019	**WM** CO	490019	492019	494019		
730 020	**WM** CO	490020	492020	494020		
730 021	**WM** CO	490021	492021	494021		
730 022	**WM** CO	490022	492022	494022		
730 023	**WM** CO	490023	492023	494023		
730 024	**WM** CO	490024	492024	494024		
730 025	**WM** CO	490025	492025	494025		
730 026	**WM** CO	490026	492026	494026		
730 027	**WM** CO	490027	492027	494027		
730 028	**WM** CO	490028	492028	494028		
730 029	**WM** CO	490029	492029	494029		
730 030	**WM** CO	490030	492030	494030		
730 031	**WM** CO	490031	492031	494031		
730 032	**WM** CO	490032	492032	494032		
730 033	**WM** CO	490033	492033	494033		
730 034	**WM** CO	490034	492034	494034		
730 035	**WM** CO	490035	492035	494035		
730 036	**WM** CO	490036	492036	494036		

Class 730/1. 5-car outer suburban units.

DMC. Alstom Derby 2020–22.   t.
MS. Alstom Derby 2020–22.   t.
PMS. Alstom Derby 2020–22.   t.
MS. Alstom Derby 2020–22.   t.
DMS. Alstom Derby 2020–22.   t.

730 101	**LN** CO	490101	491101	492101	493101	494101
730 102	**LN** CO	490102	491102	492102	493102	494102
730 103	**LN** CO	490103	491103	492103	493103	494103
730 104	**LN** CO	490104	491104	492104	493104	494104
730 105	**LN** CO	490105	491105	492105	493105	494105
730 106	**LN** CO	490106	491106	492106	493106	494106
730 107	**LN** CO	490107	491107	492107	493107	494107
730 108	**LN** CO	490108	491108	492108	493108	494108
730 109	**LN** CO	490109	491109	492109	493109	494109
730 110	**LN** CO	490110	491110	492110	493110	494110

730 111	**LN**	CO	490111	491111	492111	493111	494111
730 112	**LN**	CO	490112	491112	492112	493112	494112
730 113	**LN**	CO	490113	491113	492113	493113	494113
730 114	**LN**	CO	490114	491114	492114	493114	494114
730 115	**LN**	CO	490115	491115	492115	493115	494115
730 116	**LN**	CO	490116	491116	492116	493116	494116
730 117	**LN**	CO	490117	491117	492117	493117	494117
730 118	**LN**	CO	490118	491118	492118	493118	494118
730 119	**LN**	CO	490119	491119	492119	493119	494119
730 120	**LN**	CO	490120	491120	492120	493120	494120
730 121	**LN**	CO	490121	491121	492121	493121	494121
730 122	**LN**	CO	490122	491122	492122	493122	494122
730 123	**LN**	CO	490123	491123	492123	493123	494123
730 124	**LN**	CO	490124	491124	492124	493124	494124
730 125	**LN**	CO	490125	491125	492125	493125	494125
730 126	**LN**	CO	490126	491126	492126	493126	494126
730 127	**LN**	CO	490127	491127	492127	493127	494127
730 128	**LN**	CO	490128	491128	492128	493128	494128
730 129	**LN**	CO	490129	491129	492129	493129	494129

Class 730/2. 5-car long distance units.

DMC. Alstom Derby 2021–22.   t.
MS. Alstom Derby 2021–22.   t.
PMS. Alstom Derby 2021–22.   t.
MS. Alstom Derby 2021–22.   t.
DMS. Alstom Derby 2021–22.   t.

730 201	**LN**	CO	490201	491201	492201	493201	494201
730 202	**LN**	CO	490202	491202	492202	493202	494202
730 203	**LN**	CO	490203	491203	492203	493203	494203
730 204	**LN**	CO	490204	491204	492204	493204	494204
730 205	**LN**	CO	490205	491205	492205	493205	494205
730 206	**LN**	CO	490206	491206	492206	493206	494206
730 207	**LN**	CO	490207	491207	492207	493207	494207
730 208	**LN**	CO	490208	491208	492208	493208	494208
730 209	**LN**	CO	490209	491209	492209	493209	494209
730 210	**LN**	CO	490210	491210	492210	493210	494210
730 211	**LN**	CO	490211	491211	492211	493211	494211
730 212	**LN**	CO	490212	491212	492212	493212	494212
730 213	**LN**	CO	490213	491213	492213	493213	494213
730 214	**LN**	CO	490214	491214	492214	493214	494214
730 215	**LN**	CO	490215	491215	492215	493215	494215
730 216	**LN**	CO	490216	491216	492216	493216	494216

CLASS 745   FLIRT ELECTRIC   STADLER

These 20 12-car articulated Stadler EMUs was ordered by Greater Anglia in 2016 to replace its locomotive-hauled sets on Liverpool Street–Norwich services and Class 379s on the Stansted Express services. The 12-car units are formed of two 6-car half units formed of three coupled articulated pairs.

Formations (745/0): DMF–PTF–TS–TS–TS–MS–MS–TS–TS–TS–PTS–DMS
or **(745/1):** DMS–PTS–TS–TS–TS–MS–MS–TS–TS–TS–PTS–DMS.
Systems: 25 kV AC overhead.
Construction: Aluminium.
Traction Motors: Four TSA of 325 kW.
Wheel Arrangement: Bo-2-2 + 2-2-2 + 2-2-Bo + Bo-2-2 + 2-2-2 + 2-2-Bo.
Braking: Disc & regenerative   **Dimensions:** 21.05/19.45 x 2.72 m.
Bogies: Stadler/Jacobs.   **Couplers:** Dellner 10.
Gangways: Within unit.   **Control System:** IGBT Inverter.
Doors: Sliding plug (one per vehicle). **Maximum Speed:** 100 mph.
Heating & ventilation: Air conditioning.
Seating Layout: 1: 2+1 facing/unidirectional, 2: 2+2 unidirectional/facing.
Multiple Working: Within class.

Class 745/0. Fitted with First Class and café bar and built for use on the London Liverpool Street–Norwich route.

DMF. Stadler Bussnang/Szolnok 2018–19. 36/–. 41.3 t.
PTF. Stadler Bussnang/Szolnok 2018–19. 44/– 1T. 28.4 t.
TSMB. Stadler Bussnang/Szolnok 2018–19. –/26(+9) 1TD 2W. 26.8 t.
TS. Stadler Bussnang/Szolnok 2018–19. –/66(+12). 26.7 t.
TS. Stadler Bussnang/Szolnok 2018–19. –/70(+4) 1T. 28.0 t.
MS. Stadler Bussnang/Szolnok 2018–19. –/58(+4). 37.4 t.
MS. Stadler Bussnang/Szolnok 2018–19. –/58(+4). 37.4 t.
TS. Stadler Bussnang/Szolnok 2018–19. –/70(+4) 1T. 28.0 t.
TS. Stadler Bussnang/Szolnok 2018–19. –/74(+4). 25.9 t.
TS. Stadler Bussnang/Szolnok 2018–19. –/74(+4). 25.9 t.
PTS. Stadler Bussnang/Szolnok 2018–19. –/70(+4) 1T. 28.7 t.
DMS. Stadler Bussnang/Szolnok 2018–19. –/58(+4). 41.3 t.

745001	**GR**	RR	*GA*	NC	413001	426001	332001	343001	341001	301001
					302001	342001	344001	346001	322001	312001
745002	**GR**	RR	*GA*	NC	413002	426002	332002	343002	341002	301002
					302002	342002	344002	346002	322002	312002
745003	**GR**	RR	*GA*	NC	413003	426003	332003	343003	341003	301003
					302003	342003	344003	346003	322003	312003
745004	**GR**	RR	*GA*	NC	413004	426004	332004	343004	341004	301004
					302004	342004	344004	346004	322004	312004
745005	**GR**	RR	*GA*	NC	413005	426005	332005	343005	341005	301005
					302005	342005	344005	346005	322005	312005
745006	**GR**	RR	*GA*	NC	413006	426006	332006	343006	341006	301006
					302006	342006	344006	346006	322006	312006
745007	**GR**	RR	*GA*	NC	413007	426007	332007	343007	341007	301007
					302007	342007	344007	346007	322007	312007
745008	**GR**	RR	*GA*	NC	413008	426008	332008	343008	341008	301008
					302008	342008	344008	346008	322008	312008

745009	**GR** RR *GA* NC	413009 426009 332009 343009 341009 301009
		302009 342009 344009 346009 322009 312009
745010	**GR** RR *GA* NC	413010 426010 332010 343010 341010 301010
		302010 342010 344010 346010 322010 312010

Class 745/1. Standard Class only units mainly for use between London Liverpool Street and Stansted Airport and for selected services to/from Norwich for maintenance purposes.

DMS. Stadler Bussnang/Szolnok 2018–19. –/48(+6). 41.3 t.
PTS. Stadler Bussnang/Szolnok 2018–19. –/68 1T. 28.4 t.
TS(A). Stadler Bussnang/Szolnok 2018–19. –/50(+9) 1TD 2W. 26.8 t.
TS(B). Stadler Bussnang/Szolnok 2018–19. –/64(+8). 26.7 t.
TS(C). Stadler Bussnang/Szolnok 2018–19. –/68 1T. 28.0 t.
MS(A). Stadler Bussnang/Szolnok 2018–19. –/56. 37.4 t.
MS(B). Stadler Bussnang/Szolnok 2018–19. –/56. 37.4 t.
TS(D). Stadler Bussnang/Szolnok 2018–19. –/68 1T. 28.0 t.
TS(E). Stadler Bussnang/Szolnok 2018–19. –/64(+8). 25.9 t.
TS(F). Stadler Bussnang/Szolnok 2018–19. –/64(+8). 25.9 t.
PTS. Stadler Bussnang/Szolnok 2018–19. –/68 1T. 28.7 t.
DMS. Stadler Bussnang/Szolnok 2018–19. –/48(+6). 41.3 t.

745101	**GR** RR *GA* NC	313101 326101 332101 343101 341101 301101
		302101 342101 344101 346101 322101 312101
745102	**GR** RR *GA* NC	313102 326102 332102 343102 341102 301102
		302102 342102 344102 346102 322102 312102
745103	**GR** RR *GA* NC	313103 326103 332103 343103 341103 301103
		302103 342103 344103 346103 322103 312103
745104	**GR** RR *GA* NC	313104 326104 332104 343104 341104 301104
		302104 342104 344104 346104 322104 312104
745105	**GR** RR *GA* NC	313105 326105 332105 343105 341105 301105
		302105 342105 344105 346105 322105 312105
745106	**GR** RR *GA* NC	313106 326106 332106 343106 341106 301106
		302106 342106 344106 346106 322106 312106
745107	**GR** RR *GA* NC	313107 326107 332107 343107 341107 301107
		302107 342107 344107 346107 322107 312107
745108	**GR** RR *GA* NC	313108 326108 332108 343108 341108 301108
		302108 342108 344108 346108 322108 312108
745109	**GR** RR *GA* NC	313109 326109 332109 343109 341109 301109
		302109 342109 344109 346109 322109 312109
745110	**GR** RR *GA* NC	313110 326110 332110 343110 341110 301110
		302110 342110 344110 346110 322110 312110

CLASS 755   FLIRT BI-MODE   STADLER

This fleet of 3- and 4-car articulated Stadler bi-mode units was ordered by Greater Anglia in 2016 to replace all of its older DMU fleets. The first units entered service in summer 2019. The design features a "power pack" in the middle that houses two diesel engines for the 3-car units and four diesel engines for the 4-car units. This has been given its own number, effectively making the units 4- and 5-car, although there is no passenger accommodation in the power pack car.

755 325–755 406

Formation: DMS–PP–PTS–DMS or DMS–PTS–PP–PTS–DMS.
Systems: Diesel/25 kV AC overhead.
Construction: Aluminium.
Engines: (4-car): Four Deutz V8 of 480 kW (645 hp), (3-car): Two Four Deutz V8 of 480 kW (645 hp).
Traction Motors: 4 x TSA of 325 kW.
Wheel Arrangement: Bo-2-2-2-Bo or Bo-2-2-2-2-Bo.
Braking: Disc & regenerative.
Dimensions: 20.81/15.22/6.69 (PP) m x 2.72/2.82 (PP) m.
Bogies: Stadler/Jacobs. **Couplers:** Dellner 10.
Gangways: Within unit. **Control System:** IGBT Inverter.
Doors: Sliding plug (one per vehicle). **Maximum Speed:** 100 mph.
Heating & ventilation: Air conditioning.
Seating Layout: 2+2 unidirectional/facing.
Multiple Working: Within class.

Class 755/3. 3-car (plus power pack) units.

DMS(A). Stadler Szolnok/Siedlce/Bussnang/Valencia 2018–19. –/60(+4). 43.4 t.
PP. Stadler Bussnang/Valencia 2018–19. 25.4 t.
PTS. Stadler Szolnok/Siedlce/Bussnang/Valencia 2018–19. –/32(+7) 1TD 1T 2W. 24.2 t.
DMS(B). Stadler Szolnok/Siedlce/Bussnang/Valencia 2018–19. –/52(+12). 42.1 t.

755 325	**GR**	RR *GA*	NC	911325	971325	981325	912325
755 326	**GR**	RR *GA*	NC	911326	971326	981326	912326
755 327	**GR**	RR *GA*	NC	911327	971327	981327	912327
755 328	**GR**	RR *GA*	NC	911328	971328	981328	912328
755 329	**GR**	RR *GA*	NC	911329	971329	981329	912329
755 330	**GR**	RR *GA*	NC	911330	971330	981330	912330
755 331	**GR**	RR *GA*	NC	911331	971331	981331	912331
755 332	**GR**	RR *GA*	NC	911332	971332	981332	912332
755 333	**GR**	RR *GA*	NC	911333	971333	981333	912333
755 334	**GR**	RR *GA*	NC	911334	971334	981334	912334
755 335	**GR**	RR *GA*	NC	911335	971335	981335	912335
755 336	**GR**	RR *GA*	NC	911336	971336	981336	912336
755 337	**GR**	RR *GA*	NC	911337	971337	981337	912337
755 338	**GR**	RR *GA*	NC	911338	971338	981338	912338

Class 755/4. 4-car (plus power pack) units.

DMS(A). Stadler Szolnok/Siedlce/Bussnang/Valencia 2018–19. –/60(+4). 41.4 t.
PTS(A). Stadler Szolnok/Siedlce/Bussnang/Valencia 2018–19. –/58(+4). 25.0 t.
PP. Stadler Bussnang/Valencia 2018–19. 28.5 t.
PTS(B). Stadler Szolnok/Siedlce/Bussnang/Valencia 2018–19. –/32(+7). 1TD 1T 2W. 26.4 t.
DMS(B). Stadler Szolnok/Siedlce/Bussnang/Valencia 2018–19. –/52(+12). 42.2 t.

755 401	**GR**	RR *GA*	NC	911401	961401	971401	981401	912401
755 402	**GR**	RR *GA*	NC	911402	961402	971402	981402	912402
755 403	**GR**	RR *GA*	NC	911403	961403	971403	981403	912403
755 404	**GR**	RR *GA*	NC	911404	961404	971404	981404	912404
755 405	**GR**	RR *GA*	NC	911405	961405	971405	981405	912405
755 406	**GR**	RR *GA*	NC	911406	961406	971406	981406	912406

755407	**GR**	RR	*GA*	NC	911407	961407	971407	981407	912407
755408	**GR**	RR	*GA*	NC	911408	961408	971408	981408	912408
755409	**GR**	RR	*GA*	NC	911409	961409	971409	981409	912409
755410	**GR**	RR	*GA*	NC	911410	961410	971410	981410	912410
755411	**GR**	RR	*GA*	NC	911411	961411	971411	981411	912411
755412	**GR**	RR	*GA*	NC	911412	961412	971412	981412	912412
755413	**GR**	RR	*GA*	NC	911413	961413	971413	981413	912413
755414	**GR**	RR	*GA*	NC	911414	961414	971414	981414	912414
755415	**GR**	RR	*GA*	NC	911415	961415	971415	981415	912415
755416	**GR**	RR	*GA*	NC	911416	961416	971416	981416	912416
755417	**GR**	RR	*GA*	NC	911417	961417	971417	981417	912417
755418	**GR**	RR	*GA*	NC	911418	961418	971418	981418	912418
755419	**GR**	RR	*GA*	NC	911419	961419	971419	981419	912419
755420	**GR**	RR	*GA*	NC	911420	961420	971420	981420	912420
755421	**GR**	RR	*GA*	NC	911421	961421	971421	981421	912421
755422	**GR**	RR	*GA*	NC	911422	961422	971422	981422	912422
755423	**GR**	RR	*GA*	NC	911423	961423	971423	981423	912423
755424	**GR**	RR	*GA*	NC	911424	961424	971424	981424	912424

CLASS 756   FLIRT TRI-MODE   STADLER

This fleet of articulated FLIRT tri-mode diesel/electric/battery units is on order for Transport for Wales for use on the Cardiff Valley Lines (Rhymney, Coryton, Vale of Glamorgan, Penarth and Barry Island) from 2022. The units will look similar to Greater Anglia's Class 755s.

Formation: DMS–PP–PTS–DMS or DMS–PTS–PP–PTS–DMS.
Systems: Diesel/25 kV AC overhead/battery.
Construction: Aluminium.
Engines: (4-car): Four Deutz V8 of 480 kW (645 hp), (3-car): Two Four Deutz V8 of 480 kW (645 hp).
Traction Motors: 4 x TSA of 325 kW.
Battery: 1300 kW.
Wheel Arrangement: Bo-2-2-2-Bo or Bo-2-2-2-2-Bo.
Braking: Disc & regenerative.
Dimensions:
Bogies: Stadler/Jacobs.   **Couplers:** Dellner 10.
Gangways: Within unit.   **Control System:** IGBT Inverter.
Doors: Sliding plug.   **Maximum Speed:** 75 mph.
Heating & ventilation: Air conditioning.
Seating Layout: 2+2 unidirectional/facing.
Multiple Working: Within class.

Class 756/0. 3-car (plus power pack) units. Full details awaited.

DMS(A). Stadler Bussnang 2021–22.
PP. Stadler Bussnang 2021–22.
PTS. Stadler Bussnang 2021–22.
DMS(B). Stadler Bussnang 2021–22.

756001		911001	971001	981001	912001
756002		911002	971002	981002	912002

756 003		911003	971003	981003	912003
756 004		911004	971004	981004	912004
756 005		911005	971005	981005	912005
756 006		911006	971006	981006	912006
756 007		911007	971007	981007	912007

Class 756/1. 4-car (plus power pack) units. Full details awaited.

DMS(A). Stadler Bussnang 2021–22.
PTS(A). Stadler Bussnang 2021–22.
PP. Stadler Bussnang 2021–22.
PTS(B). Stadler Bussnang 2021–22.
DMS(B). Stadler Bussnang 2021–22.

756 101		911101	961101	971101	981101	912101
756 102		911102	961102	971102	981102	912102
756 103		911103	961103	971103	981103	912103
756 104		911104	961104	971104	981104	912104
756 105		911105	961105	971105	981105	912105
756 106		911106	961106	971106	981106	912106
756 107		911107	961107	971107	981107	912107
756 108		911108	961108	971108	981108	912108
756 109		911109	961109	971109	981109	912109
756 110		911110	961110	971110	981110	912110
756 111		911111	961111	971111	981111	912111
756 112		911112	961112	971112	981112	912112
756 113		911113	961113	971113	981113	912113
756 114		911114	961114	971114	981114	912114
756 115		911115	961115	971115	981115	912115
756 116		911116	961116	971116	981116	912116
756 117		911117	961117	971117	981117	912117

CLASS 768   FLEX   BREL YORK/BRUSH

Ten Class 319/0 and 319/4 units for Rail Operations Group's subsidiary Orion are to be converted to bi-mode parcels/freight units and renumbered in the Class 768 series. Full details awaited.

Formation: DTV–PMV–TV–DTV.
Systems: Diesel/25 kV AC overhead/750 V DC third rail.
Construction: Steel.
Engines: Two MAN D2876 of 390 kW (523 hp).
Traction Motors: Four GEC G315BZ of 268 kW.
Wheel Arrangement: 2-2 + Bo-Bo + 2-2 + 2-2.
Braking: Disc.   **Dimensions:** 20.17/20.16 × 2.82 m.
Bogies: P7-4 (MS), T3-7 (others).   **Couplers:** Tightlock.
Gangways: Within unit + end doors. **Control System:** GTO chopper.
Doors: Sliding.
Maximum Speed: 100 mph (electric); 85 mph (diesel).
Seating Layout: No seats (removed to allow space for parcels and freight).
Multiple Working: Within class & with Classes 319, 326 and 769.

DTV. Lot No. 31022 (odd nos.) 1987–88.
PMV. Lot No. 31023 1987–88.
TV. Lot No. 31024 1987–88.
DTV. Lot No. 31025 (even nos.) 1987–88.

768001	(319010)	**ON**	P	*ON*	ZG	77309	62900	71781	77308
768002	(319009)	**ON**	P	*ON*	ZG	77307	62899	71780	77306
768003	(319	)							
768004	(319	)							
768005	(319	)							
768006	(319	)							
768007	(319	)							
768008	(319	)							
768009	(319	)							
768010	(319	)							

CLASS 769   FLEX   BREL YORK/BRUSH

In 2016 it was announced that Porterbrook would be converting eight Class 319s into bi-mode "Flex" units for Northern, with two new diesel engines being fitted (one under each of the driving trailer cars) to drive ABB alternators. The units finally entered service with Northern in 2021. Subsequently orders were placed by Transport for Wales for nine units (eight of which entered service in 2020–21) and Great Western Railway for 19 units (due to enter service in 2022). The GWR units will be "tri-mode", with both AC overhead and DC third rail capability.

Work on the conversions took place at Brush Loughborough. All conversions are from Class 319/0 or 319/4 Phase 1 units.

Formation: DTC–MS–TS–DTS.
Systems: Diesel/25 kV AC overhead/750 V DC third rail (GWR units only).
Construction: Steel.
Engines: Two MAN D2876 of 390 kW (523 hp).
Traction Motors: Four GEC G315BZ of 268 kW.
Wheel Arrangement: 2-2 + Bo-Bo + 2-2 + 2-2.
Braking: Disc.   **Dimensions:** 20.17/20.16 x 2.82 m.
Bogies: P7-4 (MS), T3-7 (others).   **Couplers:** Tightlock.
Gangways: Within unit + end doors.   **Control System:** GTO chopper.
Doors: Sliding.
Maximum Speed: 100 mph (electric); 85 mph (diesel).
Seating Layout: 1: 2+1 facing (declassified); 2: 2+2/3+2 facing.
Multiple Working: Within class and with Classes 319, 326 and 768.

Class 769/0. Transport for Wales bi-mode units converted from Class 319/0.

DTS(A). Lot No. 31022 (odd nos.) 1987–88.–/79. 37.5 t.
MS. Lot No. 31023 1987–88. –/79. 51.0 t.
TS. Lot No. 31024 1987–88. –/64 1TD 2W. 34.0 t.
DTS(B). Lot No. 31025 (even nos.) 1987–88. –/79. 37.2 t.

769002	(319002)	**TW**	P	*TW*	CF	77293	62892	71773	77292
769003	(319003)	**TW**	P	*TW*	CF	77295	62893	71774	77294

769006–769943 385

769006	(319006)	**TW**	P	*TW*	CF	77301	62896	71777	77300
769007	(319007)	**TW**	P	*TW*	CF	77303	62897	71778	77302
769008	(319008)	**TW**	P	*TW*	CF	77305	62898	71779	77304

Class 769/4. Northern and TfW bi-mode units converted from Class 319/4.

77331–381. DTC. Lot No. 31022 (odd nos.) 1987–88. 12/50. 37.3 t.
77431–457. DTC. Lot No. 31038 (odd nos.) 1988. 12/50. 37.3 t.
62911–936. MS. Lot No. 31023 1987–88. –/75. 51.0 t.
62961–974. MS. Lot No. 31039 1988. –/75. 51.0 t.
71792–817. TS. Lot No. 31024 1987–88. –/58 1TD 2W. 34.0 t.
71866–879. TS. Lot No. 31040 1988. –/58 1TD 2W. 34.0 t.
77330–380. DTS. Lot No. 31025 (even nos.) 1987–88. –/73. 37.2 t.
77430–456. DTS. Lot No. 31041 (even nos.) 1988. –/73. 37.2 t.

769421	(319421)	**TW**	P	*TW*	CF	77331	62911	71792	77330
769424	(319424)	**NR**	P	*NO*	AN	77337	62914	71795	77336
769426	(319426)	**TW**	P		LB	77341	62916	71797	77340
769431	(319431)	**NR**	P	*NO*	AN	77351	62921	71802	77350
769434	(319434)	**NR**	P	*NO*	AN	77357	62924	71805	77356
769442	(319442)	**NR**	P	*NO*	AN	77373	62932	71813	77372
769445	(319445)	**TW**	P	*TW*	CF	77379	62935	71816	77378
769448	(319448)	**NR**	P	*NO*	AN	77433	62962	71867	77432
769450	(319450)	**NR**	P	*NO*	AN	77437	62964	71869	77436
769452	(319452)	**TW**	P	*TW*	CF	77441	62966	71871	77440
769456	(319456)	**NR**	P	*NO*	AN	77449	62970	71875	77448
769458	(319458)	**NR**	P	*NO*	AN	77453	62972	71877	77452

Class 769/9. Great Western Railway tri-mode units converted from Class 319/4. Full details awaited.

77331–381. DTC. Lot No. 31022 (odd nos.) 1987–88.
77431–457. DTC. Lot No. 31038 1988.
62911–936. MS. Lot No. 31023 1987–88.
62961–974. MS. Lot No. 31039 1988.
71792–817. TS. Lot No. 31024 1987–88.
71866–879. TS. Lot No. 31040 1988.
77330–380. DTS. Lot No. 31025 (even nos.) 1987–88.
77430–456. DTS. Lot No. 31041 (even nos.) 1988.

769922	(319422)	**GW**	P	77333	62912	71793	77332
769923	(319423)	**GW**	P	77335	62913	71794	77334
769925	(319425)	**GW**	P	77339	62915	71796	77338
769927	(319427)	**GW**	P	77343	62917	71798	77342
769928	(319428)	**GW**	P	77345	62918	71799	77344
769930	(319430)	**GW**	P	77349	62920	71801	77348
769932	(319432)	**GW**	P	77353	62922	71803	77352
769935	(319435)	**GW**	P	77359	62925	71806	77358
769936	(319436)	**GW**	P	77361	62926	71807	77360
769937	(319437)	**GW**	P	77363	62927	71808	77362
769938	(319438)	**GW**	P	77365	62928	71809	77364
769939	(319439)	**GW**	P	77367	62929	71810	77366
769940	(319440)	**GW**	P	77369	62930	71811	77368
769943	(319443)	**GW**	P	77375	62933	71814	77374

769944	(319444)	**GW**	P	77377	62934	71815	77376
769946	(319446)	**GW**	P	77381	62936	71817	77380
769947	(319447)	**GW**	P	77431	62961	71866	77430
769949	(319449)	**GW**	P	77435	62963	71868	77434
769959	(319459)	**GW**	P	77455	62973	71878	77454

CLASS 777 STADLER

This fleet of articulated 4-car units was ordered from Stadler in 2017 by Merseytravel for the DC third rail Merseyrail suburban network, to replace Classes 507 and 508 in 2022–23. An option exists for up to a further 59 units. Seven units at the end of the build are to be fitted with batteries (set numbers to be confirmed).

Formation: DMS–MS–MS–DMS.
System: 750 V DC third rail.
Construction: Aluminium.
Traction Motors: Six TSA of 350 kW (470 hp) per unit.
Wheel Arrangement: 2-Bo-Bo-Bo-2. **Dimensions:** 19.00/13.50 x 2.82 m.
Braking: Tread & regenerative. **Couplers:** Dellner 12.
Bogies: Jakobs. **Control System:** IGBT Inverter.
Gangways: Within unit. **Maximum Speed:** 75 mph.
Doors: Sliding plug. **Heating & ventilation:** Air conditioning.
Seating Layout: 2+2 facing/unidirectional.
Multiple Working: Within class.

DMS(A). Stadler Szolnok/Siedlce/Altenrhein 2018–22. –/53. t.
MS(A). Stadler Szolnok/Siedlce/Altenrhein 2018–22. –/38(+1) 1W. t.
MS(B). Stadler Szolnok/Siedlce/Altenrhein 2018–22. –/38(+1) 1W. t.
DMS(B). Stadler Szolnok/Siedlce/Altenrhein 2018–22. –/53. t.

777001	**ME**	MT	427001	428001	429001	430001
777002	**ME**	MT	427002	428002	429002	430002
777003	**ME**	MT	427003	428003	429003	430003
777004	**ME**	MT	427004	428004	429004	430004
777005	**ME**	MT	427005	428005	429005	430005
777006	**ME**	MT	427006	428006	429006	430006
777007	**ME**	MT	427007	428007	429007	430007
777008	**ME**	MT	427008	428008	429008	430008
777009	**ME**	MT	427009	428009	429009	430009
777010	**ME**	MT	427010	428010	429010	430010
777011	**ME**	MT	427011	428011	429011	430011
777012	**ME**	MT	427012	428012	429012	430012
777013	**ME**	MT	427013	428013	429013	430013
777014	**ME**	MT	427014	428014	429014	430014
777015	**ME**	MT	427015	428015	429015	430015
777016	**ME**	MT	427016	428016	429016	430016
777017	**ME**	MT	427017	428017	429017	430017
777018	**ME**	MT	427018	428018	429018	430018
777019	**ME**	MT	427019	428019	429019	430019
777020	**ME**	MT	427020	428020	429020	430020
777021	**ME**	MT	427021	428021	429021	430021

777022	**ME**	MT	427022	428022	429022	430022
777023	**ME**	MT	427023	428023	429023	430023
777024	**ME**	MT	427024	428024	429024	430024
777025	**ME**	MT	427025	428025	429025	430025
777026	**ME**	MT	427026	428026	429026	430026
777027	**ME**	MT	427027	428027	429027	430027
777028	**ME**	MT	427028	428028	429028	430028
777029	**ME**	MT	427029	428029	429029	430029
777030	**ME**	MT	427030	428030	429030	430030
777031	**ME**	MT	427031	428031	429031	430031
777032	**ME**	MT	427032	428032	429032	430032
777033	**ME**	MT	427033	428033	429033	430033
777034	**ME**	MT	427034	428034	429034	430034
777035	**ME**	MT	427035	428035	429035	430035
777036	**ME**	MT	427036	428036	429036	430036
777037	**ME**	MT	427037	428037	429037	430037
777038	**ME**	MT	427038	428038	429038	430038
777039	**ME**	MT	427039	428039	429039	430039
777040	**ME**	MT	427040	428040	429040	430040
777041	**ME**	MT	427041	428041	429041	430041
777042	**ME**	MT	427042	428042	429042	430042
777043	**ME**	MT	427043	428043	429043	430043
777044	**ME**	MT	427044	428044	429044	430044
777045	**ME**	MT	427045	428045	429045	430045
777046	**ME**	MT	427046	428046	429046	430046
777047	**ME**	MT	427047	428047	429047	430047
777048	**ME**	MT	427048	428048	429048	430048
777049	**ME**	MT	427049	428049	429049	430049
777050	**ME**	MT	427050	428050	429050	430050
777051	**ME**	MT	427051	428051	429051	430051
777052	**ME**	MT	427052	428052	429052	430052
777053	**ME**	MT	427053	428053	429053	430053

CLASS 799　　　HYDROFLEX　　BREL YORK/BRUSH

Porterbrook has rebuilt two Class 319s as hydrogen demonstrator units. The first unit was converted in 2019 with the Class 799 MS heavily modified and fitted with batteries, a hydrogen fuel cell and four hydrogen tanks. Hydrogen is stored in tanks at high pressure, from where it is piped into fuel cells where it is mixed with oxygen to create electricity to power the motors. The energy can also be stored in the batteries, these being used at times of high demand.

In 2021 a second demonstrator was converted. This time one of the driving cars has been converted to a hydrogen chamber housing 36 high pressure 150 kg aluminium tanks to store hydrogen. The chamber feeds a 400 kW fuel cell system supported by a lithium-ion battery.

Formation: DMC–MS–TS–DMS.
Systems: Hydrogen/25 kV AC overhead/750 V DC third rail.
Construction: Steel.
Traction Motors: Four GEC G315BZ of 268 kW.

Wheel Arrangement: 2-2 + Bo-Bo + 2-2 + 2-2.
Braking: Disc. **Dimensions:** 20.17/20.16 x 2.82 m.
Bogies: P7-4 (MS), T3-7 (others). **Couplers:** Tightlock.
Gangways: Within unit + end doors. **Doors:** Sliding.
Maximum Speed: 75 mph.
Seating Layout: 1: 2+1 facing (declassified); 2: 2+2/3+2 facing unless stated.

Class 799/0. First Prototype unit converted 2019.

Non-standard livery: HydroFlex (green, grey and white).

77291. DMC. Lot No. 31022. 1987–88.
62891. MS. Lot No. 31023. 1987–88.
71772. TS. Lot No. 31024. 1987–88.
77290. DMS. Lot No. 31025. 1987–88.

799 001   (319 001)   **0**   P   LM   77291   62891   71772   77290

Class 799/2. Second Prototype unit converted 2021.

Non-standard livery: HydroFlex (light green, blue and white).

77975. DMC. Lot No. 31063. 1990. No seats (hydrogen chamber). 49.2 t.
63094. MS. Lot No. 31064. 1990. –/57. 50.6 t.
71980. TS. Lot No. 31065. 1990. Converted to boardroom. –/26 1TD 2W. 31.0 t.
77976. DMS. Lot No. 31066. 1990. –/79. 29.7 t.

799 201   (319 382)   **0**   P   LM   77975   63094   71980   77976

4.5. HITACHI IEP UNITS

CLASS 800 INTERCITY EXPRESS PROGRAMME
BI-MODE   HITACHI

In 2012 Agility Trains, a consortium of Hitachi and John Laing, signed a deal with the DfT to design, build, finance and maintain the next generation of InterCity rolling stock for the Great Western and East Coast Main Lines, principally to replace ageing High Speed Trains on these routes. A follow-on order in 2013 was placed for 30 9-car trains to replace the Class 91 and Mark 4 carriages on the ECML. This brought the total number of vehicles ordered to 866. Both GWR and LNER were originally planned to have a mix of 5-car and 9-car units which will be bi-mode and straight electric units (although the EMUs also have one diesel engine fitted to each set). However, owing to delays with electrification works on the GWML, in 2016 it was announced that the 21 9-car electric Class 801 units for GWR would be built as 21 9-car bi-mode units, numbered instead in the Class 800/3 series.

The units are broadly based on the Southeastern Class 395s, but have 25–25.35 m length bodyshells. They are numbered in the Class 800 (bi-mode) and Class 801 (EMU) number series'. 12 trains (76 vehicles) were fully manufactured at Kasado in Japan before the new Hitachi factory at Newton Aycliffe, County Durham was up and running. The remaining trains are being assembled at either Newton Aycliffe or Kasado. New maintenance depots for the trains have been built at Stoke Gifford (Bristol), Swansea and North Pole (London, the former Eurostar depot) for the GWR sets and at Doncaster for the LNER units.

The first trains arrived for testing in 2015. 5-car units entered service on the Great Western Main Line in autumn 2017 and the fleet of Class 800s and 801s entered service on the East Coast Main Line in 2019-20.

In 2015 GWR ordered a further 22 5-car and seven 9-car IEPs, designated Class 802/0 (5-car) and Class 802/1 (9-car). These are mainly used on Paddington–West of England services.

In 2016 GWR ordered a further seven 9-car Class 802s, TransPennine Express ordered 19 5-car Class 802s and Hull Trains ordered five 5-car Class 802s, for delivery 2019-20. The majority of the Class 802s were constructed at Pistoia in Italy, with some at Kasado.

Subsequent orders for derivatives of this type of train have come from First Group for its ECML open access service (Lumo), Avanti West Coast and East Midlands Railway.

Formation: Various, see class headings for details.
Systems: Diesel/25 kV AC overhead electric.
Construction: Aluminium.
Diesel engines: In the 5-car sets diesel engines are located in cars 2, 3 and 4. In the 9-car sets diesel engines are located in cars 2, 3, 5, 7 and 8.
Engines: MTU 12V 1600 R80L of 700 kW (940 hp).
Traction Motors: Four Hitachi asynchronous of 226 kW.
Wheel Arrangement: 2-2 + Bo-Bo + Bo-Bo + Bo-Bo + 2-2 or
2-2 + Bo-Bo + Bo-Bo + 2-2 + Bo-Bo + 2-2 + Bo-Bo + Bo-Bo + 2-2.
Braking: Disc & regenerative. **Dimensions:** 25.35/25.00 m x 2.74 m.
Bogies: Hitachi. **Couplers:** Dellner 10.
Gangways: Within unit. **Control System:** IGBT Inverter.
Doors: Single-leaf sliding. **Maximum Speed:** 125 mph.
Heating & ventilation: Air conditioning.
Seating Layout: 1: 2+1 facing/unidirectional; 2+2 facing/unidirectional.
Multiple Working: Within class and with all Classes 8xx.

Class 800/0. 5-car Great Western Railway units.
Formation: PDTS–MS–MS–MC–PDTRBF.

PDTS. Hitachi Newton Aycliffe/Kasado 2013–17. –/56 1TD. 47.8 t.
MS. Hitachi Newton Aycliffe/Kasado 2013–17. –/88. 50.1 t.
MS. Hitachi Newton Aycliffe/Kasado 2013–17. –/88 2T. 50.3 t.
MC. Hitachi Newton Aycliffe/Kasado 2013–17. 18/58 1T. 50.6 t.
PDTRBF. Hitachi Newton Aycliffe/Kasado 2013–17. 18/– 1TD 2W. 51.7 t.

800001	**GW**	AT	*GW*	NP	811001	812001	813001	814001	815001
800002	**GW**	AT	*GW*	NP	811002	812002	813002	814002	815002
800003	**GW**	AT	*GW*	NP	811003	812003	813003	814003	815003
800004	**GW**	AT	*GW*	NP	811004	812004	813004	814004	815004
800005	**GW**	AT	*GW*	NP	811005	812005	813005	814005	815005
800006	**GW**	AT	*GW*	NP	811006	812006	813006	814006	815006
800007	**GW**	AT	*GW*	NP	811007	812007	813007	814007	815007

800008	**GW**	AT	*GW*	NP	811008	812008	813008	814008	815008
800009	**GW**	AT	*GW*	NP	811009	812009	813009	814009	815009
800010	**GW**	AT	*GW*	NP	811010	812010	813010	814010	815010
800011	**GW**	AT	*GW*	NP	811011	812011	813011	814011	815011
800012	**GW**	AT	*GW*	NP	811012	812012	813012	814012	815012
800013	**GW**	AT	*GW*	NP	811013	812013	813013	814013	815013
800014	**GW**	AT	*GW*	NP	811014	812014	813014	814014	815014
800015	**GW**	AT	*GW*	NP	811015	812015	813015	814015	815015
800016	**GW**	AT	*GW*	NP	811016	812016	813016	814016	815016
800017	**GW**	AT	*GW*	NP	811017	812017	813017	814017	815017
800018	**GW**	AT	*GW*	NP	811018	812018	813018	814018	815018
800019	**GW**	AT	*GW*	NP	811019	812019	813019	814019	815019
800020	**GW**	AT	*GW*	NP	811020	812020	813020	814020	815020
800021	**GW**	AT	*GW*	NP	811021	812021	813021	814021	815021
800022	**GW**	AT	*GW*	NP	811022	812022	813022	814022	815022
800023	**GW**	AT	*GW*	NP	811023	812023	813023	814023	815023
800024	**GW**	AT	*GW*	NP	811024	812024	813024	814024	815024
800025	**GW**	AT	*GW*	NP	811025	812025	813025	814025	815025
800026	**GW**	AT	*GW*	NP	811026	812026	813026	814026	815026
800027	**GW**	AT	*GW*	NP	811027	812027	813027	814027	815027
800028	**GW**	AT	*GW*	NP	811028	812028	813028	814028	815028
800029	**GW**	AT	*GW*	NP	811029	812029	813029	814029	815029
800030	**GW**	AT	*GW*	NP	811030	812030	813030	814030	815030
800031	**GW**	AT	*GW*	NP	811031	812031	813031	814031	815031
800032	**GW**	AT	*GW*	NP	811032	812032	813032	814032	815032
800033	**GW**	AT	*GW*	NP	811033	812033	813033	814033	815033
800034	**GW**	AT	*GW*	NP	811034	812034	813034	814034	815034
800035	**GW**	AT	*GW*	NP	811035	812035	813035	814035	815035
800036	**GW**	AT	*GW*	NP	811036	812036	813036	814036	815036

Names (one on each driving car unless shown):

800003 Queen Victoria/Queen Elizabeth II
800009 Sir Gareth Edwards/John Charles
800010 Michael Bond/Paddington Bear
800014 Megan Lloyd George CH/Edith New
800019 Joy Lofthouse/Johnny Johnson MBE DFM
800020 Bob Woodward/Elizabeth Ralph
800022 Tulbahadur Pun VC
800023 Firefighter Fleur Lombard QGM/Kathryn Osmond
800025 Captain Sir Tom Moore *(vehicle 815025)*
800026 Don Cameron *(vehicle 815026)*
800030 Henry Cleary/Lincoln Callaghan
800031 Mazen Salmou/Charlotte Marsland
800036 Dr Paul Stephenson OBE *(carried on both driving cars)*

Class 800/1. 9-car LNER units.
Formation: PDTS–MS–MS–TSRB–MS–TS–MC–MF–PDTRBF.

PDTS. Hitachi Kasado/Newton Aycliffe 2013–18. –/48 1TD 2W. 47.7 t.
MS. Hitachi Kasado/Newton Aycliffe 2013–18. –/88 1T. 50.5 t.
MS. Hitachi Kasado/Newton Aycliffe 2013–18. –/88 2T. 50.3 t.
TSRB. Hitachi Kasado/Newton Aycliffe 2013–18. –/72. 41.0 t.

MS. Hitachi Kasado/Newton Aycliffe 2013–18. –/88 2T. 50.3 t.
TS. Hitachi Kasado/Newton Aycliffe 2013–18. –/88 2T. 38.3 t.
MC. Hitachi Kasado/Newton Aycliffe 2013–18. 30/38. 49.1 t.
MF. Hitachi Kasado/Newton Aycliffe 2013–18. 56/– 1T. 50.6 t.
PDTRBF. Hitachi Kasado/Newton Aycliffe 2013–18. 15/– 1TD 2W. 51.7 t.

800 101	**LZ**	AT	*LN*	DN	811101	812101	813101	814101	815101
					816101	817101	818101	819101	
800 102	**LZ**	AT	*LN*	DN	811102	812102	813102	814102	815102
					816102	817102	818102	819102	
800 103	**LZ**	AT	*LN*	DN	811103	812103	813103	814103	815103
					816103	817103	818103	819103	
800 104	**LZ**	AT	*LN*	DN	811104	812104	813104	814104	815104
					816104	817104	818104	819104	
800 105	**LZ**	AT	*LN*	DN	811105	812105	813105	814105	815105
					816105	817105	818105	819105	
800 106	**LZ**	AT	*LN*	DN	811106	812106	813106	814106	815106
					816106	817106	818106	819106	
800 107	**LZ**	AT	*LN*	DN	811107	812107	813107	814107	815107
					816107	817107	818107	819107	
800 108	**LZ**	AT	*LN*	DN	811108	812108	813108	814108	815108
					816108	817108	818108	819108	
800 109	**LZ**	AT	*LN*	DN	811109	812109	813109	814109	815109
					816109	817109	818109	819109	
800 110	**LZ**	AT	*LN*	DN	811110	812110	813110	814110	815110
					816110	817110	818110	819110	
800 111	**LZ**	AT	*LN*	DN	811111	812111	813111	814111	815111
					816111	817111	818111	819111	
800 112	**LZ**	AT	*LN*	DN	811112	812112	813112	814112	815112
					816112	817112	818112	819112	
800 113	**LZ**	AT	*LN*	DN	811113	812113	813113	814113	815113
					816113	817113	818113	819113	

Class 800/2. 5-car LNER units.
Formation: PDTS–MSRB–MS–MC–PDTRBF.

PDTS. Hitachi Newton Aycliffe/Kasado 2018–19. –/56 1TD. 47.8 t.
MSRB. Hitachi Newton Aycliffe/Kasado 2018–19. –/72. 50.1 t.
MS. Hitachi Newton Aycliffe/Kasado 2018–19. –/88 2T. 50.3 t.
MC. Hitachi Newton Aycliffe/Kasado 2018–19. 30/38 1T. 50.6 t.
PDTRBF. Hitachi Newton Aycliffe/Kasado 2018–19. 18/– 1TD 2W. 51.7 t.

800 201	**LZ**	AT	*LN*	DN	811201	812201	813201	814201	815201
800 202	**LZ**	AT	*LN*	DN	811202	812202	813202	814202	815202
800 203	**LZ**	AT	*LN*	DN	811203	812203	813203	814203	815203
800 204	**LZ**	AT	*LN*	DN	811204	812204	813204	814204	815204
800 205	**LZ**	AT	*LN*	DN	811205	812205	813205	814205	815205
800 206	**LZ**	AT	*LN*	DN	811206	812206	813206	814206	815206
800 207	**LZ**	AT	*LN*	DN	811207	812207	813207	814207	815207
800 208	**LZ**	AT	*LN*	DN	811208	812208	813208	814208	815208
800 209	**LZ**	AT	*LN*	DN	811209	812209	813209	814209	815209
800 210	**LZ**	AT	*LN*	DN	811210	812210	813210	814210	815210

Class 800/3. 9-car Great Western Railway units. Originally to be built as electric trains and numbered in the Class 801/0 series.
Formation: PDTS–MS–MS–TS–MS–TS–MS–MF–PDTRBF.

PDTS. Hitachi Newton Aycliffe/Kasado 2017–18. –/48 1TD 2W. 47.8 t.
MS. Hitachi Newton Aycliffe/Kasado 2017–18. –/88 1T. 50.1 t.
MS. Hitachi Newton Aycliffe/Kasado 2017–18. –/88 2T. 50.3 t.
TS. Hitachi Newton Aycliffe/Kasado 2017–18. –/88. 41.0 t.
MS. Hitachi Newton Aycliffe/Kasado 2017–18. –/88 2T. 50.3 t.
TS. Hitachi Newton Aycliffe/Kasado 2017–18. –/88 2T. 38.3 t.
MS. Hitachi Newton Aycliffe/Kasado 2017–18. –/88. 49.1 t.
MF. Hitachi Newton Aycliffe/Kasado 2017–18. 56/– 1T. 50.6 t.
PDTRBF. Hitachi Newton Aycliffe/Kasado 2017–18. 15/– 1TD 2W. 51.7 t.

800301	**GW**	AT	*GW*	NP	821001	822001	823001	824001	825001
					826001	827001	828001	829001	
800302	**GW**	AT	*GW*	NP	821002	822002	823002	824002	825002
					826002	827002	828002	829002	
800303	**GW**	AT	*GW*	NP	821003	822003	823003	824003	825003
					826003	827003	828003	829003	
800304	**GW**	AT	*GW*	NP	821004	822004	823004	824004	825004
					826004	827004	828004	829004	
800305	**GW**	AT	*GW*	NP	821005	822005	823005	824005	825005
					826005	827005	828005	829005	
800306	**GW**	AT	*GW*	NP	821006	822006	823006	824006	825006
					826006	827006	828006	829006	
800307	**GW**	AT	*GW*	NP	821007	822007	823007	824007	825007
					826007	827007	828007	829007	
800308	**GW**	AT	*GW*	NP	821008	822008	823008	824008	825008
					826008	827008	828008	829008	
800309	**GW**	AT	*GW*	NP	821009	822009	823009	824009	825009
					826009	827009	828009	829009	
800310	**GW**	AT	*GW*	NP	821010	822010	823010	824010	825010
					826010	827010	828010	829010	
800311	**GW**	AT	*GW*	NP	821011	822011	823011	824011	825011
					826011	827011	828011	829011	
800312	**GW**	AT	*GW*	NP	821012	822012	823012	824012	825012
					826012	827012	828012	829012	
800313	**GW**	AT	*GW*	NP	821013	822013	823013	824013	825013
					826013	827013	828013	829013	
800314	**GW**	AT	*GW*	NP	821014	822014	823014	824014	825014
					826014	827014	828014	829014	
800315	**GW**	AT	*GW*	NP	821015	822015	823015	824015	825015
					826015	827015	828015	829015	
800316	**GW**	AT	*GW*	NP	821016	822016	823016	824016	825016
					826016	827016	828016	829016	
800317	**GW**	AT	*GW*	NP	821017	822017	823017	824017	825017
					826017	827017	828017	829017	
800318	**GW**	AT	*GW*	NP	821018	822018	823018	824018	825018
					826018	827018	828018	829018	
800319	**GW**	AT	*GW*	NP	821019	822019	823019	824019	825019
					826019	827019	828019	829019	

800 320	**GW**	AT	*GW*	NP	821020	822020	823020	824020	825020
					826020	827020	828020	829020	
800 321	**GW**	AT	*GW*	NP	821021	822021	823021	824021	825021
					826021	827021	828021	829021	

Names (one on each driving car unless shown):

800 306	Allan Leonard Lewis VC/Harold Day DSC
800 310	Wing Commander Ken Rees *(vehicle 829010)*
800 314	Odette Hallowes GC MBE LdH *(vehicle 829014)*
800 317	Freya Bevan *(vehicle 829017)*

CLASS 801 INTERCITY EXPRESS PROGRAMME
ELECTRIC   HITACHI

The Class 801s are electric units, but still have one diesel engine fitted per unit for emergency use or for use on diversionary routes when coupled to a Class 800.

Formation: Various, see class headings for details.
Systems: 25 kV AC overhead electric, plus one diesel engine per set.
Construction: Aluminium.
Diesel engines: In the 5-car sets the single diesel engine is located in car 2 and in the 9-car sets the diesel engine is located in car 8.
Engines: MTU 12V 1600 R80L of 700 kW (940 hp).
Traction Motors: Four Hitachi asynchronous of 226 kW.
Wheel Arrangement: 2-2 + Bo-Bo + Bo-Bo + Bo-Bo + 2-2 or
2-2 + Bo-Bo + Bo-Bo + 2-2 + Bo-Bo + Bo-Bo + 2-2.
Braking: Disc & regenerative.   **Dimensions:** 25.35/25.00 m × 2.74 m.
Bogies: Hitachi.   **Couplers:** Dellner 10.
Gangways: Within unit.   **Control System:** IGBT Inverter.
Doors: Single-leaf sliding.   **Maximum Speed:** 125 mph.
Heating & ventilation: Air conditioning.
Seating Layout: 1: 2+1 facing/unidirectional; 2+2 facing/unidirectional.
Multiple Working: Within class and with all Classes 8xx.

Class 801/1. 5-car LNER units.
Formation: PDTS–MSRB–MS–MC–PDTRBF.

PDTS. Hitachi Newton Aycliffe/Kasado 2016–19. –/56 1TD. 47.8 t.
MSRB. Hitachi Newton Aycliffe/Kasado 2016–19. –/72. 52.1 t.
MS. Hitachi Newton Aycliffe/Kasado 2016–19. –/88 2T. 43.5 t.
MC. Hitachi Newton Aycliffe/Kasado 2016–19. 30/38 1T. 44.1 t.
PDTRBF. Hitachi Newton Aycliffe/Kasado 2016–19. 18/– 1TD 2W. 51.2 t.

801 101	**LZ**	AT	*LN*	DN	821101	822101	823101	824101	825101
801 102	**LZ**	AT	*LN*	DN	821102	822102	823102	824102	825102
801 103	**LZ**	AT	*LN*	DN	821103	822103	823103	824103	825103
801 104	**LZ**	AT	*LN*	DN	821104	822104	823104	824104	825104
801 105	**LZ**	AT	*LN*	DN	821105	822105	823105	824105	825105
801 106	**LZ**	AT	*LN*	DN	821106	822106	823106	824106	825106
801 107	**LZ**	AT	*LN*	DN	821107	822107	823107	824107	825107
801 108	**LZ**	AT	*LN*	DN	821108	822108	823108	824108	825108

801 109	**LZ**	AT	*LN*	DN	821109	822109	823109	824109	825109
801 110	**LZ**	AT	*LN*	DN	821110	822110	823110	824110	825110
801 111	**LZ**	AT	*LN*	DN	821111	822111	823111	824111	825111
801 112	**LZ**	AT	*LN*	DN	821112	822112	823112	824112	825112

Class 801/2. 9-car LNER units.
Formation: PDTS–MS–MS–TSRB–MS–TS–MC–MF–PDTRBF.

PDTS. Hitachi Newton Aycliffe/Kasado 2018–20. –/48 1TD 2W. 47.7 t.
MS. Hitachi Newton Aycliffe/Kasado 2018–20. –/88 1T. 50.5 t.
MS. Hitachi Newton Aycliffe/Kasado 2018–20. –/88 2T. 43.5 t.
TSRB. Hitachi Newton Aycliffe/Kasado 2018–20. –/72. 43.0 t.
MS. Hitachi Newton Aycliffe/Kasado 2018–20. –/88 2T. 43.5 t.
TS. Hitachi Newton Aycliffe/Kasado 2018–20. –/88 2T. 38.3 t.
MC. Hitachi Newton Aycliffe/Kasado 2018–20. 30/38. 42.6 t.
MF. Hitachi Newton Aycliffe/Kasado 2018–20. 56/– 1T. 43.8 t.
PDTRBF. Hitachi Newton Aycliffe/Kasado 2018–20. 15/– 1TD 2W. 51.7 t.

801 201	**LZ**	AT	*LN*	BN	821201 822201 823201 824201 825201
					826201 827201 828201 829201
801 202	**LZ**	AT	*LN*	BN	821202 822202 823202 824202 825202
					826202 827202 828202 829202
801 203	**LZ**	AT	*LN*	BN	821203 822203 823203 824203 825203
					826203 827203 828203 829203
801 204	**LZ**	AT	*LN*	BN	821204 822204 823204 824204 825204
					826204 827204 828204 829204
801 205	**LZ**	AT	*LN*	BN	821205 822205 823205 824205 825205
					826205 827205 828205 829205
801 206	**LZ**	AT	*LN*	BN	821206 822206 823206 824206 825206
					826206 827206 828206 829206
801 207	**LZ**	AT	*LN*	BN	821207 822207 823207 824207 825207
					826207 827207 828207 829207
801 208	**LZ**	AT	*LN*	BN	821208 822208 823208 824208 825208
					826208 827208 828208 829208
801 209	**LZ**	AT	*LN*	BN	821209 822209 823209 824209 825209
					826209 827209 828209 829209
801 210	**LZ**	AT	*LN*	BN	821210 822210 823210 824210 825210
					826210 827210 828210 829210
801 211	**LZ**	AT	*LN*	BN	821211 822211 823211 824211 825211
					826211 827211 828211 829211
801 212	**LZ**	AT	*LN*	BN	821212 822212 823212 824212 825212
					826212 827212 828212 829212
801 213	**LZ**	AT	*LN*	BN	821213 822213 823213 824213 825213
					826213 827213 828213 829213
801 214	**LZ**	AT	*LN*	BN	821214 822214 823214 824214 825214
					826214 827214 828214 829214
801 215	**LZ**	AT	*LN*	BN	821215 822215 823215 824215 825215
					826215 827215 828215 829215
801 216	**LZ**	AT	*LN*	BN	821216 822216 823216 824216 825216
					826216 827216 828216 829216
801 217	**LZ**	AT	*LN*	BN	821217 822217 823217 824217 825217
					826217 827217 828217 829217

801 218	LZ	AT	LN	BN	821218	822218	823218	824218	825218
					826218	827218	828218	829218	
801 219	LZ	AT	LN	BN	821219	822219	823219	824219	825219
					826219	827219	828219	829219	
801 220	LZ	AT	LN	BN	821220	822220	823220	824220	825220
					826220	827220	828220	829220	
801 221	LZ	AT	LN	BN	821221	822221	823221	824221	825221
					826221	827221	828221	829221	
801 222	LZ	AT	LN	BN	821222	822222	823222	824222	825222
					826222	827222	828222	829222	
801 223	LZ	AT	LN	BN	821223	822223	823223	824223	825223
					826223	827223	828223	829223	
801 224	LZ	AT	LN	BN	821224	822224	823224	824224	825224
					826224	827224	828224	829224	
801 225	LZ	AT	LN	BN	821225	822225	823225	824225	825225
					826225	827225	828225	829225	
801 226	LZ	AT	LN	BN	821226	822226	823226	824226	825226
					826226	827226	828226	829226	
801 227	LZ	AT	LN	BN	821227	822227	823227	824227	825227
					826227	827227	828227	829227	
801 228	LZ	AT	LN	BN	821228	822228	823228	824228	825228
					826228	827228	828228	829228	
801 229	LZ	AT	LN	BN	821229	822229	823229	824229	825229
					826229	827229	828229	829229	
801 230	LZ	AT	LN	BN	821230	822230	823230	824230	825230
					826230	827230	828230	829230	

CLASS 802   AT300   HITACHI

These units are technically very similar to the Class 800s. The GWR units have modifications to the roof-mounted brake resistors for frequent operation along the Dawlish seawall.

Formation: Various, full details awaited.
Systems: Diesel/25 kV AC overhead electric.
Construction: Aluminium.
Diesel engines: In the 5-car sets diesel engines are located in cars 2, 3 and 4. In the 9-car sets diesel engines are located in cars 2, 3, 5, 7 and 8.
Engines: MTU 12V 1600 R80L of 700 kW (940 hp).
Traction Motors: Four Hitachi asynchronous of 226 kW.
Wheel Arrangement: 2-2 + Bo-Bo + Bo-Bo + Bo-Bo + 2-2 or 2-2 + Bo-Bo + Bo-Bo + 2-2 + Bo-Bo + 2-2 + Bo-Bo + Bo-Bo + 2-2.
Braking: Disc & regenerative.
Dimensions: 25.35/25.00 m x 2.74 m.
Bogies: Hitachi.
Couplers: Dellner 10.
Gangways: Within unit.
Control System: IGBT Inverter.
Doors: Single-leaf sliding.
Maximum Speed: 125 mph.
Heating & ventilation: Air conditioning.
Seating Layout: 1: 2+1 facing/unidirectional; 2: 2+2 facing/unidirectional.
Multiple Working: Within class and with all Classes 8xx.

Class 802/0. 5-car Great Western Railway units. Pre-series units 802 001/002 were built at Kasado and the remainder at Pistoia.
Formation: PDTS–MS–MS–MC–PDTRBF.

PDTS. Hitachi Pistoia/Kasado 2017–18. –/56 1TD. 48.0 t.
MS. Hitachi Pistoia/Kasado 2017–18. –/88. 50.9 t.
MS. Hitachi Pistoia/Kasado 2017–18. –/88 2T 51.1 t.
MC. Hitachi Pistoia/Kasado 2017–18. 18/58 1T. 51.5 t.
PDTRBF. Hitachi Pistoia/Kasado 2017–18. 18/– 1TD 2W. 51.3 t.

802 001	**GW**	E	*GW*	NP	831001	832001	833001	834001	835001
802 002	**GW**	E	*GW*	NP	831002	832002	833002	834002	835002
802 003	**GW**	E	*GW*	NP	831003	832003	833003	834003	835003
802 004	**GW**	E	*GW*	NP	831004	832004	833004	834004	835004
802 005	**GW**	E	*GW*	NP	831005	832005	833005	834005	835005
802 006	**GW**	E	*GW*	NP	831006	832006	833006	834006	835006
802 007	**GW**	E	*GW*	NP	831007	832007	833007	834007	835007
802 008	**GW**	E	*GW*	NP	831008	832008	833008	834008	835008
802 009	**GW**	E	*GW*	NP	831009	832009	833009	834009	835009
802 010	**GW**	E	*GW*	NP	831010	832010	833010	834010	835010
802 011	**GW**	E	*GW*	NP	831011	832011	833011	834011	835011
802 012	**GW**	E	*GW*	NP	831012	832012	833012	834012	835012
802 013	**GW**	E	*GW*	NP	831013	832013	833013	834013	835013
802 014	**GW**	E	*GW*	NP	831014	832014	833014	834014	835014
802 015	**GW**	E	*GW*	NP	831015	832015	833015	834015	835015
802 016	**GW**	E	*GW*	NP	831016	832016	833016	834016	835016
802 017	**GW**	E	*GW*	NP	831017	832017	833017	834017	835017
802 018	**GW**	E	*GW*	NP	831018	832018	833018	834018	835018
802 019	**GW**	E	*GW*	NP	831019	832019	833019	834019	835019
802 020	**GW**	E	*GW*	NP	831020	832020	833020	834020	835020
802 021	**GW**	E	*GW*	NP	831021	832021	833021	834021	835021
802 022	**GW**	E	*GW*	NP	831022	832022	833022	834022	835022

Names (one on each driving car unless shown):

802 002	Steve Whiteway
802 006	Harry Billinge MBE LdH *(vehicle 835006)*
802 008	Rick Rescorla/RNLB Solomon Browne
802 010	Corporal George Sheard/Kieron Griffin
802 011	Sir Joshua Reynolds PRA/Capt. Robert Falcon Scott RN CVO
802 013	Michael Eavis CBE *(vehicle 835013)*
802 018	Preston de Mendonça/Jeremy Doyle

Class 802/1. 9-car Great Western Railway units. Pre-series unit 802 101 was built at Kasado and the remainder at Pistoia.
Formation: PDTS–MS–MS–TS–MS–TS–MC–MF–PDTRBF.

PDTS. Hitachi Pistoia/Kasado 2017–18. –/48 1TD 2W. 47.7 t.
MS. Hitachi Pistoia/Kasado 2017–18. –/88 1T. 50.1 t.
MS. Hitachi Pistoia/Kasado 2017–18. –/88 2T 50.3 t.
TS. Hitachi Pistoia/Kasado 2017–18. –/88. 41.0 t.
MS. Hitachi Pistoia/Kasado 2017–18. –/88 2T. 50.3 t.
TS. Hitachi Pistoia/Kasado 2017–18. –/88 2T. 38.3 t.
MS. Hitachi Pistoia/Kasado 2017–18. –/88. 50.3 t.

MF. Hitachi Pistoia/Kasado 2017–18. 56/– 1T. 50.6 t.
PDTRBF. Hitachi Pistoia/Kasado 2017–18. 15/– 1TD 2W. 51.7 t.

802 101	**GW**	E	*GW*	NP	831101	832101	833101	834101	835101
					836101	837101	838101	839101	
802 102	**GW**	E	*GW*	NP	831102	832102	833102	834102	835102
					836102	837102	838102	839102	
802 103	**GW**	E	*GW*	NP	831103	832103	833103	834103	835103
					836103	837103	838103	839103	
802 104	**GW**	E	*GW*	NP	831104	832104	833104	834104	835104
					836104	837104	838104	839104	
802 105	**GW**	E	*GW*	NP	831105	832105	833105	834105	835105
					836105	837105	838105	839105	
802 106	**GW**	E	*GW*	NP	831106	832106	833106	834106	835106
					836106	837106	838106	839106	
802 107	**GW**	E	*GW*	NP	831107	832107	833107	834107	835107
					836107	837107	838107	839107	
802 108	**GW**	E	*GW*	NP	831108	832108	833108	834108	835108
					836108	837108	838108	839108	
802 109	**GW**	E	*GW*	NP	831109	832109	833109	834109	835109
					836109	837109	838109	839109	
802 110	**GW**	E	*GW*	NP	831110	832110	833110	834110	835110
					836110	837110	838110	839110	
802 111	**GW**	E	*GW*	NP	831111	832111	833111	834111	835111
					836111	837111	838111	839111	
802 112	**GW**	E	*GW*	NP	831112	832112	833112	834112	835112
					836112	837112	838112	839112	
802 113	**GW**	E	*GW*	NP	831113	832113	833113	834113	835113
					836113	837113	838113	839113	
802 114	**GW**	E	*GW*	NP	831114	832114	833114	834114	835114
					836114	837114	838114	839114	

Name: 802 101   Nancy Astor CH *(vehicle 839101)*

Class 802/2. TransPennine Express units.
Formation: PDTS–MS–MS–MS–PDTF.

PDTS. Hitachi Pistoia/Kasado 2018–19. –/56 1TD. 48.0 t.
MS. Hitachi Pistoia/Kasado 2018–19. –/86. 50.9 t.
MS. Hitachi Pistoia/Kasado 2018–19. –/88 2T 51.1 t.
MS. Hitachi Pistoia/Kasado 2018–19. –/88 1T 51.3 t.
PDTRBF. Hitachi Pistoia/Kasado 2018–19. 24/– 1TD 2W. 50.2 t.

802 201	**TP**	A	*TP*	EC	831201	832201	833201	834201	835201
802 202	**TP**	A	*TP*	EC	831202	832202	833202	834202	835202
802 203	**TP**	A	*TP*	EC	831203	832203	833203	834203	835203
802 204	**TP**	A	*TP*	EC	831204	832204	833204	834204	835204
802 205	**TP**	A	*TP*	EC	831205	832205	833205	834205	835205
802 206	**TP**	A	*TP*	EC	831206	832206	833206	834206	835206
802 207	**TP**	A	*TP*	EC	831207	832207	833207	834207	835207
802 208	**TP**	A	*TP*	EC	831208	832208	833208	834208	835208
802 209	**TP**	A	*TP*	EC	831209	832209	833209	834209	835209
802 210	**TP**	A	*TP*	EC	831210	832210	833210	834210	835210
802 211	**TP**	A	*TP*	EC	831211	832211	833211	834211	835211

802212	**TP**	A	*TP*	EC	831212	832212	833212	834212	835212
802213	**TP**	A	*TP*	EC	831213	832213	833213	834213	835213
802214	**TP**	A	*TP*	EC	831214	832214	833214	834214	835214
802215	**TP**	A	*TP*	EC	831215	832215	833215	834215	835215
802216	**TP**	A	*TP*	EC	831216	832216	833216	834216	835216
802217	**TP**	A	*TP*	EC	831217	832217	833217	834217	835217
802218	**TP**	A	*TP*	EC	831218	832218	833218	834218	835218
802219	**TP**	A	*TP*	EC	831219	832219	833219	834219	835219

Class 802/3. Hull Trains units.
Formation: PDTS–MS–MS–MS–PDTF.

PDTS. Hitachi Pistoia 2018–19. –/50 1TD 1W. 48.0 t.
MS. Hitachi Pistoia 2018–19. –/88. 49.6 t.
MS. Hitachi Pistoia 2018–19. –/88 2T 50.4 t.
MC. Hitachi Pistoia 2018–19. 18/58 1T 50.4 t.
PDTRBF. Hitachi Pistoia 2018–19. 25/– 1TD 2W. 49.6 t.

802301	**HT**	A	*HT*	BN	831301	832301	833301	834301	835301
802302	**HT**	A	*HT*	BN	831302	832302	833302	834302	835302
802303	**HT**	A	*HT*	BN	831303	832303	833303	834303	835303
802304	**HT**	A	*HT*	BN	831304	832304	833304	834304	835304
802305	**HT**	A	*HT*	BN	831305	832305	833305	834305	835305

CLASS 803   HITACHI

Five 5-car electric-only, single-class units that entered service in October 2021 with new East Coast Main Line open access operator Lumo, running between London King's Cross and Edinburgh.

Formation: PDTS–MS–MS–MS–PDTS.
Systems: 25 kV AC overhead electric.
Construction: Aluminium.
Traction Motors: Four Hitachi asynchronous of 226 kW.
Wheel Arrangement: 2-2 + Bo-Bo + Bo-Bo + Bo-Bo + 2-2.
Braking: Disc & regenerative.   **Dimensions:** 25.35/25.00 m x 2.74 m.
Bogies: Hitachi.   **Couplers:** Dellner 10.
Gangways: Within unit.   **Control System:** IGBT Inverter.
Doors: Single-leaf sliding.   **Maximum Speed:** 125 mph.
Heating & ventilation: Air conditioning.
Seating Layout: 2+2 mostly unidirectional.
Multiple Working: Within class and with all Classes 8xx.

PDTS. Hitachi Kasado/Newton Aycliffe 2020–21. –/52(+2) 1TD 2W. 47.7 t.
MS. Hitachi Kasado/Newton Aycliffe 2020–21. –/94 1T. 45.0 t.
MS. Hitachi Kasado/Newton Aycliffe 2020–21. –/94. 44.2 t.
MS. Hitachi Kasado/Newton Aycliffe 2020–21. –/94 1T 45.0 t.
PDTS. Hitachi Kasado/Newton Aycliffe 2020–21. –/60(+2) 1TD. 47.8 t.

803001	**LU**		BN *LU*	EC	841001	842001	843001	844001	845001
803002	**LU**		BN *LU*	EC	841002	842002	843002	844002	845002
803003	**LU**		BN *LU*	EC	841003	842003	843003	844003	845003
803004	**LU**		BN *LU*	EC	841004	842004	843004	844004	845004
803005	**LU**		BN *LU*	EC	841005	842005	843005	844005	845005

CLASS 805   HITACHI

These 13 5-car bi-mode units are on order for Avanti West Coast and will enter service in 2023, replacing the Class 221 Voyagers and operating services such as Euston–Chester–Holyhead, allowing the elimination of long-distance diesel operation on the West Coast Main Line. Full details awaited.

Formation: PDTS–MS–MS–MS–PDTF.
Systems: Diesel/25 kV AC overhead electric.
Construction: Aluminium.
Engines:
Construction: Aluminium.
Traction Motors:
Wheel Arrangement: 2-2 + Bo-Bo + Bo-Bo + Bo-Bo + 2-2.
Braking: Disc & regenerative.   **Dimensions:**
Bogies: Hitachi.   **Couplers:** Dellner 10.
Gangways: Within unit.   **Control System:** IGBT Inverter.
Doors: Single-leaf sliding.   **Maximum Speed:** 125 mph.
Heating & ventilation: Air conditioning.
Seating Layout:
Multiple Working: Within class and with all Classes 8xx.

PDTS. Hitachi Kasado/Newton Aycliffe 2020–22.
MS. Hitachi Kasado/Newton Aycliffe 2020–22.
MS. Hitachi Kasado/Newton Aycliffe 2020–22.
MS. Hitachi Kasado/Newton Aycliffe 2020–22.
PDTF. Hitachi Kasado/Newton Aycliffe 2020–22.

805001	RR		861001	862001	863001	864001	865001
805002	RR		861002	862002	863002	864002	865002
805003	RR		861003	862003	863003	864003	865003
805004	RR		861004	862004	863004	864004	865004
805005	RR		861005	862005	863005	864005	865005
805006	RR		861006	862006	863006	864006	865006
805007	RR		861007	862007	863007	864007	865007
805008	RR		861008	862008	863008	864008	865008
805009	RR		861009	862009	863009	864009	865009
805010	RR		861010	862010	863010	864010	865010
805011	RR		861011	862011	863011	864011	865011
805012	RR		861012	862012	863012	864012	865012
805013	RR		861013	862013	863013	864013	865013

CLASS 807   HITACHI

These ten 7-car electric units for Avanti West Coast will be similar to Class 801s, in that they will have one diesel engine. They are planned to be used on services between Euston, the Midlands and Liverpool from 2023. Full details awaited.

Formation: PDTS–MS–MS–TS–MS–MC–PDTF.
Systems: 25 kV AC overhead electric, plus one diesel engine per set.
Construction: Aluminium.

Engines:
Construction: Aluminium.
Traction Motors:
Wheel Arrangement:
Braking: Disc & regenerative.
Bogies: Hitachi.
Gangways: Within unit.
Doors: Single-leaf sliding.
Heating & ventilation: Air conditioning.
Seating Layout:
Multiple Working: Within class and with all Classes 8xx.

Dimensions:
Couplers: Dellner 10.
Control System: IGBT Inverter.
Maximum Speed: 125 mph.

PDTS. Hitachi Kasado/Newton Aycliffe 2020–22.
MS. Hitachi Kasado/Newton Aycliffe 2020–22.
MS. Hitachi Kasado/Newton Aycliffe 2020–22.
TS. Hitachi Kasado/Newton Aycliffe 2020–22.
MS. Hitachi Kasado/Newton Aycliffe 2020–22.
MC. Hitachi Kasado/Newton Aycliffe 2020–22.
PDTF. Hitachi Kasado/Newton Aycliffe 2020–22.

807001	RR	871001	872001	873001	874001	875001
		876001	877001			
807002	RR	871002	872002	873002	874002	875002
		876002	877002			
807003	RR	871003	872003	873003	874003	875003
		876003	877003			
807004	RR	871004	872004	873004	874004	875004
		876004	877004			
807005	RR	871005	872005	873005	874005	875005
		876005	877005			
807006	RR	871006	872006	873006	874006	875006
		876006	877006			
807007	RR	871007	872007	873007	874007	875007
		876007	877007			
807008	RR	871008	872008	873008	874008	875008
		876008	877008			
807009	RR	871009	872009	873009	874009	875009
		876009	877009			
807010	RR	871010	872010	873010	874010	875010
		876010	877010			

CLASS 810　　　　AT300 SXR　　　　HITACHI

East Midlands Railway has ordered this fleet of 33 5-car bi-mode units for use on the Midland Main Line, principally between St Pancras and Sheffield/Nottingham, from 2023. They will have shorter 24 m bodies to better match platforms on the route. Full details awaited.

Formation: PDTRBF–MC–TS–MS–DPTS.
Systems: Diesel/25 kV AC overhead electric.
Construction: Aluminium.
Diesel engines: Diesel engines are located in cars 1, 2, 4 and 5.

810001–810033

Engines: MTU of 735 kW (985 hp).
Construction: Aluminium.
Traction Motors: Four Hitachi asynchronous of 250 kW.
Wheel Arrangement:
Braking: Disc & regenerative.
Bogies: Hitachi.
Gangways: Within unit.
Doors: Single-leaf sliding.
Dimensions:
Couplers: Dellner 10.
Control System: IGBT Inverter.
Maximum Speed: 125 mph.
Heating & ventilation: Air conditioning.
Seating Layout: 1: 2+1 facing/unidirectional; 2+2 facing/unidirectional.
Multiple Working: Within class and with all Classes 8xx.

PDTRBF. Hitachi Newton Aycliffe 2021–23.
MS. Hitachi Newton Aycliffe 2021–23.
TS. Hitachi Newton Aycliffe 2021–23.
MS. Hitachi Newton Aycliffe 2021–23.
DPTS. Hitachi Newton Aycliffe 2021–23.

810001	RR	851001	852001	853001	854001	855001
810002	RR	851002	852002	853002	854002	855002
810003	RR	851003	852003	853003	854003	855003
810004	RR	851004	852004	853004	854004	855004
810005	RR	851005	852005	853005	854005	855005
810006	RR	851006	852006	853006	854006	855006
810007	RR	851007	852007	853007	854007	855007
810008	RR	851008	852008	853008	854008	855008
810009	RR	851009	852009	853009	854009	855009
810010	RR	851010	852010	853010	854010	855010
810011	RR	851011	852011	853011	854011	855011
810012	RR	851012	852012	853012	854012	855012
810013	RR	851013	852013	853013	854013	855013
810014	RR	851014	852014	853014	854014	855014
810015	RR	851015	852015	853015	854015	855015
810016	RR	851016	852016	853016	854016	855016
810017	RR	851017	852017	853017	854017	855017
810018	RR	851018	852018	853018	854018	855018
810019	RR	851019	852019	853019	854019	855019
810020	RR	851020	852020	853020	854020	855020
810021	RR	851021	852021	853021	854021	855021
810022	RR	851022	852022	853022	854022	855022
810023	RR	851023	852023	853023	854023	855023
810024	RR	851024	852024	853024	854024	855024
810025	RR	851025	852025	853025	854025	855025
810026	RR	851026	852026	853026	854026	855026
810027	RR	851027	852027	853027	854027	855027
810028	RR	851028	852028	853028	854028	855028
810029	RR	851029	852029	853029	854029	855029
810030	RR	851030	852030	853030	854030	855030
810031	RR	851031	852031	853031	854031	855031
810032	RR	851032	852032	853032	854032	855032
810033	RR	851033	852033	853033	854033	855033

4.6. EUROSTAR UNITS

The original Eurostar Class 373 units were built for and are normally used on services between Britain and continental Europe via the Channel Tunnel.

The trailers from SNCF set 3203/04 were refurbished and renumbered to run with power cars 3211/12 (original power cars 3203/04 have been scrapped, as have the trailers from 3211/12).

Each Class 373 train consists of two 10-car units coupled, with a motor car at each driving end. All units are articulated with an extra motor bogie on the coach adjacent to the motor car.

All Class 373 sets can be used between London St Pancras and Paris, Brussels and Disneyland Paris. Certain sets (shown *) are equipped for 1500 V DC operation and are used for the winter service to Bourg Saint Maurice and the summer service to Avignon. All eight refurbished units are fitted for operation on 1500 V DC.

Seven 8-car Class 373 sets were built for Regional Eurostar services, but apart from power cars 3304 and 3308 which have been preserved, the rest have been scrapped.

The second generation Eurostar trains, the Siemens Class 374s, have replaced most of the Class 373s. Eight Class 373s have been fully refurbished and will be retained as part of Eurostar's long-term fleet – 3007/08, 3015/16, 3205/06, 3209/10, 3211/12, 3219/20, 3221/22 and 3229/30. However, at the time of writing the whole Class 373 fleet was mothballed following the reduction in services as a result of the Covid-19 pandemic.

CLASS 373   "THREE CAPITALS" EUROSTARS

10-car half-sets. Built for services starting from or terminating in London Waterloo (now St Pancras). Individual vehicles in each set are allocated numbers 373xxx0 + 373xxx1 + 373xxx2 + 373xxx3 + 373xxx4 + 373xxx5 + 373xxx6 + 373xxx7 + 373xxx8 + 373xxx9, where 3xxx denotes the set number.

Formation: DM–MS–4TS–RB–2TF–TBF. Gangwayed within pair of units. Air conditioned.
Construction: Steel.
Supply Systems: 25 kV AC 50 Hz overhead or 3000 V DC overhead (* also equipped for 1500 V DC overhead operation).
Control System: GTO–GTO Inverter on UK 750 V DC and 25 kV AC, GTO Chopper on SNCB 3000 V DC.
Continuous rating: 12 x 240 kW (25 kV AC); 5700 kW (1500 and 3000 V DC).
Wheel Arrangement: Bo-Bo + Bo–2–2–2–2–2–2–2–2–2.
Lengths: 22.15 m (DM), 21.85 m (MS & TBF), 18.70 m (other cars).
Couplers: Schaku 10S at outer ends, Schaku 10L at inner end of each DM and outer ends of each sub set.
Maximum Speed: 186 mph (300 km/h).

EUROSTAR 3007–3999

Built: 1992–93 by GEC-Alsthom/Brush/ANF/De Dietrich/BN Construction/ACEC.

DM vehicles carry the set numbers indicated below.

Non-standard livery: 3213 and 3224 – Izy (green, white & purple).

† Refurbished.

At the time of writing the following sets were misformed: 3213 with 3224 and 3214 with 3223.

373xxx0 series. DM. Lot No. 31118 1992–95. 68.5 t.
373xxx1 series. MS. Lot No. 31119 1992–95. –/48 2T. 44.6 t.
373xxx2 series. TS. Lot No. 31120 1992–95. –/56 1T. 28.1 t.
373xxx3 series. TS. Lot No. 31121 1992–95. –/56 2T. 29.7 t.
373xxx4 series. TS. Lot No. 31122 1992–95. –/56 1T. 28.3 t.
373xxx5 series. TS. Lot No. 31123 1992–95. –/56 2T. 29.2 t.
373xxx6 series. RB. Lot No. 31124 1992–95. 31.1 t.
373xxx7 series. TF. Lot No. 31125 1992–95. 39/– 1T. 29.6 t.
373xxx8 series. TF. Lot No. 31126 1992–95. 39/– 1T. 32.2 t.
373xxx9 series. TBF. Lot No. 31127 1992–95. 25/– 1TD. 39.4 t.

3007	†*	**ES**	EU	*EU*	LY	3215	*	**EU**	SF		TI
3008	†*	**ES**	EU	*EU*	LY	3216	*	**EU**	SF		TI
3015	†*	**ES**	EU	*EU*	LY	3217		**EU**	SF		TI
3016	†*	**ES**	EU	*EU*	LY	3218		**EU**	SF		TI
3205	†*	**ES**	SF	*EU*	LY	3219	†*	**ES**	SF	*EU*	LY
3206	†*	**ES**	SF	*EU*	LY	3220	†*	**ES**	SF	*EU*	LY
3209	†*	**ES**	SF	*EU*	LY	3221	†*	**ES**	SF	*EU*	LY
3210	†*	**ES**	SF	*EU*	LY	3222	†*	**ES**	SF	*EU*	LY
3211	†*	**ES**	SF	*EU*	LY	3223	*	**EU**	SF		Le Havre
3212	†*	**ES**	SF	*EU*	LY	3224	*	**O**	SF		Le Havre
3213	*	**O**	SF		Le Havre	3229	†*	**ES**	SF	*EU*	LY
3214	*	**EU**	SF		Le Havre	3230	†*	**ES**	SF	*EU*	LY

Spare DM:

3999 **ES** EU *EU* TI

CLASS 374 — SIEMENS VELARO e320

EUROSTAR 4001–4034

8-car half-sets. These units are similar to the DB Class 407 ICE sets, with distributed power rather than a power car at either end like the Class 373s. The first sets entered service in November 2015, operating initially on the St Pancras–Paris route. They have also been used on the new St Pancras–Amsterdam service from 2018.

The initial order was for ten units (4001–20) and this was then increased by another seven (4021–34) in 2014. An option exists for a further six units.

Formation: DMF–TBF–MS–TS–TS–MS–TS–MSRB.
Gangwayed within pair of units. Air conditioned.
Construction: Aluminium. **Control System:** IGBT Inverter.
Supply Systems: 25 kV AC 50 Hz overhead, 1500 V DC overhead and 3000 V DC overhead.
Continuous rating: 8000 kW (25 kV AC), 4200 kW (1500 and 3000 V DC).
Wheel Arrangement: Bo-Bo + 2-2 + Bo-Bo + 2-2 + 2-2 + Bo-Bo + 2-2 + Bo-Bo.
Lengths: 26.035 m (DMF), 24.775 m (other cars).
Couplers: Dellner 12. **Maximum Speed:** 200 mph (320 km/h).
Built: 2012–17 by Siemens, Krefeld, Germany.

DM vehicles carry the full 12-digit EVNs as indicated below. For example set 4001/02 carries the numbers 93 70 3740 011-9 + 93 70 3740 012-7 + 93 70 3740 013-5 + 93 70 3740 014-3 + 93 70 3740 015-0 + 93 70 3740 016-8 + 93 70 3740 017-6 + 93 70 3740 018-4 + 93 70 3740 028-3 + 93 70 3740 027-5 + 93 70 3740 026-7 + 93 70 3740 025-9 + 93 70 3740 024-2 + 93 70 3740 023-4 + 93 70 3740 022-6 + 93 70 3740 021-8.

93 70 3740 xx1-c series. DMF. Siemens Krefeld 2012–17. 40/–. 58.0 t.
93 70 3740 xx2-c series. TBF. Siemens Krefeld 2012–17. 36/– 2T. 59.0 t.
93 70 3740 xx3-c series. MF. Siemens Krefeld 2012–17. 34/–(+2) 1TD 2W. 59.0 t.
93 70 3740 xx4-c series. TS. Siemens Krefeld 2012–17. –/76 2T. 53.0 t.
93 70 3740 xx5-c series. TS. Siemens Krefeld 2012–17. –/76 2T. 53.0 t.
93 70 3740 xx6-c series. MS. Siemens Krefeld 2012–17. –/76 2T. 58.0 t.
93 70 3740 xx7-c series. TS. Siemens Krefeld 2012–17. –/76 2T. 57.0 t.
93 70 3740 xx8-c series. MSRB. Siemens Krefeld 2012–17. –/32 2T. 58.0 t.

4001	**ES**	EU	*EU*	TI	4018	**ES**	EU	*EU*	TI
4002	**ES**	EU	*EU*	TI	4019	**ES**	EU	*EU*	TI
4003	**ES**	EU	*EU*	TI	4020	**ES**	EU	*EU*	TI
4004	**ES**	EU	*EU*	TI	4021	**ES**	EU	*EU*	TI
4005	**ES**	EU	*EU*	TI	4022	**ES**	EU	*EU*	TI
4006	**ES**	EU	*EU*	TI	4023	**ES**	EU	*EU*	TI
4007	**ES**	EU	*EU*	TI	4024	**ES**	EU	*EU*	TI
4008	**ES**	EU	*EU*	TI	4025	**ES**	EU	*EU*	TI
4009	**ES**	EU	*EU*	TI	4026	**ES**	EU	*EU*	TI
4010	**ES**	EU	*EU*	TI	4027	**ES**	EU	*EU*	TI
4011	**ES**	EU	*EU*	TI	4028	**ES**	EU	*EU*	TI
4012	**ES**	EU	*EU*	TI	4029	**ES**	EU	*EU*	TI
4013	**ES**	EU	*EU*	TI	4030	**ES**	EU	*EU*	TI
4014	**ES**	EU	*EU*	TI	4031	**ES**	EU	*EU*	TI
4015	**ES**	EU	*EU*	TI	4032	**ES**	EU	*EU*	TI
4016	**ES**	EU	*EU*	TI	4033	**ES**	EU	*EU*	TI
4017	**ES**	EU	*EU*	TI	4034	**ES**	EU	*EU*	TI

MISCELLANEOUS EMUS

4.7. EMU VEHICLES IN INDUSTRIAL SERVICE

This list comprises EMU vehicles that have been withdrawn from active service but continue to be used in industrial service or for emergency training.

Cl. 332	63400	72412	78400	Siemens, Goole (ex-unit 332 001)
Cl. 390	69133	69833		Avanti West Coast Training Centre, Westmere Drive, Crewe, Cheshire (ex-unit 390 033)
Cl. 390	69633	69733		The Fire Service College, Moreton-in-Marsh, Gloucestershire (ex-unit 390 033)
Cl. 390	69933			Safety & Accident Investigation Centre, Cranfield University, Cranfield, Bedfordshire (ex-unit 390 033)
Cl. 508	64649	64712		Emergency Services Training Centre, Seacombe, Merseyside (ex-units 508 201/209)
Cl. 508	64681	71511	64724	The Fire Service College, Moreton-in-Marsh, Gloucestershire (unit 508 212)

4.8. EMUS AWAITING DISPOSAL

This list comprises EMU vehicles which are awaiting disposal.

The whole Class 442 fleet started to be disposed of during 2021 and only 12 vehicles are left awaiting disposal at either Eastleigh Works or Wolverton at the time of writing.

The remaining Class 483 former Island Line unit is awaiting collection and is due to move to the Llanelli & Mynydd Mawr Railway on behalf of the LT Traction Group.

Cl. 309	**RR**	WC	CS	71758				(ex-309 623)
Cl. 365	**N**	X	ZN	65919				(ex-365 526)
Cl. 442	**GV**	SW	ZG	71822	71846			(ex-442 405)
Cl. 442	**GV**	SW	ZG	71824	71848			(ex-442 407)
Cl. 442	**GV**	SW	ZG	77393	71829	71853	77417	(ex-442 412)
Cl. 442	**GV**	SW	ZN	62954				(ex-442 418)
Cl. 442	**GV**	SW	ZN	77400				(ex-442 419)
Cl. 442	**GV**	SW	ZG	71841	71865			(ex-442 424)
Cl. 483	**LT**	X	Sandown	128 (10255)	228 (11255)			(ex-483 008)

5. ON-TRACK MACHINES

These machines are used for maintaining, renewing and enhancing the infrastructure of the national railway network. With the exception of snowploughs all can be self-propelled, controlled either from a cab mounted on the machine or remotely. They are permitted to operate either under their own power or in train formations throughout the network both within and outside engineering possessions. Machines only permitted to be used within engineering possessions, referred to as On-Track Plant, are not included. Also not included are wagons included in OTM consists and overseas based machines that might make occasional short visits.

For each machine its GB operational number, owner or responsible custodian and type is given, plus its name if carried. In addition, for snow clearance equipment the berthing location is given. Actual operation of each machine is undertaken by either the owner/responsible custodian or a contracted responsible custodian.

Machines were numbered by British Rail with either six-digit wagon series numbers or in the CEPS (Civil Engineers Plant System) series with five prefixed digits. Machines delivered from 2013 onwards carry 12-digit EVN series numbers, most additionally carrying a shorter GB operational number. In most cases the later resemble CEPS numbers. Machines are listed here by GB operational number, which in some cases is also the EVN number. Anomalies in such numbering mean this is not strictly numeric, but the order they would have been if allocated CEPS numbers correctly. Machines that carry additional identifying numbers have these shown "xxxx".

(S) after the registered number designates a machine that is currently stored (the storage location of each is given at the end of this section).

DYNAMIC TRACK STABILISERS

| DR 72211 | BB | Plasser & Theurer DGS 62-N |
| DR 72213 | BB | Plasser & Theurer DGS 62-N |

TAMPERS

Plasser & Theurer 09 Series

DR 73109	SK	Plasser & Theurer 09-3X-RT	
DR 73111	SK	Plasser & Theurer 09-3X-Dynamic	
DR 73113	SK	Plasser & Theurer 09-3X-Dynamic	
DR 73114	NR	Plasser & Theurer 09-3X-Dynamic	Ron Henderson
DR 73115	NR	Plasser & Theurer 09-3X-Dynamic	
DR 73116	NR	Plasser & Theurer 09-3X-Dynamic	
DR 73117	NR	Plasser & Theurer 09-3X-Dynamic	
DR 73118	NR	Plasser & Theurer 09-3X-Dynamic	
DR 73120	NR	Plasser & Theurer 09-3X Dynamic	"99 70 9123 120-6"

ON-TRACK MACHINES

DR 73121	NR	Plasser & Theurer 09-2X Dynamic	"99 70 9123 121-4"
DR 73122	NR	Plasser & Theurer 09-2X Dynamic	"99 70 9123 122-2"
928001	SK	Plasser & Theurer Unimat 09-4x4/4S Dynamic	"99 70 9128 001-3"
DR 74002	SK	Plasser & Theurer Unimat 09-4x4/4S Dynamic	"99 70 9128 002-1"
DR 75008	CS	Plasser & Theurer 09-4x4/4S Dynamic	"99 70 9123 008-3"
DR 75009	CS	Plasser & Theurer 09-4x4/4S Dynamic	"99 70 9123 009-1"
DR 75010	CS	Plasser & Theurer 09-4x4/4S Dynamic	"99 70 9123 010-9"
DR 75011	CS	Plasser & Theurer 09-4x4/4S Dynamic	"99 70 9123 011-7"
DR 75012	SK	Plasser & Theurer 09-4x4/4S Dynamic	"99 70 9123 012-5"
DR 75013	SK	Plasser & Theurer 09-4x4/4S Dynamic	"99 70 9123 013-3"
DR 75014	SK	Plasser & Theurer 09-4x4/4S Dynamic	"99 70 9123 014-1"
DR 75015	SK	Plasser & Theurer 09-4x4/4S Dynamic	"99 70 9123 015-8"

Names:

DR 75010 Roger Nicholas | DR 75011   Andrew Smith

Plasser & Theurer 08 Series and 08 Series (compact)

DR 73803	SK	Plasser & Theurer 08-32U-RT	Alexander Graham Bell
DR 73806	CS	Plasser & Theurer 08-16/32U-RT	Karine
DR 73904	SK	Plasser & Theurer 08-4x4/4S-RT	Thomas Telford
DR 73905	CS	Plasser & Theurer 08-4x4/4S-RT	
DR 73906	CS	Plasser & Theurer 08-4x4/4S-RT	Panther
DR 73907	CS	Plasser & Theurer 08-4x4/4S-RT	
DR 73908	CS	Plasser & Theurer 08-4x4/4S-RT	
DR 73909	CS	Plasser & Theurer 08-4x4/4S-RT	Saturn
DR 73910	CS	Plasser & Theurer 08-4x4/4S-RT	Jupiter
DR 73913	CS	Plasser & Theurer 08-12/4x4C-RT	
DR 73914	SK	Plasser & Theurer 08-4x4/4S-RT	Robert McAlpine
DR 73915	SK	Plasser & Theurer 08-16/4x4C-RT	William Arrol
DR 73916	SK	Plasser & Theurer 08-16/4x4C-RT	First Engineering
DR 73917	BB	Plasser & Theurer 08-4x4/4S-RT	
DR 73918	BB	Plasser & Theurer 08-4x4/4S-RT	
DR 73919	CS	Plasser & Theurer 08-16/4x4C100-RT (with trailer)	
DR 73920	CS	Plasser & Theurer 08-16/4x4C80-RT	
DR 73921	CS	Plasser & Theurer 08-16/4x4C80-RT	
DR 73922	CS	Plasser & Theurer 08-16/4x4C80-RT	John Snowdon
DR 73923	CS	Plasser & Theurer 08-4x4/4S-RT	
DR 73924	CS	Plasser & Theurer 08-16/4x4C100-RT	
DR 73925	CS	Plasser & Theurer 08-16/4x4C100-RT	Europa
DR 73926	BB	Plasser & Theurer 08-16/4x4C100-RT	Stephen Keith Blanchard
DR 73927 (S)	BB	Plasser & Theurer 08-16/4x4C100-RT	
DR 73929	CS	Plasser & Theurer 08-4x4/4S-RT	
DR 73930	CS	Plasser & Theurer 08-4x4/4S-RT	
DR 73931	CS	Plasser & Theurer 08-16/4x4C100-RT	
DR 73932	SK	Plasser & Theurer 08-4x4/4S-RT	
DR 73933	SK	Plasser & Theurer 08-16/4x4/C100-RT (with trailer)	
DR 73934	SK	Plasser & Theurer 08-16/4x4/C100-RT (with trailer)	
DR 73935	CS	Plasser & Theurer 08-4x4/4S-RT	
DR 73936	CS	Plasser & Theurer 08-4x4/4S-RT	
DR 73937	BB	Plasser & Theurer 08-16/4x4C100-RT	

DR 73938	BB	Plasser & Theurer 08-16/4x4C100-RT		
DR 73939	BB	Plasser & Theurer 08-16/4x4C100-RT	Pat Best	
DR 73940	SK	Plasser & Theurer 08-4x4/4S-RT		
DR 73941	SK	Plasser & Theurer 08-4x4/4S-RT		
DR 73942	CS	Plasser & Theurer 08-4x4/4S-RT		
DR 73943	BB	Plasser & Theurer 08-16/4x4C100-RT		
DR 73944	BB	Plasser & Theurer 08-16/4x4C100-RT		
DR 73945	BB	Plasser & Theurer 08-16/4x4C100-RT		
DR 73946	VO	Plasser & Theurer Euromat 08-4x4/4S		
DR 73947	CS	Plasser & Theurer 08-4x4/4S-RT		
DR 73948	CS	Plasser & Theurer 08-4x4/4S-RT		
DR 73949	BB	Plasser & Theurer 08-4x4/4S-RT		"99 70 9123 016-6"
DR 73950	BB	Plasser & Theurer 08-4x4/4S-RT		"99 70 9123 017-4"

Matisa

DR 75301	VO	Matisa B 45 UE		
DR 75302	VO	Matisa B 45 UE	Gary Wright	
DR 75303	VO	Matisa B 45 UE		
DR 75401	VO	Matisa B 41 UE		
DR 75402	VO	Matisa B 41 UE		
DR 75404	VO	Matisa B 41 UE		
DR 75405	VO	Matisa B 41 UE		
DR 75406	CS	Matisa B 41 UE	Eric Machell	
DR 75407	CS	Matisa B 41 UE	Gerry Taylor	
DR 75408	BB	Matisa B 41 UE		
DR 75409	BB	Matisa B 41 UE		
DR 75410	BB	Matisa B 41 UE		
DR 75411	BB	Matisa B 41 UE		
DR 75501	BB	Matisa B 66 UC		
DR 75502	BB	Matisa B 66 UC		
DR 75503	VO	Matisa B 66 UC	"Gill Cowling"	"99 70 9124 001-7"
DR 75504	VO	Matisa B 66 UC		"99 70 9124 002-5"

BALLAST CLEANERS

DR 76501	NR	Plasser & Theurer RM-900-RT	
DR 76502	NR	Plasser & Theurer RM-900-RT	
DR 76503	NR	Plasser & Theurer RM-900-RT	
DR 76504	NR	Plasser & Theurer RM-900	"99 70 9314 504-0"

VACUUM PREPARATION MACHINES

DR 76701	NR	Plasser & Theurer VM80-NR
DR 76703 (S)	NR	Plasser & Theurer VM80-NR

ON-TRACK MACHINES

RAIL VACUUM MACHINES

99 70 9515 002-2	RC	Railcare 16000-480-UK RailVac OTM
99 70 9515 003-0	RC	Railcare 16000-480-UK RailVac OTM
99 70 9515 004-8	RC	Railcare 16000-480-UK RailVac OTM
99 70 9515 005-5	RC	Railcare 16000-480-UK RailVac OTM

BALLAST FEEDER MACHINE

99 70 9552 020-8	RC	Railcare Ballast Feeder UK

BALLAST TRANSFER MACHINES

DR 76750	NR	Matisa D75	*(works with DR 78802/DR 78812/ DR 78822/DR 78832)*
DR 76751	NR	Matisa D75	*(works with DR 78801/DR 78811/ DR 78821/DR 78831)*

CONSOLIDATION MACHINES

DR 76801	NR	Plasser & Theurer 09-CM-NR
DR 76802	NR	Plasser & Theurer 09-2X-CM "99 70 9320 802-0"

FINISHING MACHINES & BALLAST REGULATORS

DR 77001	SK	Plasser & Theurer AFM 2000-RT Finishing Machine	Anthony
DR 77002	SK	Plasser & Theurer AFM 2000-RT Finishing Machine	Lou Phillips
DR 77010	NR	Plasser & Theurer USP 6000 Regulator "99 70 9125 010-7"	
DR 77322 (S)	BB	Plasser & Theurer USP 5000C Regulator	
DR 77327	CS	Plasser & Theurer USP 5000C Regulator	
DR 77801	VO	Matisa R 24 S Regulator	
DR 77802	VO	Matisa R 24 S Regulator	
DR 77901	CS	Plasser & Theurer USP 5000-RT Regulator	
DR 77903	SK	Plasser & Theurer USP 5000-RT Regulator	
DR 77904	NR	Plasser & Theurer USP 5000-RT Regulator	
DR 77905	NR	Plasser & Theurer USP 5000-RT Regulator	
DR 77906	NR	Plasser & Theurer USP 5000-RT Regulator	
DR 77907	NR	Plasser & Theurer USP 5000-RT Regulator	
DR 77909	NR	Plasser & Theurer USP 5000 Regulator "99 70 9125 909-0"	

TWIN JIB TRACK RELAYERS

DRP 78213	VO	Plasser & Theurer Self-Propelled Heavy Duty
DRP 78215	BB	Plasser & Theurer Self-Propelled Heavy Duty
DRP 78216	BB	Plasser & Theurer Self-Propelled Heavy Duty
DRP 78217 (S)	SK	Plasser & Theurer Self-Propelled Heavy Duty

DRP 78219	BB	Plasser & Theurer Self-Propelled Heavy Duty
DRP 78221	BB	Plasser & Theurer Self-Propelled Heavy Duty
DRP 78222	BB	Plasser & Theurer Self-Propelled Heavy Duty
DRC 78226	CS	Cowans Sheldon Self-Propelled Heavy Duty
DRC 78229 (S)	NR	Cowans Sheldon Self-Propelled Heavy Duty
DRC 78231 (S)	NR	Cowans Sheldon Self-Propelled Heavy Duty
DRC 78234 (S)	NR	Cowans Sheldon Self-Propelled Heavy Duty
DRC 78235	CS	Cowans Sheldon Self-Propelled Heavy Duty

NEW TRACK CONSTRUCTION TRAIN PROPULSION MACHINES

DR 78701	BB	Harsco Track Technologies NTC-PW
DR 78702	BB	Harsco Track Technologies NTC-PW

TRACK RENEWAL MACHINES

Matisa P95 Track Renewals Trains

DR 78801+DR 78811+DR 78821+DR 78831 NR *(works with DR 76751)*
DR 78802+DR 78812+DR 78822+DR 78832 NR *(works with DR 76750)*

RAIL GRINDING TRAINS

Loram C21

DR 79231 + DR 79232 + DR 79233 + DR 79236 + DR 79237 NR
DR 79241 + DR 79242 + DR 79243 + DR 79244 + DR 79245 + DR 79246 + DR 79247 NR
DR 79251 + DR 79252 + DR 79253 + DR 79254 + DR 79255 + DR 79256 + DR 79257 NR

Names:
DR 79231 Pete Erwin
DR 79241/247 Roger South *(one plate on opposite sides of each)*
DR 79251/257 Martin Elwood *(one plate on opposite sides of each)*

Harsco Track Technologies RGH20C

DR 79261 + DR 79271 NR
DR 79262 + DR 79272 NR   Chris Gibb (on DR 79262)
DR 79263 + DR 79273 NR
DR 79265 + DR 79264 + DR 79274 NR
DR 79267 + DR 79277 NR   Bridget Rosewell CBE (on DR 79267)

Loram C44

DR 79301 + DR 79302 + NR 99 70 9427 038-3 + 99 70 9427 039-1 +
DR 79303 + DR 79304   99 70 9427 040-9 + 99 70 9427 041-7
DR 79401 + DR 79402 + NR 99 70 9427 042-5 + 99 70 9427 043-3 +
DR 79403 + DR 79404   99 70 9427 044-1 + 99 70 9427 045-8
DR 79501 + DR 79502 + NR 99 70 9427 046-6 + 99 70 9427 047-4 +
DR 79503 + DR 79504 +   99 70 9427 048-2 + 99 70 9427 049-0 +
DR 79505 + DR 79506 +   99 70 9427 050-8 + 99 70 9427 051-6 +
DR 79507   99 70 9427 052-4

RAIL MILLING MACHINES

DR 79101	XR	Linsinger MG31-UK Milling Machine	"99 70 9127 006-3"
DR 79102	NR	Linsinger SF06-UK Milling Machine + trailer DR 79103	"99 70 9127 007-1"
DR 79104	NR	Linsinger SF06-UK Milling Machine + trailer DR 79105	"99 70 9127 008-9"

DR 79601 + DR 79602 +　　　　SC　99 70 9427 063-1 + 99 70 9427 064-9
DR 79603 + DR 79604　　　　　　　99 70 9427 065-6 + 99 70 9527 005-1
　　　　Schweerbau High Speed Milling Machine

STONEBLOWERS

DR 80200 (S)	HR	Pandrol Jackson Plain Line
DR 80201	NR	Pandrol Jackson Plain Line
DR 80202 (S)	HR	Pandrol Jackson Plain Line
DR 80203 (S)	HR	Pandrol Jackson Plain Line
DR 80204 (S)	HR	Pandrol Jackson Plain Line
DR 80205	NR	Pandrol Jackson Plain Line
DR 80206	NR	Pandrol Jackson Plain Line
DR 80208	NR	Pandrol Jackson Plain Line
DR 80209	NR	Pandrol Jackson Plain Line
DR 80210	NR	Pandrol Jackson Plain Line
DR 80211	NR	Pandrol Jackson Plain Line
DR 80213	NR	Harsco Track Technologies Plain Line
DR 80214	NR	Harsco Track Technologies Plain Line
DR 80215	NR	Harsco Track Technologies Plain Line
DR 80216	NR	Harsco Track Technologies Plain Line
DR 80217	NR	Harsco Track Technologies Plain Line
DR 80301	NR	Harsco Track Technologies Multi-purpose　Stephen Cornish
DR 80302	NR	Harsco Track Technologies Multi-purpose
DR 80303	NR	Harsco Track Technologies Multi-purpose

CRANES

DRP 81505	BB	Plasser & Theurer 12 tonne Heavy Duty Diesel Hydraulic
DRP 81508	BB	Plasser & Theurer 12 tonne Heavy Duty Diesel Hydraulic
DRP 81513	BB	Plasser & Theurer 12 tonne Heavy Duty Diesel Hydraulic
DRP 81517	BB	Plasser & Theurer 12 tonne Heavy Duty Diesel Hydraulic
DRP 81525	BB	Plasser & Theurer 12 tonne Heavy Duty Diesel Hydraulic
DRP 81532	BB	Plasser & Theurer 12 tonne Heavy Duty Diesel Hydraulic
DRK 81601	VO	Kirow KRC 810UK 100 tonne Heavy Duty Diesel Hydraulic
DRK 81602	BB	Kirow KRC 810UK 100 tonne Heavy Duty Diesel Hydraulic
DRK 81611	BB	Kirow KRC 1200UK 125 tonne Heavy Duty Diesel Hydraulic
DRK 81612	CS	Kirow KRC 1200UK 125 tonne Heavy Duty Diesel Hydraulic
DRK 81613	VO	Kirow KRC 1200UK 125 tonne Heavy Duty Diesel Hydraulic

ON-TRACK MACHINES

DRK 81621	VO	Kirow KRC 250UK 25 tonne Diesel Hydraulic
DRK 81622	VO	Kirow KRC 250UK 25 tonne Diesel Hydraulic
DRK 81623	SK	Kirow KRC 250UK 25 tonne Diesel Hydraulic
DRK 81624	SK	Kirow KRC 250UK 25 tonne Diesel Hydraulic
DRK 81625	SK	Kirow KRC 250UK 25 tonne Diesel Hydraulic
DRK 81626	SK	Kirow KRC 250S 25 tonne Diesel Hydraulic "99 70 9319 012-9"

99 70 9319 013-7 NR Kirow KRC 1200UK 125 tonne Heavy Duty Diesel Hydraulic

Names:

DRK 81601 Nigel Chester | DRK 81611 Malcolm L. Pearce

LONG WELDED RAIL TRAIN PROPULSION MACHINES

DR 89005	NR	Cowans Boyd PW
DR 89007	NR	Cowans Boyd PW
DR 89008	NR	Cowans Boyd PW

BALLAST SYSTEM PROPULSION MACHINES

DR 92285	NR	Plasser & Theurer PW-RT	
DR 92286	NR	Plasser & Theurer NPW-RT	
DR 92331	NR	Plasser & Theurer PW-RT	
DR 92332	NR	Plasser & Theurer NPW-RT	
DR 92431	NR	Plasser & Theurer PW-RT	
DR 92432	NR	Plasser & Theurer NPW-RT	
DR 92477	NR	Plasser & Theurer PW	"99 70 9310 477-3"
DR 92478	NR	Plasser & Theurer NPW	"99 70 9310 478-1"

BREAKDOWN CRANES

ADRC 96715 (S) NR Cowans Sheldon 75 tonne Diesel Hydraulic

HIGH SPEED 1 MAINTENANCE TRAIN VEHICLES

DR 97001	H1	Eiv de Brieve DU94BA TRAMM with Crane	"DU 94 B 001 URS"
DR 97011	H1	Windhoff MPV (Modular)	
DR 97012	H1	Windhoff MPV (Modular)	Geoff Bell
DR 97013	H1	Windhoff MPV (Modular)	
DR 97014	H1	Windhoff MPV (Modular)	

ON-TRACK MACHINES

MOBILE MAINTENANCE TRAINS

Robel Type 69.70 Mobile Maintenance System
DR 97501/601/801 NR "99 70 9481 001-4 + 99 70 9559 001-1 + 99 70 9580 001-4"
DR 97502/602/802 NR "99 70 9481 002-2 + 99 70 9559 002-9 + 99 70 9580 002-2"
DR 97503/603/803 NR "99 70 9481 003-0 + 99 70 9559 003-7 + 99 70 9580 003-0"
DR 97504/604/804 NR "99 70 9481 004-8 + 99 70 9559 004-5 + 99 70 9580 004-8"
DR 97505/605/805 NR "99 70 9481 005-5 + 99 70 9559 005-2 + 99 70 9580 005-5"
DR 97506/606/806 NR "99 70 9481 006-3 + 99 70 9559 006-0 + 99 70 9580 006-3"
DR 97507/607/807 NR "99 70 9481 007-1 + 99 70 9559 007-8 + 99 70 9580 007-1"
DR 97508/608/808 NR "99 70 9481 008-9 + 99 70 9559 008-6 + 99 70 9580 008-9"

ELIZABETH LINE MAINTENANCE TRAIN VEHICLES

DR 97509	XR	Robel Power Car A	"99 70 9481 009-7"
DR 97510	XR	Robel Power Car B	"99 70 9481 010-5"
DR 97511	XR	Robel Power Car B	"99 70 9481 011-3"
DR 97512	XR	Robel Power Car E	"99 70 9481 012-1"

ELECTRIFICATION VEHICLES

DR 76901	NR	Windhoff MPV with Piling Equipment	"99 70 9131 001-8"
DR 76903	NR	Windhoff MPV with Piling Equipment	"99 70 9131 003-4"
DR 76905	NR	Windhoff MPV with Piling Equipment	"99 70 9131 005-9"
DR 76906	NR	Windhoff MPV with Concrete Equipment	"99 70 9131 006-7"
DR 76910	NR	Windhoff MPV with Concrete Equipment	"99 70 9131 010-9"
DR 76911	NR	Windhoff MPV with Structure Equipment	"99 70 9131 011-7"
DR 76913	NR	Windhoff MPV with Structure Equipment	"99 70 9131 013-3"
DR 76914	NR	Windhoff MPV with Overhead Line Equipment	"99 70 9131 014-1"
DR 76915	NR	Windhoff MPV with Overhead Line Equipment	"99 70 9131 015-8"
DR 76918	NR	Windhoff MPV with Overhead Line Equipment	"99 70 9131 018-2"
DR 76920	NR	Windhoff MPV with Overhead Line Equipment	"99 70 9131 020-8"
DR 76921	NR	Windhoff MPV with Overhead Line Equipment	"99 70 9131 021-6"
DR 76922	NR	Windhoff MPV with Final Works Equipment	"99 70 9131 022-4"
DR 76923	NR	Windhoff MPV with Final Works Equipment	"99 70 9131 023-2"
DR 98001	NR	Windhoff MPV with Piling Equipment	
DR 98002	NR	Windhoff MPV with Overhead Line Renewal Equipment	
DR 98003	NR	Windhoff MPV with Overhead Line Renewal Equipment	
DR 98004	NR	Windhoff MPV with Overhead Line Renewal Equipment	
DR 98005	NR	Windhoff MPV with Overhead Line Renewal Equipment	
DR 98006	NR	Windhoff MPV with Overhead Line Renewal Equipment	
DR 98007	NR	Windhoff MPV with Piling Equipment	
DR 98009	NR	Windhoff MPV with Overhead Line Renewal Equipment	
DR 98010	NR	Windhoff MPV with Overhead Line Renewal Equipment	
DR 98011	NR	Windhoff MPV with Overhead Line Renewal Equipment	
DR 98012	NR	Windhoff MPV with Overhead Line Renewal Equipment	
DR 98013	NR	Windhoff MPV with Overhead Line Renewal Equipment	
DR 98014	NR	Windhoff MPV with Overhead Line Renewal Equipment	

99 70 9231 001-7	AM	SVI RT250 with crane & access platform	
99 70 9231 004-1	AM	SVI PT500 with wire manipulator & access platform	
99 70 9231 005-8	AM	SVI RSM9 with access platform	
99 70 9231 006-6	AM	SVI RSM9 with access platform	
99 70 9231 007-4	AM	APV250 with access platform	

Names:

DR 76901	BRUNEL
DR 76923	GAVIN ROBERTS
DR 98003	ANTHONY WRIGHTON 1944–2011
DR 98004	PHILIP CATTRELL 1961–2011
DR 98006	JASON MCDONNELL 1970–2016
DR 98009	MELVYN SMITH 1953–2011
DR 98010	BENJAMIN GAUTREY 1992–2011
DR 98012	TERENCE HAND 1962–2016
DR 98013	DAVID WOOD 1951–2015
DR 98014	WAYNE IMLACH 1955–2015

GENERAL PURPOSE VEHICLES

DR 98215A + DR 98215B	BB	Plasser & Theurer GP-TRAMM with Trailer
DR 98216A + DR 98216B	BB	Plasser & Theurer GP-TRAMM with Trailer
DR 98217A + DR 98217B	BB	Plasser & Theurer GP-TRAMM with Trailer
DR 98218A + DR 98218B	BB	Plasser & Theurer GP-TRAMM with Trailer
DR 98219A + DR 98219B	BB	Plasser & Theurer GP-TRAMM with Trailer
DR 98220A + DR 98220B	BB	Plasser & Theurer GP-TRAMM with Trailer
DR 98307A (S)	CS	Geismar GP-TRAMM VMT 860 PL/UM
DR 98307B*	CS	Geismar GP-TRAMM Trailer
DR 98308A + DR 98308B (S)	CS	Geismar GP-TRAMM VMT 860 PL/UM with Trailer

* In use as a propelling control vehicle at Baglan Bay Yard.

DR 98901 + DR 98951	NR	Windhoff MPV Master & Slave
DR 98902 + DR 98952	NR	Windhoff MPV Master & Slave
DR 98903 + DR 98953	NR	Windhoff MPV Master & Slave
DR 98904 + DR 98954	NR	Windhoff MPV Master & Slave
DR 98905 + DR 98955	NR	Windhoff MPV Master & Slave
DR 98906 + DR 98956	NR	Windhoff MPV Master & Slave
DR 98907 + DR 98957	NR	Windhoff MPV Master & Slave
DR 98908 + DR 98958	NR	Windhoff MPV Master & Slave
DR 98909 + DR 98959	NR	Windhoff MPV Master & Slave
DR 98910 + DR 98960	NR	Windhoff MPV Master & Slave
DR 98911 + DR 98961	NR	Windhoff MPV Master & Slave
DR 98912 + DR 98962	NR	Windhoff MPV Master & Slave
DR 98913 + DR 98963	NR	Windhoff MPV Master & Slave
DR 98914 + DR 98964	NR	Windhoff MPV Master & Slave
DR 98915 + DR 98965	NR	Windhoff MPV Master & Slave
DR 98916 + DR 98966	NR	Windhoff MPV Master & Slave
DR 98917 + DR 98967	NR	Windhoff MPV Master & Slave
DR 98918 + DR 98968	NR	Windhoff MPV Master & Slave
DR 98919 + DR 98969	NR	Windhoff MPV Master & Slave

ON-TRACK MACHINES

DR 98920 + DR 98970	NR	Windhoff MPV Master & Slave
DR 98921 + DR 98971	NR	Windhoff MPV Master & Slave
DR 98922 + DR 98972	NR	Windhoff MPV Master & Slave
DR 98923 + DR 98973	NR	Windhoff MPV Master & Slave
DR 98924 + DR 98974	NR	Windhoff MPV Master & Slave
DR 98925 + DR 98975	NR	Windhoff MPV Master & Slave
DR 98926 + DR 98976	NR	Windhoff MPV Master & Powered Slave
DR 98927 + DR 98977	NR	Windhoff MPV Master & Powered Slave
DR 98928 + DR 98978	NR	Windhoff MPV Master & Powered Slave
DR 98929 + DR 98979	NR	Windhoff MPV Master & Powered Slave
DR 98930 + DR 98980	NR	Windhoff MPV Master & Powered Slave
DR 98931 + DR 98981	NR	Windhoff MPV Master & Powered Slave
DR 98932 + DR 98982	NR	Windhoff MPV Master & Powered Slave

Names:

DR 98914+DR 98964	Dick Preston	DR 98923+DR 98973	Chris Lemon
DR 98915+DR 98965	Nigel Cummins	DR 98926+DR 98976	John Denyer

INFRASTRUCTURE MONITORING VEHICLES

"950 001" is a purpose-built Track Assessment Unit based on the BREL Class 150/1 design.

DR 98008	NR	Windhoff MPV Twin-cab with surveying equipment
999600+999601	NR	BREL York Track Assessment Unit "950 001"
999800	NR	Plasser & Theurer EM-SAT 100/RT Track Survey Car
999801	NR	Plasser & Theurer EM-SAT 100/RT Track Survey Car

SNOWPLOUGHS

ADB 965203	NR	Independent Drift Plough	Carlisle Kingmoor Yard
ADB 965206	NR	Independent Drift Plough	Crewe Gresty Bridge
ADB 965208	NR	Independent Drift Plough	Norwich Thorpe Yard
ADB 965209	NR	Independent Drift Plough	Motherwell Depot
ADB 965210	NR	Independent Drift Plough	Tonbridge West Yard
ADB 965211	NR	Independent Drift Plough	Tonbridge West Yard
ADB 965217	NR	Independent Drift Plough	York Leeman Road Sidings
ADB 965219	NR	Independent Drift Plough	Norwich Thorpe Yard
ADB 965223	NR	Independent Drift Plough	Taunton Fairwater Yard
ADB 965224	NR	Independent Drift Plough	Inverness Millburn Yard
ADB 965230	NR	Independent Drift Plough	Inverness Millburn Yard
ADB 965231	NR	Independent Drift Plough	Motherwell Depot
ADB 965234	NR	Independent Drift Plough	Motherwell Depot
ADB 965235	NR	Independent Drift Plough	Taunton Fairwater Yard
ADB 965236	NR	Independent Drift Plough	Motherwell Depot
ADB 965237	NR	Independent Drift Plough	Tonbridge West Yard
ADB 965240	NR	Independent Drift Plough	York North Yard Sidings
ADB 965241	NR	Independent Drift Plough	Crewe Gresty Bridge
ADB 965242	NR	Independent Drift Plough	Carlisle Kingmoor Yard

ADB 965243	NR	Independent Drift Plough	Carlisle Kingmoor Yard
ADB 965576	NR	Beilhack Type PB600 Plough	Crewe Basford Hall Yard
ADB 965577	NR	Beilhack Type PB600 Plough	Crewe Basford Hall Yard
ADB 965578	NR	Beilhack Type PB600 Plough	Doncaster West Yard
ADB 965579	NR	Beilhack Type PB600 Plough	Doncaster West Yard
ADB 965580	NR	Beilhack Type PB600 Plough	Doncaster West Yard
ADB 965581	NR	Beilhack Type PB600 Plough	Doncaster West Yard
ADB 966098	NR	Beilhack Type PB600 Plough	Doncaster West Yard
ADB 966099	NR	Beilhack Type PB600 Plough	Doncaster West Yard

SNOWBLOWERS

ADB 968500	NR	Beilhack Self-Propelled Rotary	Rutherglen OTP Depot
ADB 968501	NR	Beilhack Self-Propelled Rotary	Rutherglen OTP Depot

ON-TRACK MACHINES AWAITING DISPOSAL

Tampers
DR 73105   Plasser & Theurer 09-32 CSM   Cardiff Canton Depot

Twin Jib track relayer
DRB 78123 British Hoist & Crane Non-Self-Propelled   Polmadie DHS

LOCATIONS OF STORED ON-TRACK MACHINES

The locations of machines shown above as stored (S) are shown here.

DR 73927	Ashford OTM Depot	DR 80200	Thuxton, Mid Norfolk Railway
DR 76703	Fairwater Yard, Taunton	DR 80202	Leeds Holbeck Depot
DR 77322	Colchester OTM Depot	DR 80203	Leeds Holbeck Depot
DRP 78217	Glasgow Rutherglen Depot	DR 80204	Thuxton, Mid Norfolk Railway
DRC 78229	Beeston Sidings	ARDC 96715	Burton-upon-Trent
DRC 78231	Beeston Sidings	DR 98307A	Darley Dale
DRC 78234	Beeston Sidings	DR 98308A+	
DR 79234+		DR 98308B	Barry Rail Centre
DR 79235	RTC Business Park, Derby		

6. CODES

6.1. LIVERY CODES

Livery codes are used to denote the various liveries carried. It is impossible to list every livery variation which currently exists. In particular items ignored for this publication include:

- Minor colour variations.
- Omission of logos.
- All numbering, lettering and brandings.

Descriptions quoted are thus a general guide only. Logos as appropriate for each livery are normally deemed to be carried. The colour of the lower half of the bodyside is generally stated first.

Code Description

AB Arriva Trains Wales/Welsh Government sponsored all over dark blue.
AG Arlington Fleet Services (green).
AI Aggregate Industries (green, light grey & blue).
AL Advertising/promotional livery (see class heading for details).
AM Avanti West Coast Voyager {interim}. Dark green ends on Virgin Trains silver livery.
AR Anglia Railways (turquoise blue with a white stripe).
AT Avanti West Coast (dark green, dark grey, white, cream & orange).
AV Arriva Trains (turquoise blue with white doors & a cream "swish").
AW Arriva Trains Wales or Arriva TrainCare dark & light blue.
AZ Advenza Freight (deep blue with green Advenza brandings).
B BR blue.
BG BR blue & grey lined out in white.
BL BR Revised blue with yellow cabs, grey roof, large numbers & logo.
C2 c2c (white with dark blue doors).
CA Caledonian Sleeper (dark blue).
CC BR Carmine & Cream.
CD Cotswold Rail (silver with blue & red logo).
CE BR Civil Engineers (yellow & grey with black cab doors & window surrounds).
CH BR Western Region/GWR (chocolate & cream lined out in gold).
CL Chiltern Railways Mainline Class 168 (white & silver).
CM Chiltern Railways Mainline loco-hauled (two-tone grey/white & silver with blue stripes).
CN Connex/Southeastern (white with black window surrounds & grey lower band).
CR Chiltern Railways (blue & white with a red stripe).
CS Colas Rail (yellow, orange & black).
CU Corus (silver with red logos).
DB DB Cargo (Deutsche Bahn red with grey roof & solebar).
DC Devon & Cornwall Railways (metallic silver).
DG BR Departmental (dark grey with black cab doors & window surrounds).
DI New DRS {Class 68 style} (deep blue & aquamarine with large compass logo).
DR Direct Rail Services (dark blue with light blue or dark grey roof).

LIVERY CODES

DS Revised Direct Rail Services (dark blue, light blue & green. "Compass" logo).
E English Welsh & Scottish Railway (maroon bodyside & roof with a broad gold bodyside band).
EA East Midlands Trains revised HST (dark blue, orange & red).
EB Eurotunnel (two-tone grey with a broad blue stripe).
EG "EWS grey" (as **F** but with large yellow & red EWS logo).
EI East Midlands Railway {interim} (white with deep purple swish at unit ends).
EP European Passenger Services (two-tone grey with dark blue roof).
EM East Midlands Trains {Connect} (blue with red & orange swish at unit ends).
ER East Midlands Railway (purple with white or grey lower bodyside lining and doors).
ES Revised Eurostar (deep blue & two-tone grey).
EU Eurostar (white with dark blue & yellow stripes).
EX Europhoenix (silver, blue & red).
F BR Trainload Freight (two-tone grey with black cab doors & window surrounds. Various logos).
FA Fastline Freight (grey & black with white & orange stripes).
FB First Group dark blue.
FD First Great Western "Dynamic Lines" (dark blue with thin multi-coloured lines on the lower bodyside).
FE Railfreight Distribution International (two tone-grey with black cab doors & dark blue roof).
FER Fertis (light grey with a dark grey roof & solebar).
FF Freightliner grey (two-tone grey with black cab doors & window surrounds. Freightliner logo).
FG New Freightliner Genesee & Wyoming style (orange with black & yellow lower bodyside stripes).
FH Revised Freightliner {PowerHaul} (dark green with yellow cab ends & grey stripe/buffer beam).
FL Freightliner (dark green with yellow cabs).
FO BR Railfreight (grey bodysides, yellow cabs & red lower bodyside stripe, large BR logo).
FR Fragonset Railways (black with silver roof & a red bodyside band lined out in white).
FS First Group (indigo blue with pink & white stripes).
G^1 BR Green (plain green, with white stripe on main line locomotives).
G^2 BR Southern Region/SR or BR DMU green.
GA Greater Anglia (white with red doors & black window surrounds).
GB GB Railfreight (blue with orange cantrail & solebar stripes, orange cabs).
GC Grand Central (all over black with an orange stripe).
GG BR two-tone green.
GL First Great Western locomotives (green with a gold stripe).
GR New Greater Anglia (white/grey with black window surrounds & red & dark grey on the lower bodyside).
GV Gatwick Express Class 442 (red, white & indigo blue with mauve & blue doors).
GW Great Western Railway (TOC) dark green.
GY Eurotunnel (grey & yellow).
GX Gatwick Express Class 387 (red with white lining and grey doors).

LIVERY CODES

- **HA** Hanson Quarry Products (dark blue/silver with oxide red roof).
- **HB** HSBC Rail (Oxford blue & white).
- **HC** Heathrow Connect (grey with a broad deep blue bodyside band & orange doors).
- **HE** Heathrow Express (silver with purple doors and black window surrounds.
- **HH** Hanson & Hall (dark grey with green branding).
- **HN** Harry Needle Railroad Company (orange with a black roof and solebar).
- **HT** New Hull Trains (First Group dark blue with a multi-coloured band on lower bodyside depicting images from the route).
- **HU** Hunslet Engine Company (dark blue & orange).
- **HX** New Heathrow Express (silver, grey & purple).
- **IC** BR InterCity (dark grey/white/red/white).
- **K** Black.
- **KB** Knorr-Bremse Rail UK (blue, white & light green).
- **LD** New London Overground (black upper bodyside with white, orange & blue lower bodyside stripes & orange doors).
- **LH** BR Loadhaul (black with orange cabsides).
- **LI** London Northwestern Railway {interim} (dark green at unit ends and doors applied on **LM** light grey/black livery).
- **LM** London Midland (light grey & green with black stripe around the windows.
- **LN** London Northwestern Railway (light grey, dark green & light green).
- **LO** London Overground (all over white with a blue solebar & black window surrounds and orange doors).
- **LR** LORAM (red, white & grey).
- **LT** London Transport maroon & cream.
- **LU** Lumo (blue).
- **LZ** LNER Azuma (white with red window surrounds).
- **M** BR maroon (maroon lined out in straw & black).
- **ME** New Merseyrail (grey and yellow with black window surrounds).
- **ML** BR Mainline Freight (aircraft blue with a silver stripe).
- **MP** Midland Pullman (nanking blue & white).
- **MT** Maritime (blue with white lettering).
- **MY** Merseyrail (all over yellow or all over grey (alternate sides)).
- **N** BR Network SouthEast (white & blue with red lower bodyside stripe, grey solebar & cab ends).
- **NB** Northern all over dark blue.
- **NC** National Express white (white with blue doors).
- **NO** Northern (deep blue, purple & white).
- **NR** New Northern (white & purple).
- **NX** National Express (white with grey ends).
- **O** Non-standard (see class heading for details).
- **ON** Orion (dark blue with light blue doors).
- **PB** Porterbrook Leasing Company (blue).
- **PC** Pullman Car Company (umber & cream with gold lettering lined out in gold).
- **RA** RailAdventure (dark grey with light grey cabs and green lettering).
- **RB** Riviera Trains Oxford blue.
- **RC** Rail Charter Services (green with a broad silver bodyside stripe).
- **RL** RMS Locotec (dark blue with light grey cabsides).
- **RM** Royal Mail (all over red).
- **RO** Rail Operations Group (dark blue).
- **RP** Royal Train (claret, lined out in red & black).

LIVERY CODES

- **RR** Regional Railways (dark blue & grey with light blue & white stripes, three narrow dark blue stripes at vehicle ends).
- **RS** Railway Support Services (grey with a red solebar).
- **RV** Riviera Trains Great Briton (Oxford blue & cream lined out in gold).
- **RX** Rail Express Systems (dark grey & red with or without blue markings).
- **RZ** Royal Train revised (plain claret, no lining).
- **SB** Southeastern blue (all over blue with black window surrounds).
- **SD** Stagecoach/South West Trains outer suburban {Class 450 style} (deep blue with red doors & orange & red cab sides).
- **SE** Southeastern suburban (all over white with black window surrounds, light blue doors and (on some units) dark blue lower bodyside stripe).
- **SI** ScotRail InterCity HST (light grey & dark blue with INTER7CITY branding).
- **SL** Silverlink (indigo blue with white stripe, green lower body & yellow doors).
- **SN** Southern (white & dark green with light green semi-circles at one end of each vehicle. Light grey band at solebar level).
- **SR** ScotRail – Scotland's Railways (dark blue with Scottish Saltire flag & white/light blue flashes).
- **SS** South West Trains inner suburban {Class 455 style} (red with blue & orange flashes at unit ends).
- **ST** Stagecoach {long-distance stock} (white & dark blue with dark blue window surrounds and red & orange swishes at unit ends).
- **SW** South Western Railway (two-tone grey with a yellow lower bodyside stripe).
- **TF** TfL Rail (white with blue doors and lower bodyside stripe).
- **TG** Govia Thameslink interim {Class 387} (white with dark green doors).
- **TL** Govia Thameslink Railway (light grey & white with blue doors).
- **TP** TransPennine Express (silver, grey, blue & purple).
- **TT** Transmart Trains (all over green).
- **TW** Transport for Wales (white with a broad red stripe at cantrail level & red doors).
- **U** Plain white or grey undercoat.
- **V** Virgin Trains (red with black doors extending into bodysides, three white lower bodysides stripes).
- **VE** Virgin Trains East Coast (red & white with black window surrounds).
- **VP** Virgin Trains shunters (black with a large black & white chequered flag on the bodyside).
- **VN** Northern Belle (crimson lake & cream lined out in gold).
- **VT** Virgin Trains silver (silver, with black window surrounds, white cantrail stripe & red roof. Red swept down at unit ends).
- **VW** New Virgin Trains (all over white with Avanti logos).
- **WA** Wabtec Rail (black).
- **WC** West Coast Railway Company maroon.
- **WI** West Midlands Railway {interim} (gold at unit ends & gold doors applied on **LM** light grey/black livery).
- **WM** West Midlands Railway (gold & metallic purple).
- **XC** CrossCountry (two-tone silver with deep crimson ends & pink doors).
- **XR** Crossrail (white with black window surrounds and a purple lower bodyside).
- **Y** Network Rail yellow.

6.2. OWNER CODES

The following codes are used to define the ownership details of the locomotives or rolling stock listed in this book. Codes shown indicate either the legal owner or "responsible custodian" of each vehicle.

125	125 Group
20	Class 20189
37	Scottish Thirty-Seven Group
40	Class 40 Preservation Society
47	Stratford 47 Group
50	Class 50 Alliance
56	Class 56 Locomotives
70	7029 Clun Castle
71	71A Locomotives
2L	Class 20 Locomotives
A	Angel Trains
AD	AV Dawson
AF	Arlington Fleet Services
AK	Akiem
AM	Alstom
AT	Agility Trains
AV	Arriva UK Trains
BA	Babcock Rail
BB	Balfour Beatty Rail Infrastructure Services
BD	Bardon Aggregates
BE	Belmond (UK)
BN	Beacon Rail
BR	Brodie Leasing
CD	Crewe Diesel Preservation Group
CL	Caledonian Rail Leasing
CO	Corelink Rail Infrastructure
CT	Cross London Trains
CS	Colas Rail
D0	D05 Preservation Group
DA	Data Acquisition & Testing Services
DB	DB Cargo (UK)
DC	DC Rail
DE	Diesel and Electric Preservation Group
DP	Deltic Preservation Society
DR	Direct Rail Services
DT	The Diesel Traction Group
E	Eversholt Rail (UK)
ED	Ed Murray & Sons
EE	English Electric Preservation
EL	Electric Traction Limited
EM	East Midlands Railway
EO	ElectroMotive Diesel Services
EP	Europhoenix
ER	Eastern Rail Services
ET	Eurotunnel

OWNER CODES

EU	Eurostar International
EY	European Metal Recycling
FG	First Group
FL	Freightliner
GB	GB Railfreight
GW	Great Western Railway (assets of the Greater Western franchise)
H1	Network Rail (High Speed)
HD	Hastings Diesels
HH	Hanson & Hall Rail Services
HN	Harry Needle Railroad Company
HR	Harsco Track Technologies
HU	Hunslet Engine Company
HX	Halifax Bank of Scotland
LF	Lombard North Central
LN	London Overground
LO	LORAM (UK)
LS	Locomotive Services
LU	London Underground
ME	Meteor Power
MR	Mendip Rail
MT	Merseytravel
NB	Boden Rail Engineering
NM	National Museum of Science & Industry
NN	North Norfolk Railway
NR	Network Rail
NS	Nemesis Rail
NY	North Yorkshire Moors Railway Enterprises
P	Porterbrook Leasing Company
PG	Progress Rail UK Leasing
PO	Other private owner
PP	Peter Pan Locomotive Company
PR	The Princess Royal Class Locomotive Trust
QW	QW Rail Leasing
RA	RailAdventure
RC	RailCare UK
RF	Rail for London (Transport for London)
RL	Rail Management Services (trading as RMS Locotec)
RM	Royal Mail
RO	Rail Operations Group
RP	Rampart Engineering
RR	Rock Rail
RS	Railway Support Services
RU	Russell Logistics
RV	Riviera Trains
SB	Steve Beniston
SC	Schweerbau
SF	SNCF (Société Nationale des Chemins de fer Français)
SI	Speno International
SK	Swietelsky Babcock Rail
SP	The Scottish Railway Preservation Society
SR	ScotRail

OWNER CODES/LOCOMOTIVE POOL CODES

- ST Shaun Wright
- SU SembCorp Utilities UK
- SW South Western Railway
- SY South Yorkshire Passenger Transport Executive
- TT Transmart Trains
- TW Transport for Wales
- UR UK Rail Leasing
- VG Victoria Group
- VI Vivarail
- VO VolkerRail
- VT Vintage Trains
- WA Wabtec Rail Group
- WC West Coast Railway Company
- WM West Midlands Trains
- X   Sold for scrap/further use and awaiting collection

6.3. LOCOMOTIVE POOL CODES

Locomotives are split into operational groups ("pools") for diagramming and maintenance purposes. The codes used to denote these pools are shown in this publication.

- AWCA West Coast Railway Company operational locomotives.
- AWCX West Coast Railway Company stored locomotives.
- CFOL Class 50 Operations locomotives.
- CFSL Class 40 Preservation Society Locomotives.
- COFS Colas Rail Class 56.
- COLO Colas Rail Classes 66 & 70.
- COLS Colas Rail stored locomotives.
- COTS Colas Rail Classes 37, 43 & 67.
- DCRO DC Rail Class 56.
- DCRS DC Rail Class 60.
- DFGI Freightliner Class 70.
- DFHG Freightliner Class 59.
- DFHH Freightliner Class 66/6.
- DFIM Freightliner Class 66/5.
- DFIN Freightliner low emission Class 66.
- DFLC Freightliner Class 90.
- DHLT Freightliner locomotives awaiting maintenance/repair/disposal.
- EFOO Great Western Railway Class 57.
- EFPC Great Western Railway Class 43.
- EHPC CrossCountry Class 43.
- EPEX Europhoenix locomotives for export.
- EPUK Europhoenix UK locomotives.
- EROG Rail Operations Group electric locomotives.
- ERSL Eastern Rail Services locomotives.
- GBBR GB Railfreight Class 73 for possible rebuilding.
- GBBT GB Railfreight Class 66. Large fuel tanks.
- GBCS GB Railfreight Class 73/9. Caledonian Sleeper.
- GBCT GB Railfreight Class 92. Channel Tunnel traffic.
- GBDF GB Railfreight Class 47.

LOCOMOTIVE POOL CODES

Code	Description
GBEB	GB Railfreight Class 66. Ex-European, large fuel tanks.
GBED	GB Railfreight Class 73.
GBEL	GB Railfreight Class 66. New build, small fuel tanks.
GBFM	GB Railfreight Class 66. RETB fitted.
GBGD	GB Railfreight Class 56. Operational locomotives.
GBGS	GB Railfreight Class 56. Stored locomotives.
GBHH	GB Railfreight Class 66. Regeared locomotives.
GBLT	GB Railfreight Class 66. Small fuel tanks.
GBNB	GB Railfreight Class 66. New build.
GBNR	GB Railfreight Class 73/9. Network Rail contracts.
GBOB	GB Railfreight Class 66. Former DB Cargo locomotives; large fuel tanks and buckeye couplers.
GBRG	GB Railfreight Class 69.
GBSD	GB Railfreight. Stored locomotives.
GBSL	GB Railfreight Class 92. Caledonian Sleeper.
GBST	GB Railfreight Class 92. Caledonian Sleeper & Channel Tunnel.
GBTG	GB Railfreight Class 60.
GBYH	GB Railfreight Class 59.
GBZZ	GB Railfreight locomotives for disposal.
GROG	Rail Operations Group diesel locomotives.
HAPC	ScotRail Class 43.
HHPC	RailAdventure/Hanson & Hall Class 43.
HNRL	Harry Needle Railroad Company hire locomotives.
HNRS	Harry Needle Railroad Company stored locomotives.
HTLX	Hanson & Hall Rail Services locomotives.
HVAC	Hanson & Hall Rail Services Class 50.
HYWD	South Western Railway Class 73.
ICHP	125 Group Class 43.
IECA	London North Eastern Railway Class 91.
IECP	London North Eastern Railway Class 43 (stored).
LSLO	Locomotive Services operational locomotives.
LSLS	Locomotive Services stored locomotives.
MBDL	Non TOC-owned diesel locomotives.
MBED	Non TOC-owned electro-diesel locomotives.
MBEL	Non TOC-owned electric locomotives.
MOLO	Class 20189 Ltd Class 20.
NRLO	Nemesis Rail locomotives.
QADD	Network Rail locomotives.
QCAR	Network Rail New Measurement Train Class 43.
QETS	Network Rail Class 37.
RAJV	Scottish Railway Preservation Society Class 37.
SAXL	Eversholt Rail off-lease locomotives.
SBXL	Porterbrook Leasing Company stored locomotives.
SCEL	Angel Trains stored locomotives.
SROG	Rail Operations Group stored locomotives
TPEX	TransPennine Express Class 68 locomotives.
UKRL	UK Rail Leasing. Operational locomotives.
UKRM	UK Rail Leasing. Locomotives for overhaul.
UKRS	UK Rail Leasing. Stored locomotives.
WAAC	DB Cargo Class 67.
WAWC	DB Cargo Class 67 for hire to Transport for Wales.

LOCOMOTIVE POOL CODES/OPERATOR CODES

Code	Description
WBAE	DB Cargo Class 66. Locomotives fitted with "stop-start" technology.
WBAI	DB Cargo Class 66. Locomotives returned from Euro Cargo Rail/France.
WBAR	DB Cargo Class 66. Fitted with remote monitoring equipment.
WBAT	DB Cargo Class 66.
WBBE	DB Cargo Class 66. RETB fitted and fitted with "stop-start" technology.
WBBT	DB Cargo Class 66. RETB fitted.
WBLE	DB Cargo Class 66. Dedicated locomotives for Lickey Incline banking duties. Fitted with "stop-start" technology.
WBRT	DB Cargo Class 66. Locomotives dedicated to autumn RHTT trains.
WCAT	DB Cargo Class 60.
WCBT	DB Cargo Class 60. Extended-range fuel tanks.
WEAC	DB Cargo Class 90.
WEDC	DB Cargo Class 90. Modified for operation with Mark 4s.
WFBC	DB Cargo Class 92 with TVM430 cab signalling equipment for use on High Speed 1.
WQAA	DB Cargo stored locomotives Group 1A (short-term maintenance).
WQAB	DB Cargo stored locomotives Group 1B.
WQBA	DB Cargo stored locomotives Group 2 (unserviceable).
WQCA	DB Cargo stored locomotives Group 3 (unserviceable).
WQDA	DB Cargo stored locomotives Group 4 (awaiting disposal or for sale).
XHAC	Direct Rail Services Classes 37/4 & 57/3.
XHCE	Direct Rail Services Class 68 for hire to Chiltern Railways.
XHCK	Direct Rail Services Class 57/0.
XHCS	Direct Rail Services Class 68 for hire to Chiltern Railways (spare locomotives).
XHHP	Direct Rail Services locomotives – holding pool.
XHIM	Direct Rail Services locomotives – Intermodal traffic.
XHNC	Direct Rail Services locomotives – nuclear traffic/general.
XHSS	Direct Rail Services stored locomotives.
XHTP	Direct Rail Services Class 68 for hire to TransPennine Express (spare locomotives).
XHVE	Direct Rail Services Classes 68 & 88.
XHVT	Direct Rail Services Class 57/3 for hire to Avanti West Coast.
XSDP	Direct Rail Services locomotives for disposal.

6.4. OPERATOR CODES

Operator codes are used to denote the organisation that facilitates the use of that vehicle, and may not be the actual Train Operating Company which runs the train. Where no operator code is shown, vehicles are currently not in use.

Code	Operator
AW	Avanti West Coast
BP	Belmond British Pullman
C2	c2c
CA	Caledonian Sleeper
CR	Chiltern Railways
CS	Colas Rail
DB	DB Cargo (UK)
DR	Direct Rail Services
EM	East Midlands Railway
EU	Eurostar (UK)

GA Greater Anglia
GB GB Railfreight
GC Grand Central
GN Great Northern (part of Govia Thameslink Railway)
GW Great Western Railway
HD Hastings Diesels
HE Heathrow Express
HT Hull Trains
LN London North Eastern Railway
LO London Overground
LS Locomotive Services
LU Lumo
ME Merseyrail
NO Northern
NY North Yorkshire Moors Railway
ON Orion
RO Rail Operations Group
RS The Royal Scotsman (Belmond)
RT Royal Train
RV Riviera Trains
SE Southeastern
SN Southern (part of Govia Thameslink Railway)
SP The Scottish Railway Preservation Society
SR ScotRail
SW South Western Railway
SY Stagecoach Supertram
TL Thameslink (part of Govia Thameslink Railway)
TP TransPennine Express
TW Transport for Wales
VT Vintage Trains
WC West Coast Railway Company
WM West Midlands Trains
XC CrossCountry
XR TfL Rail

6.5. ALLOCATION & LOCATION CODES

Allocation codes are used in this publication to denote the normal maintenance base ("depots") of each operational locomotive, multiple unit or coach. However, maintenance may be carried out at other locations and may also be carried out by mobile maintenance teams. Location codes are used to denote common storage locations whilst the full place name is used for other locations. The designation (S) denotes stored.

Code	Depot	Depot Operator
AD	Ashford (Kent)	Hitachi
AK	Ardwick (Manchester)	Siemens
AL	Aylesbury	Chiltern Railways
AN	Allerton (Liverpool)	Northern
BD	Birkenhead North	Stadler Rail Service UK
BF	Bedford Cauldwell Walk	Siemens

ALLOCATION & LOCATION CODES 427

Code	Location	Operator
BH	Barrow Hill (Chesterfield)	Barrow Hill Engine Shed Society
BI	Brighton Lovers Walk	Govia Thameslink Railway
BK	Bristol Barton Hill	Arriva TrainCare
BL	Shackerstone, Battlefield Line	*Storage location only*
BM	Bournemouth	South Western Railway
BN	Bounds Green (London)	Hitachi
BO	Bo'ness (West Lothian)	The Bo'ness & Kinneil Railway
BQ	Bury (Greater Manchester)	East Lancashire Railway Trust
BR	MoD Bicester	*Storage location only*
BU	Burton-upon-Trent	Nemesis Rail
BY	Bletchley	West Midlands Trains
CB	Crewe Basford Hall	Freightliner Engineering
CE	Crewe International	DB Cargo (UK)
CF	Cardiff Canton	Transport for Wales
CH	Chester	Alstom
CK	Corkerhill (Glasgow)	ScotRail
CL	Crewe LNWR Heritage	LNWR Heritage Company
CN	Castle Donington RFT	*Storage location only*
CO	Coquelles (France)	Eurotunnel
CP	Crewe Carriage Shed	Arriva TrainCare
CR	Crewe Gresty Bridge	Direct Rail Services
CS	Carnforth	West Coast Railway Company
CT	Cheriton (Folkestone)	Eurotunnel
CY	Crewe South Yard	*Storage location only*
CZ	Central Rivers (Barton-under-Needwood)	Bombardier Transportation
DE	East Dereham (Norfolk)	Mid Norfolk Railway
DN	Doncaster Carr	Hitachi
DR	Doncaster Belmont Yard/RMT	*Storage location only*
DY	Derby Etches Park	East Midlands Railway
EC	Edinburgh Craigentinny	Hitachi
EH	Eastleigh	Arriva TrainCare
EM	East Ham (London)	c2c
EP	Ely Papworth Sidings	*Storage location only*
EX	Exeter	Great Western Railway
FA	Fawley (Hampshire)	*Storage location only*
GA	Gascoigne Wood Sidings (South Milford)	*Storage location only*
GW	Glasgow Shields Road	ScotRail
HA	Haymarket (Edinburgh)	ScotRail
HE	Hornsey (London)	Govia Thameslink Railway
HJ	Hoo Junction (Kent)	Colas Rail
HL	Hellifield	*Storage location only*
HM	Healey Mills (Wakefield)	*Storage location only*
HN	Hamilton (Glasgow)	Assenta Rail
HO	Hope Cement Works	Breedon Hope Cement
HT	Heaton (Newcastle-upon-Tyne)	Northern
IL	Ilford (London)	Greater Anglia/TfL Rail
IS	Inverness	ScotRail
KK	Kirkdale (Liverpool)	Stadler Rail Service UK
KM	Carlisle Kingmoor	Direct Rail Services
KR	Kidderminster	Severn Valley Railway
LA	Laira (Plymouth)	Great Western Railway

ALLOCATION & LOCATION CODES

LB	Loughborough Works	Brush Traction
LD	Leeds Midland Road	Freightliner Engineering
LE	Landore (Swansea)	Chrysalis Rail
LM	Long Marston Rail Innovation Centre	Porterbrook Leasing
LR	Leicester	UK Rail Leasing
LT	Longport (Stoke-on-Trent)	ElectroMotive Diesel Services
LW	MoD Longtown (Cumbria)	*Storage location only*
LY	Le Landy (Paris)	SNCF
MA	Longsight (Manchester)	Alstom
MD	Merehead	Mendip Rail
ME	Mossend Yard (Glasgow)	*Storage location only*
MH	Millerhill (Edinburgh)	*Storage location only*
MN	Machynlleth	Transport for Wales
NC	Norwich Crown Point	Greater Anglia
NG	New Cross Gate (London)	London Overground
NH	Newton Heath (Manchester)	Northern
NL	Neville Hill (Leeds)	Northern
NM	Nottingham Eastcroft	East Midlands Railway/Boden Rail
NN	Northampton King's Heath	Siemens
NO	Weybourne (Norfolk)	North Norfolk Railway
NP	North Pole (London)	Hitachi
NT	Northam (Southampton)	Siemens
NU	Sheffield Nunnery	Stagecoach Supertram
NY	Grosmont (North Yorkshire)	North Yorkshire Moors Railway Enterprises
OC	Old Oak Common (London)	TfL Rail
PM	St Philip's Marsh (Bristol)	Great Western Railway
PO	Polmadie (Glasgow)	Alstom
PZ	Penzance Long Rock	Great Western Railway
RD	Ruddington (Nottingham Heritage Railway)	125 Group
RG	Reading	Great Western Railway
RM	Ramsgate	Southeastern
RJ	Rectory Junction (Nottingham)	Data Acquisition & Testing Services
RO	Rowsley (Derbyshire)	Peak Rail
RR	Doncaster Robert's Road	ElectroMotive Diesel Services
RS	Ruislip (London)	London Underground
RU	Rugby	Colas Rail
RY	Ryde (Isle of Wight)	South Western Railway
SA	Salisbury	South Western Railway
SC	Scunthorpe Steelworks	British Steel
SE	St Leonards (Hastings)	St Leonards Railway Engineering
SG	Slade Green (London)	Southeastern
SH	Southall (London)	West Coast Rly Co/Locomotive Services
SJ	Stourbridge Junction	Parry People Movers
SK	Swanwick West (Derbyshire)	The Princess Royal Locomotive Trust
SL	Stewarts Lane (London)	Govia Thameslink Railway/Belmond
SO	Soho (Birmingham)	West Midlands Trains
SP	Springs Branch (Wigan)	DB Cargo (UK)
SU	Selhurst (Croydon)	Govia Thameslink Railway
SW	Swanage	Swanage Railway
TB	Three Bridges (Crawley)	Siemens

# ALLOCATION CODES/ABBREVIATIONS

TI	Temple Mills (London)	Eurostar International
TJ	Tavistock Junction Yard (Plymouth)	*Storage location only*
TN	Tonbridge	GB Railfreight
TM	Tyseley Locomotive Works	Vintage Trains
TO	Toton (Nottinghamshire)	DB Cargo (UK)
TS	Tyseley (Birmingham)	West Midlands Trains
TY	Tyne Yard (Newcastle)	*Storage location only*
WB	Wembley (London)	Alstom
WD	Wimbledon (London)	South Western Railway
WE	Willesden Brent sidings	*Storage location only*
WN	Willesden (London)	Bombardier Transportation
WO	Wolsingham, Weardale Railway	RMS Locotec
WS	Worksop (Nottinghamshire)	Harry Needle Railroad Company
YA	Great Yarmouth	Eastern Rail Services
YK	National Railway Museum (York)	National Museum of Science & Industry
ZA	RTC Business Park (Derby)	LORAM (UK)
ZB	Doncaster Works	Wabtec Rail
ZC	Crewe Works	Alstom UK
ZD	Derby Works	Alstom UK
ZG	Eastleigh Works	Arlington Fleet Services
ZI	Ilford Works	Alstom UK
ZJ	Stoke-on-Trent Works	Axiom Rail (Stoke)
ZK	Kilmarnock Works	Brodie Engineering
ZN	Wolverton Works	Gemini Rail Group
ZR	Holgate Works (York)	Network Rail

6.6. ABBREVIATIONS

The following general abbreviations are used in this book:

AC	Alternating Current (ie Overhead supply)
AFD	Air Force Department
BAA	British Airports Authority
BR	British Railways
BSI	Bergische Stahl Industrie
C&W	Carriage & Wagon
DC	Direct Current (ie Third Rail)
DEMU	Diesel Electric Multiple Unit
DERA	Defence Evaluation & Research Agency
DfT	Department for Transport
Dia	Diagram number
DMU	Diesel Multiple Unit (general term)
DSDC	Defence Storage & Distribution Centre
DRS	Direct Rail Services
ETS	Electric Train Supply
EMU	Electric Multiple Unit (general term)
GWR	Great Western Railway
FLT	Freightliner Terminal
HB	Hunslet-Barclay
hp	Horsepower
HNRC	Harry Needle Railroad Company

Hz	Hertz
kN	Kilonewtons
km/h	Kilometres per hour
kW	Kilowatts
lbf	Pounds force
LT	London Transport
LUL	London Underground Limited
m	Metres
mm	Millimetres
mph	Miles per hour
NPCCS	Non Passenger Carrying Coaching Stock
PTE	Passenger Transport Executive
RCH	Railway Clearing House
RMT	Royal Mail Terminal
rpm	Revolutions per minute
RR	Rolls Royce
RSL	Rolling Stock Library
SR	BR Southern Region and Southern Railway
t	Tonnes
T	Toilet
TD	Toilet suitable for use by people with disabilities
TDM	Time Division Multiplex
TOPS	Total Operations Processing System
V	Volts
W	Wheelchair space

6.7 BUILDERS

Builders are shown in the class headings. The workshops of British Railways and the pre-nationalisation and pre-grouping companies were first transferred to a wholly owned subsidiary called British Rail Engineering Ltd (BREL). These workshops were later privatised, BREL then becoming BREL Ltd. Some of the works were then taken over by ABB, which was later merged with Daimler-Benz Transportation to become Adtranz. This was later taken over by Bombardier Transportation, which itself was taken over by Alstom in 2021: Alstom now operates the Derby Litchurch Lane works. Bombardier also built vehicles for the British market in Brugge, Belgium.

Other workshops were the subject of separate sales, Springburn, Glasgow and Wolverton becoming "Railcare" and Eastleigh becoming "Wessex Traincare". All three were sold to GEC-Alsthom (now Alstom) but Eastleigh closed in 2006, although the site is now used as a storage and refurbishment location, now operated by Arlington Fleet Services.

Part of Doncaster Works was sold to RFS Engineering, which became insolvent and was bought out and renamed RFS Industries. Doncaster Works now forms part of Wabtec Rail Group.

A number of companies still manufacture or assemble trains in Great Britain, with others planning to open new plants. Alstom builds trains at its Derby Works and Hitachi at Newton Aycliffe, County Durham. In 2018 CAF opened a new manufacturing and assembly plant at Llanwern, near

BUILDERS 431

Newport, and Siemens is constructing a new plant at Goole, which will initially manufacture trains for London Underground.

The builder details in the class headings show the owner at the time of vehicle construction followed by details of the works as follows:

Ashford	Ashford Works (now Ashford Rail Plant depot, not the same location as the Ashford Chart Leacon Works).
Birmingham	The former Metro-Cammell works at Saltley, Birmingham, later operated by Alstom.
Cowlairs	Cowlairs Works, Glasgow.
Derby	Derby Carriage Works (also known as Litchurch Lane).
Doncaster	Doncaster Works.
Eastleigh	Eastleigh Works
Swindon	Swindon Works.
Wolverton	Wolverton Works.
York	York Carriage Works.

Other builders are:

Alexander	Walter Alexander, Falkirk.
Alstom	Valencia, Spain (later sold to Vossloh and then Stadler) and Savigliano (Italy). Alstom now operates the former Bombardier works at Derby and has its own site in Widnes
Barclay	Andrew Barclay, Caledonia Works, Kilmarnock (now Brodies).
BRCW	Birmingham Railway Carriage & Wagon, Smethwick.
CAF	Construcciones y Auxiliar de Ferrocarriles (works in Newport, UK and Zaragoza, Beasain, Castejon and Irun in Spain).
Cravens	Cravens, Sheffield.
Gloucester	Gloucester Railway Carriage & Wagon, Gloucester.
Hitachi	Hitachi Rail Europe (Newton Aycliffe, UK, Kasado, Japan and Pistoia, Italy).
Hunslet-Barclay	Hunslet-Barclay, Caledonia Works, Kilmarnock (later Wabtec, now Brodie Engineering).
Hunslet TPL	Hunslet Transportation Projects, Leeds.
Lancing	SR, Lancing Works.
Leyland Bus	Leyland Bus, Workington.
Metro-Cammell	Metropolitan-Cammell, Saltley, Birmingham
Pressed Steel	Pressed Steel, Linwood.
Charles Roberts	Charles Roberts, Horbury Junction, Wakefield (later Bombardier).
SGP	Simmering-Graz-Pauker, Austria (now owned by Siemens).
Siemens	Siemens Transportation Systems (principal works is in Krefeld (Germany) with others in Vienna (Austria) and Prague (Czech Republic, now closed). A new plant is under construction in Goole, UK.
SRP	Specialist Rail Products Ltd (A subsidiary of RFS).
Stadler	Stadler Rail Group. Principal works building rolling stock for the UK market at Altenrhein, Bussnang and St Margrethen (Switzerland), Siedlce (Poland), Szolnok (Hungary) and Valencia, Spain (the former Alstom plant).
Vossloh	Vossloh Rail Vehicles, Valencia, Spain (sold to Stadler in 2015).

WWW.PLATFORM5.COM

Browse our extensive range of transport books, from leading and smaller transport publishers. We have thousands of items available and we are steadily adding our extensive back catalogue to the site.

- **British Railways**
- **Overseas Railways**
- **Light Rail Transit & Metros**
- **Preservation**
- **Nostalgia**
- **Maps & Track Diagrams**
- **Road Transport**
- **Clearance Titles**

For our free mail order catalogue, please phone, fax or write to:

**Mail Order Department (LCS22),
Platform 5 Publishing Ltd., 52 Broadfield Road,
SHEFFIELD, S8 0XJ, ENGLAND.**

Tel: (+44) 0114 255 8000
Fax: (+44) 0114 255 2471

Customers ordering goods from the Platform 5 Mail Order Department will automatically be sent a copy of our catalogue.

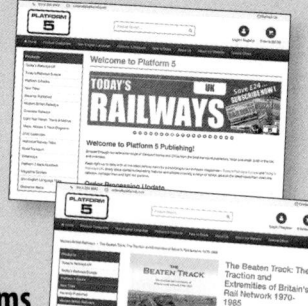